美国弹道导弹预警装备与运用

US Ballistic Missile Early Warning Equipment and Operational Application

曲 卫 编著

国防工業出版社

·北京·

图书在版编目（CIP）数据

美国弹道导弹预警装备与运用 / 曲卫编著．－北京：国防工业出版社，2024.4

ISBN 978-7-118-13236-6

Ⅰ. ①美… Ⅱ. ①曲… Ⅲ. ①导弹防御系统－介绍－美国 Ⅳ. ①E712.1 ②TJ760.3

中国国家版本馆 CIP 数据核字（2024）第 073242 号

※

国防工业出版社 出版发行

（北京市海淀区紫竹院南路 23 号 邮政编码 100048）

河北环京美印刷有限公司印刷

新华书店经售

*

开本 787×1092 1/16 插页 1 印张 18 字数 320 千字

2024 年 4 月第 1 版第 1 次印刷 印数 1—2000 册 **定价** 116.00 元

国防书店：(010)88540777 书店传真：(010)88540776

发行业务：(010)88540717 发行传真：(010)88540762

前言

导弹防御作战是一项综合运用陆、海、空、天各种探测监视手段和各类情报信息，对全球重点地区弹道导弹发射活动进行监视，对来袭目标实施早期发现、跟踪识别、及时预警、持续监视，并引导防御武器对其进行拦截摧毁和打击效果评估的活动。导弹预警信息为国家战略决策提供支撑，同时为战略防御和实施战略反击作战提供实时预警信息保障。导弹预警系统是保障国家重大战略安全的基础性设施，对于保证国家空天安全，保障国家在政治、军事、经济等领域的战略安全具有举足轻重的地位，是慑敌以止战、反敌于外线、抗敌于多维的重要力量。

美国高度重视导弹预警能力的发展，自20世纪50年代起，历经70余年的发展，美国导弹预警体系建设随着美国国家利益的拓展，由区域防御不断发展到当前的国家防御，未来拓展为全球防御。美国将导弹预警体系作为核打击力量的重要制衡和博弈手段大力发展，已成为国家战略预警和战略防御力量的基石，不仅是防御力量，更是战略威慑力量。美国已基本形成了“体系化、多层次、一体化”的弹道导弹防御系统框架，该体系包含预警探测系统、武器拦截系统和指挥控制系统三个主要部分。预警探测系统的装备主要包括陆基、海基预警雷达和天基预警卫星，拦截武器系统的装备包括陆基、海基拦截导弹。预警探测系统和武器拦截系统通过指挥控制作战管理与通信系统相连接，保持指令信息的流畅传输。大国竞争战略下，美国持续强化发展区域、本土和全球导弹防御能力，继续推进导弹防御先进技术研究，谋求快速形成攻防一体的新型导弹防御能力。

编著本书的目的是使读者能够系统、全面地了解美国弹道导弹预警装备现状，掌握美国导弹防御系统的能力现状与未来发展，熟悉弹道导弹预警系统基本作战流程和指挥关系，了解美国弹道导弹防御系统作战试验相关情况，并有针对性地学习和掌握弹道导弹目标特性、突防策略与技术手段等知识。

本书共分为9章。第1章弹道导弹概述，从弹道导弹的分类、目标特性、突防策略、突防技术以及典型突防手段等方面对弹道导弹这一类战略攻击武器进行分析。第2章美国弹道导弹防御系统，首先梳理了美国弹道导弹防御发展的历史，然后从基本情况、基本组成、部署情况、测试与发展四个方面对美国的陆基中段防御系统、海基“宙斯盾”弹道导弹防御系统、陆基“宙斯盾”弹道导弹防御系统、末段高空区域防御系统（“萨德”）以及“爱国者”先进能力防御系统进行了系统、详细的介绍。第3章美国天基导弹预警装备，从基本情况、功能特点、战技指标、发展历程四个方面详细介绍了国防支援计划（DSP）、天基红外系统（SBIRS）、空间跟踪与监视系统（STSS）、下一代过顶持续红外（NG-OPIR）项目、高超声速和弹道跟踪及监视系统（HBTSS）、天基杀伤评估（SKA）等天基导弹预警装备。第 4 章美国陆基导弹预警装备，从基本情况、功能特点、发展历程等方面，详细介绍了 P 波段远程预警雷达、L 波段“丹麦眼镜蛇”雷达、“萨德”反导雷达、“爱国者”反导雷达、较低层的控制和导弹防御传感器、远程识别雷达、国土防御雷达等陆基导弹预警装备，分析了美国陆基导弹预警雷达反导能力。第 5 章美国海基导弹预警装备，从基本情况、功能特点、发展历程等方面，详细介绍了“宙斯盾”反导雷达、海基 X 波段雷达装备。第 6 章指挥控制与通信系统，从基本情况、功能特点以及当前发展等方面，对美国 Link16 系统、一体化防空与导弹防御作战指挥系统（IBCS）、指挥控制作战管理和通信（C2BMC）系统、联合全域指挥控制系统（JADC2）进行了系统全面的介绍。第 7 章美国弹道导弹防御系统发展，分析了美国导弹防御系统能力现状，从产生背景、功能特点、发展历程等方面分析了美国国防太空架构，从产生背景、基本特点和四大变化三个方面分析了美国下一代导弹防御系统构想，并分析了美国分层国土弹道导弹防御的基本构想和未来新型导弹防御装备。第 8 章美国弹道导弹防御系统作战试验，主要对美国陆基中段反导试验、海基反导试验以及末段反导试验情况进行总结分析。第 9 章陆基中段导弹防御系统作战运用，分析了美国弹道导弹防御作战指挥机构、指挥流程、信息流程；针对导弹防御作战运用，分析了导弹防御交战过程、作战流程以及交班准则。

本书由航天工程大学曲卫教授编著，航天工程大学的邱磊讲师、曾朝阳教授、李云涛副教授、杨君副教授、朱卫纲教授、何永华副教授、肖博讲师，北京跟踪与通信技术研究所姚刚、王晓婷高级工程师为本书编写提供了大量有益的资料和意见，在此一并表示感谢。衷心感谢苗荟女士和曲珈仪小朋友，家人的理解和帮助，是作者最大的动力。本书在编写过程中，全面总结了近年来美国导弹预警装备最新的发展现状和技术成果，同时也参考和引用了大量导弹预警系统与装备相关著作以及论文所阐述的原理与技术，这里谨向原作者致以衷心的感谢。

由于作者水平有限，书中难免存在疏漏和不妥之处，恳请读者不吝俯身赐正。

曲卫

2023 年 1 月 31 日

目录

第1章　弹道导弹概述

1.1　引言

弹道导弹是在火箭发动机推力的作用下按预定程序飞行，关机后按自由抛物体轨迹飞行的导弹。这种导弹的整个弹道分为主动段和被动段。主动段弹道是在火箭发动机推力和制导系统作用下，从发射点起飞到火箭发动机关机时的飞行路径；被动段弹道是导弹从火箭发动机关机到弹头起爆，按照在主动段终点获得的给定速度和弹道倾角做惯性飞行的路径。弹道导弹是一种快速精确地向目标发射致命性有效载荷的手段。致命性有效载荷可包括常规炸药、生物、化学、核弹头，其诞生于第二次世界大战后期，发展至今。弹道导弹具有射程远、速度快、突防能力强、精度高、杀伤威力大、核常兼备战斗部配置等特点，世界各国都将其作为发展战略、战术进攻武器的首选。随着弹道导弹在世界范围内的扩散和发展，其部署方式更加灵活，机动方式更加诡秘，生存能力更强，各国面临的弹道导弹威胁程度日益严重。

20世纪50年代末出现的洲际弹道导弹（ICBM）又称战略弹道导弹，是继战略轰炸机之后的又一种新型战略武器。洲际弹道导弹的出现打破了人类战争的传统观念，颠覆了传统战争中战略纵深的概念，使进攻方无须攻城略地就能实现对位于敌方战略纵深的高价值目标的打击，使战略纵深的意义大打折扣。战略弹道导弹作为战略核力量的核心，既是军事打击手段，也是大国间保持战略平衡的政治筹码。战略弹道导弹不断向高弹道、高速度、远距离、高技术、强突防的趋势发展。当前，有的国家对近程、中近程弹道导弹的防御体系初步形成，随着技术能力的提升，远程、洲际弹道导弹以及新型高超声速导弹成为导弹防御体系面临的主要威胁来源，这些导弹具有再入速度快、突防能力强的特点，对当前现有的导弹防御系统提出了巨大挑战。

1.2　弹道导弹分类

1.2.1　按照射程分类

弹道导弹在飞行的过程中一旦燃料耗尽，弹道导弹就会以地球为圆心，沿椭圆轨迹落向地面，这一轨迹严格依据燃料耗尽时的飞行速度/角度、地球引力的组合参数。弹道导弹推进剂可为固体或液体。弹道导弹按照射程远近分为近程、中程、远程、洲际导弹，其中近程导弹也称为短程导弹，射程为1000km以内；中程导弹射程为1000~3000km；远程导弹射程为3000~8000km；洲际导弹射程为8000km以上。

在弹道导弹射程的分类上，不同的国家有着不一样的标准。1987年12月8日，苏联和美国首脑在华盛顿签署的《中导条约》（Intermediate-Range Nuclear Forces Treaty）中，将射程在1000~5500km的陆基弹道、巡航导弹界定为中程导弹，将射程在500~1000km的陆基弹道和巡航导弹界定为中短程导弹。随着导弹武器谱系的完善以及对射程划分标准认识的加深，我国结合对不同射程导弹的分类进行了多次修订，将射程1000km以内的导弹界定为近程导弹，1000~5000km为中程导弹，1500~5500km为中远程导弹，5000~8000km为远程导弹，8000km以上为洲际导弹，不同类型的弹道导弹射程如图1.1所示。

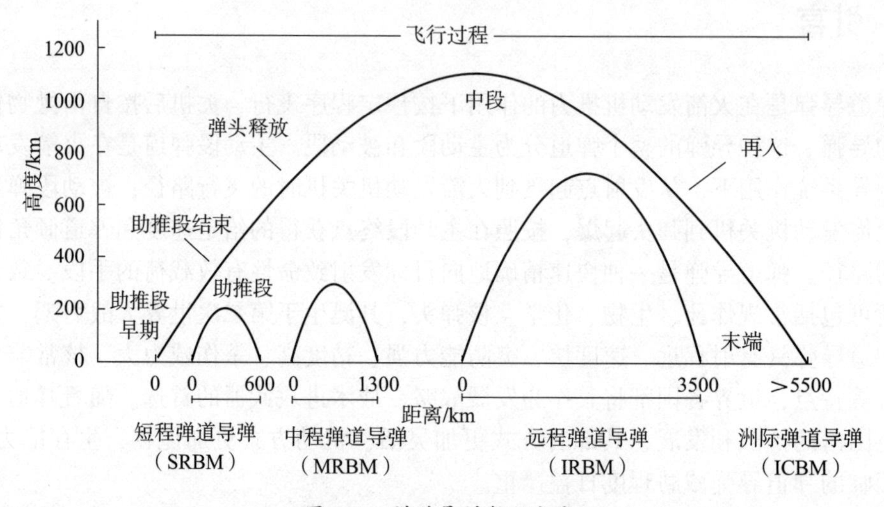

图1.1　弹道导弹射程分类

从弹道的作战使用来看，不同射程的导弹通常具有各自不同的特点。近程导弹通常携带常规弹头（也可携带核弹头），一般对战场中战役战术目标实施精确打击；中程导弹射程介于近程导弹和远程导弹之间，有利于射程有效衔接，可采用核常兼备弹头且生存能力强，可用于传统的中小当量核打击，也可满足对固定目标和慢速移动目标较大威力的常规精确打击；洲际导弹往往携带核弹头，遂行对敌纵深战略目标实施核打击任务。

1.2.2　按照发射方式分类

弹道导弹可以部署在导弹发射井、潜艇、舰船、飞机、陆地移动发射器上。机动导弹受到众多国家的青睐，因为它们可以隐藏在隧道或密林等场地，这大大提高了它们的生存能力。陆基（公路和铁路）导弹载具和弹道导弹潜艇的机动性大大增加了跟踪和预测导弹发射位置的难度。这种不确定性增加了导弹防御系统和雷达的探测和拦截难度。按照弹道导弹不同的发射方式可以分为陆基导弹、潜射导弹和空中机动发射导弹3类。

陆基导弹：分为固定地下井发射、地面机动发射2类。固定地下井就是导弹位于固定的地下发射井，位置固定，平时用井盖盖住，要发射的时候打开井盖就能发射导弹。地下发射井是保护导弹及其发射设备免受核袭击和有害天气影响的重要手段，图1.2所示为位于地下发射井的美国“民兵”Ⅲ洲际弹道导弹。地下发射井分为井口发射和井内发射两种构筑类型。井内发射又分为热发射和冷发射两种方式。热发射是依靠导弹发动机产生的推力将导弹发射出去。冷发射是指借助外部动力（压缩空气、燃气、蒸汽等）把导弹从发射井中弹射出去，在导弹到达一定高度时再点燃主发动机的发射方式。地下发射井为钢筋混凝土构筑物，主要由竖井、发射控制室和与其相连的坑道组成。竖井包括内井和外井（或设备室）。内井是贮存和发射导弹的核心部分，其中有发射装置、减震装置、消音装置、消防设备和工作平台等。外井（或设备室）中有瞄准设备、开闭井盖的操纵装置、发射电气设备和监视设备等。发射控制室是控制、检测和发射导弹的中心。地面机动发射是指机动发射装置，在运动中或到某点快速定位进行的导弹发射，可分为公路、越野、铁路机动发射。公路机动发射又称有限机动发射，是指利用运输工具和机动发射装置，在特定区域范围内或在一些预定发射点之间，沿公路机动，选择导弹发射位置，实施地面发射的一种发射方式，图1.3所示为公路机动发射的俄罗斯“白杨”-M洲际弹道导弹。越野机动发射是指将导弹装在轮式或履带式车辆上，在预定发射点或随机点进行发射准备和发射实施的发射。铁路机动发射是指将导弹装在专用铁路列车上沿铁路机动、定点，在列车上进行的发射。

图1.2　位于地下发射井的美国“民兵”Ⅲ洲际弹道导弹

图1.3　俄罗斯“白杨”-M洲际弹道导弹

潜射导弹：潜射弹道导弹通常是指由潜艇发射的弹道导弹，具有发射平台机动灵活、生存突防能力强等优点。潜射导弹一般有干、湿两种发射方法，而干式发射又分为干式无动力发射和干式有动力发射。这两种方式的不同主要在于水下运载器的不同。无动力发射主要利用发射的动力和其本身的浮力在水中航行、上浮。而有动力发射的运载器则装有控制设备使其能顺利进入空中飞行。有的潜射弹道导弹射程够远、所带弹头当量够大、打击精度够高，能用于打击战略目标，就称为潜射战略弹道导弹。潜射战略弹道导弹通常配备核弹头，其巨大毁伤力加上发射的隐蔽性，共同构成了各国二次核打击能力。

空中机动发射导弹：空射弹道导弹就是使用大型货运飞机、军用运输机、战略轰炸机或者某些特种航空器将导弹携带到高空后释放分离，导弹获得正确姿态后发动机点火，在制导系统的控制下对远距离目标实施打击。在空气稀薄的高空，导弹飞行中承受的动压相对小些，对导弹结构强度的要求也相对低，可以适当减轻导弹结构质量。由于高空大气相对稳定，导弹的发动机喷管工况相对理想，有利于提高发动机工作效率。控制发射方式可以有效消除或者减轻地面发射的不足，具有很多独特优势，但是空射弹道导弹属于高精尖航空航天技术，需要突破很多关键技术，难度较大。

1.2.3 按照推进剂类型分类

弹道导弹按其使用的推进剂分类，可以分为液体推进剂和固体推进剂 2 类。

液体推进剂：由一种或几种液态物质组成，它们能进行放热的化学反应，形成高温的反应产物。按照液体推进剂本身的用途，可分为主推进剂、启动推进剂和辅助推进剂；按照推进剂包含的基本组元数目，可分为单组元、双组元和三组元推进剂。早期的弹道导弹液体燃料居多，液体燃料不易保存，存储条件苛刻，容易引起爆炸，甚至有的还有剧毒。

固体推进剂：由一种或数种具有特定性能的含能复合材料构成。通常可分为双基推进剂、复合推进剂和改性双基推进剂。双基推进剂是硝酸纤维素与硝化甘油组成的均质混合物。复合推进剂是以高聚物为基体，混有氧化剂和金属燃料等组分的多相混合物。在双基推进剂中加入氧化剂和金属燃料组成改性双基推进剂。现在的弹道导弹基本上以固体燃料为主，相对而言比液体燃料存储容易得多。

现在液体燃料主要用在一些早期的弹道导弹上，而且液体燃料也在向无毒无污染进步，主要用在航天发射领域。主要还是存储不易，用在军事上比较少。液体推进剂更便宜，但稳定性差，更难储存，毒性更大；与之相比，固体推进剂更昂贵，但更稳定，也更容易维护。混合燃料目前正处于开发之中，它集固体和液体推进弹道导弹的优点于一身。

1.2.4 按照导弹结构分类

弹道导弹由一级或多级弹体组成。多级导弹在每级弹体上均配置有独立推进系统，用于执行远程任务。洲际弹道导弹通常具备 2 级或 3 级，采用大功率液体或固体推进发动机以及一个配备更小推进系统的加力后载具，沿着弹道轨迹将有效载荷射向目标地点。在高速和复杂气象条件下分离每一级弹体所需的技术较为复杂，受到严格管控，仅有少数国家掌握该技术。

弹道导弹按结构可分为单级和多级导弹 2 类，一般而言级数越多，射程越远。

单级导弹：近程战术导弹都是单级导弹，有的近程导弹还是 2 级结构。

多级导弹：主要用于中远程和洲际导弹，其中洲际导弹普遍都是 3 级甚至 4 级导弹。

1.3 弹道导弹特性分析

从广义上讲，所谓弹道就是指导弹从发射点飞往目标点所经过的路径（或者轨迹）。弹道导弹的飞行弹道是根据打击目标的具体任务和射程的要求，通过飞行控制系统的工作而实现的。通常，弹道导弹的飞行弹道，从起飞到接近目标时的再入段几乎全是椭圆形的。弹道导弹的飞行弹道，是一条空间轨迹，在导弹横向运动很小的情况下，可以将其简化为一条平面弹道。

根据弹道式导弹从发射点到目标点运动过程的受力情况，可以将弹道分为不同的飞行阶段。根据导弹在飞行中发动机和控制系统的工作状态，可将其弹道分为动力飞行段（主动段或者助推段）和无动力飞行段（被动段）两部分。在主动段，导弹的发动机处于工作状态；而被动段，是指导弹发动机已经关闭，导弹依靠惯性飞向目标。为了进一步提高导弹的命中精度，可能采用中段制导和末段制导，在这种情况下动力装置参与工作。另外，在被动段根据弹头所受空气动力的大小又可以分为自由飞行段（自由段或者中段）和再入大气层飞行段（再入段）两部分。在被动段的起点，导弹的动能达到最大值，随后导弹飞到弹道的最高处，动能最小，势能达到最大。从弹道的最高点至再入大气层之前的一段下降弹道，目标的速度会受到地球引力的影响从小增大，势能重新转变为动能。重新进入大气层之后，导弹弹头受到空气阻力的影响，速度又开始急剧下降。

1.3.1 传统弹道特性

弹道导弹飞行主动段主要特点是发动机持续工作，一旦所有发动机全部停止工作，即标志着主动段结束。在这个过程中，由于导弹的动力系统和控制机构一直处于工作状态，所以称为主动段飞行或者助推段飞行。其中，发动机推力的主要作用是克服空气阻力和地球引力为弹道导弹加速，使弹道导弹快速升空进入预定弹道飞行，而控制力主要是稳定弹体姿态，是导弹能够按照指定的控制程序进行稳定飞行的保证。通常情况下，导弹主动段飞行过程很短，短到只有几十到几百秒的时间。主动段一般采用垂直发射方式，发射后可飞向任意方向，并且垂直起飞能使导弹以最快的速度上升。

在导弹飞行的主动段，导弹在发动机的作用下飞向外太空，弹头和弹体连为一体，导弹助推火箭发动机的尾焰含有可见光、短/中波红外和紫外等波段的能量。在中段，弹头与弹体分离，基于突防的目的，通常在中段会释放诱饵以及各种干扰装置，形成包括弹头、发射碎片、弹体、各种诱饵和假目标的威胁目标群，在近似真空的环境中惯性飞行。再入段是弹头返回大气层的阶段，由于大气阻力使得目标产生减速效应，轻质诱饵在该阶段很快被大气过滤掉，剩下的弹头和重诱饵在高速再入的过程中会引起大气电离，形成等离子鞘套和尾流。

弹道顶点超出大气层（100km以上）的弹道导弹，其弹道可分为助推段、中段和末段。不同类型的弹道导弹，其飞行轨迹、速度和加速度的具体数值差异较大，但总体的变化规律是一致的，如表1.1所示。不同飞行阶段分别表现不同的目标特征。在导弹助推段，导弹的尾焰、大气以及虚警源具有相似的红外特性，导弹分离和诱饵释放过程中也将有相似的红外特性和电磁特性；在导弹飞行的中段，弹头、弹体、诱饵以及其他伴飞物将在复杂的空间环境特征背景下表现出不同的运动特性、微动特性、电磁散射特性和光学辐射特性；在导弹飞行的再入段，弹道导弹主要表现为微动特性、电磁散射特性、红外特征以及激光散射特征等。

表 1.1　不同射程的弹道导弹的飞行参数

射程/km	10000	3000	2000	1000	500	120
飞行时间/min	30	14.8	11.8	8.4	6.1	2.7
弹道最高点/km	1300	800	500	150	50	30
再入速度/(km/s)	7.2	4.7	3.9	2.9	2.1	1.1
再入角度/(°)	27	38	40.9	43	44	44.7
助推段时间/s	170~300	80~140	70~110	70~100	60~90	30~40
助推段高度/km	180~220	100~120	70~90	50~80	40~60	10~15

弹道导弹的飞行过程的助推段以导弹离开发射架作为起点，以助推器最后一级火箭发动机熄火，有效载荷与助推器分离为终点。远程弹道导弹助推段时间约为 160~230s，战术弹道导弹约为 60s。助推段是弹道导弹最脆弱的阶段，其红外和雷达特性非常明显，推进剂储箱受打击易遭摧毁，而且飞行速度也较慢，这个阶段还没有产生碎片，也没有释放诱饵等突防装置，目标识别问题不突出。

中段主要是指弹道导弹助推火箭关闭发动机后，导弹在大气层外飞行的过程。典型远程弹道导弹中段的飞行时间约为 15~20min，是弹道中最长阶段，防御方有足够的时间做出决策，甚至可以人工参与，以便确定是否发射拦截弹，以及发射几枚拦截弹。先进的战略弹道导弹一般采用多种突防措施提高弹头的突防能力，如采用各种隐身措施减小弹头的雷达散射面积，在中段飞行的导弹还经常采用投放干扰箔条和模拟弹头的假目标，或将末级火箭炸成碎片形成干扰碎片云等突防措施。由于大气阻力低，这一阶段弹头、诱饵、整流罩、母舱和碎片残骸等，均在弹道附近伴随弹头高速运动，在整个中段飞行阶段形成一个目标群，这个目标群扩散的范围可达数千米。要实现拦截武器精确打击目标，预警探测系统必须从目标群中识别出真弹头，引导拦截器实施打击。如何从大量干扰团及伴随弹头一起飞行的诱饵中识别出真弹头，并实施有效拦截，是反导系统的核心任务。

再入段是指弹头及其伴飞物进入大气层向打击目标飞行的阶段，再入段又称末段，持续时间一般为 60~90s。在该阶段，由于大气阻力作用，目标群中伴随弹头飞行的碎片、轻质诱饵、箔条等会因摩擦产生高温，从而被烧毁或降低速度而被大气过滤掉，这个现象称为大气过滤。经过大气过滤，只有少数专门设计的重诱饵呈现出类似弹头的运动轨迹，弹道目标及重诱饵再入大气层时，不同质阻比的目标表现出不同的减速特性，可以通过质阻比对真假弹头目标进行识别。在再入段，反导系统的目标识别压力大大降低，但反应时间很短，对拦截系统提出了更高的要求。

由于弹道导弹在真空自由飞行段（中段）飞行时间较长，导弹在此过程无动力，弹道较固定，便于敌方反导防御系统预测拦截，因此弹道导弹处于自由段飞行时最为危险，提高弹道导弹的自由段突防能力成为保证作战能力的重要一环。中段机动突防技术凭借其反预测、反拦截的特征成为各国研究人员关注的焦点。所以发展多种多样、行之有效的机动突防技术是目前急需要解决的问题，也具有极高的战略意义。由于弹道导弹具有强大的作战潜能，有能力的国家都争相发展弹道导弹武器，冷战时期超级大国都极力发展弹道导弹，引发了弹道导弹武器的快速发展和弹道导弹防御系统的发展。表1.2详细列出了各种不同射程弹道导弹的运动数据，可以看出弹道导弹的射程可以达到10000km以上，最大高度可以达到1000km以上，总飞行时间由数分钟到42min不等，这些因素都给弹道导弹防御带来了较大的难度。

表1.2 弹道导弹飞行数据（按接近节省能量弹道计算）

射程/km	关机速度/(km/s)	最大高度/km	最大高度速度/(km/s)	70km高再入角度/(°)	总飞行时间/s(min)
300	1.42	84.4	1.08	25	331(5.51)
600	2.1	164	1.56	39	443(7.38)
1000	2.8	257	2.05	40	562(9.37)
1500	3.2	391	2.4	42.1	672(11.2)
2000	3.78	490	2.78	40	789(13.15)
2500	4.2	600	3.1	39	892(14.87)
3000	4.5	700	3.36	38.6	989(16.48)
3500	5	750	3.50	38	1120(18.7)
4000	5.15	880	3.78	36	1207(20.12)
6000	6.1	1170	4.45	32	1538(25.63)
8000	6.65	1200	4.95	27	1872(31.2)
9000	6.71	1300	5.11	26.2	2020(33.67)
10000	6.92	1349	5.33	23.9	2149(35.8)
11000	7.09	1394	5.55	21.7	2269(37.81)
13000	7.36	1420	5.97	17	2470(41.16)
14000	7.45	1428	6.2	14	2565(42.75)

1.3.2 助推-滑翔弹道特性

1933年，德国科学家Eugene Sanger首先提出了助推-滑翔式弹道的概念，20世纪40年代末，我国著名科学家钱学森也提出了一种助推-滑翔式弹道，后来被人们称为“钱学森弹道”，其前段采用弹道式弹道，后段为滑翔弹道，这种弹道的特点是将弹道导弹和飞航导弹的轨迹融合在一起，使之既有弹道导弹的突防性能力，又有飞航式导弹的灵活性。到目前为止，国外专家、学者们所研究的助推-滑翔概念的弹道主要是两种形式：一种是由钱学森提出的平稳滑翔概念的弹道，即一种近似平飞的助推滑翔弹道，通过气动力的调节，来实现远距离滑翔飞行；另一种是由Sanger提出的跳跃滑翔弹道，即先通过火箭将滑翔载荷送入亚轨道高度，后在大气层边沿进行跳跃滑翔。地基助推-滑翔导弹飞行轨迹如图1.4所示。

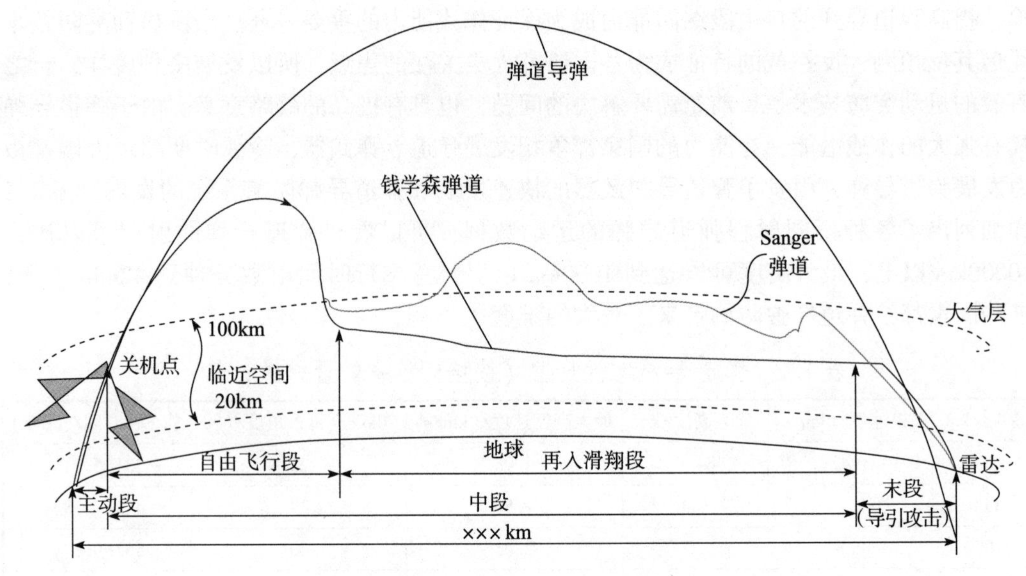

图 1.4　陆基助推-滑翔导弹飞行轨迹示意图

助推-滑翔弹道飞行轨迹的基本特点是：助推段和自由飞行段主要在外空间以弹道导弹的准抛物线轨迹飞行，再入滑翔段则类似飞航导弹基本水平或跳跃滑翔，特别在再入飞行段，利用气动特性可以在一定范围内变动轨迹，弹道具有不可预测性。

助推-滑翔导弹由助推器和滑翔飞行器组成，一般采用运载火箭或运输机等作为运载和助推器，滑翔飞行器采用高升阻比气动外形，所谓助推-滑翔式弹道，其核心特点是在助推段利用运载火箭加速爬升，在滑翔段，利用导弹的气动外形，可以依靠气动升力实现远距离的滑翔式飞行。运载火箭助推-滑翔式导弹，将身兼弹道导弹和飞航导弹的特点，导弹射程远，飞行速度大，在增大射程与提高生存能力方面与常规弹道相比具有独特的优势。在超声速或高超声速飞行条件下，可实现远距离快速打击，且滑翔段弹道可为 M 形跳跃式或 S 形，有高机动性的特点，能有效突破导弹防御系统的拦截。

助推-滑翔导弹采用火箭或其他运载工具助推，短时间内将导弹或飞行器加速到高声速以上，比如大于马赫数 18 或更高，整个飞行阶段可维持在不低于马赫数 3~5 以上的速度，属于高声速或超高声速目标。助推-滑翔导弹独特的弹道特征，对导弹防御系统带来极大挑战。首先，高速弹头或飞行器在临近空间将产生等离子鞘套和尾流，从而影响照射目标雷达反射截面积（RCS），严重情况会形成隐身，导致雷达失去目标。其次，飞行器往往以高超声速机动飞行在临近空间，突防区域基本在雷达的远距离低仰角区，将影响雷达搜索跟踪效率。

助推-滑翔导弹弹道与传统弹道导弹不同，其大部分时间是在大气层内依靠滑翔动力飞行，对高、低空空气的稠密程度较为敏感。根据一定指标对大气进行分层处理，不同的区域内制定不同的弹道规划技术方案。整个飞行过程分为助推段、初始下降段、滑翔段以及俯冲段，以接近马赫数 20 速度实现 10000km 左右航程快速抵达目标。

助推-滑翔导弹兼具弹道导弹超高速和巡航导弹高机动的双重特点，当其从临近空间进行突防将对多功能雷达反导能力发出严峻的挑战。首先，在临近空间的高速运动条件下将会产生热隐身现象，对雷达的工作频率、体制、功率孔径积都造成威胁；其次，临近空间高速运动的助推-滑翔导弹相对于低空飞行的巡航导弹可能对雷达截获距离、截获概率有进一步压缩，可靠截获目标需要消耗更多的雷达资源；最后，助推-滑翔导弹高速高机动运动能力，相对于弹道导弹跟踪更容易逃逸，需要进行跟踪条件下的二次搜索，相当于间接扩展了雷达跟踪波门，直接造成雷达资源消耗过大；另外，由于其特殊的突防区间，在高仰角跟踪条件下与雷达距离远小于弹道导弹，穿屏时间更短，更容易丢失目标。

1.3.3　目标特性

在工程中，常将导弹的运动分为质心运动和绕质心运动，可分别称为弹道特征和微动特征。弹道导弹从发射到攻击的过程要经历弹箭分离、碎片抛射、诱饵释放等事件和中段飞行、再入减速等运动过程。为了保持在大气层外飞行的稳定性，弹头在中段进行空间姿态控制，其中自旋稳定是最常用的控制方式；由于大气扰动、诱饵释放以及弹箭分离时其他载荷的反作用力影响，弹道导弹目标在中段和再入段存在进动和章动等运动形式，这些自旋、进动、章动等运动形式构成了弹道导弹目标的微动特征。

1. 助推段特性

助推段以导弹离开发射点作为起点，以最后一级助推器关机、与弹头完成分离为终点。在助推段，发动机和控制系统持续工作，导弹和诱饵尚未分离，导弹弹头和弹体作为一个整体目标存在。导弹作为整体的飞行时间通常很短，在几十秒到几百秒的范围内。远程及洲际弹道导弹助推段时间为3~5min，中程弹道导弹助推段时间为2~4min，近程弹道导弹助推段时间约1min。弹道导弹助推段是其相对最脆弱的阶段，导弹的光学和雷达特性较为明显，助推段发动机喷焰能量集中于中短波段，辐射强度$5\times10^4\sim5\times10^6$W/sr，导弹上升8~10km后，可被红外预警卫星探测捕获。通过对导弹飞行位置的实时连续测量，可以估算导弹关机点参数，然后将该信息提供给陆基远程预警雷达用于引导探测和跟踪测量。弹道导弹发射后，第一级火箭产生的尾焰，在喷嘴附近直径约为4m，可见长度为50m以上，喷嘴出口的温度为1800K，在可见尾焰的边缘降低到1000K以下，尾焰的平均温度为1400K。助推段时间通常很短，例如，600km射程的导弹主动段约为90s，3000km射程的导弹主动段约为120s，10000km射程的洲际弹道导弹主动段约为300s。

通常在导弹飞行助推段的终点，弹头和弹体进行分离。在助推段终点的主要飞行参数有关机点速度、弹道倾角、飞行高度、飞行距离、飞行时间等。这些参数确定以后就可以利用椭圆弹道理论估算被动段射程以及弹道导弹全射程，利用导弹预警卫星对导弹飞行位置进行实时连续的采集，可以估算出导弹关机点参数，这对导弹预警系统能否成功预警十分重要。这个阶段，导弹将弹头加速到6~8km/s，在助推段飞行的过程中，还分为垂直飞行段、程序飞行段和瞄准飞行段，从导弹离开发射台到开始程序转弯飞行前的一段弹道，这个阶段的导弹是垂直飞行，持续时间不到10s左右，高度仅数百米。之后是程序飞行，这个过程的导弹在飞行控制系统的作用下，让垂直飞行的导弹自动朝目标方向转弯，按照预定的飞行程序角度（俯仰角），把导弹引导到椭圆弹道上，这是导弹程序飞行的基本任务。从程序飞行段结束到达关机点速度而且发动机熄火为止，这一段称为瞄准飞行段。

由于助推阶段弹头尚未分离，与助推级一起整体飞行，目标体积较大，典型频段雷达反射截面积（RCS）可达 $1m^2$ 以上，且导弹飞行速度相对较慢，以有动力的爬升为主，主要表现为克服重力的纵向运动和侧向运动，质量逐渐减小，速度逐渐增大。这个阶段碎片、伴飞物较少，突防装置尚未释放，是导弹目标早期预警和初步识别的关键阶段。助推级与弹头分离是助推段结束点附近的一个关键特征事件，该时间点目标姿态变化将引起其 RCS 特性发生起伏，可以通过观测上述变化进行识别。

2. 中段特性

中段主要是弹道导弹助推段火箭发动机关机后，导弹在大气层外飞行的阶段，远程及洲际弹道导弹中段飞行时间为 20～30min，中、近程弹道导弹中段飞行时间为 5～15min，中段是弹道的最长飞行段，也是实施导弹防御拦截的关键阶段。在中段的初期，导弹在惯性的作用下会继续向弹道的最高点飞行，并且在这个阶段释放再入弹头和各种突防措施。一般当导弹达到弹道最高点时，将所有的载荷释放完毕。这个阶段为了实现高度命中精度，在助推段结束后，导弹会进行控制，例如中段制导，用以修正助推段飞行所积累的误差，从而提高命中精度、降低助推段对飞行控制精度的要求。这个阶段，洲际弹道导弹飞行最高高度约为 1300km 或者更高，中短程射程大约 600km 的导弹弹道最高高度约为 250km 或者更高。在这一阶段各种导弹突防措施的运用给探测带来了相当大的难度。弹道导弹进入中段后，分弹头中夹杂着假弹头、电磁诱饵箔条和红外诱饵，以及导弹碎片、充气金属涂敷球、反射偶极子、金属涂层锥体角反射器等各种假目标，形成有源和无源干扰，这些干扰能引起雷达和红外探测器“过载”，从而提高导弹突防的概率。

中段弹道在无推力作用下以惯性飞行，运动轨迹可预测，弹头在中段与大气摩擦作用迅速减少，弹头表面温度很快降至常温，红外辐射能量主要集中于中长波段，辐射强度也迅速减小，高轨预警卫星将难以捕获目标。此外，先进的导弹武器一般会在中段采取多种突防措施用以提高弹头的生存能力，例如，采用各种隐身措施减小弹头的 RCS，P、S、X 波段目标 RCS 典型值可低至 $0.4～0.01m^2$，并且导弹将释放多种类型的诱饵、无源干扰箔条、有源干扰机等突防装置。这一阶段诱饵、干扰装置、碎片残骸等均在弹道附近伴随弹头运动，形成威胁目标群，扩散范围可达数千米，其中诱饵的红外特征、电磁散射特性与弹头较为接近，而干扰装置则将大幅降低雷达探测距离，上述措施均对预警探测系统的目标探测与识别能力提出巨大挑战。

若要成功实现中段拦截，预警探测系统必须从威胁目标群中识别真弹头，并引导拦截武器打击目标，为此需要通过采取多种传感器手段，提取各目标不同特征的微小差异来加以区分和识别。例如，对于弹头来说，为确保稳定、安全、有效地命中目标，一般会采用自旋稳定和姿态控制及修正技术，不会发生大幅翻滚动作，弹头相对质心存在一定的微动特征，但进动角一般不大且较为稳定；而诱饵及其他伴飞物则不具备这种自我姿态控制及调整能力，受分离作用力的影响可能出现发散式的摆动和翻滚。上述运动特征的差异可以通过系统分析雷达回波特性加以提取和识别，包括 RCS 时间序列、微多普勒特征、宽带特性等。中段威胁目标群的构成是非常复杂的，这增加了识别的难度。另外，反导目标识别是典型的非合作目标识别，与其他识别场景相比，它主要有如下特点。

（1）对弹头识别的准确率要求高。无论是以真为假还是以假为真，其代价均相当高。因此，防御方对弹道目标识别的准确程度要求苛刻。

（2）识别先验信息缺乏。由于识别对象（弹头、诱饵）的特殊军事目的，一般无法获得待识别对象的特征数据库，只能根据粗略的先验知识进行识别，这是弹道目标难以有效识别的主要原因。

（3）识别实时性要求强。相对而言，弹道中段的飞行时间虽然长，但反导系统的识别窗口和拦截窗口却十分有限，在有限的时间内，雷达要完成目标识别、威胁评估、目标引导、杀伤效果评估等一系列工作，识别系统必须反应迅速。

中段弹道导弹目标识别的以上特点决定了在目标识别分类器设计和特征提取方面都有自己独特的要求。在分类算法方面，由于先验信息缺乏，无法采用模板匹配一类的方法，而只能采用专家系统等方法；考虑到实时性的要求，分类器还应当简洁、稳健和高效。由于这些限制，许多经典而成熟的分类识别算法，如贝叶斯分类器等难以直接应用于反导目标识别。此外，那些对学习训练要求苛刻、计算繁琐、推广能力较差的识别方法也不太适应反导目标识别的要求。

在特征的提取方面，目标识别雷达必须提取出那些能够反映出真假目标本质差异的特征量才能用于识别。对特征量的要求主要有两个：一是具备良好的可分性；二是物理意义清晰。前者是特征提取的共同要求，而后者是在先验信息缺乏条件下的特定要求。在反导系统发展的不同历史阶段，尽管受技术条件的限制，所提取的特征各不相同，但均反映了以上两个要求。以美国的导弹防御系统为例，在反导系统建设初期，所采用的是窄带雷达系统，所提取的特征主要是目标的RCS和弹道系数；随着宽带技术和极化测量技术的发展，雷达获取目标精细结构信息的能力大为提高。

3. 再入段特性

再入段是指弹头及其伴飞物进入大气层高度80km以下向打击目标飞行的阶段，持续时间较短，一般为30~90s，处于此阶段的弹头重新进入稠密大气，受到强烈的空气动力作用，会出现严重的气动加热效应。所有弹头必须采取有效的姿态稳定和防热措施，使弹头能够高速、顺利穿过大气层命中目标。再入段的弹道目标主要有再入弹头、诱饵、碎片、干扰机等。再入的过程中，目标会出现黑障现象，形成等离鞘套和尾流。此过程的等离子鞘套和尾流的RCS和红外辐射特性要远远大于弹头本身的散射和辐射特性，这些目标特性可用于进行目标识别。

如果再入段的弹头采用末制导技术，则会使对再入弹头的探测变得更为复杂，采用末制导的目的是提高命中精度和突防能力。在导弹飞行的末段，由于经过大气过滤，轻诱饵被烧毁殆尽，只剩下重诱饵和重碎片。重诱饵的弹道参数与真弹头相仿，因此雷达无法利用弹头和重诱饵在大气中的减速特性进行识别，或者说很难识别。但是重诱饵的雷达散射特性与真弹头有差别，而且它们的高温尾流大小与形状差别较大，这给红外识别带来了机会。此时，一般在地面用相控阵雷达，机载、天基红外探测器就能探测到目标，但由于目标飞行时间短，实现对目标的捕获和跟踪比较困难。因此，在再入段，虽然目标识别难度降低，但由于反应时间很短，对末段导弹防御拦截系统也提出了较高要求。

1.4 弹道导弹突防策略

弹道导弹突防是为弹道导弹突破敌方反导防御系统的防御所采取的技术措施。通常分为反识别突防技术和反拦截突防技术两大类。其主要作用：一是综合运用电子、光电对抗方法，欺骗、干扰敌方防御系统对目标的预警探测，掩护导弹或弹头的攻击，使之不被发现或推迟发现时间，以突破防御圈；二是利用弹头抗核加固、多弹头、机动变轨等技术手段，抗敌核杀伤拦截，或躲避、饱和拦截武器的攻击，实施弹头的突防。

弹道导弹突防技术的主要特点：一是技术复杂，涉及领域较广，如电磁、光学、材料、结构等基础技术领域；二是针对性较强，针对不同的反导防御系统及装备，采取不同的突防措施，如对抗不同的反导防御系统，以及不同范围、不同波段的预警雷达。

根据现阶段弹道导弹突防手段来看，常见的弹道导弹突防策略主要分为反侦察类和反拦截类两大类，反拦截类突防策略又包括导弹机动、加强防御策略两大类。图 1.5 所示为弹道导弹突防策略分类图。

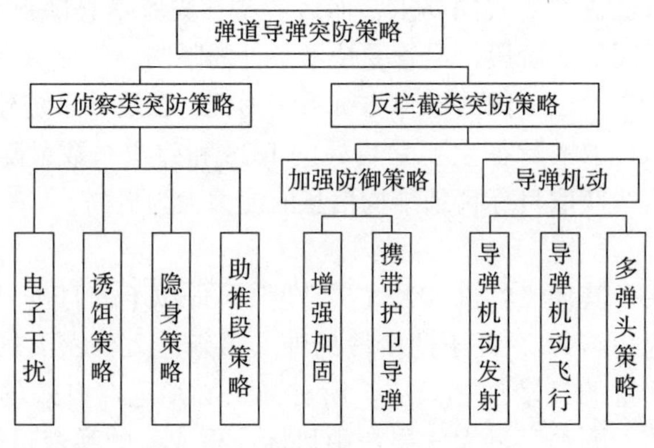

图 1.5　弹道导弹突防策略分类

1.4.1 反侦察类突防策略

弹道导弹反侦察类突防策略，主要是干扰和阻止防御体系对弹道导弹的准确探测、跟踪及识别，目前采用的反侦察类突防策略有电子干扰及隐身、诱饵、速燃发动机等。

1. 电子干扰策略

电子干扰与诱饵策略是目前弹道导弹最常见的突防手段。电子干扰泛指一切能够破坏或扰乱雷达正常探测目标的战术或技术措施。随着雷达技术不断进步，雷达对弹道导弹的预警、探测、弹道计算能力越来越高。迫使弹道导弹进一步提高电子干扰能力，降低敌方雷达的预警水平，提高导弹生存能力。电子干扰是通过辐射、转发、反射或吸收电磁能，削弱或破坏敌方雷达对目标的探测跟踪能力。按干扰能量来源划分，可将电子干扰分为有源干扰和无源干扰两类，按干扰的作用机理可将电子干扰分为压制干扰和欺骗干扰，电子干扰分类如图 1.6 所示。

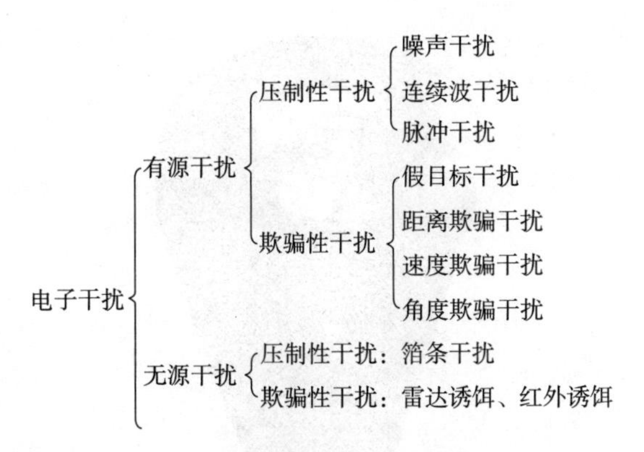

图1.6　电子干扰分类

电子干扰中常用的有源干扰是在弹头上安装干扰机或专用机，主动发射和转发无线电信号干扰或欺骗对方探测雷达，使其不能正常工作，甚至无法工作或上当受骗，从而掩护导弹顺利突防。实施有源干扰是对敌雷达多个作战环节（跟踪、识别、拦截等）进行电子对抗的最好突防手段之一。有源电子干扰方式通常在弹道导弹弹头安装干扰机，干扰机通过发射各类型干扰信号或者复制对方预警雷达信号进行距离、速度欺骗和假目标干扰。弹载干扰机一般随弹道导弹弹头共同飞行，因此该方法比较适用于机动弹道导弹。对于传统弹道导弹或机动弹道导弹，在抛物线段也可将电子干扰机或专用机进行抛掷，实现距离、速度欺骗干扰外还可实现角度欺骗干扰。在多重电子干扰条件下，对方雷达探测范围整体缩小，并在干扰机方向形成内凹，产生盲区，通过规划适合的飞行路径，可以有效回避威胁，提高突防效果。

无源干扰原理主要包括两种：一是利用箔条掩护目标，使目标淹没在箔条的反射信号中，从而降低雷达对目标的检测概率，箔条丝的雷达反射作用可以阻止X波段雷达和早期预警雷达探测出哪个箔条干扰云团包含弹头；二是模拟目标的电磁反射特性和运动特性，迷惑雷达的目标识别系统，使雷达处理能力饱和而失效。

2. 诱饵策略

诱饵又称假目标，是一种对抗防御系统的突防技术手段，它是通过有源或无源模拟方法，诱导或欺骗敌方无线电雷达和红外探测系统的假目标装置。诱饵干扰要求诱饵必须具有与被掩护真目标相同的回波特征，能够产生虚假信息，有效地破坏雷达对真实目标的探测和跟踪。采用特性（速度、气动、红外辐射、雷达反射特性）与真弹头相似的诱饵和低温弹头技术，是对付敌方探测辨识较为有效可行的方法。诱饵干扰可分为轻诱饵、重诱饵及智能诱饵等。弹道导弹在大气层之外飞行的被动段阶段，导弹通过释放轻质形状似真实弹头的诱饵，包括用金属涂层柔性塑料制成的许多“气球”，实现对预警雷达以及预警卫星的欺骗，典型的诱饵弹头如图1.7所示。弹道导弹的重诱饵具有与真弹头同样的弹道特性和相似的可被探测特性，增加陆基或者天基预警探测器发生错误识别的概率，并可能消耗更多的拦截弹，主要用于中末段突防。智能诱饵则根据敌方预警或者跟踪雷达信息确定诱饵应发射的信号，从而实现对预警雷达距离、速度、角度欺骗。此外，智能诱饵还能引诱拦截弹，将拦截弹引导向诱饵，从而保证真弹头的生存能力。

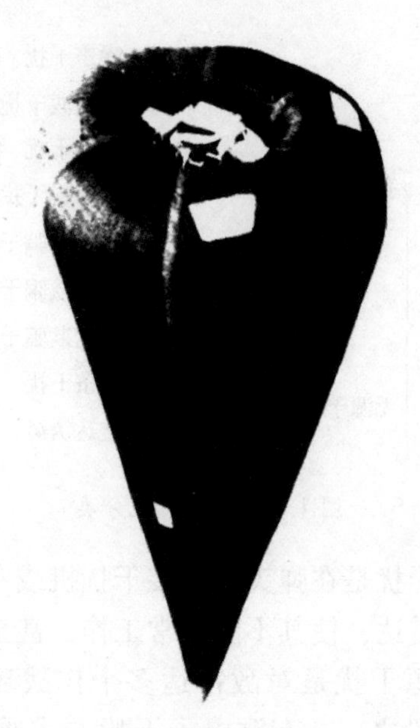

图 1.7　美国“民兵”Ⅲ导弹气球诱饵

受弹头空间、重量限制，弹道导弹无论加装电子干扰设备还是诱饵均占用弹头内有限的空间、载荷资源。因此，需对弹头开展总体优化设计，既要提高导弹的突防能力，又不能因加装电子干扰设备或诱饵而影响导弹总体性能。

1）复制型诱饵

部署大量与弹头外形相似的诱饵，质量比弹头轻，防御系统的探测器无法识别它们，这种诱饵被称为复制型诱饵，是一种常用的突防技术，但它并不是最有效的诱饵策略。如果成功使用这种复制型诱饵，那么防御方只有两个选择：要么试图拦截每个目标，这与拦截弹和诱饵的数量有关；要么让弹头突破防御系统。

如果防御系统的 X 波段雷达具有较高的测量分辨率，那么复制型诱饵必须在外形和雷达反射截面上与弹头极其相似。诱饵还必须模拟弹头的各种动态特征，如沿轴向的旋转以及旋转中的摆动。为了有效防止被低轨道红外探测系统探测到，复制型诱饵还需要具有同弹头相似的温度，在防御方所使用的探测器的波长范围内的红外辐射能也应与弹头的相似。诱饵辐射的红外能量要与弹头相似，也就是说，诱饵的表面积和辐射率的乘积必须与弹头的相似。为此，可能需要在诱饵中装设加热器。复制型诱饵比核弹头轻得多，进攻方可以在运载核弹头的远程弹道导弹上部署很多复制型诱饵。

2）有特征差异的诱饵

使用复制型诱饵的进攻方可能考虑防御方会利用诱饵和弹头之间的可观测到的细微差别来识别弹头。为了解决这个问题，需要改变诱饵策略。防御方虽然知道弹头的大概特征，但是不了解它的确切特征。利用这一事实，进攻方可以不十分精确地模拟弹头，而是把诱饵设计成与弹头有微小的特征差异，诱饵彼此之间也有微小的特征差异。以此避免防御系统在很多特征相同的诱饵中识别出唯一与其他物体存在差异的弹头。

3）反模拟技术诱饵

使用反模拟技术，改变弹头的外形，可进一步提高诱饵的欺骗性。这种方法不是使诱饵模拟弹头，而是伪装弹头。通过引入不同的弹头外形，可使大范围内的诱饵特征与弹头的特征相符，以使防御系统面对的诱饵识别问题更为复杂。当目标的特征与防御系统所预期的弹头的特征不太匹配时，那么防御系统要么就因探测器的过滤而未观测到目标，要么就是对目标进行短时间的观测，随后立即放弃，而不必进行仔细辨识。

防御系统使用过滤的方法使得大多数假目标能够被迅速筛选出来，但该方法极易被反模拟技术欺骗。进攻方还可以部署一个或多个与弹头特征类似的诱饵，从多方面来改变弹头的特性。

3. 隐身策略

导弹隐身技术主要通过采取弹头外形优化设计、涂覆雷达隐身材料、导弹使用策略优化等措施，降低导弹的 RCS，从而降低敌方雷达的探测能力，压缩敌方反导系统反应时间，提高导弹突防能力。弹头优化设计主要是针对弹头上的雷达强散射点进行外形优化设计，并结合吸波涂层处理，达到削弱弹头雷达强散射点的目的；涂覆雷达隐身材料主要针对弹头大面积隐身处理或局部隐身处理，通常是采用涂覆吸波材料的方法，降低弹头的雷达回波强度，对敌方雷达等电子侦察设备进行扰乱、迷惑，使其不能准确发现和跟踪真弹头；导弹使用策略优化主要针对导弹飞行过程中采取隐身措施，如导弹姿态优化设计、导引头开机前天线偏转、空气舵偏转等措施。

隐身技术还包括红外隐身技术。红外隐身通过释放红外假目标干扰、红外吸收烟雾、气溶胶遮蔽等措施，造成红外阻挡层；或在固体推进燃料中加入特殊添加剂等手段改变发动机尾焰亮度、形状等信号特征，使天基红外探测器难以发现、监测和跟踪导弹的行踪，或是在弹头上覆盖冷却金属包络层，降低导弹飞行过程中由于气动热导致的弹体表面温度升高，降低弹头自身红外辐射，最终有效缩短反导系统的红外探测距离。

4. 助推段策略

弹道导弹助推段飞行过程中，发动机工作时间长，且发动机火焰红外特性明显；加之弹头与发动机未分离导弹 RCS 较大，因此易于被反导探测系统发现。因此，对弹道导弹拦截的最佳时机是在助推段进行拦截。为了避免弹道导弹在助推段被拦截，通常采用大推力速燃发动机，缩短导弹助推段发动机工作时间并使其在大气层内关机。

采用速燃助推技术，可以在不降低发动机动力性能前提下降低助推发动机工作时间；能够保证发动机在大气层内关机，从而增加对方预警卫星的红外探测发现定位的难度；速燃助推能够压低弹道最高点，使导弹快速进入大气层外，压缩对方对导弹助推段的预警探测时间。

1.4.2　反拦截类突防策略

弹道导弹反拦截类突防策略，主要是规避防御体系对弹道导弹的拦截，以提高弹道导弹的生存能力，保证其顺利完成预定任务。目前采用的反拦截类突防策略有弹道机动飞行、加强防御策略等，其中，弹道机动飞行包括多弹头策略、机动性策略等，加强防御策略包括增强加固和携带护卫导弹等。

1. 多弹头策略

多弹头技术分为集束弹头和分导式多弹头两种。集束弹头是指母舱携带多个子弹头，用弹射或小型火箭同时释放所有子弹头，它们沿着大致相同的弹道攻击同一面目标。子弹头落点密集在标准弹着点周围数千米的范围内，其主要特点是子弹头分散爆炸，成倍地增加对目标区的毁伤效果。分导式多弹头是指母舱携带多个子弹头，可借助末修级制导控制系统逐次释放子弹头，每释放一个，母舱就变轨机动一次，这样子弹头可攻击一个目标或不同的目标，也可以沿着不同的轨道去打击同一目标。多弹头策略中的饱和攻击是采用大量弹道导弹或弹头同时向敌方发起攻击，即多发导弹齐发，当导弹的数量达到一定值，迫使敌方的防御系统饱和，这可以说是弹道导弹最有效的突防方式。这两种方式都可对防御系统进行饱和攻击，对防御方来讲，增加了弹头的漏防率。

2. 机动性策略

导弹机动发射和机动弹道飞行是导弹机动策略的两大主要措施。弹道导弹增强机动能力通常有两种方法：

一是采用机动发射技术增强导弹攻击的突然性，使敌方预警系统难以提供较长时间的预警，甚至很难确定来袭导弹何时到来，来自何方，使拦截导弹无法升空进行有效拦截。弹道导弹机动发射，可采用发射车、大型舰船、潜艇平台发射，代替导弹发射井发射方式，从而提高弹道导弹发射位置的不确定性，减少敌方预警系统的预警时间，为导弹突防创造较好的条件。

二是采用机动变轨技术，使弹道导弹沿着变化弹道飞行，以有效突破敌防御系统的拦截，导弹机动飞行主要目的是增加敌方反导系统对导弹弹道预测难度，同时利于躲避拦截弹的拦截，通常采用高弹道、机动滑翔弹头等技术。高弹道机动是指弹头以近似垂直的角度再入大气层，弹头速度高，敌方防御系统较难对垂直方向进行探测覆盖及拦截。机动滑翔弹头指弹头与助推发动机分离后，按照抛物线弹道进入大气层外，随后弹头到达预定位置再入，弹头再入初期仍采用抛物线弹道形式，当弹头控制系统判断到达机动飞行点后，控制系统控制弹头按预定机动弹道飞行，直至命中目标。机动滑翔弹头的优点是弹头飞行弹道低，且弹道机动，不易被防御系统准确预测弹道并实施拦截，如图 1.8 所示。为了保证弹道导弹的机动性和命中精度，可以采用中段和末段的精确制导，包括激光陀螺、星光跟踪技术及末制导技术、先进的惯性加星光修正和地形匹配末制导技术等。

图 1.8　机动滑翔弹头规避预警示意图

弹道导弹机动策略还可以采用在大气层外的跳跃式飞行方式，以致敌方预警系统很难判断出导弹的飞行轨迹，探测不到跳跃式弹道导弹的行踪，大大压缩防御系统的预警时间。即使弹道导弹再入时被预警系统发现，但由于这时导弹再入的马赫数很高，下落时间很短，敌方防御系统也来不及拦截，从而大大提高导弹的突防能力。

3. 加强防御策略

反导弹弹头爆炸时所产生的大量高能粒子流、电磁辐射等特殊效应能在较大范围内破坏、摧毁来袭导弹或其他电子设备。为确保弹道导弹成功突防并击中目标，需对导弹、弹头及电子设备进行抗核加固。

加强防御策略主要包括弹头加固、携带护卫导弹等措施。弹头加固主要是对弹体表面进行处理，如包覆吸收材料或多孔膨胀材料，降低拦截弹爆破冲击波；为防电磁脉冲，需对弹上含射频天线的电子设备内部采用增加滤波器、限幅器、特种保护线路等措施，避免设备被强电磁脉冲烧毁。

携带护卫导弹是弹道导弹加强防御策略，提高导弹突防能力的新举措。携带护卫导弹的突防方式类似于多弹头的突防方式，但与多弹头突防方式的最大不同在于，弹头可以携带多枚微小型护卫导弹，该弹头的突防方式可以对多枚拦截弹进行有效攻击，而多弹头是采用分弹道突防（即使有的子弹头被拦截摧毁，其他子弹头仍可攻击目标），这样的突防方式集成了反侦察和反拦截突防方式的优点，即弹道导弹所携带的子弹头自身有制导系统，具有好的机动性。另外，当拦截弹接近弹道导弹时，小导弹开始脱离母体，也能起到迷惑拦截弹的作用，使其不能正常跟踪和拦截。携带护卫弹要求进攻导弹空间及载荷较大，在装载有效载荷的同时需考虑护卫弹所带来的资源消耗。该突防方法适用于具有战略地位的大型弹道导弹，如战略核导弹、远程战略导弹等。

1.5　弹道导弹突防技术

导弹攻防对抗过程涉及进攻方的武器、指挥控制和情报侦察系统，拦截方的预警探测、武器拦截和作战管理与指挥系统。就导弹突防原理而言，导弹打击提高突防效能的措施包括反侦察和反拦截两类：反侦察措施使反导防御系统“看不清”或“看得迟”或“看不到”，削弱反导防御系统对导弹的预警探测、跟踪和识别能力，降低其探测发现概率。反拦截措施使反导防御系统“拦不着”和“拦得少”，削弱反导防御系统拦截武器对导弹的拦截能力，降低其拦截成功率。

弹道导弹突防技术可以分为反识别突防技术、反拦截突防技术和体系对抗突防技术三大类。反识别突防技术主要包括隐身技术、干扰技术和诱饵技术。反拦截突防技术主要包括加固技术、多弹头技术和机动变轨技术。体系对抗突防技术是利用体系对抗的能力，对敌方的作战体系、导弹防御体系进行打击，如摧毁敌方预警卫星和雷达，使敌方的反导防御系统在探测、监视、预警、指挥、打击、通信、评估反馈等方面，在一段时间内处于瘫痪状态，为进攻方导弹武器打开“缺口”，成功突防。

1.5.1　反识别类突防技术

1. 隐身突防技术

弹道导弹上采用的隐身技术主要包括对红外和雷达的隐身，其原理与飞机隐身技术大致相同。导弹表面涂敷特殊吸波复合材料和降温复合涂层，以减少电磁波发射、红外辐射特征信号，降低 RCS。美国“民兵”洲际导弹的 MK12 弹头就采用了雷达隐身技术，俄罗斯“白杨”-M 导弹则实现了雷达和红外隐身一体化。如果 RCS 降低 1~2 个数量级，则可使敌方雷达有效探测距离相应降低 40%~70%。将弹头安装在用液氮冷却的屏蔽罩内或温度较低的弹壳内，并采用纳米复合材料和铁氧体等隐身材料，则能使目标的 RCS 减小 10~20dBsm。采用锥形弹头设计，亦可以降低弹头 RCS。在发动机喷管外安装红外辐射吸收装置，推进剂中添加复合剂以降低发动机喷焰的红外信号，改变红外辐射的频谱，可以躲避以红外热敏跟踪技术为基础的天基探测传感器的搜索，降低导弹预警卫星红外探测传感器的探测和定位精度，使红外热敏跟踪制导的拦截导弹不能发挥作用。

等离子发生器一般采用气体放电法产生等离子体，由于发生器存在重量、体积和电源功耗很大等问题，加之安装等离子体发生器产生的高温会损坏弹头材料等，这些工艺和技术的未解决，阻碍了等离子体隐身技术在弹头上的应用。但是，等离子体技术无须改变飞行器外形结构便降低飞行器 RCS，实现了既保留武器原有作战性能，又能隐身的目标，这种技术优势无疑是未来弹头隐身的发展方向。

2. 干扰突防技术

雷达干扰通过辐射和散射等手段，使得目标雷达发射的电磁波无法正常回传，不能正确有效地获取我方信息，干扰或破坏目标雷达的正常工作。就干扰效果而言，干扰包括压制式干扰和欺骗式干扰。一般将噪声干扰称为压制式干扰，压制式干扰实质就是干扰机与雷达“硬碰硬”，通过大功率的噪声输出，抢占电磁频谱的主动权。这要求干扰机的体积、功率较大，使敌方雷达接收大功率强噪声信号，噪声信号将有用目标信号覆盖，导致敌方雷达无法发现目标。有源压制性干扰是一种强噪声或杂乱辐射干扰，是弹道导弹突防采用的一种主要干扰手段。这种干扰使敌方雷达接收端信噪比严重降低，使有用信号模糊不清或淹没在杂乱信号之中，致使接收机、数据处理设备过载或饱和。有源欺骗假目标干扰主动发射或转发与真实信号相似的电磁信号，给被干扰雷达形成虚假的目标环境，使雷达真假难辨，或难以处理过多信号。

装配在导弹弹头上的干扰设备，主要用于干扰反导防御系统的雷达和拦截导弹。在突防弹头上安装干扰欺骗装置，投放噪声干扰机或发射功率强大的干扰信号，其调制的起伏干扰波形可有效抑制预警探测雷达获取突防导弹的距离参数，增加雷达跟踪目标的角度误差，使探测雷达无法发现其他子弹头，从而干扰拦截导弹实施准确攻击。对采用红外导引头进行目标识别的拦截导弹，可利用导弹上安装的红外干扰装置和再入诱饵装置释放红外干扰弹，红外干扰弹可产生与突防弹头一致的红外辐射信号。若拦截导弹采用毫米波导引头，则可利用有源干扰装置对毫米波导引头进行欺骗性干扰，增加导弹拦截的脱靶量或引偏拦截导弹。进入导弹防御区后，分批释放金属箔条、喷涂表面薄膜的高空气球、涂有铝和银等金属层的玻璃纤维、尼龙纤维等，可与真弹头一起形成饱和进攻态势。由于导弹弹头体积质量有限，携带的干扰设备也受到限制，因此通过派遣隐形作战飞机或发射专用导弹干扰敌方反导防御系统的先遣突防手段也备受重视。

3. 诱饵突防技术

诱饵是迷惑对方雷达以掩护真弹头突破反导系统的假目标或假弹头，在适当时机和高度抛出，道高度的变化逐步散开并随真弹头同步飞行，形成多个假目标群，使对方雷达难以辨别真假而实施突防攻击。诱饵通常采用喷涂金属薄膜并与真弹头质量速度相当的重诱饵或气球，使雷达受到干扰或达到饱和状态无法识别真弹头。由于进入大气层后，空气阻力使诱饵与弹头相比速度较慢而被识别，因此诱饵突防常被用于没有空气阻力的大气层外突防上。随着探测识别技术的发展，为提高对探测装置的干扰效果，目前发展的诱饵力求在多种特性，如速度、气动、红外、RCS 等目标特性方面，与真实弹头相似，此外还应有足够数量，以使反导系统的探测、拦截趋于饱和。

雷达轻诱饵主要在真空环境中飞行，能进行无空气阻力的伴随弹头飞行，主要特点是质量小、体积小、数量大、易制和价廉。这些充气式锥体、球体、干扰条等不同尺寸、外形的制品，其内部残存气体释放至真空环境后迅速膨胀成型，产生与弹头 RCS 相近的雷达目标特性。它可以是单个诱饵，也可以是集合式诱饵，甚至是覆盖一定空域的云团假目标。

红外诱饵干扰不同于雷达轻诱饵干扰，它配有内热源，结构上要复杂得多。它要产生与弹头相近的红外辐射特性，同时还要具有反射雷达波的作用。红外诱饵是在中段释放的一次性使用的光电干扰装置，它通过模仿弹头的光电辐射/反射特性，诱骗导弹防御系统的红外识别和红外寻的，从而减小对弹头的威胁，提高弹头的突防概率。

智能诱饵技术属于主动式诱饵技术，具有主动发射复杂干扰信号的能力。可使用内置计算机芯片在导弹飞行中接收信息，并自主确定脉冲通过转发器发出的信号，还能探测到反导拦截弹的发射，必要时主动引诱拦截弹对诱饵发起攻击保护弹头，甚至具有主动攻击拦截弹的对抗能力。目前，美国已研制出的智能诱饵，前端安装有雷达干扰转发器，不仅能模拟弹头特征信号对敌方探测雷达进行欺骗，还能自动生成干扰信号对敌方雷达进行干扰。若这项技术应用于未来的导弹系统，将对突防起到重大作用。

1.5.2　反拦截率突防技术

1. 弹头突防加固技术

在海湾战争中，就曾出现“飞毛腿”弹头穿过“爱国者”导弹爆炸后形成的破片云继续飞行的情景。对弹头加固通常采用弹头表面包覆吸收材料或多孔膨胀材料，为防电磁脉冲，主要采用铝镁合金等实施整体屏蔽，并设计滤波器、限幅器、特种保护线路等保护弹头内部电路。

抗激光技术是为抵御激光武器对导弹或弹头的拦截毁伤所采用的技术，主要包括：在导弹弹头壳体外表面涂敷反激光材料，以吸收或反射激光能量；在助推器上增设保护罩，在推进剂中加入不同的添加剂，使导弹尾焰亮度发生变化或使尾焰呈不稳定状态；旋转导弹或弹头，使激光无法聚焦在同一部位等。导弹进行自旋，可对付热杀伤激光器，迫使连续波激光留靶时间至少增加 3.14 倍，这是由于导弹自旋，使激光能量分散到导弹表面各处。

2. 多弹头突防技术

多弹头技术是一枚导弹母弹头能同时或逐次释放多个子弹头的一种突防技术，研制初期主要的设想是针对一枚反导拦截弹只能拦截一枚弹头的弱点将其改进，使其同时又具有打击范围宽和节约成本的优点，类型有集束式、分导式和全导式。

集束式多弹头是多弹头中最简单的一种，其母舱与子弹头均无推进和控制系统。释放弹头时，释放机构将全部子弹头连同其他诱饵同时推离母舱（也可使子弹头逐个滑出)，沿着略微分开的弹道惯性飞向一个区域性目标，母弹和子弹均不具有机动能力。

分导式多弹头是目前较成熟的多弹头突防技术，结构比较复杂。其母舱内装有一台主发动机和多台姿态控制发动机，用来修正与弹体分离后的母舱飞行偏差，控制母舱按预定程序作机动飞行，在不同高度，以不同弹道同时或逐个释放子弹头，分别攻击不同目标或沿不同的弹道攻击同一目标。通常，一枚导弹可携带3~10个子弹头，典型的有美国的"民兵"Ⅲ导弹，如图1.9所示。这种弹头不带制导系统和推进器，而由导弹的机动式末级，即所谓末助推控制系统（PBCS）或母舱携带弹头和导弹的制导控制系统来实现其机动。"民兵"Ⅲ母舱的主发动机采用液体燃料，可以多次启动，投放弹头时能自动熄火。每释放一个弹头，母舱机动一次，并调整飞行轨迹和姿态，弹头自身不带制导系统和推进器，被释放后沿惯性弹道飞行。

（a）Mk-12核弹头

（b）W87 Mk-21核弹头

图1.9　美国"民兵"Ⅲ分导式多弹头

全导式多弹头技术采用多枚全导式弹头，子弹头自带发动机和制导控制系统，可分别打击不同目标，弹头可机动、主动飞行躲避反导系统的拦截。全导式机动突防不仅具有分导能力，而且每个弹头带有控制系统，可以机动飞行。母弹释放子弹头弹时可采取时间间隔或空间间隔的释放手段，子弹间有较大的相互间隔，造成大时域和大空域散布，不规则机动俯冲，若加之弹间数据链技术、再入机动导引一体化技术等，导弹不仅能够成功突防，而且还能提高弹头的命中精度。

3. 机动变轨技术

由于导弹中段惯性飞行时间相对长、弹道相对固定，并易于拦截，弹道导弹的中段防御成为目前导弹防御系统部署和发展的重点，提高弹道导弹中段突防能力成为保持导弹生命力和战斗力的重要手段。机动突防技术凭借其反探测、反拦截的双重特点成为突防技术研究中的重要发展方向。因此，发展形式多样、行之有效的中段机动突防技术对提高导弹武器系统效能具有十分重要的意义。弹道导弹的机动变轨是指导弹利用空气动力或推力改变原有飞行弹道，如图1.10所示。智能机动变轨，即被拦截目标根据拦截器的飞行状态，有目的地机动变轨。

随着中段防御技术的逐渐成熟，弹道导弹中段机动突防技术得到了较为广泛的研究，并取得一定的成果。现有的中段机动突防技术主要包括中段程序式机动突防、主动

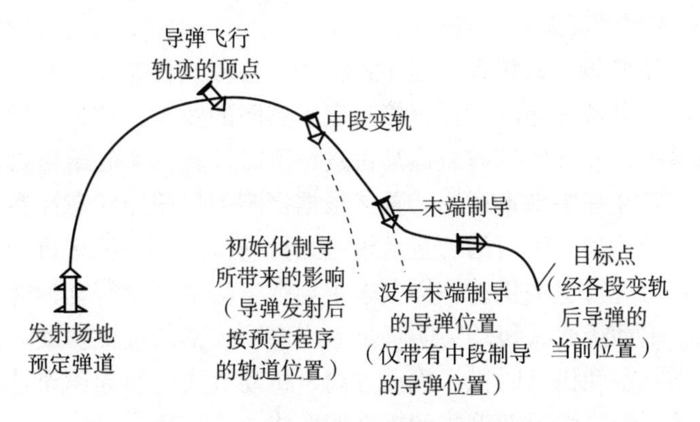

图 1.10　导弹机动变轨突防示意图

规避式机动突防、绕飞探测拦截区突防、横向机动弹道突防等。

1）中段程序式机动突防

中段程序式机动突防的原理就是弹道导弹在自由段飞行时，在导引头探测到敌方防御系统对我方进攻导弹进行拦截时，导弹上的控制机构便按照事先设定好的机动程序控制弹道导弹改变飞行弹道。此举的意义就是机动飞行致使敌方防御系统无法预测我方实际飞行弹道而拦截失败。因为在自由段飞行过程中，不管是弹道导弹还是拦截器飞行速度都非常高，在无法预测弹道进行提前预瞄的情况下，只依靠有限的发动机推力进行机动拦截，将很难对弹道导弹拦截成功。

在预设程序控制下，中段程序式机动突防技术利用动力系统实现中段弹道机动飞行，通过破坏弹道导弹预警中段拦截系统对自由段弹道的预测机理达到突防的目的。中段程序式机动导弹在发射前依据弹道导弹预警中段拦截系统的部署及相关特征参数，合理设计中段机动飞行程序、控制姿控、轨道控制发动机开关机时间，改变弹头飞行姿态及原有抛物线飞行弹道，形成机动跳跃弹道，如滑翔弹道、跳跃式 M 形弹道，从而压缩反导防御系统预警时间或使其丧失拦截条件。中段程序式机动可归类为无目的机动，该方式在导弹发射前事先确定中段机动时机和程序，其有效突防必须建立在准确掌握拦截系统的部署、相关模型参数和交战规则的基础上，在实际应用中存在较大的困难。同时，中段程序式机动一般需要携带大推力火箭发动机或超燃冲压发动机，工程实现上难度较大。目前常见的程序机动弹道如图 1.11 和图 1.12 所示，其中包括助推跳跃式飞行弹道和助推滑翔式飞行弹道，都能使敌方无法预测弹道而拦截失败。

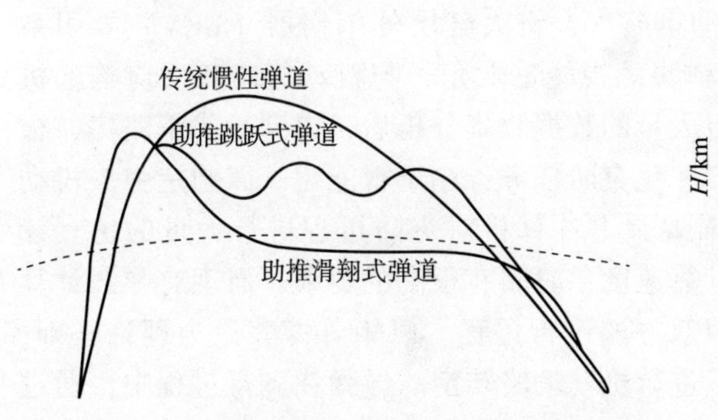

图 1.11　传统弹道与滑翔式弹道示意图

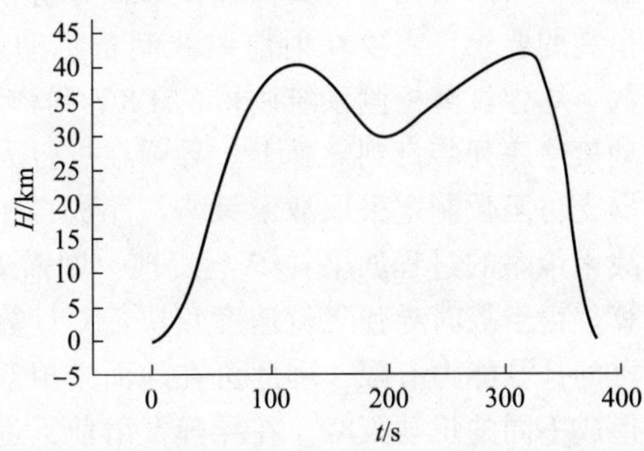

图 1.12　M 形弹道示意图

2）主动规避式机动突防

自主规避式机动突防方式相较于程序式机动突防方式智能化一些，该突防方式依靠自身探测设备，探测设备性能的优劣直接决定了突防的效果。首先，探测设备探测敌方拦截器运动状态参数，并且依靠弹载计算机进行实时计算，实时给出机动突防指令。主动规避式机动突防是在弹头携带探测装置，根据探测的拦截器状态参数，按照给定的制导律实施有目的机动达到突防目的。主动规避式机动突防是一种有目的机动，正如空战对抗利用飞行员智力进行空中机动一样，未来导弹突防也必将符合智能化对抗这一武器发展规律，因此，主动规避式机动突防将是未来突防技术的重要发展方向。其关键点在于准确探测拦截器状态和机动时机、机动方向、机动方式的制导律设计。现在最常用的两种自主机动突防理论是微分对策式和矩阵博弈式。

（1）微分对策式。微分对策的研究思想是攻防双方均能在已知情况下做出自己认为最优的控制，以达到使脱靶量最大/最小的效果。在弹道导弹和拦截器攻防对抗问题中，弹道导弹和拦截器分别表示对策双方，构建攻防对抗模型，并且一般以脱靶量和控制能量消耗作为双方性能指标。攻防双方在各自所能探测的对抗状态下做出自己认为最优的机动决策，来促使性能指标最大或者最小。该类自主机动突防理论一般结合最优控制进行模型求解，但很难获得解析解，求其数值解又需要消耗大量计算机资源来保证较高的精度和实时性。

基于微分对策的弹道导弹机动突防策略将数学泛函的双边极值问题引进到弹头与反导拦截器的攻防对抗模型中，将突防弹与拦截弹设为对策双方，加入再入点位置和速度等终端约束、机动过载和控制变量约束，以终端脱靶量、拦截弹的控制能量等为性能指标，结合突防弹和拦截弹的运动模型构建 Hamilton 函数，由双方极值的二阶必要条件求解最优突防和拦截策略。

（2）矩阵博弈式。矩阵博弈式自主机动突防方式，结合程序式机动突防和自主规避式机动突防两种突防方式的特点。既预先装载机动突防指令策略库，在实际攻防对抗过程中，通过弹载探测设备探测拦截器的运动状态参数，然后依靠弹载计算机在机动策略库中进行快速搜索，并实时给出机动突防指令。这样的对抗过程更类似于相互博弈，各自出招，但更依靠弹载计算机的实时计算以及探测设备的精准探测。

突防弹与拦截弹的模型可视为二人零和有限重复的博弈问题，将突防弹与拦截弹分别视为局中人，以脱靶量及其负值分别作为二者的支付。由于采用博弈的方法制定机动策略需要大量仿真计算及数据分析，对弹载计算机的计算速度及存储空间提出了很高的要求，需要在射前离线制备机动策略库，将大气层外杀伤器（EKV）导引系数、导弹红外探测系统测得的 EKV 到弹头的视线偏航角、与机动策略相对应构建机动策略序列装订到导弹上。导弹在进行大量的数据收集分析后，得到最优策略集，根据支付函数制定采取战术策略，完成自主化突防任务，趋于智能化。而制定弹头机动战术策略的过程如果在弹上实现，则需要弹上计算机对突防过程进行大量的仿真计算。由于战时导弹飞行速度较快，对计算速度、时间有很高的要求，而现有弹载计算机的计算能力有限，因此可在地面模拟双方的飞行过程，以矩阵博弈论为理论基础，形成不同的机动策略。在导弹发射前，进行机动策略转定。导弹在飞行过程中，通过探测识别出 EKV 的导引参数，并将弹头偏航角输入到弹上计算机，直接调出相应的机动策略完成机动突防。

3）绕飞探测拦截区突防

绕飞探测拦截区突防是利用强大的动力系统，通过横向弹道机动绕开已知的反导探测拦截区，实现有效突防。该方法首先根据探测及拦截系统的部署，确定敌探测拦截区域。通过优化俯仰和偏航程序角、初始瞄准方位角等控制参数，改变导弹沿铅垂面飞行的传统方法，实现大横向弹道机动，绕开反导系统探测拦截区，或压缩导弹在探测拦截区飞行时间，从而达到有效突防的目的。

这种突防方式不需要获悉拦截弹的具体参数和交战规则，仅需要了解反导系统的大体部署及探测和拦截区域信息即可。但是，这种突防方式在主动段飞行过程中不再沿铅垂线飞行，需要消耗大量的能量，对导弹发动机的要求较高，完成绕飞需要由多级大推力火箭发动机进行非连续点火控制才能完成，其所需能量约为一般洲际弹道导弹的1.8倍，工程实现较为困难。

4）对抗式突防

对抗式突防通过对敌方导弹防御系统工作流程、拦截原理的分析，利用导弹防御系统的不足，通过针对性的弹道设计实现突防。进行纵横向机动跳跃弹道设计，采用发动机多次点火的方式，实现弹道的纵向跳跃机动。在此基础上，进行变射面横向机动弹道设计，按给定的初始离面角偏离传统射面发射，一级沿初始离面角指向的射面飞行，二级向传统射面方向进行弹道横向机动。

通过初始离面角、二级横向飞行程序角设计和二级发动机开关机时间设计，共同作用构成纵横向机动跳跃的空间三维弹道。导弹点火后，一级偏离射面飞行，导弹在该射面内完成纵向程序转弯。由于一级飞行射面偏离传统射面，因此，根据弹道平面无法预判导弹的目标区，给导弹拦截系统的准确预警带来困难。合理地设计发动机开关机时间，将导弹惯性飞行时间进行分割，减少各惯性飞行段的飞行时间，从而实现导弹在防御系统一个工作周期内至少进行一次机动并超出EKV的可机动范围。这种方式同时克服了导弹在平面内飞行、弹道可预测性强的两个拦截条件，具有较强的突防效能。发动机多次开关机的稳定控制是实现这一技术的关键。发动机多次开关机的方式与多级发动机非连续点火相比，可在任意时间进行弹道机动或惯性飞行，可控性强，与多级火箭相比，采用发动机多次点火的方式能够更有效地利用能量，有较大的研究价值。

1.5.3　体系对抗突防技术

未来的导弹防御系统是一个由海基、陆基、空基、天基组成的多层次、全方位一体化防御体系。对来袭弹道导弹而言，要突破的是一个复杂防御体系的拦截，从体系上解决导弹突防问题是大趋势。

导弹防御系统对洲际弹道导弹的防御由预警、探测、跟踪、拦截依次衔接，并由多种技术手段和设备接力完成，任何一个作战环节出现问题，即预警探测、指挥控制、拦截武器系统三大系统中的任意一个系统失效，都会对弹道导弹失去防御能力。因此，从体系突防角度考虑，既要发展致盲或者破坏敌方预警卫星和雷达、切断通信系统，或者摧毁/瘫痪指控节点的技术与装备，如反卫星卫星、计算机病毒、高功率微波武器、先进反辐射导弹等，使敌方防御系统在预警、探测、监视、指挥、通信等方面，在一定时间内处于瘫痪状态或者是彻底破坏，从而为进攻方导弹突防打开缺口；又要探索导弹突防战术的运用，如采用多发齐射、分进合击、分批次多波次攻击等协同突防战术，以饱和防御系统使之失效。此外，还要探索将不同类型、性能特点各异的打击武器配系发展，将不同功能的弹道式和滑翔式打击武器协同运用、分工互补，形成一个协同打击体系，借助弹间数据链技术实现态势感知共享，在一体化指控系统的指挥下，形成在不同空域同时作战、对防御体系不同目标实施同时打击，从而达到整体突防最优。

1.5.4　多技术组合突防

洲际弹道导弹要完成打击目标的作战任务，必须实现在发射前、助推段、中段和末段的全程突防，仅依靠一种突防技术是无法突破防御系统的拦截的。

发射前，利用天然或人为的其他热源模拟导弹喷焰，混淆敌方红外探测系统。在弹道导弹的助推段，导弹飞行速度慢，目标 RCS 大，导弹发动机排出的灼热气流热辐射特性明显，需要采取一系列降低红外信号特征的技术手段，包括降低或改变导弹发动机尾焰的辐射特性，缩短助推段发动机关机时间，以使敌方预警探测与跟踪系统探测、跟踪目标困难。采用柔性发动机改变推力方向使导弹滚动，对导弹进行抗激光加固设计，在发射区投放烟幕、热熔胶等对抗激光武器攻击。在弹道导弹飞行的中段，导弹飞行时间相对长，是突破反导系统的重点阶段。由于发动机已关闭，红外辐射信号大大降低，躲避雷达探测和识别是该阶段重点，可采用诱饵技术、电子干扰技术、隐身技术等。同时，躲避反导武器拦截也是该阶段面临的重要问题，可采用多头分导、机动变轨技术、释放主动反拦截器等。弹道导弹飞行的末段，是突破敌方导弹防御系统、对目标进行精确打击的关键一段。由于弹头再入大气层，需要采用弹头热屏蔽等技术降低红外特征，以防止红外探测器的“热追踪”。携带弹载干扰装置和再入诱饵对敌地面雷达进行干扰。采用多弹头饱和敌方反导武器的攻击能力。通过机动变轨改变再入弹道，躲避拦截武器拦截。洲际弹道导弹的突防必将集各阶段突防技术的全弹道突防，是隐身技术、弹体主动滚转技术、发动机速燃助推技术、降低信号特征技术、有源/无源电子干扰技术、诱饵技术、智能拦截器对抗技术、非惯性弹道突防技术、多弹头技术的优化组合应用，达成突防效果最优，这是未来导弹突防研究方向。

1.6　典型阶段弹道导弹突防手段

弹道导弹不同飞行阶段的状态不同，自由飞行段是弹道导弹最长的飞行阶段，期间发射的弹体碎片、诱饵等处于近似真空的环境中，在重力的作用下伴随弹头飞行，逐渐形成扩散的目标群。末段是当弹道导弹的弹头再入大气层后的飞行过程，可以借助空气动力飞行，根据飞行高度可细分为末段高层、末段低层，期间弹体的碎片和轻诱饵等很快被大气过滤掉，剩下的弹头和重诱饵高速飞行，针对不同飞行阶段的状态，如图 1.13 所示，其突防的手段也各有不同。

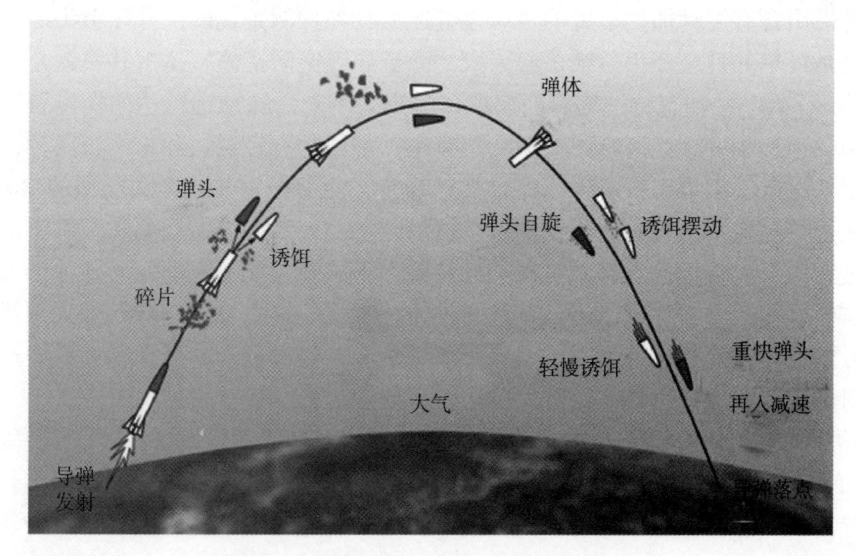

图 1.13　弹道导弹飞行突防过程示意图

1.6.1　稀薄大气层典型突防手段

该阶段的导弹高度一般为 60~150km，该阶段导弹已经完成头体分离，其弹头 RCS 非常低，在 S~X 波段的 RCS 约为 0.1m^2；由于处于稀薄大气层中，该阶段依然存在大量的光电轻诱饵（6~12 个），这些轻诱饵质量小、体积小数量大，通过气压膨胀成型，产生与弹头接近的雷达目标特性，在真空中进行无空气阻力的伴飞，在稀薄大气层中，质阻比较小，同时弹体解体产生了多个较大伴飞物（3~6 个）。该阶段会产生多个目标群，扩散直径一般在 3km 以内。

1.6.2　导弹中段典型突防手段

该阶段的导弹高度一般高于 150km。由于在弹道导弹的助推段，弹道导弹通常没有释放各种突防措施，在该阶段有可能采取的突防措施主要是降低天基红外卫星发现的发动机红外特征缩减技术，同时较好地隐蔽关机点，到自由飞行段后释放多个弹头及各类假目标。多弹头分导数一般为 1~5 个，释放的重诱饵为 1~2 个，飞行过程中，真假弹头和轻重诱饵形成目标群，一般群目标的直径约为 2km，各群之间的距离为 20km，落点相同。

弹道导弹飞行的中段，导弹飞行时间相对长，是突破反导系统的重要阶段。由于发动机已关闭，红外辐射信号大大降低，躲避雷达探测和识别是该阶段重点，这时候导弹可采用弹头隐身、诱饵技术、电子干扰技术；躲避反导武器拦截也是该阶段面临的重要问题，可采用多头分导、机动变轨技术、释放主动反拦截器措施等。弹头隐身主要采用雷达隐身和红外隐身两种主要的方法，其中雷达隐身包括外形隐身设计和采用吸波材料，用以降低 RCS，减少目标雷达特性。同时，还可以将弹头包裹在金属聚酯薄膜气球中，混杂在大量外观与之相似的空气球中一同释放，使雷达难以识别真假目标。红外隐身主要针对对方的红外探测系统发现、跟踪和瞄准。例如在导弹弹头安装红外干扰装置，或者采用含有主动加热装置的气球也会迷惑红外探测系统的红外导引头。

诱饵是最早并且至今仍然被普遍采取的弹道导弹突防措施，诱饵其实就是一类假目标，从外形、RCS、动态特性等方面模拟真弹头，用来消耗预警雷达的探测资源，增加真假弹头的识别难度，提高真弹头的突防概率。常见的有轻诱饵和重诱饵两种，轻诱饵适用于中段无空气阻力飞行阶段，适合大量释放，能够产生与真弹头类似的 RCS 特性；重诱饵适合伴随弹头再入大气层。电子对抗措施主要针对各类型探测和跟踪雷达，弹头在飞行过程中，向目标上空释放有源干扰装置，干扰装置能够主动发射各种强大的无线电干扰信号，使敌方雷达难以进行正常的工作，干扰装置也可以进行欺骗式干扰，通过接收敌方的反导预警雷达的搜索、跟踪、识别信号，经过适当的处理，然后向这些雷达主动发射欺骗或者引诱信号，使敌方雷达被引向假目标，掩护真弹头突防。

多弹头分导、弹头的变轨机动等的反拦截手段等都是为了对付中段的拦截器。其中，机动变轨就是弹头在跟弹体分离后，根据需要改变飞行弹道，实施机动飞行，增加敌方反导系统对导弹弹道预测的难度，同时有利于躲避拦截弹的拦截，是一种非常重要的弹头突防措施。

综上，在该阶段目标识别的环境，除了大量的碎片外，还包括：释放轻诱饵，用于破坏探测系统的数据关联，掩盖弹头特征，大量消耗防御系统的目标探测与识别资源；降低弹头特征信号，用于降低目标的可探测性，增加防御系统探测与识别时间；有源主动干扰，用于降低防御系统的目标探测与识别能力；复制诱饵，使导弹防御系统产生虚假目标；无源箔条干扰，用于屏蔽真目标，增加防御系统探测与识别难度。

1.6.3 再入大气层典型突防手段

弹头飞行再入段是突破敌方导弹防御系统、对目标进行精确打击的关键段。再入段突防是战略、战术型弹道导弹共同面对的问题，对于战略导弹的再入段机动和高再入速度以及战略毁伤目的而言，对弹头再入段的拦截在一定程度上失去了意义并存在极大的难度。因此，再入段突防态势更多的是战术型弹道导弹（TBM）进攻和低层反导防御系统拦截的攻防对抗。在这种态势下，对兼具搜索、跟踪、制导的相控阵雷达的对抗将成为弹道导弹突防的重点。

由于弹头再入大气层，需要采用弹头热屏蔽等技术降低红外特征，以防止红外探测器的“热追踪”；携带弹载干扰装置和再入诱饵对敌地面雷达进行干扰；采用多弹头饱和敌方反导武器的攻击能力；通过机动变轨改变再入弹道躲避拦截武器拦截。再入过程主要的突防措施是重诱饵（也称假弹头或者假目标），是带有推动力的弹头复制品，外形像再入弹头，尤其具备与真弹头相似的雷达特征。运动特性和弹道系数与真弹头非常相近，在真空段尤其是在再入段能够模拟弹头回波信号随时间的起伏特性。在弹头再入突防过程中，真弹头隐藏在许多简单和复杂的诱饵所组成的群目标中，共同构成弹头再入复杂的目标环境。有关研究证明，当子弹头数为 5~15 个时，导弹的突防概率趋近于100%，即拦截导弹无法对其进行有效拦截。若弹头采用末制导技术，则再入飞行时的弹道将变得更为复杂，而末制导的目的就是提高导弹的命中精度和突防能力以及实施对移动目标的打击等。

再入段阶段的导弹高度一般在 60km 以下，该阶段轻诱饵已经被大气过滤，但是再入重诱饵（1~2个）仍然伴飞弹头，其质阻比达到1000~5000kg/m^2。同时，伴飞弹头的还有假目标欺骗式转发干扰机以及其他解体的较大伴飞物（3~6个）。

再入段的弹头机动变轨和适当时机释放的子母式多弹头，可降低防御方的拦截概率或大大消耗拦截弹数量，提高导弹突防的效费比；再入重诱饵的伴随，同样起到消耗拦截弹和增大拦截误差和拦截难度的作用；带有辐射源定向定位的被动式精确导引弹头或专用导弹，可对特定雷达辐射源实施硬打击，毁伤其跟踪制导的作战能力；主动的电子干扰手段，在弹载平台或弹载携带释放平台主动电子对抗，包括对雷达的搜索截获、目标指示、跟踪制导、导引拦截、引导杀伤多个环节的干扰。适合于这些环节并满足弹头特性（含环境条件适应性）的有效干扰方法均是可选择的突防手段。

在再入段的突防阶段，一般不考虑红外干扰和通信干扰突防，这是由再入段进攻弹头“三性”（运动特性、红外特性、电磁谱特性）和防御系统的固有特性所决定的。主动的电子（有源）干扰，其采用的方法和实施的途径是多样化的。可选择的电子干扰突防手段或方法有：噪声压制干扰，有效抑制雷达获取目标的距离信息；应答式欺骗干扰，形成经频率、幅度、相位和时域调制的假目标信号；信号相参的角度欺骗干扰；多种体制的组合干扰；宽频带、自适应复合干扰。有效电子干扰突防必备的实施条件：足够高的功率（尤其在宽带噪声阻塞时）；在防御雷达天线方向图内（弹载或伴飞）；被干扰对象的工作频率在干扰机的选定频率上（带内）；干扰机能同时对付复杂信号（有分选和干扰管理能力）；快速反应能力（立即干扰）。

有效电子干扰突防实施的其他充分条件：防御雷达系统接收到的信号大于来袭弹头的反射信号；防御雷达系统的接收系统无法分辨其接收到的信号是干扰信号还是目标反射信号；对多阵地多传感器（组网雷达）的干扰（多方向干扰或方位覆盖）；充分利用先验信息掌握被干扰对象尽可能多的细微信息特征；尽量处于静默状态，不能成为防御方的信标；体积、质量等弹载条件和环境条件的适应性。

1.7 小结

各国在提升弹道导弹射程以拓展其打击范围的同时，不断提升其技术含量，推动各类型弹道导弹向着高技术、强突防能力、强机动能力、精确打击能力、多毁伤手段、一体化作战的方向发展。弹道导弹突防与防御系统是一对矛与盾的关系。随着科学技术的发展，导弹防御系统不断进步，对弹道导弹突防能力提出更高要求。要实现弹道导弹的真正突防，需要综合运用电子干扰、诱饵、隐身、加强防御、导弹机动等多种突防策略。随着时代的发展，需要弹道导弹在突防手段、导引控制、机动能力、导弹使用策略等方面不断优化，以提高突防能力。

第2章　美国弹道导弹防御系统

2.1　发展综述

2.1.1　弹道导弹防御的早期发展

早在20世纪40年代中期德国V型导弹开始打击欧洲目标之时，人们便对开发可以防御弹道导弹威胁的能力产生了兴趣。德国V1导弹（图2.1）是德国在第二次世界大战末研制的飞航式导弹，是世界上最早出现并在战争中使用的导弹，用于袭击英国、荷兰和比利时。V1导弹用弹射器发射，也可从运载机上发射，然后依靠弹上的控制系统导向预定弹道作水平飞行，而后向目标俯冲。V1导弹质量为2.2t，导弹长7.6m，弹径0.82m，翼展5.3m，动力装置为脉冲喷气发动机，飞行速度为550~600km/h，飞行高度2000m，射程为370km。战斗部装药700kg。V2导弹（图2.2）是德国在1942年研制的第一种弹道导弹。意为“报复性武器2”，其目的在于从欧洲大陆直接准确地打击英国本土目标，它是火箭技术进入一个新时期的标志，最大航程320km。V2导弹是依靠自身动力装置推进，由制导系统引向目标的武器。导弹战斗部（即弹头）可是普通装药、核装药，或是化学、生物战剂。

图2.1　德国V1型导弹示意图

图2.2　德国处于发射状态的V2导弹

1944年6月13日，首枚V1导弹袭击了伦敦，随后在1944年9月8日，首枚V2导弹再次袭击了伦敦。1945年3月27日，德国人对伦敦发动了最后一次导弹袭击，V型导弹已致使3万多名平民伤亡，数十万人无家可归。防御V型导弹的最早努力包括大量使用防空武器，以及使用英国皇家空军快速反应战斗机，在来袭飞行炸弹飞抵目标前将其击落或“引爆”。

第二次世界大战结束后，美苏两国相继开始制定和实施反导弹计划。1945—1949年，美国空军最早启动反弹道导弹（ABM）系统研究工作，即地对空无人驾驶飞行器项目，它是一个开发地对空无人驾驶飞机（GAPA）研究项目，如图2.3所示。在此期间，有关机构分别在1946年3月和4月接受委托，开展两个名为“重锤”（Thumper）和“精灵”（Wizard）空军弹道导弹防御项目。美国国防部授予通用电气公司的“重锤”项目旨在研究使用碰撞拦截方法摧毁弹道导弹的导弹防御拦截武器，而密歇根大学航空研究中心则承担了“精灵”项目。这些早期的弹道导弹防御项目最终止于当时有限的技术能力。

图2.3　美国GAPA导弹

2.1.2　美国早期反弹道导弹系统

从20世纪60年代中期起，美苏双方都具备了毁灭对方多次核打击力量的能力。从20世纪60年代后期起，作为美苏战略竞争的结果，双方在攻击性力量方面大致达到平衡，都具有毁灭对方的“超杀”（Overkill）能力。但双方一度都不满足于仅仅借此慑止对方进攻，维持战略平衡。1961年3月4日苏联反导弹试验首次获得成功，拦截高度为25km。随着第二次世界大战结束、冷战开始，美国急于开发可以抵御苏联弹道导弹的技术。为此，奈克项目成为首个实现多个防空里程碑和弹道导弹防御里程碑的系统。1954年，美国陆军部署了世界上首套投入使用的地对空防空导弹系统——“奈基”Ⅰ型（Nike-Ajax），如图2.4所示。“奈基”Ⅰ型导弹最初部署在马里兰州，随后在四年多内扩展到美国境内另外将近200个战略要地，以此来防御苏联轰炸机。“奈基”Ⅰ型导弹使用高爆碎片弹头来摧毁目标。

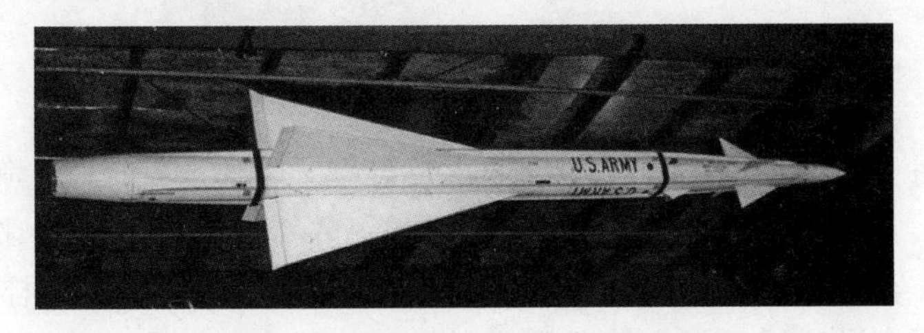

图2.4　美国“奈基”Ⅰ型地空导弹

1960年6月3日，“奈基”Ⅰ型的改进型号“奈基”Ⅱ型或称奈基/大力神（Nike-Hercules）导弹在白沙上空直接命中一枚来袭目标导弹，进一步提高了防御能力，成为美国首个成功拦截弹道导弹的系统，该导弹如图2.5所示。该计划的下一项主要开发任务是“奈基”Ⅲ型地对空导弹，即“奈克-宙斯”（Nike-Zeus）反弹道导弹系统，它是美国对创建反弹道导弹系统的首度尝试，如图2.6所示。

图2.5　美国“奈基”Ⅱ型地对空导弹

图2.6　美国“奈基”Ⅲ型地对空导弹

1962年7月19日和12月22日美国两次反导导弹试验均获成功。第一次使用的反导导弹“奈基”Ⅲ型所携带的弹头，离目标导弹“阿特拉斯”（Adas）携带的弹头的最近距离为2km，第二次为200m。对于装有核弹头的反导导弹来说，这样的精度足够了。尽管“奈基”Ⅲ型导弹展示了击落远程弹道导弹的能力，但出于若干担忧，该地空导弹系统从未部署。首先，由于缺乏直接碰撞摧毁的精度，因此“奈基”Ⅲ型导弹使用核弹头；其次，该系统易受诱饵和干扰的影响，因为它的雷达一次只能跟踪一个目标。“奈基”Ⅲ型反弹道导弹项目被重新调整为“奈克-X”反弹道导弹系统。“奈克-X”系统以多功能阵列雷达（MAR）为特点，该雷达是一款相控阵雷达，旨在解决“奈基”Ⅲ型反弹道导弹系统易受多个来袭目标影响的问题。1964 年，中国成功实施了首次核试验。时任美国国防部部长罗伯特·麦克纳马拉（Robert McNamara）随即宣布部署一款轻型“奈克-X”反弹道导弹系统，并且将其更名为“哨兵”（Sentinel），该系统的反导导弹装有核弹头，并具有两层（大气层外和大气层内）防御能力。作为一款简易部署的反导系统，“哨兵”最初将安装到 17 个地理位置，其中包括波士顿、芝加哥、底特律、西雅图、旧金山、洛杉矶等大都会区。到 1975 年，“哨兵”项目的范围变得更有限。它被重新命名为“卫兵”（Safeguard），如图 2.7 所示。然后部署到“民兵”导弹发射场，为其提供保护，但该反导系统总体上发挥的效能十分有限。

图 2.7　美国“卫兵”（Safeguard）导弹

为了部署“卫兵”系统，1969 年 8 月起动工建造北达科大福克斯反导基地，1975 年 10 月工程完工，基地配备 1 部远程搜索雷达，1 部导弹场地雷达和 4 个遥控发射场，遥控发射场包括地下控制室和导弹圆筒形垂直发射井（井径 2.7m，深 9.3m）内，共部署 70 枚斯普林特导弹和 30 枚斯帕坦导弹。1976 年美国撤销了“卫兵”系统，当年 2 月关闭基地，部署时间仅 6 个月，关闭的原因是该系统采用的大型相控阵雷达自身十分脆弱，可能使反导导弹上的核弹头出现意外，摧毁自身。

2.1.3　限制战略武器谈判时期

美国的“哨兵”系统、“卫士”系统和苏联的反导系统都是不很成功的尝试。由于技术上存在着难以克服的巨大困难，加上研制和部署的耗资巨大，美国才不得不退而求其次，选择“相互确保摧毁”战略，依靠双方之间的“恐怖平衡”来慑止对方进攻。在 20 世纪 60 年代后期，苏联扩充了其战略核力量，开始发展自己的反弹道导弹系统来保护莫斯科。1967 年，美国林登·约翰逊（Lyndon Johnson）总统呼吁与苏联总理阿列克谢·柯西金（Alexei Kosygin）举行限制战略武器谈判（SALT），以限制双方开发进攻性和防御性战略系统。理查德·尼克松（Richard Nixon）总统刚刚入主白宫便继续与苏联开展限制战略武器谈判，随后在1972年5月26日，与苏联总书记列昂尼德·勃列日涅夫（Leonid Brezhnev）在莫斯科签署了《反弹道导弹条约》（ABMT）和《临时限制战略武器谈判协议》（ISA）。《第一阶段限制战略武器条约》（SALTI）是冷战期间达成的首个军控协议。它对美国和苏联可以部署的核导弹数量做了限制。《反弹道导弹条约》将两国各自的战略导弹防御系统限制为200套拦截武器，并且允许双方自行建立两座导弹防御基地，其中一座用于保护国家首都，另一座用于保护一个洲际弹道导弹发射场。

“确保相互摧毁”实际上是一种相对消极的被动防御战略，因为一旦敌方失去理性而发动先发制人的核打击，这种威慑就会失效。里根以前的历届美国政府虽对核战略有不同的调整，但其战略基石都是“相互确保摧毁”的防御战略。苏联也大体上相信美国有实施这一战略的能力、诚意和意志，从而在相当程度上默许了这种战略，使之具有极大的现实可能性。20世纪80年代以前美国在发展导弹防御系统方面保持克制还有其他一些原因。由于耗资巨大，实战效果差，国会不愿意大量拨款。从纯法律技术的角度看，发展天基、空基和海基反导系统也违背了1972年美苏《反弹道导弹条约》。

2.1.4　冷战后期的“星球大战”计划

在20世纪80年代早期，由于担心苏联已具备了核优先打击能力，美国参谋长联席会议建议罗纳德·里根（Ronald Reagan）总统提出发展弹道导弹防御能力的计划。1981年开始执政的里根政府对“相互确保摧毁”的核战略提出了强烈的批评，认为美国在与苏联的核对抗中应该着眼于“确保生存”。“相互确保摧毁”不仅在道义上站不住脚，而是把和平建立在对人类进行空前绝后的大屠杀的威胁的基础上，而且这种战略理论歪曲了和固定了美苏的战略力量态势，高估了苏联的能力，捆住了美国进行军备控制的手脚，使美国在与苏联的军事对抗中处于下风。1982年，里根总统的国家安全顾问丹尼尔·格雷厄姆在其“高边疆”学说中声称，美国必须，也有可能建立多层战略防御体系，其目的有两个：第一，对付苏联从陆地到空间的进攻性核力量的威胁，使美国及其盟国在苏联的核打击中生存下来；第二，挖掘以和平利用空间为目的的令人惊叹的工业和商业潜力，为经济发展提供新的动力。

1983年3月23日，里根总统向全国发表讲话，概括提出了一项规模宏大的弹道导弹防御新计划，并且称其为“战略防御计划”（SDI），SDI第一阶段概念如图2.8所示。

里根总统在这篇讲话中呼吁建立一种能让核武器“失效和过时”的防御能力。这项倡议计划在100~200km的外层空间，通过部署各种反弹道导弹武器及其各种保障设施，建立超大规模反弹道导弹防御系统，以对来袭的导弹进行多层拦截和摧毁。这项倡议被后人称为“星球大战”计划，因为它呼吁开发一套先进的天基技术和定向能能力。1983年4月，时任美国国防部部长温伯格宣布建立在他直接领导下的战略防御局（SDIO），负责战略防御研发工作。1984年，里根签署第119号国家安全指令，要求着手研究激光和粒子束等空间武器，目的是利用这些先进武器截击来自苏联的洲际导弹。1984年，美国成立战略防御倡议组织，开始研发一系列项目，比如非核、天基、在推进阶段反导的智能卵石（Brilliant Pebbles）系统。

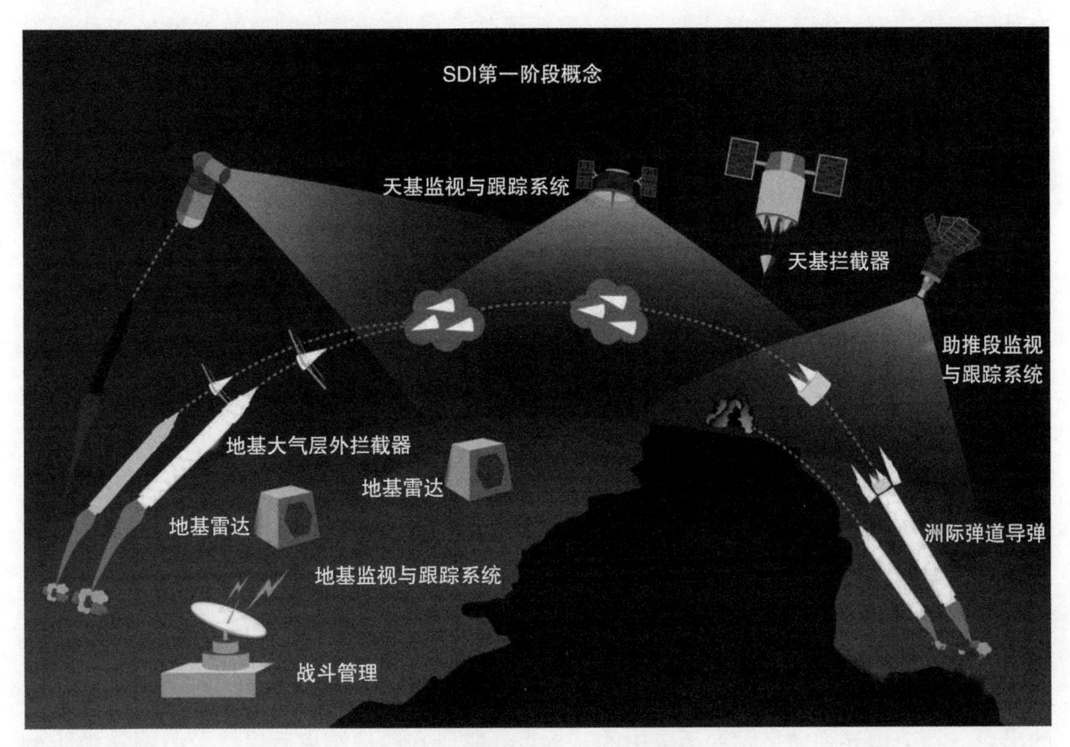

图 2.8　美国 SDI 第一阶段概念图

在 1985 年白宫公布的《总统战略防御倡议》的序言中，美国政府表示“美国必须谋求另外一种遏制战争发生的手段，美国要设法改变‘在很大程度上依赖迅速进行大规模报复’的局面，而‘更加依靠不威胁任何人的防御系统”’。至此，确保生存的积极防御战略已基本形成，其主要标志是“星球大战”计划正式成为美国的国家战略。1985—1991 财政年度，美国国会共拨款 213.8 亿美元用于实施这一计划。但是最终，迫于政治压力和美国限制弹道导弹防御技术测试和开发的义务，许多最具雄心的战略防御计划技术遭到搁置。尽管里根政府辩解，它能够在“广义的解释”下测试和开发弹道导弹防御系统，但以参议员萨姆·纳恩（Sam Nunn）为首的一众国会议员认为这一解释有违条约精神。

2.1.5　苏联解体后弹道导弹防御计划

在 1983 年里根政府提出“战略防御计划”后，1987 年 9 月，“第二阶段战略防御计划”出台。这项计划表明，美国导弹防御系统的研发构想、技术可行性和部署目标与 20 世纪 80 年代初的水平相比，已经发生了质的变化。“第二阶段战略防御计划”第一次将里根的“战略防御计划”从构想变成了具体的武器系统的研制计划。其核心仍然是建立天基反弹道导弹武器系统，以便能够形成“天网”，拦截来自苏联的大规模导弹攻击。和最初的计划相比，“第二阶段战略防御计划”调整了星球大战武器系统的结构，缩小了规模，提出用 15~20 年的时间完成技术准备，预计所需经费为 6000 亿美元。正当里根政府的“第二阶段战略防御计划”在紧锣密鼓地实施之际，冷战结束了，美国不再面临来自苏联的大规模核导弹攻击的危险。针对这样的变化，1989 年 12 月底，布什政府提出对“战略防御计划”进行重新评估，以适应正在出现的“世界新秩序”。1990年3月，美国驻日内瓦首席军控谈判代表亨利·库珀（Henry Cooper）主笔的“战略防御计划”评估报告完成。该报告提出，随着弹道导弹和大规模杀伤性武器技术的扩散，冷战结束后对美国的最大威胁已经由来自苏联的大规模核攻击，变成了未经授权的，或来自恐怖主义势力的、通过导弹而进行的有限的核攻击；驻扎在海外的美军所受的导弹攻击的威胁最大而且越来越大；为了应对这一新局势，以保卫本土免遭大规模核导弹打击为目标的“战略防御计划”计划，应该转变目标为防御有限的核打击。1990年7月，库珀被任命为战略防御局的第三任局长，负责具体执行“战略防御计划”使命的转型。在随后爆发的海湾战争中，伊拉克“飞毛腿”（Scud）导弹与美国“爱国者”（Patriotic）反弹道导弹之间的对垒，证明了库珀报告的预见性，使美国对导弹技术扩散的现实和由此对美军构成的威胁有了更为深刻的认识。

在1991年1月29日发表的国情咨文中，美国乔治·H·W·布什（George H. W. Bush）总统援引“爱国者”导弹防御系统在海湾战争中的成功，要求“战略防御计划项目应重新注重保护美国免受来自所有方向的有限的弹道导弹袭击”。战略防御局迅即提出了使美国开发“防御有限导弹攻击的全球保护系统”（GPALS），取代了原有的“第二阶段战略防御计划”。GPALS由三部分组成：陆基的“国家导弹防御计划”（NMD），陆基的“战区导弹防御计划”（TMD）以及天基的“全球防御计划”（GD）。GPALS方案的出台，是美国导弹防御发展历史中的转折点，它既在冷战结束后保持了美国导弹防御研究与部署的连续性，又对导弹防御计划研发的技术和装备重点进行了实质性调整，其中最主要的是首次确立了TMD在美国导弹防御计划中的位置，其目的在于阻止针对美国的小型弹道导弹袭击，并且通过发射战区弹道导弹来阻止针对美军的有限打击。抵抗有限打击的全球防护系统代表了美国在后冷战时代的一种新心态，即更关注有限的战区弹道导弹打击，而非苏联式洲际弹道导弹全面攻击。图2.9所示为NMD作战概念示意图。

1993年克林顿当选美国总统后，进一步分析了冷战后的国际形势，认为由于弹道导弹技术的扩散，第三世界国家的战术导弹和战区弹道导弹也随之发展，特别是一些所谓的“流氓”“无赖”国家的导弹对美国的国家安全构成了威胁。因此，防御有限打击的全球防护系统概念最终在1993年遭比尔·克林顿（Bill Clinton）政府取消。克林顿总统在1993年的“自下而上的回顾”（Bottom-Up Review）中呼吁制定一项弹道导弹防御战略，而非采取全球方法来抵抗一系列弹道导弹威胁。克林顿总统认为，“注重部署先进的战区导弹防御系统，以此来保护前沿部署的美军同时为美国提供有限的防御能力”。1993年2月，克林顿在他上任后的第一份国防预算中正式提出把研制和部署防御战术弹道导弹的TMD作为弹道导弹防御的当前和近期重点，把研究旨在保护美国本土免遭战略弹道导弹攻击的NMD置于“技术准备阶段”（Technical Readiness），把“智能卵石”（Brilliant Pebbles）天基功能拦截导弹降为非重点的远期技术研究项目。这样安排的原因是认为海外美军最易受到导弹攻击。至于本土，当时美国朝野的看法正如1995年11月发布的《国家情报评估》（NIE）所认为的那样，“在未来的十五年内，美国本土不会受到导弹的威胁”。1993年5月13日，时任美国国防部部长阿斯平宣布：SDI计划正式改名为“弹道导弹防御”（BMD）计划，从此，“星球大战”计划被“弹

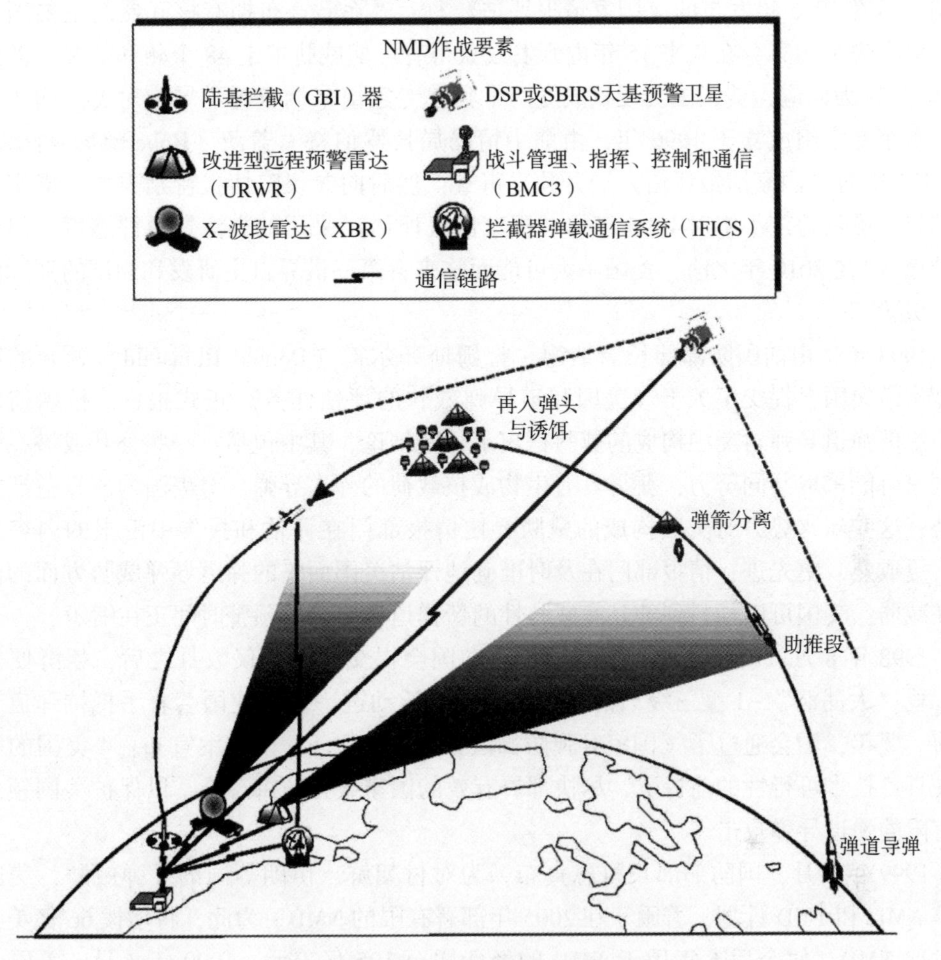

图 2.9　美国 NMD 作战概念示意图

道导弹防御”计划正式代替。美国国防部下属的战略防御局也更名为“弹道导弹防御局”（BDMO），这是负责执行导弹防御计划的专职机构。美国国会在 1993—1995 年连续三年的“国防授权法”中，都对 1991 年的《导弹防御法案》进行了修正，通过并要求美国国防部以 TMD 为 BMD 计划研发和部署的重点，对 TMD、NMD 的研制经费给了正式拨款，并一再要求提前部署。

2.1.6　左右摇摆的国家导弹防御计划

1994 年秋，共和党在国会中期选举中获胜后，抛出了 NMD 问题。指责克林顿政府“有意将美国的城市和领土暴露在导弹攻击之下的政策”，要求克林顿政府在 2003 年就开始部署 NMD。在党派政治压力下，1996 年，克林顿政府在 BMD 问题上的态度发生了重大的变化，改变了原来对 NMD 的态度，把 NMD 由“技术准备阶段”提升为“部署准备阶段”（Deployment Readiness），并为此制定了“3+3 计划”，即先用 3 年时间发展 NMD 所需的各种技术，于 1999 年进行系统综合试验，再用 3 年时间完成 NMD 的部署。

20世纪90年代末，美国国会愈发担忧伊朗和朝鲜等所谓“流氓国家”的弹道导弹计划。尽管1995年发布的《国家情报评估》称：“除已宣布拥有核武器的主要国家之外，没有哪个国家会在未来15年内开发或获得有可能威胁本土48个州和加拿大的弹道导弹。”作为回应，美国国会授权成立两个独立专家组来调查弹道导弹对美国构成的威胁。首个专家组成立于1996年，由前中情局局长罗伯特·盖茨（Robert Gates）领导，对1995年的《国家情报评估》展开独立审查，然后向参议院情报特别委员会提交了调查结果。虽然盖茨小组对1995年的《国家情报评估》采用的方法持批评态度，但他们总结道：“在2010年之前，美国不大可能面临来自第三世界自主研发和测试的洲际弹道导弹威胁。”

1998年，由前国防部部长唐纳德·拉姆斯菲尔德（Donald Rumsfeld）领导的第二个专家组向国会提交了关于《美国弹道导弹威胁的评估任务》正式报告。拉姆斯菲尔德小组就弹道导弹对美国构成的威胁得出了一些结论，其中包括：一些公开或潜在的敌对国家可能采取共同努力，获得具有生物或核载荷的弹道导弹，对美国构成日益严重的威胁；这些新兴势力对美国构成的威胁要比情报部门在评估和报告中汇报的内容更广泛、更成熟、更先进；情报部门在及时准确地评估美国面临的弹道导弹威胁方面的能力正在减弱；美国可以预料到的具有威胁性的新弹道导弹部署预警时间正在缩短。

1998年8月，就在拉姆斯菲尔德小组向国会提交其报告仅数月之后，朝鲜便发射了一枚“大浦洞”-1型三级火箭。朝鲜的发射活动进一步促使国会着手抵抗弹道导弹威胁。翌年，国会通过了《国家导弹防御法案（1999）》。该法案宣布：“美国的政策是在具备技术可行性的前提下，尽快部署有效的国家导弹防御系统，以保护美国领土免受有限的弹道导弹攻击。”

1999年1月，国防部部长科恩宣布，为对付朝鲜、伊朗等国的导弹威胁，美国将调整NMD和TMD计划，着眼于在2005年部署有限的NMD。为此，将增拨66亿美元用于发展NMD，使今后6年用于NMD的经费增至105亿美元。1999年3月，美国参议院、众议院先后通过“国家导弹防御法案”（National Missile Defense Act）。该法案规定在技术可行的情况下尽快部署NMD，以使美国本土不受潜在敌人的弹道导弹袭击。根据五角大楼计划，一旦克林顿总统决定部署，美国军方将分三阶段部署NMD。第一阶段预计到2005年结束，耗资295亿美元，将在阿拉斯加州中部部署100枚拦截导弹；第二阶段到2010年完成，将耗资610亿美元，计划向近地轨道发射24颗卫星，对导弹发射情况进行昼夜监视；第三阶段将于2015年结束，耗资133亿美元，计划在北达科他州部署150枚拦截导弹。整个导弹防御系统是灵活的，可视需要随时扩大。美国国防部2001—2005年的预算报告为此预留了150亿美元。为解决技术上的难题，五角大楼计划在2005年之前共进行19次导弹拦截试验。

1999年10月2日，美国成功进行了首次NMD拦截试验。但于2000年1月18日和7月8日进行的两次拦截试验均告失败。2000年9月1日，克林顿在华盛顿的乔治敦大学发表演讲时表示，由于目前对NMD的技术和整个系统的有效性缺乏足够的信心，因此他决定在“现阶段”不授权部署这一系统。鉴于当时克林顿的总统任期即将届满，他的这一决定实际上是将是否部署NMD的决定留给了其继任者。

2.1.7　美国退出《反弹道导弹条约》时期

在 BMD 问题上态度强硬的共和党人小布什入主白宫后，美国的 BMD 政策又进入一个新的阶段，表现为 NMD 和 TMD 的研发和试验步伐加快，并开始进入实质性部署阶段。2000 年克林顿宣布暂不部署 NMD 时，小布什曾进行了激烈的抨击，称这是“不负责任的决定”。在总统竞选中，小布什一再表示，他当选后要扩大导弹防御系统的覆盖范围，以使美国的 50 个州、美国的海外武装力量以及美国的盟友们“免遭那些具有威胁性的国家或是意外发射的袭击”。与此同时，他还主张尽快部署导弹防御系统，说服俄罗斯谈判修改《反弹道导弹条约》，如果不成，美国将不惜退出这一条约。

2001 年 1 月 26 日，小布什发表谈话说：“大家可能还记得我在竞选时许下的诺言。一是我将推行部署导弹防御系统的计划，二是削减美国的核武器数量。我将履行我的竞选诺言。这对我们来说是非常重要的。”当天，时任国防部部长拉姆斯菲尔德详尽阐述了布什政府的导弹防御系统政策。他说，美国必须放弃冷战时期的大规模报复战略，转而采用高技术拦截手段来对付大规模毁灭性武器的攻击。他指出，导弹防御系统将以小步迈开，旨在防御少量的导弹攻击，但随着时间的推移和技术的成熟，它将逐步发展成为小布什在竞选期间所承诺的那种较为全面的系统。1 月 28 日，副总统切尼在华盛顿也表示，苏联“已经不复存在”，必须对美苏在 1972 年签署的《反弹道导弹条约》进行修改，使其“不再禁止研制美国认为不可或缺的导弹防御系统”，否则“美国将保留废除这项条约的权利”。

小布什政府准备将导弹防御系统从陆基拦截扩展为包括海基拦截和太空拦截在内的“三位一体”系统；还拟对敌方弹道导弹发射的早期阶段进行拦截（按照克林顿政府的计划，对来袭导弹的拦截，将在导弹重返大气层的末段进行），以使导弹碎片及其携带的核、生、化弹头坠落在发射国而不是目标国境内。可见，小布什政府的导弹防御计划实际上是里根政府“星球大战”计划的翻版，它不仅在防御范围方面大为扩展，而且提出了陆、海、空全面拦截的要求。从“9·11”事件后小布什政府的言行来看。导弹防御计划进入部署阶段在美国已经成为一个不可阻挡的趋势。反恐战争暂时转移了美国的战略重点，但也给共和党政府发展导弹防御系统提供了借口。

2001 年 12 月 13 日，美国不顾国际社会的强烈反对，宣布决定退出 1972 年的《反弹道导弹条约》。同时。美国也加快了导弹拦截试验和部署的进程。小布什入主白宫后，已经进行了 5 次导弹拦截试验。2001 年 4 月 23 日，波音公司向美国国防部提交了不同的 NMD 部署方案，其中一项是在 2004 年 3 月之前在阿拉斯加建立 5 个拦截导弹发射点。时任美国国防部部长拉姆斯菲尔德也表示，美国很有可能在没有完成测试工作之前，就部署某种反弹道导弹系统。果然，美国政府全然不顾数天前（12 月 11 日）美国跨太平洋导弹拦截试验刚刚失败、数亿美元的装置全部沉入大海的事实，于 12 月 17 日抛出了正式部署弹道导弹防御系统的时间表。此项决定为弹道导弹防御系统的部署任务铺平了道路。

2.1.8　一体化弹道导弹防御系统建设时期

美国在 2002 年成立导弹防御局（MDA），全面负责导弹防御系统的设计、研制、试验、部署和作战能力生成。从此，美国开始实施统一的导弹防御体系建设，集成之前独立发展的国家导弹防御系统和战区导弹防御系统，分阶段构建多层次一体化的弹道导弹防御系统（BMDS）。

美国一体化导弹防御系统为美国、美军及其盟友提供对所有射程的弹道导弹在各个飞行阶段的防御能力。2019 年美国发布的“导弹防御评估报告”显示，BMDS 体系建设成效显著，已具备初始作战能力。BMDS 是一体化、分层次的弹道导弹防御体系，包括传感器、拦截武器，以及指挥、控制、战斗管理和通信（C2BMC）三类要素。C2BMC 将各素集成一体，形成对不同射程、速度、大小和性能弹道导弹各个飞行阶段的拦截摧毁能力。

1. 传感器

BMDS 的传感器在导弹防御作战中负责支持执行预警监视、目标识别、武器引导和打击评估等作战任务。传感器主要采用雷达和红外两种探测手段，部署方式有陆基、海基和天基三种，具体包括天基红外系统、预警雷达（改进型早期预警雷达（UEWR）和“丹麦眼镜蛇”雷达）、海基 X 波段雷达（SBR）、前置 AN/TPY-2 雷达和“宙斯盾”雷达系统 AN/SPY-1。这些传感器协同工作，可以实现对来袭目标的预警探测、全程跟踪，再入点预报、目标分类、威胁判断，并最终识别真假弹头，引导武器拦截。

2. 拦截武器

BMDS 的拦截武器包括陆基中段防御（GMD）系统、海基“宙斯盾”弹道导弹防御（Aegis BMD）系统、陆基“宙斯盾”弹道导弹防御系统、末段高层区域防御（THAAD）“萨德”反导系统和“爱国者”先进能力-3（PAC-3）防御系统。其中，GMD 系统用于本土防御，其他用于战区防御，共同构成对弹道导弹的分层防御能力。

拦截弹又分为高层拦截弹和低层拦截弹，而高层拦截弹携带大气层外杀伤器（EKV），采用多波段红外导引头，还包括推进系统、通信、制导和控制系统以及支持其目标识别和拦截功能的计算机。低层拦截弹通常采用爆炸碎片或直接动能碰撞技术。

3. 指挥、控制、作战管理与通信

C2BMC 是 BMDS 的灵魂与核心，负责连接和协同 BMDS 系统中的武器系统、传感器和作战人员，使“传感器—指挥控制系统—拦截武器”的决策周期缩短至数分钟，甚至数秒钟，以应对速度越来越快、打击精度越来越高的弹道导弹威胁，最终实现对任何地区、任何射程、任何阶段、任何类型的多个弹道导弹的多次防御作战能力。

C2BMC 作为弹道导弹防御系统的信息系统，部署在战略司令部、各战区司令部等弹道导弹防御作战节点上，基于卫星通信系统、全球信息栅格（GIG）等通信基础设施实现各作战单元的互联互通。C2BMC 采用信息和数据服务的方式实现弹道导弹防御作战规划、资源监视、战斗管理和通信等作战任务，最终实现 BMDS 体系跨战略、战术和作战区域的全球弹道导弹防御联合作战能力。

从美国的弹道导弹防御体系建设的历史来看，其设计的总体目标是实现对弹道导弹全过程飞行段实施拦截功能。美国现行的弹道导弹防御系统是“一体化分段多层防御系统”，按照弹道导弹的飞行阶段划分为助推段防御、上升段防御、中段防御和末段防御。

（1）助推段防御：助推段防御的最大优点是可以在导弹投放子弹头、诱饵等其他对抗手段之前将其拦截，从而避免这些对抗手段带来的防御难题。这也减少了中段和末段防御面临的威胁。目前以发展机载激光武器（ABL）和海基动能导弹拦截系统为主，远期目标是进行天基拦截器研制。

2002年底，美国国防部导弹防御局（MDA）决定发展用于助推段防御的动能拦截弹（KEI），其目标是在2012—2013年研制出陆基机动KEI拦截弹，为BMDS增加动能助推段防御层。KEI拦截弹将以现有的成熟技术为基础进行设计。KEI计划初期的重点是发展高速、高加速助推火箭。2008年，其第1级和第2级助推火箭先后进行了点火试验，都取得成功。2009财年专注于助推火箭的飞行试验，以验证是否已经准备就绪进行总体开发和试验。助推段防御系统可实现尽早拦截，但留给拦截系统的响应时间短，对拦截弹飞行速度和作战响应的技术挑战大，短期内难以达到作战需求，因此美国2012年后也取消了助推段拦截系统研发项目。

（2）上升段防御：上升段防御系统目前还未形成作战能力，美国导弹防御局原计划利用海军“标准”SM-3 Block ⅡB导弹拦截处于上升段的弹道导弹，但2012年美国导弹防御局经过评估认为，潜在敌对国弹道导弹的技术发展速度较慢，目前的中段和末段防御已经能够实现防御的目的，因此取消了所有上升段拦截武器研发项目。

（3）中段防御：美国现已部署的中段防御单元包括GMD和海基中段防御系统，即现有“宙斯盾”反导系统。海基中段防御系统利用“宙斯盾”舰携带的“标准”SM-3、“标准”SM-6系列导弹，在外大气层拦截处于飞行中段的中、近程弹道导弹，是美国目前中段反导的主力。GMD是建设和发展的重点，相对复杂，具备初始作战能力，尚处于发展完善过程中。海基中段系统虽然作战空间和对付目标能力有限，但是技术较为先进，机动性强，发展较快。

（4）末段防御：末段防御系统的拦截武器为末段高层区域防御系统“萨德”和“爱国者”PAC-3。“萨德”主要用于在外大气层拦截处于末段飞行的近、中程弹道导弹；“爱国者”PAC-3主要用于在内大气层低层拦截弹道导弹目标，其拦截高度为20km。上述两种武器系统技术较为成熟，均已部署。

2.2　陆基中段防御系统

GMD最初作为美国的本土导弹防御系统，旨在保护所有50个州免受有限的远程弹道导弹攻击。其后逐渐发展为全球系统，GMD及其相关元素跨越15个时区。GMD整合来自陆地、海洋和太空各种传感器的数据，并通过分布式火控和通信系统联网，GMD系统作战场景如图2.10所示。GMD反导系统由遍布地、天、空、海、网多维空间的众多内部与外部组件构成，其物理空间和网络空间分布的广域性，远远超出了传统地空导弹系统在地理与空间分布的概念，该系统主要由预警探测网、跟踪制导网、指挥控制网、杀伤拦截网四大部分装备构成，以分布式、网络化方式部署在全球的天基、陆基、海基和空基平台上，在地理与空域分布范围上涉及全球多个国家和地区。GMD系统自身的核心作战装备是GBI导弹及其地下发射设施、陆基或海基跟踪制导雷达以及C2BMC网络中心指控装备。

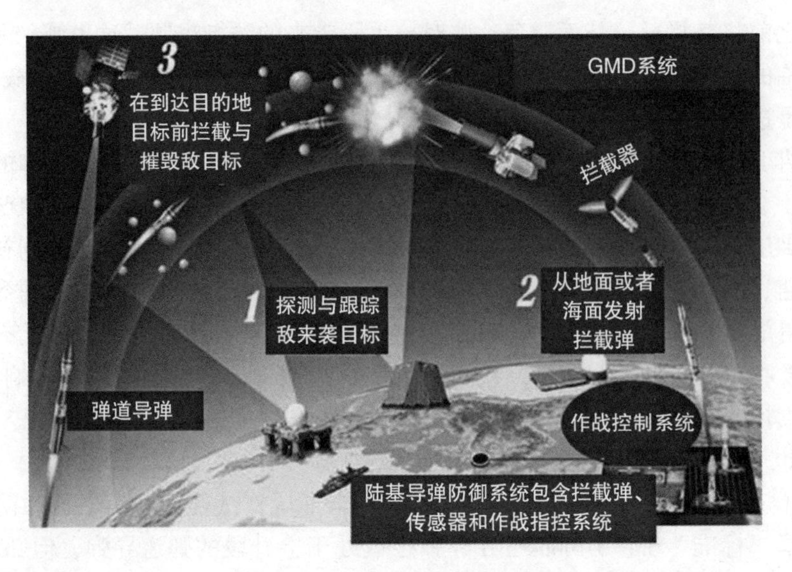

图 2.10　GMD 系统作战场景

2.2.1　基本情况

20 世纪 90 年代末，朝鲜在核武器和弹道导弹项目上，尤其是在打击美国本土的能力上，取得重大进展。为了回应日渐突出的朝鲜威胁，美国宣布有意退出 1972 年签署的《反弹道导弹条约》，因为该条约禁止美国部署新弹道导弹防御能力。白宫在 2001 年宣布美国退出《反弹道导弹条约》的一项声明中将地缘战略挑战的转变列为打破条约的主要动机，称："如今我们面对的威胁与冷战时期大相径庭。" 尽管俄罗斯曾在 2001 年反对部署国家弹道导弹防御系统，但俄罗斯总统弗拉基米尔·普京（Vladimir Putin）发表了一份回应美国决定的声明称："美国总统的决定不会对俄罗斯联邦国家安全构成威胁。" 2002 年 12 月美国发布的《国家安全政策指令（23）》，指示国防部在 2004 年之前部署一套用于作战的导弹防御武器。

位于英国皇家空军费令代尔斯基地和格陵兰岛图勒空军基地的 UEWR 为弹道导弹防御系统提供了中段覆盖，以此来探测海基或洲际弹道导弹。这些雷达还提供弹道导弹跟踪数据，承担拦截武器的发射任务，并且为拦截武器提供来袭目标位置的飞行更新数据。

除了早期预警雷达之外，早期的国土导弹防御计划还提倡与欧洲盟友合作部署陆基中段防御系统。为应对伊朗开发弹道导弹所带来的威胁，美国总统乔治·W·布什（George W. Bush）在 2007 年与波兰和捷克共和国政府开始正式谈判，在两国部署陆基中段防御系统的基本组件，以此来防御从伊朗发射的中程到远程弹道导弹。布什总统计划在波兰部署多达 10 套二级推进陆基拦截导弹，在捷克共和国部署一套 X 波段雷达。然而，在 2009 年 9 月 17 日，贝拉克·奥巴马总统刚入主白宫便取消了前总统的提案，取而代之的是一份《欧洲分阶段适应方案》（EPAA）。尽管"欧洲分阶段适应方案"提供了可靠的战区防御来抵抗中程弹道导弹，但该方案缺乏布什政府提案中包含的国土防御基本组件。

GMD 专门设计用于对抗威胁美国本土的远程弹道导弹。它使用直径为 1.27m 的三级助推器，使其能够远距离拦截弹道导弹。该射程使 GMD 成为迄今为止美国导弹防御系统中覆盖范围最大的区域，可防御所有 50 个州和加拿大。其他导弹防御系统，包括“宙斯盾”“萨德”和“爱国者”，通常被归类为“区域”BMD 系统，面向中短程弹道导弹威胁。虽然“宙斯盾”系统显示出有限的国土防御能力，但与 GMD 相比，它对洲际弹道导弹的覆盖范围要小得多。

2.2.2 基本组成

弹道导弹防御系统的 GMD 系统旨在太空中打击和摧毁有限的中远程和洲际弹道导弹威胁，以此来保护美国本土。陆基中段防御系统集综合通信网络、火控系统、全球部署的探测器，以及能够探测、跟踪、摧毁弹道导弹威胁的陆基拦截导弹（GBI）于一身。EKV 是一套探测器/推进装置，使用直接撞击产生的动能来摧毁来袭目标飞行器。陆基中段防御是目前美国部署的唯一一套能够保护美国国土免受洲际弹道导弹威胁的系统。

作为美国导弹防御系统的一个有机组成部分，GMD 系统由国防支援计划（DSP）、高轨道天基红外系统（SBIRS）、空间跟踪与监视系统（STSS）、改进型早期预警雷达（UEWR）、海基 X 波段雷达（SBX）、陆基拦截（GBI）导弹以及指挥、控制、作战管理和通信（C2BMC）等组成。美国 GMD 系统主要由预警探测系统（表 2.1 给出了 GMD 预警探测系统组成、用途以及部署等情况）、指控系统和拦截武器系统构成。计划全部建成后，包括 2 处发射阵地、3 个指挥中心、5 个通信中继站、15 部雷达、30 颗卫星、250 个地下发射井和 250 枚拦截导弹系统。

1. 预警探测系统

DSP 卫星装载有双波段红外相机、带望远镜头的电视摄像机及核爆炸探测装置等，每分钟对地球表面进行 6 次扫描，捕捉导弹高温尾焰，可对处于助推段的弹道导弹进行探测和跟踪监视，以获取导弹发射信息和来袭导弹预警信息。高轨道 SBIRS 由 4 颗地球静止轨道卫星和 2 颗大椭圆轨道卫星组成。星上装载扫描型、凝视型中短波红外相机，通过捕捉火箭发动机尾焰来探测、跟踪处于助推段的弹道导弹。其中，扫描型红外相机用一维线阵扫描地球表面，凝视型红外相机则可对特定区域成像。

美国在 1993 年提出用 SBIRS 取代 DSP 时，除包括高轨道 SBIRS 外，还包括低轨道“天基红外系统”（SBIRS-Low），该系统又称“空间导弹跟踪系统”，由 3 条轨道中的 21 颗卫星或者 4 条轨道中的 28 颗卫星组成。星上装载长波红外探测器，可对弹道导弹进行全程跟踪与识别。2002 年，由于资金原因，该项目被叫停，卫星被封存。后来，该系统研究又作为空间跟踪与监视系统的一部分重新展开。

UEWR 主要用于确认预警卫星的预警信息，并对处于飞行中段的来袭导弹进行探测和跟踪，以及为海基 X 波段雷达提供粗略的导弹飞行参数等。该系统在“丹麦眼镜蛇”雷达（位于阿拉斯加谢米亚岛）和“外围搜索定性雷达系统”（位于北达科他州大福克斯空军基地）部署后，能力又有所加强。

SBX 是一种安装在经过改造的半潜式石油钻井平台顶部的 X 波段相控阵雷达，自身带有动力，可以一定速度在海上移动。主要用于探测、跟踪和识别目标，为陆基拦截导弹指示目标并监控其飞行情况，可对距离 4800km、有效散射面积 $1m^2$ 或者距离

600km、有效散射面积 0.11m^2 目标进行探测和识别。此外，对处于助推段、上升段（指从火箭发动机关机至上升到弹道最高点之间的飞行阶段）的中远程弹道导弹提高了进行跟踪和识别的能力。

美国还研制了一种探测距离超过 1000km 的“可运输前沿部署 X 波段雷达”（FBX-T），该型雷达可根据威胁地域的变化对部署位置进行相应的调整。其显著特点是对导弹的形状具有很强的识别能力，能够将真弹头从诱饵、助推器和碎片中分辨出来。GMD 预警探测系统组成如表 2.1 所示。

表 2.1 GMD 预警探测系统组成

系统/设备	探测手段	用途	部署情况
国防支援计划（DSP）系统	红外	采用红外设备探测弹道导弹发射和核爆炸	5 颗地球同步轨道卫星
天基红外系统（SBIRS）	红外	旨在为防御系统提供早期预警、战术情报和支持战场态势感知，用来替代 DSP 系统	4 颗地球同步轨道卫星、3 颗高轨道卫星
空间跟踪与监视系统（STSS）	可变波段红外	计划实现在弹道导弹飞行的全程（助推段、自由段、再入段）跟踪导弹；识别弹头与诱饵；为雷达与拦截弹提供目标数据	2 颗试验验证卫星
AN/SPY-1 S 波段雷达	S-波段	跟踪识别弹道导弹等其他空中/空间威胁目标，并获取数据	38 艘“宙斯盾”舰
“丹麦眼镜蛇”雷达（Cobra Dane）	L-波段	跟踪识别弹道导弹目标，获取拦截弹飞行过程中来袭目标轨迹的精确数据	阿拉斯加谢米亚岛埃雷克森航空站
改进型早期预警雷达（UEWR）	UHF-波段	作为固态全天候远程相控阵雷达，具有更广范围的监视能力，探测距离 5000km。能够预估落点、提供预警，并将目标飞行数据实时提供给拦截弹	加利福尼亚州比尔空军基地、英国菲林戴尔空军基地、格林兰修黎、马萨诸塞州科德角阿拉斯加克里尔空军基地、丹麦图勒空军基地
远程识别雷达（LRDR）	S-波段	实现对弹道导弹的全天时跟踪探测，并用于拦截中的目标识别与毁伤评估	阿拉斯加州克里尔空军基地
AN/TPY-2 X 波段雷达	X-波段	前沿部署模式下，可在较大范围内探测弹道导弹发射情况，并在弹道导弹助推段和中段早期进行探测跟踪，获取位置、速度信息	在日本青森县、经岬、韩国星州、土耳其、以色列、威克岛、关岛、夏威夷、阿拉斯加等地各部署 1 部 AN/TPY-2 雷达，在阿联酋、美国本土各部署 2 部 AN/TPY-2 雷达，总计部署 13 部
海基 X 波段雷达（XBR）	X-波段	可生成来袭威胁目标云的高分辨率图像，用于识别区分弹头和诱饵	太平洋海上半潜式平台上

2. 作战管理与通信系统

美国陆基中段导弹防御系统的作战管理系统包括作战管理、指挥、控制与通信系统等，通信系统又分为飞行中拦截弹通信系统（IFICS）和其他组成部分的全球通信网络（GCN）两大部分。作战管理系统主要负责对预警探测系统提供的信息进行处理，具体来说是接收并处理预警卫星和预警雷达传送的信息，分析并判断目标类型，如果目标是弹道导弹，则进一步计算出导弹的发射点、飞行弹道、落点等数据，并且将这些信息传输给制导拦截系统。在这个过程中，作战管理系统要将目标导弹和其他空中目标进行甄别，以防止错误拦截，还要能够识别真假弹头。此外，作战管理系统还要发射拦截指令，在拦截弹发射后，引导飞行中拦截弹通信系统天线捕获并跟踪拦截弹，接收拦截弹传送来的目标导弹定位数据，经过计算机处理后通过 IFICS 向拦截弹提供更新更准确的目标导弹制导数据，从而提高拦截率。IFICS 也是作战管理系统的一个重要组成部分，由地面数据终端和拦截弹上的通信单元组成，主要用途是负责拦截弹和指挥控制中心之间的通信联络和数据传输，为拦截弹提供飞行中目标数据更新和目标导弹图像。地面数据终端主要包括一个微波发射机和一个接收机，分为固定数据终端、可拆装数据终端和移动数据终端。GCN 负责陆基中段导弹防御系统各个系统和设备之间的通信，包括拦截弹发射系统和其他系统之间的通信。

指控系统包括 GMD 火控系统（GFC）、指挥、控制、作战管理和通信（C2BMC）系统。GFC 通过国防卫星通信系统接收来自全球的传感器数据，并向作战人员更新 GBI 状态从而实现 GBI 的快速发射。C2BMC 具有使指挥官跨平台通信、通过将传感器数据融合并与发射单元连接等方式来实现远程发射操作的能力。GBI 发射后，GFC 还通过 6 个可操作的飞行数据终端之一将实时飞行目标数据中继到 EKV。GMD 火控系统还被配置为通过 C2BMC 接收信息，这使得“宙斯盾”弹道防御系统中的 SPY-1 雷达和“萨德”导弹防御系统中的 TPY-2 雷达等传感器能够为国土防御任务提供支撑。C2BMC 仍在不断研发，每一个版本称作一个“螺旋版本”，目前已经升级至螺旋 6.4 版本，并计划升级至螺旋 8.2 版本。

3. 陆基拦截弹

陆基拦截弹（GBI）是 GMD 系统中直接毁伤来袭导弹的拦截武器。GBI 由助推火箭和大气层外杀伤器（EKV）两部分组成，EKV 原型如图 2.11 所示。EKV 采用直接碰撞的方式对弹道导弹弹头实施毁伤。GBI 主要由 3 级助推火箭和拦截杀伤器组成。拦截杀伤器是陆基拦截导弹的关键技术所在，自身带有红外导引头、惯性制导系统、天线、

图 2.11 EKV 原型

推进系统、低温冷却系统和小型计算机等。其中，杀伤装置为按螺旋状排列的约 36 根合金杆，当接近目标时，红外导引头打开制动器，弹出合金杆，形成一个直径约 4.5m 的伞骨状金属网状物，通过直接碰撞的方式摧毁来袭导弹弹头。

GBI 导弹是 GMD 系统的核心作战武器，是一种动能杀伤型反导地空导弹，全弹由动能杀伤弹头（即 EKV）和三级固体火箭助推器构成，即 GBI 由“EKV+三级助推器”串接构成，GBI 导弹及其地下发射井等构成 GMD 系统的发射拦截装备。

GMD 反导系统配用 GBI 导弹（有 LM-BV 火箭/OBV 火箭助推的两种型号）的主要指标：最小/最大作战距离 1000/4500~5000km，最大作战高度约 2000km，导弹制导体制采用惯性导航/GPS 修正+末段双波段红外成像/光学制导方式。导弹采用地下井垂直热发射，弹长 16.26m/16.8m，弹径 1.02m（第 1 级）~0.7m（第 2、3 级）/1.27m，导弹发射质量 14.682t/12.7t，由 3 台固体火箭发动机组成，采用 EKV 直接碰撞动能杀伤目标。

EKV 拦截弹弹头全长 1.39m，直径 0.61m，质量 64kg，拦截速度 7~15km/s，是一种自主寻的和机动飞行的动能杀伤器，在大气层外拦截处于弹道中段飞行的远程或洲际弹道导弹弹头，通过直接碰撞方式摧毁来袭目标，EKV 主要由导引头、推进系统、制导设备和姿轨控系统构成。多级助推器能够把 EKV 推进到 500~2000km 空间高度的目标附近，当 EKV 与助推器分离后，EKV 利用自身的可见光与红外成像导引装置可自主捕获、选择和跟踪目标，此时 EKV 的飞行速度高达 7~8km/s，同时实时接收来自地面雷达或天基卫星的来袭目标飞行修正数据，增加拦截目标的概率，利用自身的轨道与姿态控制装置，精确控制 EKV 飞行，最终直接撞上目标，以自身巨大的飞行动能撞毁目标。

GBI 导弹的关键技术集中体现在 EKV 上，其结构如图 2.12 所示，EKV 上的红外导引装置要求作用距离远、视野大并能及时发现、捕获、跟踪和识别来袭目标，其轨道控制系统要能精确控制 EKV 的飞行方向和高度，姿态控制系统要能精确控制 EKV 的飞行姿态，最终使 EKV 能够精确地撞向来袭弹头。GBI 导弹发射场地包括地下发射井、拦截器接收和处理的建筑物及其储存与其他保障设备，要求的场地面积大、保障人员多，并且要求远离居住建筑区。

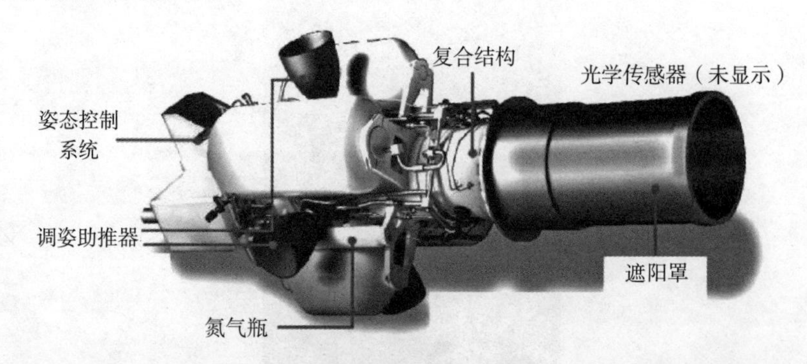

图 2.12　EKV 结构示意图

在早期对 EKV 的试验测试中，采用“民兵”Ⅰ型洲际导弹 1、2 级作为助推火箭，目前采用洛克希德·马丁公司生产的基于“金牛座”火箭发展而来的轨道助推器

(OBV)。截止到2022年12月，美国空军已经部署44枚GBI，其中40枚GBI部署于阿拉斯加格里利堡空军基地，另外4枚GBI部署于加利福尼亚范德堡空军基地。

EKV由红外导引头、制导和轨控推进系统组成。当接近目标时，EKV在自身红外导引头的导引下，采用轨控发动机的推力进行机动，并最终与目标直接碰撞实现毁伤。EKV由雷声公司（Raytheon Technologies）生产，从研制到部署历经多个型号，其中CE-0为试验型号，2004年交付的CE-Ⅰ是实际部署的第一型EKV，CE-Ⅰ型共生产33枚，其中6枚用于测试试验。CE-Ⅱ于2005年开始设计，旨在CE-Ⅰ的基础上提升EKV对目标的识别能力。在2010年两次拦截试验失败后，MDA暂停了CE-Ⅱ项目采购计划，直到2014年，才成功完成拦截测试，并计划部署16枚。2016年1月，MDA又对CE-Ⅱ升级后的CE-Ⅱ Block Ⅰ进行测试，并于2019年成功实现首次拦截测试。MDA发展CE-Ⅱ Block Ⅰ型拦截器旨在提高拦截器可靠性的同时加强拦截器对来袭目标的拦截能力。

在新一代杀伤器研究方面，MDA先后提出通用杀伤器（CKV）、重新设计杀伤器（RKV）、多目标杀伤器（MOKV）研究计划，用以替代现有的CE系列拦截器，提升拦截武器的作战能力和可靠性。2019年3月，MDA在评估RKV的两个关键设计审查失败后，宣布RKV计划推迟两年，之后RKV合同被取消。五角大楼现在要取代RKV，要求国会为下一代拦截器（NGI）的发展提供资金。MOKV研制计划也被MDA在2020财年预算中归零。图2.13和图2.14给出了RKV和MOKV示意图。

图2.13　RKV示意图

图2.14　MOKV飞行示意图

2021年9月12日，美国成功开展首次陆基拦截弹助推器两级模式飞行试验。试验中，第三级未点火并提前释放 EKV，验证了 2 级/3 级可选模式。这是三级助推器以两级模式工作的首次飞行试验，将为作战人员执行本土防御提供更大的灵活性，显著增加了作战空间，提供了更大的防御纵深。

美国正在为 GMD 研发 NGI，如图 2.15 所示。计划投资 177 亿美元采购 10 枚研制性拦截弹和 21 枚作战拦截弹，其中 21 枚作战拦截弹将部署在阿拉斯加的发射井中。NGI 将不仅包括对杀伤拦截器的升级，而且还将对运载火箭的助推器进行升级，以完全取代当今的 GBI，预计 NGI 可能会在每个助推器上携带多个杀伤拦截器，而不是单一的杀伤拦截器。因此 NGI 在技术发展路径上将跳过 RKV，其发展的目标是具备一次发射摧毁多个来袭目标的能力。由于来袭的导弹可能采取的对抗措施使拦截器传感器将真实目标和诱饵进行区分的难度增大，从而迫使美国国防部力求摧毁所有可能的目标。具有多个杀伤器拦截器的 NGI 可以使用单个助推器瞄准多个目标，而不必发射多个拦截器。MDA 已经采取两项措施，以满足下一代拦截弹部署前本土防御需求。一是开展现役陆基拦截弹的延寿计划，升级推进器、处理器、威胁目标库等，提高系统的可靠性；二是采取激励计划加速下一代拦截弹的交付，如果承包商能够在 2028 年前在阿拉斯加部署新导弹，将给予额外的现金奖励。

图 2.15 NGI 示意图

2.2.3 部署情况

美国 GMD 计划于 1992 年正式启动，当时称为 NMD 系统，与 TMD 并行发展。1999 年 NMD 进行首次拦截试验，2001 年，NMD 正式改名为"陆基中段防御"系统。首枚陆基拦截（GBI）器于 2004 年 7 月部署在美国阿拉斯加州格里利堡，2005 年具备初始作战能力。近期发展目标是具备针对远程弹道导弹的有限拦截能力，对外宣称假想敌是朝鲜和伊朗等国。长远目的是保护美国本土 50 个州免遭有限数量远程及洲际弹道导弹袭击，真正的假想敌是俄罗斯和中国。按照 MDA 边使用边改进的"螺旋式"开发方式，GMD 各组成要素的作战部署也处于动态变化之中。

DSP 系统的整个星座由 5 颗卫星组成，其中 3 颗工作星，2 颗备份星，均运行在地球静止轨道上。3 颗工作星的典型定点位置是：第 1 颗位于东经 69°的印度洋上空，可以监视俄罗斯和中国陆基洲际弹道导弹的发射基地；第 2 颗位于西经 70°的大西洋上空，可以探测从美国东海岸以东海域发射的潜地弹道导弹；第 3 颗位于西经 134°的太平洋上空，可以探测从美国西海岸以西海域发射的潜地弹道导弹。该系统可以对洲际弹道导弹攻击提供20~30min的预警时间。首颗DSP卫星于1970年发射，最后一颗（即第23颗）DSP卫星于2007年发射。DSP系列卫星已停止发展，最终将被SBIRS卫星所取代。

SBIRS系统目前已经完成在轨部署。与DSP相比，SBIRS具备能够在敌方弹道导弹推进剂完全燃尽、头体分离后继续保持对弹头的跟踪潜力，探测区域扩大2~4倍，探测灵敏度提高10倍，从而可为导弹防御系统提供更加及时、精确的预警支持。

UEWR包括5部预警雷达，其中3部是部署在丹麦格陵兰的图勒、美国阿拉斯加的克利尔、英国菲林代尔斯的"北方弹道导弹预警系统"雷达，对典型目标探测距离为3200~4800km；2部是分别部署在加利福尼亚比尔空军基地和马萨诸塞州奥蒂斯空军基地的"铺路爪"雷达，探测距离为5500km。前者主要用于对从北方、东方向美国本土和加拿大南部实施攻击的洲际弹道导弹提供早期预警；后者分别探测从大西洋和太平洋袭击美国的潜地弹道导弹。2022年12月，比尔空军基地和菲林代尔斯的预警雷达已完成改进和验收，从2007年起，MDA开始改进图勒的预警雷达。美国迄今共建造了1部海基X波段雷达，于2007年2月部署于阿拉斯加阿留申群岛水域。

2.2.4　测试与发展

2019年3月：美国GMD系统先后发射了两枚拦截弹，第一枚击中了模拟洲际弹道导弹的再入飞行器，第二枚击中了其残骸，试验证明，美国GMD已具备相当强的作战能力。

2017年5月：美国使用GMD系统发射拦截弹，成功拦截了一枚完全模拟洲际弹道导弹的实体靶弹。

2016年1月：MDA与美国空军第30太空联队、导弹综合防御联合功能组件司令部（JFCCIMD）、美国北方司令部合作，成功开展了GMD的非拦截飞行测试。

2014年6月：MDA成功开展了一次测试。期间，一枚从加利福尼亚范登堡空军基地发射的远程陆基拦截导弹拦截了一枚从马绍尔群岛夸贾林环礁的美国陆军里根试验场发射的中程弹道导弹威胁目标。

2013年7月：MDA、美国空军第30太空联队、导弹综合防御联合功能组件司令部、美国北方司令部开展了一场GMD综合演习和飞行测试。尽管首要目的是拦截远程弹道导弹目标，但是拦截并未实现。

2013年3月：在朝鲜发出"挑衅"后，时任国防部部长查克·哈格尔（ChuckHagel）宣布一项计划，将在阿拉斯加部署额外14套陆基拦截导弹。

2010年12月：在太平洋上空开展的一场测试中，MDA未能按计划拦截一枚弹道导弹目标。海基X波段雷达（SBX）和所有探测器按计划运转。陆基拦截导弹发射升空并成功部署了一枚大气层外拦截器。

2010年1月：MDA对GMD开展了一次飞行测试，但未能拦截目标。

2008年12月：MDA成功完成了一次演习和飞行测试，包括用一枚陆基拦截导弹成功拦截目标。在该演习中，一枚导弹威胁目标于美国东部时间下午3：04在阿拉斯加科迪亚克发射升空。该枚远程弹道导弹目标受到多个陆基和海基雷达跟踪，这些雷达向拦截导弹发送目标信息。

2008 年 5 月：在一次建模和仿真演习中，一枚多杀伤拦截器（MKV）成功展示了交战管理算法。

2007 年 9 月：MDA 成功完成了一次演习和飞行测试，其中涉及用一枚陆基拦截导弹成功拦截来袭目标。这展示了升级预警雷达获取、跟踪、上报目标的能力。这次测试还评估了拦截导弹的火箭发动机系统和大气层外拦截导弹的性能。

2005 年 2 月：由于一枚拦截导弹并不是从位于太平洋中部的马绍尔群岛罗纳德·里根试验场发射，因此 MDA 未能完成计划中的飞行测试。

2004 年 12 月：由于一枚拦截导弹在从太平洋中部马绍尔群岛罗纳德·里根试验场发射前不久经历了异常情况，因此 MDA 未能完成计划中的飞行测试。

2004 年 7 月：MDA 在阿拉斯加格里利堡部署首枚拦截武器。

2.3 海基“宙斯盾”弹道导弹防御系统

海基“宙斯盾”弹道导弹防御系统（以下简称“海基‘宙斯盾’系统”）是美国弹道导弹防御计划的海基部分，主要是为保护海外军事基地、战区部队和盟国而研制的，任务是从海上为半径数百千米范围的地区提供针对射程在 3500km 以下的中近程弹道导弹的防御，还担负远程监视和跟踪任务。海基“宙斯盾”系统是在原美国海军全战区防御系统的基础上，进行改造与新研制相结合而形成的，该系统使用“宙斯盾”防空系统与 Mk41 垂直发射系统，对拦截导弹与 AN/SPY 型雷达进行了升级更新。

2.3.1 基本情况

海基“宙斯盾”系统是美国海军现役最重要的综合水面舰艇作战系统。20 世纪 60 年代末，美国在越战时期的经验以及面对苏联导弹技术的发展，暴露出美国海军主要水面作战舰艇面临几项有待解决的问题。例如，对于多目标的追踪和威胁分析能力，尤其是在面对复杂战场情报或者是电磁干扰环境下持续作业的能力。面对大量空中目标，传统的机械雷达因为数据更新率的限制，对于低空或者是高速目标在探测与处理上有诸多的缺点。因此，美国在发展下一代的水面舰艇作战系统上，决定将所有的探测、指挥、管制和作战系统全部整合在一起，不再让独立系统下的管制台与作业人员各自为政。

有鉴于此，美国海军提出一个“先进水面导弹系统”的提案，经过不断发展，在 1969 年 12 月改名为空中预警与地面综合系统，其英文缩写刚好是希腊神话中宙斯之盾（AEGIS），所以译为“宙斯盾”系统。该系统具有以下主要特点及功能：装备“宙斯盾”系统的各型战舰兼备搜索和跟踪功能，并具有同时跟踪多个目标的能力；作战系统反应时间短；系统自动化程度高，作战全过程可无人工干预；抗干扰能力强，可在杂波中准确锁定真实目标；可对发射后的导弹进行精确的中段制导，可极大提高“超视距”攻击的准确性；在作战时，当相控阵雷达的阵面部分受损后，剩余部分仍能继续工作，雷达性能只会“柔性”下降，而不会立刻丧失全部功能，系统生存力大大加强；天线采用全相电子稳定，当舰艇摇摆或偏航时，相控阵雷达可用“移相法”稳定波束，使雷达波束始终“锁定”目标；由于不必依靠机械转动来改变雷达波的指向，消除了机械故障的可能性，使系统可靠性大大提高。利用“宙斯盾”系统可控制多种武器构成远、中、近相互衔接的多层次全方位防御圈，以不同射程的武器拦截来袭的固定翼飞机、直升机、无人机、飞艇、舰艇、反舰导弹、巡航导弹、弹道导弹等。

2.3.2　基本组成

海基“宙斯盾”系统的核心是一套计算机化的指挥决策与武器管理系统，虽然在表面上海基“宙斯盾”系统强调对于空中目标的追踪与拦截能力，不过海基“宙斯盾”系统的核心接收来自舰上包括雷达、各种电子作战装置与声呐等侦测系统的信息，加上与其他水上水下与空中的载具，经由战术数家通信链路交换的情报，经过自动化的信号处理，目标识别威胁分析之后，显示在“宙斯盾”系统的大型显示屏上，为指挥官提供最及时的情报资料。计算机作战系统可以在必要时根据目标的威胁高低自动进行接战。通过武器管理系统的整合与指挥，舰上的作战系统得以发挥最大的能力进行必要的攻击与防御措施。武器管理系统辖下包括轻型空载多用途系统（LAMPS）、鱼叉反舰导弹、“标准”SM-3 型防空导弹、密集阵边防系统、鱼雷发射系统以及“海妖”反鱼雷装置等。

海基“宙斯盾”系统可用于对各类弹道导弹实施拦截作战，采用海基和陆基两种部署方式。该系统主要由 SPY 系列雷达系统、火控系统、垂直反射系统和拦截弹组成，如图 2.16 所示。

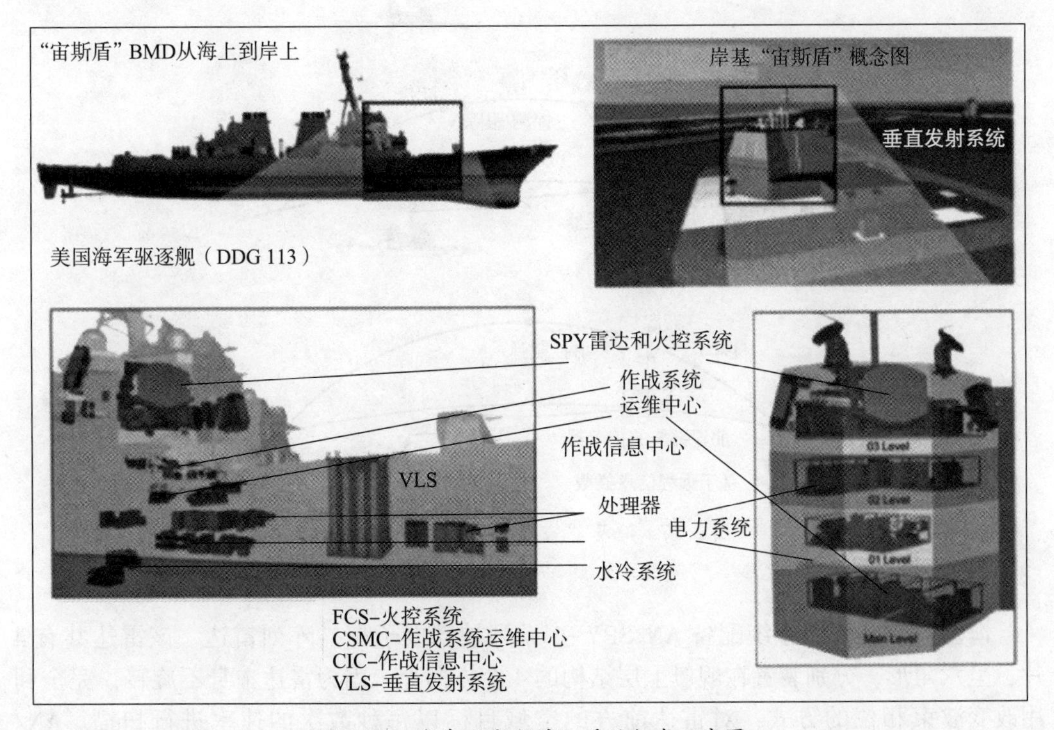

图 2.16　海基“宙斯盾”系统组成示意图

海基“宙斯盾”防御系统作为经验证相对成熟的弹道导弹反导系统，美国在积极增加部署数量的同时，不断进行系统升级，主要表现在“宙斯盾”BMD 武器系统的版本不断提升以及“标准”SM-3导弹的改型上。目前已服役的武器系统是“宙斯盾”BMD3.6.1，正在测试的是“宙斯盾”BMD4.0.1，未来还要升级为“宙斯盾”BMD5.0、“宙斯盾”BMD5.1/5.×。目前，“宙斯盾”系统具有探测并跟踪所有射程的弹道导弹（包括洲际弹道导弹），以及在大气层外拦截处于飞行中段的弹头目标或中近程弹道导弹目标的能力，但是不具备拦截洲际弹道导弹的能力。

海基“宙斯盾”系统可以描述为“探测—控制—交战”流程，因此该系统可以探测装备用于发现、跟踪空中和导弹目标；控制装备用于识别目标和制定交战策略；交战装备用于调度和实施交战，使得目标被摧毁或无法达到作战目的。

第一代“宙斯盾”BMD系统主要装备有“宙斯盾”BMD3.6版指控系统、“标准”SM-2 Ⅳ和“标准”SM-3 ⅠA拦截弹，能够拦截近程和中程弹道导弹，并初步具备了基于远程信息发射能力，能够实现三种拦截模式，即依靠自身传感器对来袭目标进行自主探测、跟踪和发射拦截，依靠前置天基、陆基传感器和自身传感器对来袭目标进行探测、跟踪和拦截，完全依靠前置部署的天基、陆基传感器实现技术远程信息对来袭目标进行拦截，如图2.17所示。

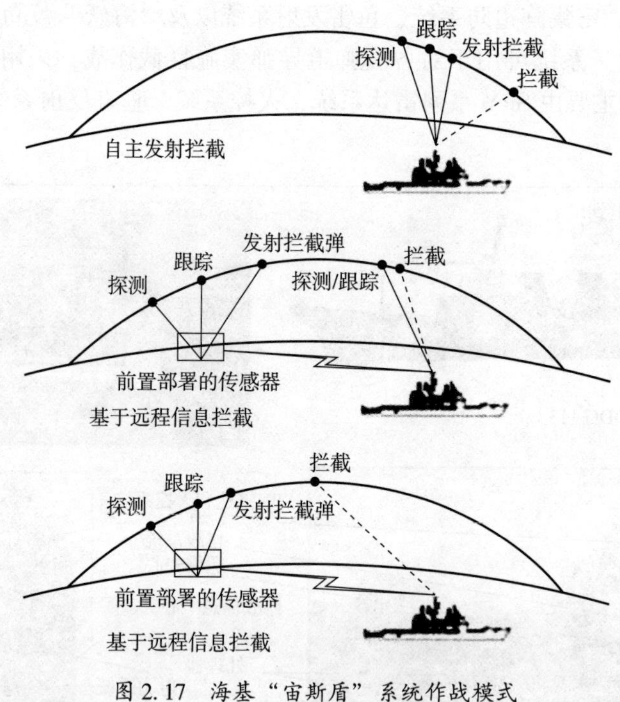

图2.17　海基“宙斯盾”系统作战模式

1. 雷达系统

海基“宙斯盾”系统配备AN/SPY-1系列被动电子扫描阵列雷达，该雷达共有4片，呈六角形，分别装置在舰艇上层结构的4个方向上。因为雷达本身不旋转，完全利用改变波束相位的方式，对雷达前方的空域目标以每秒数次的速率进行扫描。AN/SPY-1雷达是美军防空体系的重要组成部分，该型雷达能够自动搜索跟踪多目标，最多一次可跟踪100个目标，可在165km范围内探测高尔夫球大小的目标，该雷达有4个改进型号，即AN/SPY-1A、AN/SPY-1B、AN/SPY-1D和AN/SPY-1D(V)。其中，

AN/SPY-1A 和 AN/SPY-1B 为双面相控阵天线，装备在巡洋舰上，AN/SPY-1D 和 AN/SPY-1D(V) 则为四面相控阵天线，装备在驱逐舰上。

AN/SPY-6 雷达是“宙斯盾”反导防御系统装备的新一代防空反导雷达，能提供同时多任务能力，支持远程、大气层外探测、跟踪和弹道导弹识别，同时可以完成对空中和地面威胁的区域防空和自卫防御。

2. MK1 指挥决策与武器控制系统

MK1 指挥决策系统包括四机柜 AN/UYK-7 计算机、AN/UYA-4 显示控制设备、变换装置、RD-281 存储器和数据变换辅助控制台等。该分系统是全舰的指挥和控制中心，负责建立战术原则，显示并处理来自舰上各传感器的信息，做出威胁判断和火力分配，协调和控制整个作战系统的运行。

MK1 武器控制分系统由四机柜 AN/UYK-7 计算机、“宙斯盾”综合装置、MK138 射击开关组合件和数据交换辅助控制台组成。该分系统负责按照 MK1 指挥和决策分系统的作战指令，具体实施对武器系统的目标分配、指令发射和导弹制导等功能。

3. MK99 火控分系统

MK99 火控分系统包括 AN/SPG-62 目标照射雷达、MK79 导向器和数据转换装置。该分系统负责按照 MK1 武器控制分系统的指令，随同 AN/SPY-1A 雷达一起工作；用 AN/SPG-62 雷达照射目标，以便对已发射的导弹提供末制导。

4. 导弹发射分系统

MK 26 为双导轨旋臂式发射装置，用于发射“标准”SM-2 中程舰空导弹或“阿斯洛克”反潜导弹。MK 41 则是一种先进的垂直发射装置，它包括 61 具导弹发射箱，可发射“标准”“战斧”“鱼叉”和“阿斯洛克”导弹等。上述两种导弹发射分系统均由 MK1 武器控制分系统的计算机实施控制。

5. MK1 战备状态测试分系统

MK1 战备状态测试分系统由一台 AN/UYK-20 小型计算机和若干 AN/UYA-4 显控台、主数据终端、遥控数据终端和辅助设备组成。它与“宙斯盾”系统各主要分系统相连，完成对整个系统的监视、自动故障检测和维护。

6. 拦截弹

“标准”SM-3 导弹是海基“宙斯盾”系统的拦截弹，用于在大气层外拦截来袭弹道导弹。根据“宙斯盾”战舰部署位置的不同，“标准”SM-3 导弹既可在大气层外拦截上升段和中段飞行的弹道导弹，也可在大气层外拦截下降段飞行的弹道导弹，但主要用于中段防御。该系统主承包商为雷声公司导弹系统分部，分承包商主要有美国航空喷气发动机公司（Aerojet Rocketdyne Holdings，Inc.）、阿连特技术系统公司（Orbital ATK，Inc.）、波音公司（The Boeing Company）等。日本三菱重工公司（Mitsubishi Heavy Industries，Ltd.）参与了“标准”SM-3 Block Ⅱ导弹的研制工作。1992 年开始“标准”SM-3 导弹的研制，已装备和在研的型号主要有 4 种，分别为“标准”SM-3 Block Ⅰ/Ⅰ A、Block Ⅰ B、Block Ⅱ 和 Block Ⅱ A 导弹。2005 年开始装备“标准”SM-3 BlockⅠ导弹。“标准”-3 Block Ⅱ导弹尚处于研制阶段。“标准”SM-3 导弹的单价为 500 万~1000 万美元。“标准”SM-3 在不断地改进中吸收了之前大量的成功经验，在提升作战能力的同时降低了研制成本，缩短了交付时间。“标准”SM-3 导弹的研制工作分两个阶段实施。

第一阶段，由美国海军负责研制并部署具有有限目标识别能力的用于拦截近程至中程弹道导弹的“标准”SM-3 Block Ⅰ/ⅠA、Block ⅠB导弹。2006年6月7日，雷声公司获得价值4.24亿美元的合同，用于完成“标准”SM-3 Block ⅠA导弹的研制，并继续开发“标准”SM-3 Block ⅠB导弹。

除采用“标准”SM-2 Block Ⅳ导弹的助推器和火箭发动机以及舵控制系统外，“标准”SM-3 Block Ⅰ/ⅠA还采用了第三级火箭发动机、改进的制导舱、动能战斗部和级间装置。第三级发动机采用Mk136双脉冲固体火箭发动机，可按指令进行两次脉冲点火，这种脉冲间延迟可增强“标准”SM-3拦截弹实施拦截时的机动性。为了逐步和可靠地获取上述机动性，美国先后在多次试验中进行了单脉冲、双脉冲点火模式的演示。Mk142动能战斗部高度模块化，结构紧凑，可自动调节飞行方向和高度，做大机动飞行。

“标准”SM-3 Block ⅠB拦截弹弹头是在“标准”SM-3 Block ⅠA弹头的基础上采用双波段红外导引头，并增加了一个新的先进信号处理器和一个先进的全反射光学系统，提高了对弹头、碎片和诱饵的识别能力。在2011年2月8日和2011年9月1日，“标准”SM-3 Block ⅠB拦截弹弹头先后进行了系统集成试验和首次拦截飞行试验，验证了相关性能。

第二阶段，美国和日本合作研制并部署目标识别能力更强的用于拦截中远程弹道导弹的“标准”SM-3 Block Ⅱ导弹。1999年8月，美日签署“标准”SM-3导弹先进部件的联合合作研究计划，主要包括采用复合材料的先进蚌式头罩、作用距离更远的双波段（中波/长波）红外导引头、先进的动能战斗部以及534mm的第二级和第三级火箭发动机，该计划于2007年3月完成。2006年，美日签署了价值30亿美元的“标准”SM-3导弹合作研发计划，在联合合作研究（JCR）成果的基础上研发“标准”SM-3 Block Ⅱ导弹。美国负责研发动能战斗部和红外导引头，日本负责研发头罩和两级火箭发动机，并负担1/3的计划成本。“标准”SM-3 Block Ⅱ/ⅡA拦截弹的关机速度将比Block Ⅰ系列导弹提高45%~60%，达到5~5.5km/s，具备拦截洲际弹道导弹的能力。

“标准”SM-3 Block ⅡA导弹在2014财年获得了3.08亿美元的经费支持，2015财年获得了2.63亿美元。该弹首次全制导拦截试验计划于2016年进行。根据奥巴马政府2009年公布的欧洲分阶段适应方案（EPAA），“标准”SM-3 Block ⅡA型拦截弹在2018年前实现部署，以应对近程、中程及中远程导弹的威胁。2014财年预算中，调整了“标准”SM-3发展计划，取消了其中“标准”SM-3 Block ⅡB计划，将该计划的经费转用于采购更多的陆基拦截弹，以及发展可提高陆基拦截弹与其他“标准”SM-3拦截弹型号性能先进的杀伤器技术，图2.18所示为“标准”SM-3导弹发展演进的过程。

“标准”SM-6导弹是一种集防空反舰反导于一体的多功能导弹，对低空飞行的高超声速武器也有着较好的拦截效果，是美国标准系列导弹的最新型号，被美国媒体称为“海军最重要的导弹武器”。“标准”SM-6导弹采用了多种成熟技术和模块化设计，能够通过软件升级的方式实现快速升级，大大地提高了抗电子干扰能力，在现代战争中具有重要意义。

2019年美军发布了下一代杀伤武器的需求征集草案，要求新型杀伤武器需具备应对近50种威胁场景的能力。与此同时，MDA正在对“标准”SM-3 Block ⅡA导弹进行技术改进，使其具备洲际弹道导弹拦截能力。区域防空导弹方面，美军多型防空导弹系统试验取得阶段性进展，其中增程型“先进中程空空导弹”可实现50%以上射程和

70%以上高程的能力增量，“标准”SM-3 导弹弹道拦截时序如图 2.19 所示。

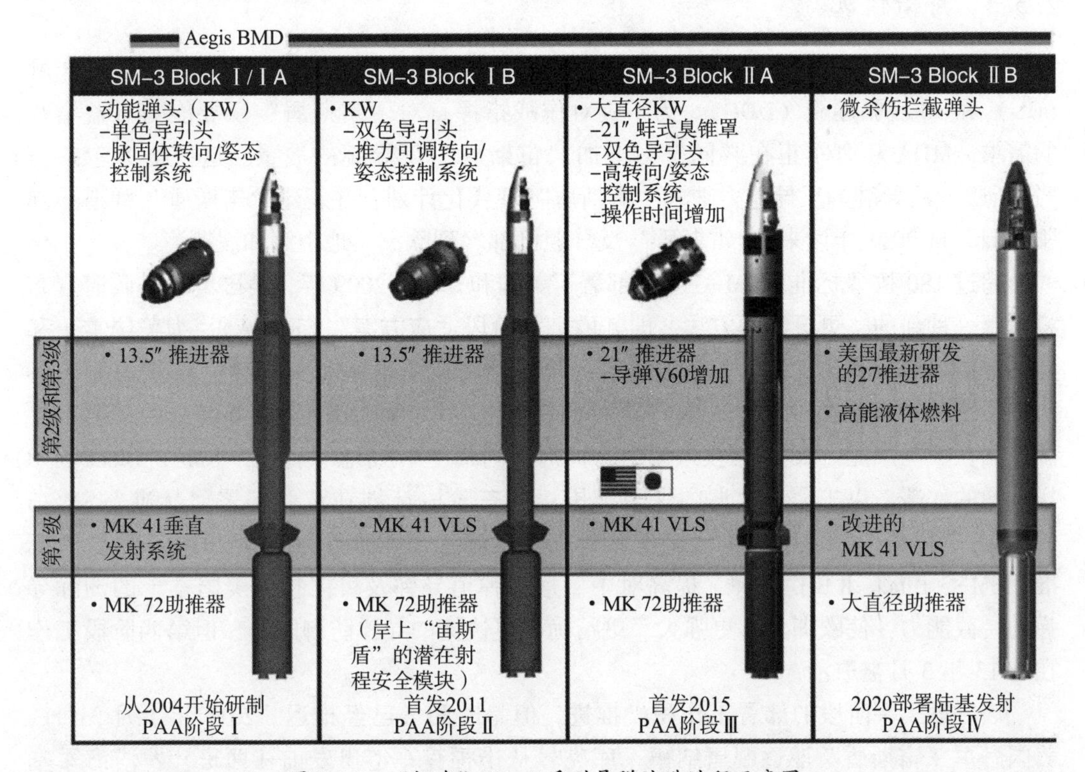

图 2.18　“标准”SM-3 系列导弹演进过程示意图

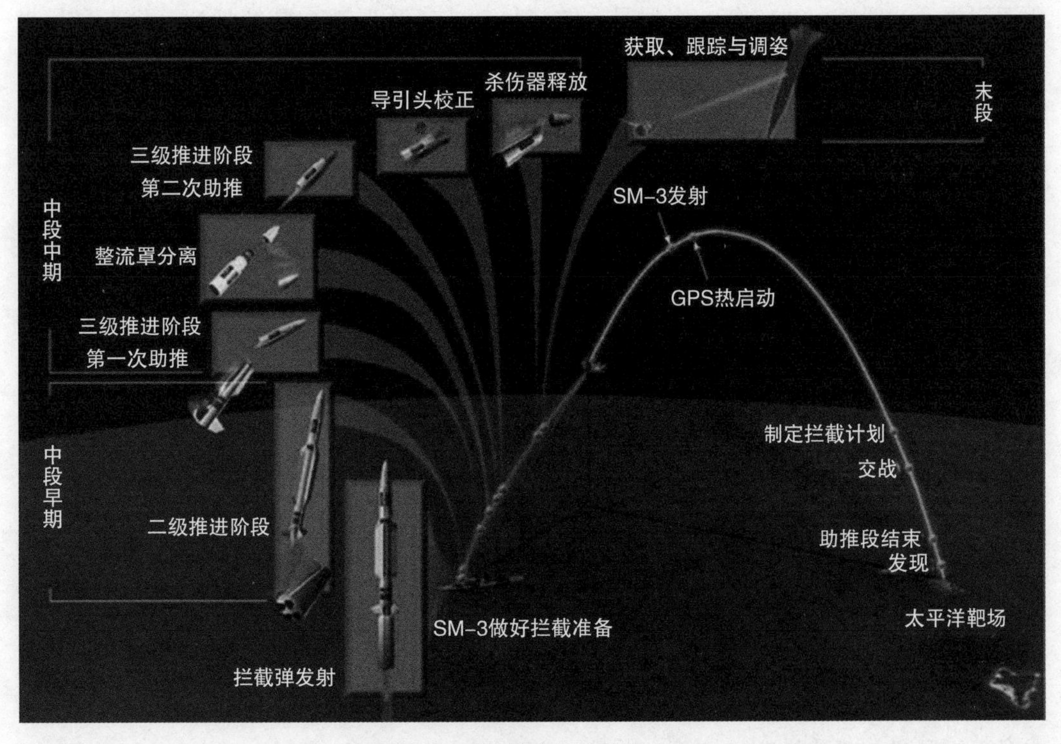

图 2.19　“标准”SM-3 导弹拦截时序示意图（见彩图）

2.3.3 部署情况

截至2020年11月，美国海军部署了45艘“宙斯盾”反导舰，其中5艘巡洋舰（CG）和40艘驱逐舰（DDG）。为了应对作战指挥官对“宙斯盾”反导能力日益增长的需求，MDA和海军正在共同努力增加“宙斯盾”反导舰的数量。这些努力包括将“宙斯盾”反导舰的反导能力纳入“宙斯盾”现代化计划，并新建“宙斯盾”弹道导弹驱逐舰。自2011年以来，“宙斯盾”反导舰已部署到欧洲、地中海和波斯湾。

超过180枚“标准”SM-3导弹部署于美国和日本。2009年，美国奥巴马政府宣布将采用一种新的、更灵活的方法，即“欧洲分阶段适应方案”（EPAA），为美国本土和欧洲提供弹道导弹防御能力。该方案第一阶段计划在西班牙（2011年）部署海基中段防御系统和“标准”SM-3 Block ⅠA拦截弹以应对欧洲面临的近程导弹威胁；第二阶段计划在罗马尼亚（2015年投入使用）同时进行海上和陆地“标准”SM-3 Block ⅠB拦截弹的部署，以扩大对欧洲的保卫范围；第三阶段计划在波兰部署“标准”SM-3 Block ⅡA拦截弹，建设两个“宙斯盾”陆基设施；第四阶段计划在2020年部署“标准”SM-3 Block ⅡB拦截弹，提高对中、远程弹道导弹及可能打到美国本土的洲际导弹的拦截能力，使欧洲具有更强大、更精确、更快捷的导弹防御能力，但第四阶段工作在2013年3月被取消。

该方案第一阶段的部署工作积极推进，但是时间表已经推迟。2014年1月31日，美国海军“宙斯盾”驱逐舰唐纳德·库克号从诺福克军港出发前往西班牙罗塔海军基地，该舰是美国驻扎在欧洲的4艘弹道导弹防御舰艇中的第一艘。数月后，“罗斯”号驱逐舰也到达罗塔。2015年，卡尼号和波特号“宙斯盾”舰也陆续抵达。除卡尼号母港在梅波特外，其余3艘都部署在诺福克。美国海军还在罗塔新建了一个地区维护中心，监管工业部门和承包商的舰艇维修与现代化工作。4艘舰艇全部抵达西班牙后，常规的运行模式是两艘舰艇在港，两艘执勤，这些舰艇不仅执行弹道导弹防御任务，还要开展海上安全、双边与多边训练演习以及参与北约的作战与部署行动。

第二阶段部署工作也已启动。据雷声公司2014年4月23日称，通过与MDA的合作，美国海军首次部署了“标准”SM-3 Block ⅠB，标志着其“分段适应方案”进入了第二阶段，并计划于2015年完成在罗马尼亚的部署。2013年10月，美国首次在罗马尼亚部署“宙斯盾”岸上系统，可发射“标准”SM-3 Block ⅠA、ⅠB和ⅡA。该设备还将作为2015年EPAA第二阶段部署的基础设施。除了海上部署的“宙斯盾”反导舰外，罗马尼亚的“宙斯盾”岸上系统将为北约各国提供额外的弹道导弹防御能力。

目前，美军已经部署了45艘具备反导能力“宙斯”舰和2套陆基“宙斯盾”系统，其全球部署如表2.2所列。“宙斯盾”导弹防御系统能够探测、跟踪、瞄准和拦截巡航和弹道导弹，在探测并识别导弹威胁后，SPY-1雷达可以引导“标准”导弹拦截来袭目标。MDA将继续研发“宙斯盾”基线9.C2（弹道导弹防御5.1版本）系统，使其具备“远程发射”和“远程拦截”能力，并能够发射“标准”SM-3 Block ⅡA导弹和“标准”SM-6Dual2导弹。目前“标准”SM-3 Block ⅡA型号已经投入部署，具备应对远程导弹的威胁能力。

表2.2　海基"宙斯盾"反导舰全球部署情况

部署区域	舷号	舰名	系统版本	代类	母港
太平洋地区	CG 70	Lake Erie	4.0	2nd	加州圣迭戈港
	DDG 113	John Finn	5.1（基线9）	4th	加州圣迭戈港
	DDG 73	Decatur	4.0	2nd	加州圣迭戈港
	DDG 76	Higgins	3.6	1st	加州圣迭戈港
	DDG 59	Russell	3.6	1st	加州圣迭戈港
	DDG 115	Rafael Peralta	5.0（基线9）	3rd	日本横须贺港
	DDG 60	Paul Hamilton	4.1	2nd	加州圣迭戈港
	DDG 83	Howard	5.1（基线9）	4th	加州圣迭戈港
	DDG 86	Shoup	5.1（基线9）	4th	加州圣迭戈港
	DDG 114	Ralph Johnson	5.1（基线9）	4th	华盛顿埃弗雷特港
	DDG 53	John Paul Jones	5.1（基线9）	4th	夏威夷珍珠港
	DDG 77	O' Kane	3.6	1st	加州圣迭戈
	CG 73	Port Royal	3.6	1st	夏威夷珍珠港
	DDG 70	Hopper	3.6	1st	夏威夷珍珠港
	DDG 69	Milius	5.0（基线9）	3rd	日本横须贺港
	DDG 65	Benfold	5.1（基线9）	4th	日本横须贺港
	CG 67	Shiloh	4.0	2nd	日本横须贺港
	DDG 63	Stethem	3.6	1st	加州圣迭戈港
	DDG 52	Barry	5.0（基线9）	3rd	日本横须贺港
	DDG 54	Curtis Wilbur	4.1	2nd	日本横须贺港
	DDG 56	John S. McCain	4.1	2nd	日本横须贺港
	DDG 62	Fitzgerald	5.1（基线9）	4th	加州圣迭戈港
	DDG 118	Daniel Inouye	5.1（基线9）	4th	夏威夷珍珠港
大西洋地区	CG 72	Vella Gulf	3.6	1st	弗吉尼亚州诺福克港
	CG 61	Monterey	3.6	1st	弗吉尼亚州诺福克港
	DDG 61	Ramage	5.0（基线9）	3rd	弗吉尼亚州诺福克港
	DDG 55	Stout	3.6	1st	弗吉尼亚州诺福克港
	DDG 58	Laboon	4.1	2nd	弗吉尼亚州诺福克港
	DDG 72	Mahan	4.1	2nd	弗吉尼亚州诺福克港
	DDG 67	Cole	4.1	2nd	弗吉尼亚州诺福克港
	DDG 74	Mcfaul	4.1	2nd	弗吉尼亚州诺福克港
	DDG 66	Gonzalez	4.1	2nd	弗吉尼亚州诺福克港
	DDG 51	Arleigh Burke	5.1（基线9）	4th	弗吉尼亚州诺福克港
	DDG 57	Mitscher	5.1（基线9）	4th	弗吉尼亚州诺福克港
	DDG 79	Oscar Austin	5.1（基线9）	4th	弗吉尼亚州诺福克港
	DDG 84	Bulkeley	5.1（基线9）	4th	弗吉尼亚州诺福克港
	DDG 68	The Sullivans	3.6	1st	佛罗里达州梅波特港
	DDG 71	Ross	3.6	1st	西班牙罗塔港
	DDG 64	Carney	4.1	2nd	佛罗里达州梅波特港
	DDG 75	Donald Cook	4.1	2nd	西班牙罗塔港
	DDG 78	Porter	4.1	2nd	西班牙罗塔港
	DDG 116	Thomas Hudner	5.1（基线9）	4th	佛罗里达州梅波特港
	DDG 80	Roosevelt	5.1（基线9）	4th	西班牙罗塔港
	DDG 117	Paul Ignatius	5.1（基线9）	4th	佛罗里达州梅波特港
	DDG 119	Delbert D Black	5.1（基线9）	4th	佛罗里达州梅波特港

奥巴马政府宣布 EPAA，呼吁提升欧洲的导弹防御能力，以此来抵抗来自中东的任何中短程弹道导弹威胁。EPAA 要求部署海基和陆基“宙斯盾”弹道导弹防御系统，以此来保护欧洲免受弹道导弹攻击，同时确保美国在欧洲的盟友就其自身安全问题获得美国承诺。为了确保美国及其盟友的安全关切得到满足，美国海军已在日本部署了 8 艘具备“宙斯盾”反导能力的舰艇，在夏威夷部署了 6 艘，另外还在圣迭戈部署了 3 艘。日本的 4 艘具有“宙斯盾”弹道导弹防御能力的金刚级驱逐舰也加入了太平洋导弹防御基础设施。未来，美国希望向亚太地区的其他盟友提供“宙斯盾”弹道导弹防御技术，以此来增强亚洲的导弹防御和威慑力。

在强大的预警探测能力支持下，“宙斯盾”反导舰安装 BMDS5.1（基线 9）系统，装备“标准”SM-3 Block BA 型拦截弹，理论上具备拦截射程 5000km 以上弹道导弹的能力，意味着未来美国海基反导平台将有可能拦截洲际弹道导弹。

美国海军始终在提升海基“宙斯盾”系统的信息融合能力与数据处理能力，从近年美军开展的试验情况看，海基“宙斯盾”系统已具备下述能力：

（1）协同交战能力。海基“宙斯盾”系统将所有舰船平台的传感器数据整合成一个统一、实时的具备一体化火控特征的标准航迹图像，并进行威胁数据实时共享，从而使所有参战舰船真正成为一个战术整体，充分发挥每一个传感器和舰船武器系统的优长，且互为补充，防空反导距离远远超过“宙斯盾”舰本身的雷达视距，极大地提高区域拒止和本地自身防御能力，以对抗不断发展的反舰巡航导弹和战区弹道导弹威胁。

（2）一体化火控防空能力。基于协同交战能力，升级至基线 9 的新型“宙斯盾”反导舰能够与预警机、F-35 战斗机、无人机和电子战干扰机构建传感器网络，组合成一个整体的火控防空系统，实现远程交战和超地平线防空拦截。

（3）快速反应能力。系统反应速度快，“宙斯盾”导弹防御系统相控阵雷达从搜索方式转为跟踪方式，时间小于 50μs，具备拦截高马赫数飞机、超声速反舰巡航导弹和远程弹道导弹能力。

2.3.4　测试与发展

2022 年 11 月：在美国海军及 MDA 的支持下，日本海上自卫队“宙斯盾”舰“摩耶”号及“羽黑”号于 11 月 16 日和 11 月 19 日在夏威夷州附近海域，分别试射“标准”SM-3 Block ⅡA 和“标准”SM-3 Block ⅡB 拦截弹，成功击中从夏威夷州考艾岛发射的弹道导弹靶弹。此外，两舰还进行了无实弹发射的靶标跟踪测试，以验证新功能。MDA 局长乔恩·希尔表示，此次联合试验首次实现从日本舰艇发射“标准”SM-3 Block ⅡA 导弹的关键里程碑，将增强日本的弹道导弹防御能力。

2021 年 5 月：在“坚固盾牌”演习期间，美海军“保罗·伊格纳修斯”号导弹驱逐舰（DDG 117）根据荷兰海军“七省”号护卫舰（F802）的跟踪数据，发射 1 枚“标准”SM-3 导弹，成功拦截中程弹道目标。“罗斯福”号导弹驱逐舰（DDG 80）发射了 1 枚“标准”SM-3 导弹和 2 枚“标准”SM-2 导弹，拦截模拟中程弹道目标和亚声速目标，构建了双层一体化防空反导作战场景。

2020 年 11 月：FTM-44 实弹射击测试证明，当“约翰·芬恩”号驱逐舰（USS

John Finn）（DDG 113）在太平洋导弹靶场成功拦截洲际弹道导弹靶弹时，“宙斯盾”基线 9/BMD5.1 和“标准”SM-3 Block ⅡA 具备拦截洲际弹道导弹目标的能力。这为提高美国及其盟国的分层防御能力提供了一种选择。这一版本的“宙斯盾”武器系统计划用于波兰陆基“宙斯盾”系统。

2020 年 10 月：AN/SP-6 雷达固态阵列交付并安装在新泽西州摩尔镇的“宙斯盾”作战系统工程基地，开始与“宙斯盾”基线 10 版“宙斯盾”武器系统的集成测试。陆基集成是将新型固态雷达交付造船厂安装在 DDG 51 FLT Ⅲ驱逐舰“杰克·卢卡斯”号（DDG 124）之前的关键一步。

2020 年 9 月：德尔伯特 D 型驱逐舰（DDG 119）在卡纳维拉尔角空军基地服役。作为第四代 BMD 驱逐舰加入舰队。

2020 年 7 月：美国海军首次交付 AN/SPY-6 固态雷达。它将安装在 DDG 51 FLT-Ⅲ型驱逐舰上。它比 DDG 51 舰上的Ⅰ/Ⅱ/ⅡA 现有的 AN/SPY1 雷达的灵敏度高 30 倍。它将安装在密西西比州英格尔斯造船厂正在建造的“杰克·卢卡斯”号驱逐舰（DDG 124）上。该船将于 2024 年加入舰队。

2020 年 6 月：“菲茨杰拉德”号驱逐舰（USS Fitzgerald，DDG 62）在日本近海遭遇海上碰撞后，经过两年半的大修和维修，离开了英戈尔斯造船厂帕斯卡古拉。在维修过程中，该舰使用了最新版本的“宙斯盾”武器系统基线 9（BMD 5.1）进行了现代化改造，作为太平洋舰队中能力最强的 BMD 舰艇之一重返舰队。

2020 年 3 月：“罗斯福”号驱逐舰（DDG 80）离开佛罗里达州梅波特港，前往西班牙罗塔岛。作为支持“标准”SM-3 Block ⅡA 导弹部署的第三阶段增强的一部分，是被分配到“欧洲分阶段自适应方案”的“宙斯盾”基线 9 综合防空导弹防御舰的领导者，该舰取代拥有早期版本“宙斯盾”BMD 的“卡尼”号驱逐舰（DDG 64）。

2020 年 3 月：带集成光学眩目和监视系统的高能激光器（HELIOS）实现了关键设计审查（CDR）里程碑，为在新泽西州摩尔镇开始“宙斯盾”武器系统集成扫清了道路。HELIOS 将在新泽西州摩尔镇进行系统集成。HELIOS 系统随后将在沃洛普斯岛海军陆上试验场进行测试，这将大大降低项目风险，然后将于 2021 年交付给造船厂，集成到“阿利·伯克”号驱逐舰上。除了集成在舰艇上，HELIOS 还将成为舰艇“宙斯盾”作战系统的一个集成组件。

2019 年 7 月：“拉斐尔·佩拉尔塔”号驱逐舰（USS Rafael Peralta，DDG 115）在加州圣迭戈服役。美国海军“保罗·伊格纳修斯”号驱逐舰（DDG 117）在佛罗里达州劳德代尔堡服役，该舰是第 67 艘阿利·伯克级“宙斯盾”驱逐舰，也是第 5 艘从龙骨开始建造的具有“宙斯盾”基线 9 综合防空导弹防御能力的 DDG。

2019 年 1 月：2019 年 MDA 表示，到 2023 财年末，美国将把其“宙斯盾”舰从 38 艘增加到 60 艘。

2018 年 10 月：美国海军“约翰·芬恩”号驱逐舰（DDG 113）使用“标准”SM-3 Block ⅡA 拦截弹成功拦截了一枚中程弹道导弹。

2017 年 10 月：在 2017 年“坚固盾牌演习”（Formidable Shield Exercise）期间，美国导弹驱逐舰“唐纳德·库克”号驱逐舰（USS Donald Cook，DDG 75）成功探测、跟踪并使用“标准”SM-3 Block ⅠB 制导导弹拦截了一枚中程弹道导弹目标。

2017 年 10 月：阿利·伯克级导弹驱逐舰“米舍尔”号（USS Mitscher，DDG 57）向来袭的幻影和 Firejet 反舰巡航导弹发射了“标准”SM-2，作为 IAMD 演习场景中反舰巡航导弹无通知发射的一部分。

2017 年 8 月：美国海军“约翰·保罗·琼斯”号舰艇（DDG 53）在测试期间成功进行了复杂的导弹防御系统试验，在夏威夷海岸使用“标准”SM-6 导弹成功拦截中程弹道导弹（MRBM）靶标。这次测试标志着“标准”SM-6 Dual 1 第二次拦截复杂的中程弹道导弹目标，是“标准”SM-6 的第三次成功测试。这也标志着“宙斯盾”基线 9.0 软件的第七次成功测试。

2017 年 6 月：美国海军“约翰·保罗·琼斯”号驱逐舰（DDG 53）使用美国和日本合作开发的“标准”SM-3 Block ⅡA 拦截弹进行了拦截试验，但未成功。夏威夷考艾岛的太平洋导弹靶场设施发射了一枚中程弹道导弹目标。“约翰·保罗·琼斯”号驱逐舰（USS John Paul Jones，DDG 53）用舰载 AN/SPY-1 雷达和“宙斯盾”基线 9C2 武器系统探测并跟踪了导弹目标。该舰发射了一枚“标准”SM-3 Block ⅡA 导弹，但导弹没有成功拦截目标。

2017 年 6 月：美国海军委托英格尔斯造船公司（Ingalls Shipbuilding）建造“约翰·芬恩”号驱逐舰（DDG 113）。“约翰·芬恩”号驱逐舰是阿利·伯克级导弹驱逐舰，该舰配备了“宙斯盾”基线 9 软件，使该舰能够执行综合防空和导弹防御任务。“约翰·芬恩”号驱逐舰配备了“宙斯盾”弹道导弹防御 5.0 版软件和海军综合火力控制对空（NIFC-CA）系统。该舰计划加入美国第三舰队。

2017 年 2 月：“约翰·保罗·琼斯”号驱逐舰（DDG 53）使用美国和日本合作开发的“标准”SM-3 Block 2A 拦截弹成功进行了拦截测试。此次试验地点在夏威夷附近的太平洋海域，标志着首次使用“标准”SM-3 Block ⅡA 成功拦截试验。测试中拦截的是一枚中程弹道导弹目标，该目标从夏威夷考艾岛的太平洋导弹靶场设施发射。

2016 年 8 月：美国、日本和韩国的“宙斯盾”舰队正在为新型驱逐舰提供一体化防空反导（IAMD）能力。这些舰只将配备最新的“宙斯盾”系统基线 9，该系统能够进行 IAMD。日本将在其舰队中再增加两艘具备“宙斯盾”能力的舰艇。韩国将增加 3 艘配备“宙斯盾”的 KDX-Ⅲ驱逐舰。

2016 年 5 月：美国海军“约翰·保罗·琼斯”号驱逐舰使用“宙斯盾”基线 9 终端交战能力探测和跟踪中程弹道导弹目标。这次演习标志着“宙斯盾”系统首次展示了其在飞行结束阶段对中程弹道导弹目标进行复杂跟踪演习的能力。

2015 年 12 月：日本防卫省采办、技术、后勤局以及 MDA 与美国海军展开合作，成功在加利福尼亚州圣尼古拉斯岛的点木谷海岸山脉靶场进行了“标准”SM-3 Block ⅡA 飞行测试。导弹成功演示了通过动能弹头弹射的飞出技术。该次测试没有计划实施拦截，也未发射目标导弹。

2015 年 11 月：MDA、弹道导弹防御系统作战测试局、导弹综合防御联合功能组件司令部、美国欧洲司令部、美国太平洋司令部对弹道导弹防御系统开展了复杂的作战飞行测试，演示了分层防御结构。该测试强调了“宙斯盾”弹道导弹防御系统和战区高空区域防御系统（“萨德”）武器系统消除两种弹道导弹威胁的能力，而“宙斯盾”弹道导弹防御系统同时还开展了防空作战行动。

2015 年 10 月：美国海军和其他八国在北海成功开展了一场探测-交战综合防空和导弹防御演习。期间，联军同时在太空拦截了一枚弹道导弹和一个反舰巡航导弹目标。这是首个在欧洲开展的同类导弹防御试验。

2015 年 8 月：MDA、美国太平洋司令部、美国海军在夏威夷考艾岛成功实施了 4 次飞行测试，演示了使用“标准”SM-6 Dual Ⅰ和“标准”SM-2 Block Ⅳ拦截武器成功拦截短程弹道导弹和巡航导弹的能力。这是“标准”SM-6 Dual Ⅰ型导弹的首次实弹演练。

2015 年 6 月：美国和日本宣布在加利福尼亚州圣尼古拉斯岛点木古海岸山脉成功完成“标准”SM-3 Block ⅡA 飞行测试。这是“标准”SM-3 Block ⅡA 的首次飞行测试。该系统是一种拦截武器改型，旨在拦截中程弹道导弹。“标准”SM-3 Block ⅡA 计划于 2018 年开始部署。

2013 年 7 月：在 FTG-07 测试中，使用“宙斯盾”弹道导弹防御系统识别和跟踪被陆基中段防御系统拦截的弹道导弹目标。根据美国“伊利湖”号巡洋舰（CG 70）提供的跟踪数据发射陆基拦截武器。此次演习是“宙斯盾”反导舰在陆基中段防御测试中首次发挥根据探测器发射的作用。

2012 年 5 月：飞行测试任务 FTG-16 Event 2a 是首次成功以实弹拦截来测试第二代“宙斯盾”武器系统（弹道导弹防御 4.0.1）和“标准”SM-3 Block ⅠB 导弹。2012 年 5 月，美国军舰“伊利湖”号巡洋舰（CG 70）在太平洋上空成功拦截一个短程弹道导弹目标。表明“宙斯盾”弹道导弹防御系统 4.0.1 和“标准”SM-3 Block ⅠB 导弹能够拦截射程更远也更复杂的弹道导弹。

2011 年 10 月：美国、西班牙、北约联合宣布：作为 EPAA 的一部分，美国将在西班牙罗塔港部署 4 艘具有“宙斯盾”能力的舰艇。这些“宙斯盾”反导舰部署在整个地中海地区，以此来保护南欧免受来自中东的中短程弹道导弹攻击。

2011 年 4 月：MDA、美国海军、美国陆军使用“标准”SM-3 Block ⅠA 拦截武器在太平洋上空成功拦截了一枚中远程弹道导弹。“宙斯盾”弹道导弹防御系统使用来自 AN/TPY-2 雷达且通过 C2BMC 传递的跟踪数据，发射了一枚“标准”SM-3 Block ⅠA 导弹，拦截了一个中远程弹道导弹目标。该测试演示了 EPAA 的第一阶段能力。该次发射是首次远程发射，“宙斯盾”弹道导弹防御系统拦截了一枚中远程弹道导弹。

2011 年 3 月：在飞行测试任务 FTG-16 Event 1 中，美国军舰伊利湖号成功跟踪了一个弹道导弹目标除了弹道导弹防御任务之外，伊利湖还在实弹射击演习中使用“标准”SM-2 Block Ⅲ导弹摧毁一枚来袭反舰巡航导弹目标，以此验证了该舰的防空作战能力。该测试首次实现一艘舰艇使用弹道导弹防御 4.0.1 武器系统化解防空作战威胁。

2009 年 10 月：在飞行测试 FTX-06 Event 1~4 期间，升级了弹道导弹防御 4.0.1 武器系统的“宙斯盾”导弹巡洋舰“伊利湖”号（CG 70）在一系列跟踪演习中成功地探测、跟踪并且模拟了采用“标准”SM-3 Block ⅠB 拦截各种不同的弹道导弹目标。这些目标涵盖了从简单的分离中程导弹到旨在迷惑导弹防御系统的复杂的分离短程导弹。所有测试目标均得以实现。此外，美国还实施了 3 次日本飞行测试任务。在此期间，美国“伊利湖”号导弹巡洋舰用第二代“宙斯盾”弹道导弹防御武器系统（弹道导弹防御 4.0.1）跟踪分离的弹道导弹目标。

2010 年 10 月：日本飞行测试任务 4(JFTM-4) 实施了类似于日本飞行测试任务 3(JFTM-3) 的测试。

2009 年 9 月：奥巴马总统宣布 EPAA，取消了布什政府在波兰部署第三个陆基中段防御系统的计划。EPAA 注重来自中东的短程到中远程导弹威胁，因此呼吁美国从 2011 年到 2018 年在整个欧洲地区逐步部署海基和陆基“宙斯盾”弹道导弹防御系统。

2008 年 2 月：一艘部署在夏威夷西北部、具有弹道导弹防御能力的“宙斯盾”巡洋舰击落一颗失效的美国侦察卫星，因为该卫星的轨道逐步降低。

2007 年 12 月：在一次飞行测试中，一艘具有弹道导弹防御能力的日本“宙斯盾”驱逐舰使用一枚“标准”SM-3 Block ⅠA 拦截武器成功拦截了夏威夷沿岸的一个弹道导弹目标。这是除美国之外的国家首次用“宙斯盾”弹道导弹防御系统拦截一枚弹道导弹。

2005：在 2005 年，“宙斯盾”弹道导弹防御系统的任务演变到包含一项交战能力。装备“标准”SM-3 Block ⅠA 的“宙斯盾”弹道导弹防御舰能够在飞行中段拦截短程至中程弹道导弹。2006 年，“宙斯盾”弹道导弹防御系统交战能力扩展至包含末段拦截能力。

2.4　陆基“宙斯盾”弹道导弹防御系统

陆基“宙斯盾”弹道导弹防御系统（以下简称“陆基‘宙斯盾’系统”）就是在海基“宙斯盾”系统的基础上按照陆基部署的要求进行相应改进，衍生而来的一种导弹防御系统。根据洛克希德·马丁公司（Lockheed Martin Space Systems Company）公布的相关信息，陆基“宙斯盾”系统由指挥控制系统模块和垂直发射系统模块组成。雷达和指挥控制系统模块集成在一个多面体建筑上。多面体建筑由甲板室和甲板室支持系统组成。甲板室建筑分为三层：第一层布置了作战情报中心；第二层布置了计算机；第三层布置了火控系统和雷达基座。甲板室支持系统布置了发电机组和冷却系统。甲板室建筑顶部安装了类似的舰艇桅杆和 SPG-62 火控雷达及卫星通信天线等。

2.4.1　基本情况

2014 年 5 月 20 日，美国在太平洋导弹靶场进行了陆基“宙斯盾”系统的首次实弹试射并获得成功。试验中陆基“宙斯盾”系统对模拟靶弹进行跟踪监视，并使用 MK41 垂直发射系统发射一枚“标准”SM-3 Block ⅠB 型导弹进行模拟拦截。五角大楼称，陆基“宙斯盾”系统首次试射取得成功，其配备的“标准”SM-3 型导弹的数项性能得到验证。在欧洲部署陆基“宙斯盾”系统作为 EPAA 导弹防御计划的重要内容，陆基“宙斯盾”系统首次实弹试射成功为后续部署计划顺利展开奠定了良好的基础。

2000 年小布什上台之后一直致力于大力推进导弹防御计划，2005 年美国开始酝酿在欧洲部署导弹防御系统，并确定建立以 2 级 GBI 导弹为核心的欧洲导弹防御系统。2009 年 9 月，美国奥巴马政府宣布对前小布什政府实施的欧洲导弹防御计划进行调整，改为在欧洲推进 EPAA 导弹防御部署计划。计划在 2011—2020 年之间分四个阶段在欧洲部署新的导弹防御系统（2013 年美国取消了“标准”SM-3 Block ⅡB 型导弹的研制计划，第四阶段部署计划也被取消），渐进式提升该地区导弹防御能力，并最终于 2020 年前后对伊朗所有射程的弹道导弹威胁实现全面防御。EPAA 旨在成为在欧洲建立分层导弹防御网络的一种经济有效的方法，以此来保护美国在该地区的伙伴、盟友、资产免受日渐壮大的伊朗弹道导弹的威胁。尽管美国一再强调，在欧洲部署的“宙斯盾”弹道导弹防御系统旨在抵抗来自中东的短程到中远程弹道导弹威胁，但是俄罗斯反对分层导弹防御网络，称它破坏了俄罗斯的战略威慑度。欧洲的“宙斯盾”系统的设计方案和部署工作旨在防御来自中东的弹道导弹，但是缺乏抵抗来自俄罗斯的洲际导弹威胁的技术能力。尽管 EPAA 要求的导弹防御网络在技术上不能彻底推翻或破坏俄罗斯的战略核武库，但莫斯科仍然担心欧洲的导弹防御系统会继续扩大，进而阻碍俄罗斯的威慑力。“宙斯盾”岸防系统还影响到亚太地区的战略格局，尤其是在抵抗朝鲜的弹道导弹能力方面发挥了作用。在 2016 年年初，美国开始考虑在夏威夷考艾岛启用“宙斯盾”岸防系统测试设施，以此来应对朝鲜不断提高的核武器和弹道导弹能力。位于考艾岛的“宙斯盾”岸防系统设施将为夏威夷和美国本土额外增加一层保护，以此来抵抗朝鲜的弹道导弹威胁。

“宙斯盾”弹道导弹防御系统和“标准”SM-3 构成了 EPAA 的基础。EPAA 的每个阶段都要求部署经过升级的“标准”SM-3 改型，以此来对抗伊朗不断提高的弹道导弹能力。2011 年 3 月，EPAA 第一阶段授权在欧洲部署 113 套“标准”SM-3 Block ⅠA 拦截武器和 16 套“标准”SM-3 Block ⅠB 拦截武器。

2015 年，第二阶段要求将 100 套“标准”SM-3 Block ⅠB 拦截武器部署到位于欧洲罗马尼亚的新“宙斯盾”岸防系统基地。新的陆基改型（“宙斯盾”岸防系统）配置了“宙斯盾”弹道导弹防御系统（5.0 版）和“标准”SM-3 Block ⅠB 拦截武器。“宙斯盾”弹道导弹防御系统（5.0 版）没有增加新功能，但旨在将“宙斯盾”弹道导弹防御系统（4.0.1 版）与海军的开放式架构系统合而为一，从而让任何“宙斯盾”舰艇均能执行弹道导弹防御任务。

EPAA 第三阶段计划在 2018 年要求部署 19 套新的“标准”SM-3 Block ⅡA 拦截武器，同时在波兰开发另一套“宙斯盾”陆基系统。EPAA 的第四阶段最初要求部署“标准”SM-3 Block Ⅱ拦截武器，能够拦截来自伊朗的洲际弹道导弹。然而，该方案的第四个阶段最终被取消，“标准”SM-3 Block ⅡB 的开发任务也被叫停。为了满足 EPAA 规定的第三阶段要求，美国海军目前正与日本合作开发和测试“标准”SM-3 Block ⅡA 拦截武器。该型拦截武器具有更远的射程和更快的速度，从而可以更有效地拦截快速移动的中远程弹道导弹。2015 年 6 月，“标准”SM-3 Block ⅡA 接受了首次飞行测试，拦截武器成功演示了通过头锥部署释放和第三级飞行。在当年 12 月，“标准”SM-3 Block ⅡA 再次接受飞行测试，并且成功通过动能弹头弹射演示。“标准”SM-3 Block ⅡA 将继续接受测试，直到在 2018 年如期部署，预计“宙斯盾”弹道导弹防御系统（5.1 版）将在舰艇和波兰的“宙斯盾”岸防系统中使用“标准”SM-3 Block ⅡA 拦截武器。

2.4.2　基本组成

陆基“宙斯盾”系统作为一种陆地使用的反导系统，与海基“宙斯盾”系统几乎采用了相同的设备，重点包括雷达系统、指控系统、发射系统和拦截导弹系统，可配备24枚“标准”SM-3导弹，具备强大的近、中程弹道导弹末段拦截能力。陆基版系统是将海基“宙斯盾”系统上部的菱形结构改为3层式建筑，但系统内部依然安装了4部大型AN/SPY-1D相控阵雷达以及除拦截导弹之外的所有作战要素，包括指挥自动化系统、垂直发射系统、计算机系统、显示系统、电源和水冷却系统、外墙、地面和楼梯，“宙斯盾”系统陆基型与海基型对比如图2.20所示。

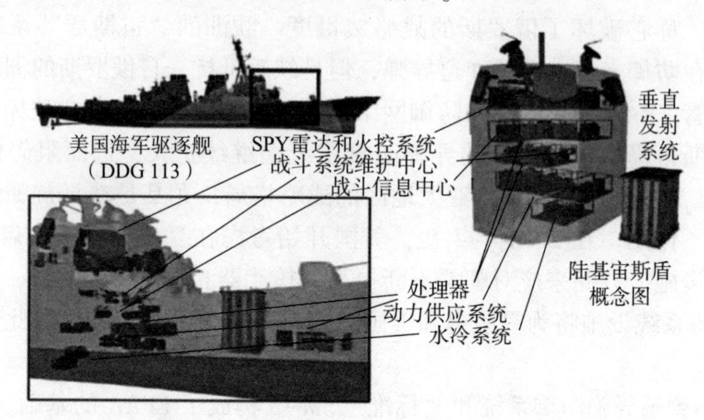

图2.20　“宙斯盾”系统陆基型与海基型的对比

1. AN/SPY-1D雷达系统

陆基“宙斯盾”系统采用与海基“宙斯盾”系统相同的AN/SPY-1D型雷达。该雷达是S波段无源相控阵雷达，阵面呈八边形，每套“宙斯盾”系统配备4个阵面，每个阵面覆盖范围达到110°，总覆盖为360°。该雷达对RCS为0.48m^{2}的目标（典型二级液体导弹）的最大作用距离为508km。通过利用其他信息平台，其作用距离可提高至600~700km，改进后的雷达最大作用距离甚至接近1000km。

2. “宙斯盾”基线9指控系统

“宙斯盾”反导作战系统已经发展了多个版本，根据美国海军最新作战系统进行设计的陆基“宙斯盾”系统，采用了基线9版本“宙斯盾”作战系统的陆基改进型号，即基线9E版本，反导软件第一阶段采用BMD5.0版本，第二阶段将采用BMD5.1版本。后者在前者基础上获得了进一步升级并具备基于远程信息拦截能力，可拦截远程弹道导弹。

1991年以来，“宙斯盾”反导作战系统已经发展了多个版本，如表2.3所列。其中，BMD5.1（基线9）是“宙斯盾”作战系统的最新部署型。基线9将更复杂的中近程弹道导弹及一些洲际弹道导弹作为作战对象，装备的拦截弹升级为“标准”SM-3 Block ⅡA拦截弹，可以实现远程拦截作战。陆基“宙斯盾”采用BMD5.0和基线9E版本。该版本为适应陆地环境采用了一系列创新设计，其软件增强了处理复杂地理环境和目标的能力，提高了拦截中远程弹道导弹的能力，并可以利用外部的远程传感器的导弹航迹数据发射拦截弹，而且可以借助外部传感器的火控数据对拦截弹进行制导，实施最终的导弹拦截。2015年12月，首次拦截试验已对陆基“宙斯盾”的远程发射能力进行了验证。

表2.3　“宙斯盾”导弹防御系统版本演进及能力特点

版本	能力特点	时间线	备注
BMD3.0	实现对近程和中程弹道导弹的初拦截能力，同时还具有远程监视与跟踪能力	2005年2月，BMD3.0系统进行首次拦截试验，取得成功	淘汰
BMD3.0E	具备跟踪远程弹道导弹把信息回传给陆基中段导弹防御系统，并为其提供预警探测信息的能力	2004年9月，装备BMD3.0E系统的“宙斯盾”驱逐舰靠前部署于西太平洋上	淘汰
BMD3.6	可执行弹道导弹拦截、远程监视、跟踪和防空三种任务，能够利用另外一艘“宙斯盾”舰提供的数据，具备有限的基于远程信息发射的能力	2006年6月，BMD3.6系统进行首次拦截试验，取得成功	淘汰
BMD3.6.1	增加大气层内末段反导功能，能够利用非“宙斯盾”导弹防御系统传感器提供的实时数据，增强基于远程信息发射的能力	2008年4月，BMD3.6.1系统首次发射“标准”SM-2 Block Ⅳ型拦截弹进行拦截试验，取得成功	美军所有具备反导能力的“宙斯盾”舰至少升级到BMD3.6.1
BMD4.0.1	增加弹道导弹防御信号处理功能，提供更强的目标识别能力，能够控制和引导新型“标准”SM-3 Block ⅠB型拦截弹应对更加复杂的导弹威胁	2011年9月，BMD4.0.1系统进行首次拦截试验，因拦截弹第三级火箭发动机故障而未能成功	被称为第二代“宙斯盾”弹道导弹防御系统
BMD4.0.2	BMD4.0.1系统的改进型，修正了第三级火箭发动机脉冲问题，能够控制第三级火箭发动机的脉冲时间	2013年2月，BMD4.0.2系统进行首次拦截试验，基本取得成功	
BMD4.0.3	在BMD4.0.2基础上改进国土凝视算法		
BMD4.1	为BMD4.X系列增加大气层内末段拦截能力		使用“标准”SM-2ER Block Ⅳ型和改进型“标准”SM-6拦截弹
BMD5.0	全部采用商业计算机，将BMD4.0系统融入海军新型计算机系统的开放体系结构中和海军一体化火控计划，但不具备大气层内末段反导能力		无法配备“标准”SM-2ER Block Ⅳ拦截弹
BMD5.0CU	BMD5.0系统改进型，具备大气层内末段反导能力，扩展更新了中程弹道导弹和中远程弹道导弹目标集	2015年，BMD5.0CU系统进行首次拦截试验，取得成功	配备“标准”SM-2ER Block Ⅰ型和改进型“标准”SM-6拦截弹
BMD6.0X	未来发展型，具备先进的作战资源管理（雷达/电子战）综合电子战与主动防御能力、一体化防空反导任务规划能力以及联合的一体化火力控制能力		

3. Mk41 导弹垂直发射系统

陆基“宙斯盾”系统配套的发射系统为3座Mk41导弹垂直发射系统，每个发射单元有8具Mk41“标准”SM发射筒（即8枚导弹），共装载24枚“标准”SM-3反导拦截导弹。由于陆基“宙斯盾”系统配备的Mk41系统部署在陆地上，可不受水面战舰狭小空间的限制，其配备了散热系统等相应的配套设备，体积和尺寸都大于舰载型Mk41系统。

4. “标准”SM-3 拦截导弹

陆基“宙斯盾”系统从机动部署的垂直发射系统上发射“标准”SM-3型拦截弹。“标准”SM-3系列导弹的发展历经了“标准”SM-3 Block Ⅰ、“标准”SM-3 Block ⅠA、“标准”SM-3 Block ⅠB和“标准”SM-3 Block 2A。“标准”SM-3 Block Ⅰ采用“标准”SM-2 Block ⅣA弹体，加装第3级火箭发动机和动能杀伤弹头，增加了作用距离和杀伤力；“标准”SM-3 Block ⅠA升级为加长Mk104发动机，红外成像导引头的焦平面阵列由128×128升级为256×256，增加了探测视场，并曾击落过低轨卫星，具有潜在的反卫能力；“标准”SM-3 Block ⅠB于2011年首飞，改进了杀伤弹头，升级为双波段红外探测器，拥有一定的目标识别能力，改进了姿控系统，使陆基“宙斯盾”系统具备拦截3000km中程、中远程弹道导弹的能力。“标准”SM-3 Block ⅡA是“标准”SM-3系列真正脱胎换骨的型号，采用更先进的增强型LEAP双波段红外探测器、全反射光学及长波红外成像导引头、红外信号处理器和姿控系统，弹径由343mm扩大到533mm，大幅增加了燃料携带量和药芯燃烧面积，导弹飞行速度提高了45%~60%，最大飞行速度达到4~4.5km/s。“标准”SM-3 Block ⅡA对射程5000km的弹道导弹具有全向拦截能力；对射程5000~10000km的弹道导弹，可在中段的上升段和下降段实施拦截；对射程大于10000km的洲际导弹，不具有拦截能力，因为后者的弹道最高点速度已超过5.5km/s。

“标准”SM-3 Block ⅡA在2015年开始飞行试验。2017年，美国、日本联合开展了两次导弹拦截试验，验证评估了导弹关键部件的性能，包括动能战斗部、姿控系统、鼻锥、飞行控制系统、推进器、2/3级火箭发动机等。通过“宙斯盾”基线9.2系统配备的AN/SPY-1D雷达，成功探测并跟踪目标，发射舰载“标准”SM-3 Block ⅡA导弹，导弹动能战斗部在空间识别威胁和捕捉目标，并最终成功拦截目标。目前，陆基“宙斯盾”系统采用“标准”SM-3 Block ⅠB拦截导弹，“标准”SM-3 Block ⅡA拦截弹预计2018年装备“宙斯盾”BMD5.1系统的驱逐舰和欧洲陆基“宙斯盾”系统。预计到2030年后，“标准”SM-3 Block ⅡA拦截弹（或更高版本的导弹）的数量可能达到500~600枚，甚至更多。

2.4.3　部署情况

2013年，美军首次在夏威夷考艾岛上部署了一套测试版的陆基“宙斯盾”导弹防御系统，主要进行陆基“宙斯盾”导弹防御系统反导试验和数据采集。2009年，美国宣布EPAA后，与罗马尼亚就陆基“宙斯盾”的建造计划进行协商，并于2013年选定德维塞卢作为站点。2016年5月，美国MDA宣布该站点具备初始作战能力，这是第一个实战部署的陆上“宙斯盾”反导基地，如图2.21所示。

图 2.21　罗马尼亚德维塞卢空军基地的陆基“宙斯盾”

部署于罗马尼亚南部德维塞卢基地的陆基“宙斯盾”导弹防御系统 2016 年 5 月 12 日正式投入使用，安装 BMD5.0 系统和装备“标准”SM-3 Block ⅠB 型拦截弹，部署于波兰西北部雷济科沃小镇的陆基“宙斯盾”导弹防御系统于 2020 年年底完全建成并正式投入使用，计划安装 BMD5.1 系统和装备“标准”SM-3 Block BA 拦截弹。在罗马尼亚的“宙斯盾”系统耗资 1.34 亿美元，采用 BMD5.0 系统，配备了 AN/SPY-1D 雷达和 24 枚“标准”SM-3 Block ⅠB 导弹，可以在更远的距离上拦截来袭目标，具有远程发射的能力。同时，该系统扩展了欧洲海基“宙斯盾”的反导能力，可为东南欧及整个欧洲提供来自伊朗的反导能力。在波兰的陆基“宙斯盾”投入使用后，罗马尼亚的陆基“宙斯盾”系统将升级到 BMD5.1 版本，具备使用“标准”SM-3 Block ⅡA 的能力。

作为 EPAA 的第 3 阶段，美国和波兰于 2016 年 5 月选定雷西科沃作为陆基“宙斯盾”的第 2 个站点。该站点采用 BMD5.1 系统、“标准”SM-3 Block ⅠB、“标准”SM-3 Block ⅡA 拦截弹，具备远程交战的能力，可为欧洲北部提供导弹防御。目前，波兰的陆基“宙斯盾”系统尚在建设中，计划在 2023 财年交付。针对伊朗的弹道导弹，罗马尼亚和波兰的陆基“宙斯盾”可以接收前沿部署在土耳其的 AN/TPY-2 雷达的早期预警信息，并与部署在西班牙海军基地的 4 艘“宙斯盾”舰及地中海的“宙斯盾”舰协同反导。

第 3 套陆基“宙斯盾”位于夏威夷考艾岛的太平洋导弹试射场内，主要用于反导系统测试，如图 2.22 所示。目前，该试验场已经开展了 2 次“标准”SM-3 试验，并参与了美国开展的海基“宙斯盾”测试。测试版的陆基“宙斯盾”与海基版具有几乎相同的配置，但迫于当地地形，其垂直发射井与反导系统指控设施的距离约为 5633m。2016 年 1 月，在

图 2.22　陆基“宙斯盾”

朝鲜核试验后，美国太平洋司令部指挥官哈里斯提出，将夏威夷考艾岛太平洋导弹试射场的测试版陆基“宙斯盾”系统改造成另一套实战型的陆基“宙斯盾”系统，以保护夏威夷及其附近岛屿。美国国会也认为，将目前夏威夷的“宙斯盾”测试系统转变为真正的陆基“宙斯盾”，可为夏威夷和美国西海岸提供反导能力。

针对朝鲜弹道导弹技术水平的提升，为了强化应对来自朝鲜的“导弹威胁”，2017年12月19日本政府通过内阁决议，正式决定引进2套陆基“宙斯盾”系统。计划于2023财政年度内投入使用。当时，日本已经先后引进了40余套“爱国者”PAC-3型导弹系统，并改装了6艘“宙斯盾”舰，初步建立起相当规模的弹道导弹防御体系。对日本政府而言，决定再引进2套陆基“宙斯盾”系统，既是完善弹道导弹防御体系建设的客观需求，更是基于装备引进性价比的一种优化选择。2018年1月，日本安倍晋三政府通过内阁决议，正式决定从美国引进2套陆基“宙斯盾”系统，并将直接装配“标准”SM-3 Block ⅡA拦截弹，即最新版本的BMD5.1系统。日本陆基“宙斯盾”系统计划于2023年前后投入使用，至此全球将建成5套陆基“宙斯盾”中段反导系统。根据日本防卫省的统计，截至2020年6月，日本政府已向美国支付196亿日元，包括陆基“宙斯盾”系统的本体设备费用97亿日元、洛克希德·马丁公司制雷达SPY-7雷达(图2.23) 费用65亿日元、美国方面的信息费用27亿日元等。

图2.23　外贸型SPY-7雷达

2020年6月15日，日本防卫大臣河野太郎宣布日本将停止陆基“宙斯盾”系统的部署计划。停止部署陆基“宙斯盾”系统的政策决定，不仅意味着日本政府的前期经费投入未能产生预期回报，也会遭到国内社会舆论的质疑。对此，日本政府解释称，由于技术和成本问题而不得不停止陆基“宙斯盾”系统的部署计划。从表象上看，按照日本政府的解释逻辑，停止部署陆基“宙斯盾”系统的原因在于技术与成本问题，且是为了“国民安全”考虑的。陆基“宙斯盾”系统存在的技术性问题是，拦截弹发射后分离的助推器无法准确落在自卫队演习场内或者海面上。日本无法保证助推器落在远离民众聚集的地区，导致周边居民持有强烈的安全担忧。从实质上看，日本政府停止部署陆基“宙斯盾”系统的关键原因，在于该系统的有效性不断遭到削弱。

具体而言，周边国家新型导弹技术的最新发展，特别是高超音声导弹及短程弹道导弹技术的日渐成熟，正在不断削弱陆基“宙斯盾”系统的有效性。2019年5月，朝鲜发射了类似于“伊斯坎德尔”的高超声速短程弹道导弹，能够在不到 100km 的相对低空沿不规则轨道飞行，具备较强的突防能力。除朝鲜之外，俄罗斯等国也在发展高超声速弹道导弹技术，作为未来国家军备建设的重点领域。对此，日本陆基“宙斯盾”系统的远程识别雷达 SPY-7，其功率强度虽足以支撑 4000km 的远程探测需求，但是对射程小于 1000km 的短程弹道导弹的探测能力有限。并且，陆基“宙斯盾”系统的“标准”SM-3 型拦截导弹只能实现大气层外拦截，而对临近空间飞行的高超声速短程弹道导弹难以实现拦截。这意味着日本政府即使完成了陆基“宙斯盾”系统的部署计划，其应对朝鲜“导弹威胁”的能力也是有限的，更难以对其他周边国家产生威慑作用。

欧洲未部署陆基“宙斯盾”导弹防御系统之前，主要依靠天基预警卫星和部署于地中海的“宙斯盾”舰探测、跟踪和拦截来袭导弹，受空间和地球曲率的双重限制，只能在来袭导弹的中段以后实施拦截。

罗马尼亚部署陆基“宙斯盾”导弹防御系统后，实现卫星、海/陆基“宙斯盾”导弹防御系统协同探测，可以更早地发现目标，远程发射拦截弹，远距离进行拦截，将作战距离提升到 1000km 以上，在近程导弹发射的上升段实施拦截。安装 BMD5.1 系统和配备“标准”SM-3 Block ⅡA 型拦截弹的陆基“宙斯盾”导弹防御系统在波兰建设成投入使用后，罗马尼亚的陆基“宙斯盾”导弹防御系统也将升级到 BMD5.1 系统并配备“标准”SM-3 Block BA 型拦截弹，其拦截水平可分为两个阶段：第一阶段，波兰陆基“宙斯盾”导弹防御系统正式服役前，仅罗马尼亚阵地具备作战能力。配备的“标准”SM-3 Block ⅠB 拦截弹，与地中海地区的舰载“宙斯盾”导弹防御系统协同，可覆盖欧洲中部，拦截射程 3000km 以下的中近程弹道导弹；第二阶段波兰“宙斯盾”导弹防御系统实现作战能力。配备“标准”SM-3 Block ⅡA 型拦截弹，可覆盖北约所有欧洲成员国，理论上具备拦截射程 5000km 以上的中远程弹道导弹。

2.4.4　测试与发展

2020 年 6 月：日本宣布暂停部署两套陆基“宙斯盾”系统。

2020 年 2 月：美国海军 MDA 局长 VADM Jon Hill 宣布 2021 启动波兰陆基“宙斯盾”系统。

2020 年：在项目建设推迟之后，EPAA 的第三阶段要求在 2020 年在波兰部署陆基“宙斯盾”系统。第三阶段采用了升级版的“宙斯盾”系统，配备了改进的软件和“标准”SM-3 拦截弹，以将弹道导弹覆盖范围扩大到北欧。为了增加其射程和有效性，波兰的陆基“宙斯盾”导弹防御系统将使用改进的 5.1 软件，除“标准”SM-3 Block ⅠB 拦截弹外，还将配备更远射程的“标准”SM-3 Block ⅡA 拦截弹。

2018 年 12 月：美国 MDA 和美国海军在夏威夷考艾岛太平洋导弹靶场上利用陆基“宙斯盾”系统发射“标准”SM-3 Block ⅡA 导弹成功拦截一枚空射的中远程弹道导弹靶弹，此次试验代号为 FTI-03。此次试验是“标准”SM-3 Block ⅡA 型导弹进行的第 3 次成功试验，也是这种导弹首次依托陆基系统的成功拦截。

2015 年 12 月：美国海军、美国 MDA 和洛克希德·马丁公司于 2015 年 12 月 15 日在太平洋导弹靶场成功地完成了第一次陆基“宙斯盾”系统的实弹拦截测试。在测试过程中，陆基“宙斯盾”系统通过另一个雷达系统发射拦截导弹，然后切换到自己的SPY-1雷达引导导弹飞向目标。

2015年12月：在2015年晚些时候，“宙斯盾”弹道导弹防御系统的陆基组件部署到了罗马尼亚的德维塞卢军事基地，用于满足EPAA在第二阶段的要求。位于罗马尼亚的“宙斯盾”岸防系统装备了“标准”SM-3 Block ⅠB拦截武器和“宙斯盾”弹道导弹防御系统BMD5.0版软件。美国指定该基地为南欧提供弹道导弹防御服务。

2015年6月：“标准”SM导弹SM-3 Block ⅡA首次成功实施飞行测试。由美国和日本共同开发的“标准”SM-3 Block ⅡA将作为“宙斯盾”岸防系统的一部分，完成其在陆地上的使命（根据EPAA第三阶段的要求部署到波兰），同时也会装备到“宙斯盾”舰上，完成其在海上的使命，这些舰艇包括日本的金刚级导弹驱逐舰。

2015年2月：2016财年的MDA预算要求呼吁为波兰的“宙斯盾”岸防系统军事基地建设拨款1.69亿美元。

2014年11月：MDA成功实施了“宙斯盾”弹道导弹防御技术飞行测试（FTM-25），其中包括“宙斯盾”岸防系统组件。该系统同时跟踪并拦截了2枚巡航导弹和1枚短程弹道导弹。

2014年10月：美国海军举行了海军保障设施建立仪式，安排一名美军指挥官驻守罗马尼亚的德维塞卢军事设施。该仪式是该基地从建设工地向作战基地过渡的第一步。

2014年5月：“宙斯盾”岸防系统在夏威夷考艾岛的太平洋导弹靶场（PMRF）成功实施了首次飞行测试。在该靶场举行的测试将确保位于罗马尼亚的“宙斯盾”岸防系统的软件和硬件架构在实弹靶场上接受测试。

2009年9月：奥巴马总统宣布EPAA，取消了布什政府在波兰部署第三个陆基中段（GMD）导弹防御系统的计划。

2.5　末段高空区域防御系统

末段高空区域防御（THAAD）系统是美国MDA和美国陆军隶下的陆基战区反导系统，一般简称为“萨德”反导系统。末段高空区域防御系统的前身是历经多次失败而告终的战区高空区域防御系统，美国陆军于2004年对该系统进行重新设计，并重新命名为现名，该系统由指挥系统、拦截系统、发射系统和雷达及其支援设备组成。2007年10月，“萨德”反导系统在美国太平洋导弹靶场成功完成大气层外的拦截试验。

“萨德”反导系统是目前唯一一种既能在大气层内也能在大气层外拦截来袭弹道导弹的武器系统。“萨德”研制计划始于1987年，2007年进入生产阶段，2008年5月开始装备美国陆军。每个“萨德”导弹连由6部发射车（每部发射车为8联装）、48枚拦截弹、1部AN/TPY-2雷达、火控与通信系统组成。

2.5.1　基本情况

“萨德”反导系统作为专门用于对付大规模弹道导弹袭击的防御系统，其独特优势是在防御大规模导弹威胁的同时，为作战部队提供更加灵活的使用选择。其目的不是取代而是补充 MIM-104 防空导弹以及海军“宙斯盾”弹道导弹防御系统、GMD 和美国在世界各地部署的预警雷达与传感器，从而使美军具备多层弹道导弹防御能力。“萨德”反导系统的主要功能是：用“直接碰撞杀伤动能拦截弹”技术防御中远程战区弹道导弹，旨在保卫大的区域免遭射程在 3500km 以下导弹的攻击；作为陆军双层战区导弹防御系统的高层防御系统，既可以在大气层内 40km 以上的高空，又可以在大气层外 100km 以上的高度拦截来袭的弹道导弹。

“萨德”反导系统的拦截高度达到 40~150km，即大气层的高层和外大气层的低层，这一高度段实际是射程 3500km 以内弹道导弹的飞行中段，是 3500km 以上洲际弹道导弹的飞行末段。因此，它与陆基拦截（GBI）系统配合可以拦截洲际弹道导弹的末段，形成双层拦截，也可以与“爱国者”等低层防御中的“末段拦截系统”配合，拦截中短程导弹的飞行中段，形成双层拦截，对美国导弹防御系统起到了承上启下的作用。

“萨德”拦截弹采用动能杀伤技术，破坏威力大。“动能杀伤技术”，这是从“星球大战”计划就开始发展的一种新兴技术，其破坏机理是“碰撞—杀伤”。这种方式看似简单，却对末制导和空间机动的矢量控制技术提出了很高的要求，难度不亚于“子弹打子弹”。此前防空和反导导弹一般都采用高能炸药破片杀伤方式，依靠成千上万片碎片破坏目标导弹或弹头，往往只能实现所谓的“任务破坏”而非“导弹破坏”，一般不会完全摧毁弹头，而只是使其偏离原定轨道，弹头内的爆炸物或生化战剂仍会散落到地面。而“碰撞—杀伤”可以高速撞击目标弹头，从而引爆弹头或利用高速撞击的高热使生化战剂失效。“动能杀伤技术”的另一个优点是其战斗部很小，甚至可以没有专门的杀伤部分，只依靠制导或末机动部件的质量就可以达成“碰撞—杀伤”的效果，这大幅度减少了战斗部质量。例如，在“萨德”反导系统的早期计划 E21 中，其动能杀伤飞行器的质量就从 200kg 降低到了 40kg，而“萨德”反导系统的拦截器包括保护罩在内质量也只有 40~60kg，而且使导弹增加拦截高度成为可能。

“萨德”反导系统拦截弹弹头主要由用于捕获和跟踪目标的中波红外导引头、用于制导的电子设备（包括电子计算机和采用激光陀螺的惯性测量装置），以及用于机动飞行的轨控与姿控推进系统等组成。由于“萨德”反导系统具有较高的机动能力和一体化协同作战能力，还可以与“宙斯盾”反导系统、“爱国者”PAC-3 防空反导系统等协同作战，扩大反导作战保卫区域。“萨德”反导系统中的拦截导弹采用了直接碰撞杀伤器作为最终的拦截手段，所使用的侧窗式的红外导引头可以在大气层内外拦截目标，因此对于高超声速飞行器目标具备潜在拦截能力，但是仍需要足够的目标信息支持，并进一步扩大拦截范围和提高拦截弹末段飞行速度及机动能力。拦截弹的导引头的末段制导应用红外成像技术和毫米波探测技术。红外导引头体积小、质量轻，在大气层外干扰小的情况下具有绝对优势；毫米波探测技术对自然环境适应性高，能够在大气层内低空准确获取目标信息。

洛克希德·马丁公司正在大力推出其“萨德”-增程型（ER）方案，重点是对现役拦截弹的助推器进行改进：为拦截弹加装一级助推器，由原来的一级变为两级。其中，新加装的第一级助推器直径为 535mm，原助推器为 370mm，增加了拦截弹的射程和作战高度。“萨德”-增程型的第二级被称为加速级，用于提高拦截弹末段飞行速度和机动能力，使拦截弹更快速、准确地接近目标，而用于实施拦截作战的动能杀伤器则未做改动。“萨德”与“爱国者”反导弹系统相互配合完成对来自导弹的末段高空和末段低空的导弹拦截任务。

2.5.2　基本组成

“萨德”导弹防御系统由拦截弹、车载式发射架、AN/TPY-2 地面雷达以及 C2BMC 系统组成，是一种车载机动部署的反导系统，也可以通过陆、海、空各种平台运输到热点区域执行作战任务，它采用卫星、红外、雷达“三位一体”的综合预警方式，可以拦截洲际导弹的末段也能够拦截中短程弹道导弹的飞行中段，在美国导弹防御体系中起到了承上启下的作用。

1. AN/TPY-2 雷达

AN/TPY-2 高分辨率 X 波段固态有源相控阵雷达是陆基移动弹道导弹预警雷达，也是“萨德”反导系统的火控雷达。主要负责弹道导弹目标的探测与跟踪、威胁分类和弹道导弹的落点估算，并实时引导拦截弹飞行及拦截后毁伤效果评估。AN/TPY-2 雷达探测距离远、分辨率高，具备公路机动能力，雷达还可用大型运输机空运，战术战略机动性好，其战时生存能力高于固定部署的雷达。

“萨德”雷达的主要任务是：担负威胁目标的探测与跟踪，威胁的分类和来袭战区弹道导弹的落点估计；确定哪些目标是战区弹道导弹，确定哪些物体是要摧毁的弹头，引导“萨德”拦截弹的飞行，并向飞行中的“萨德”拦截弹提供瞄准点修正；拦截后还需执行杀伤效果评估的任务。

2. C2BMC 系统

“指挥控制、作战管理和通信”（C2BMC）是联系各种独立的各种武器、武器平台、信息技术系统、传感器、过程、人员、训练、业务规则和指挥关系的中枢神经系统。C2BMC 由复杂的网络、计算机、软件系统组成，负责统筹美军全球 26 个分散的 BMDS 作战指挥单元，并进行分层统筹规划、协调统一，以最佳方式分配作战人员和武器系统，使弹道导弹防御能力与效能得到充分发挥。

3. 发射装置

“萨德”配备 8 联装的导弹发射装置，该装置安装在美国奥什克什公司（Oshkosh Corporation）生产的重型扩展机动战术卡车上，该车可与陆军现有车辆通用，并可自行装弹。发射车以美国陆军货盘式装弹系统和 M1075 卡车为基础设计，车高 3.25m，长 12m。早期设计，每辆发射车可以携带 10 枚“萨德”拦截弹，目前为 8 枚装。该发射车与陆军现有的车辆具有通用性，提高了在战场上重新装弹的灵活性。机组人员能在不到 30min 的时间里给发射车重新装弹并准备好重新发射。根据美军的设计要求，该车可由 C-17 或者 C-5 运输机运输，在到达指定地点后，操作人员能在 30min 内完成发射准备，待命的导弹能在接到发射命令后几秒钟内完成发射。车上蓄电池及蓄电池充电分系统可支持发射车连续 12 天自动工作。因此，“萨德”导弹发射装置具有机动性和兼容性高、发射和重新装弹迅速、生存能力强等特点。

4. 拦截弹

目前普遍装备部队的“萨德”拦截弹由一级固体助推火箭和动能杀伤器（KKV）组成，弹体结构如图 2.24 所示。其中 KKV 的组成有：导引头（负责来袭目标的识别和跟踪）、制导装置（包括电子信号处理器、电子数字处理器和惯性测量装置）和姿控轨控系统。导引头的末段制导应用红外成像技术和毫米波探测技术。其中，红外导引头体积小、质量轻，在大气层外干扰小的情况下具有绝对优势；毫米波探测技术对自然环境适应性高，能够在大气层内低空准确获取到目标信息。

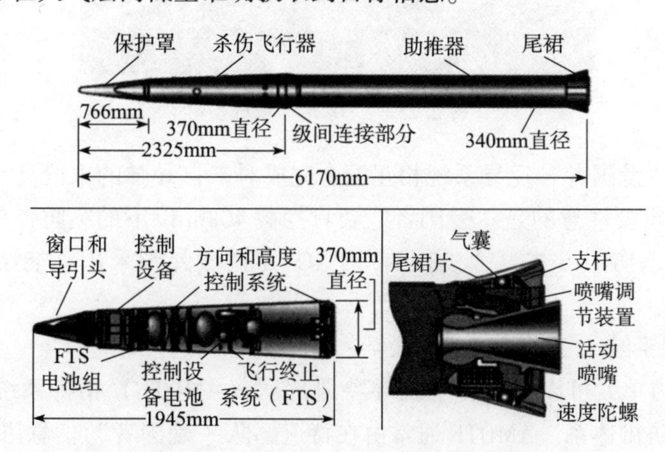

图 2.24　“萨德”拦截弹弹体结构

制导装置的信号处理装置通过分析导引头探测的目标数据定位目标的位置；惯性测量装置将 KKV 的速度、位置等参数提供给数字处理装置，然后通过运算将准确的瞄准点信息以及推算出的导弹弹道下达给姿控轨控系统。

姿控轨控系统的工作原理是通过快速响应小火箭发动机来控制姿态方向，系统在接收到指令后点火，随后通过螺旋力的向心力调整攻角，再通过喷管提供的矢量力矩控制拦截弹的俯仰、偏航通道，从而保持拦截器姿态稳定，并且稳定跟踪目标。

KKV 的这些设计，使它在末段拦截时具有更短的反应速度和精准的拦截能力。基于 KKV 的以上组成，“萨德”拦截弹作战特点如下：

（1）精确的目标探测和识别。KKV 有毫米波探测技术和红外成像探测技术，可在不同条件下对目标精确探测，同时还有微波、毫米波雷达、可见光、紫外、红外等手段用于识别真假目标。

（2）拦截器精确基准确定与导航。通过拦截器的惯性测量技术和传感器融合等技术，使拦截器快速准确分析运动参数，确定拦截弹道。

（3）快速响应精确控制。KKV 的姿控轨控推进系统以及制导系统更适用于末段快速反应下的拦截作战。

（4）依靠动能摧毁目标，摧毁能力更强，并且爆炸产生的高温对于化学武器也能起到摧毁作用。

洛克希德 · 马丁公司推出的“萨德”-增进型（ER）方案，如图 2.25 所示。在两级助推器助力下，增程型拦截弹具有更大的末段机动性，加大了飞行速度和作战空域；可与现役“萨德”反导系统有效集成。增程型“萨德”反导系统，对于高超声速武器、末制导机动突防等新威胁手段有较强的应对能力。

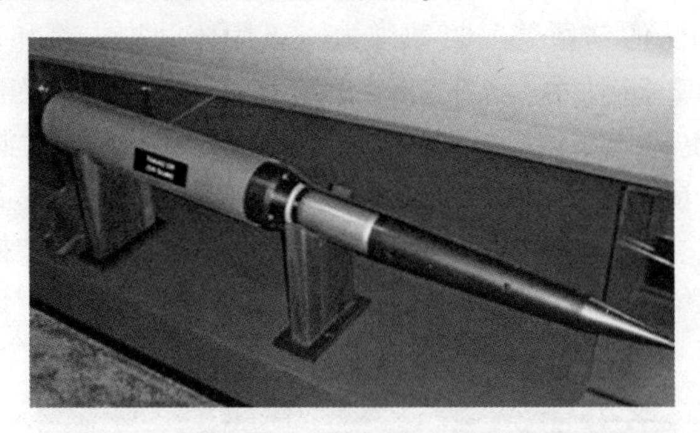

图 2.25　“萨德”增进型

“萨德”与“爱国者”反导系统相互配合完成对来自导弹的末段高空和末段低空的导弹拦截任务，需要注意的是“爱国者”负责拦截 40km 以下的突防弹头，早期的拦截弹主要采用破片杀伤的方式，“爱国者”PAC-3 拦截弹则采用动能结合破片杀伤的方式。

5. 作战管理系统

“萨德”火力单元可以通过防空反导特遣部队（AMDTF）指挥系统并入美国整个 BMDS 弹道导弹防御体系。AMDTF 通常由在特遣部队“爱国者”信息协调中心/战术指挥系统（ICC/TCS）控制下的一个“萨德”导弹连、若干个“爱国者”导弹连和中型扩展防空系统（MEADS）组成。

“萨德”导弹连指挥中心由 2 个战术掩蔽所组（TSC）由战术作战站（TOS）、发射控制系统（LCS）和天线/电缆车以及 3 个电源组成，分别完成必需的作战行动（EO）和部队行动（FO）功能。作战行动战术站群（EO TSG）对一部雷达和多套多功能发射车进行指挥控制；作战行动战术站群（FO TSG）则负责与控制报告中心/指挥报告所通信，根据需求传递本级交战状态信息、交战协调信息、系统状态信息等，以及接收上级指示、战场情报准备（IPB）、防空评估、关于需要保护资产的详细指南、防御效能需求及通信工作参数和火力协调的任务。同时，单一的战术站群（TSG）可与远距离雷达配合使用，可以实现为与其相连的雷达提供直接的传感器任务分配和管理功能。因距离或地形屏障等原因而导致点对点的通信需求非常大时，TSG 可作为通信中继站和数据和语音中继。

2.5.3　部署情况

截至 2022 年 2 月，美军在日本青森县、经岬、韩国星州、土耳其、以色列、威克岛、关岛、夏威夷、阿拉斯加、阿联酋阿布扎比、罗马尼亚等地各部署 1 部 AN/TPY-2 雷达，在阿联酋、美国本土各部署 2 部 AN/TPY-2 雷达，总计部署 15 部。共部署 9 套“萨德”反导系统，共计超过 200 枚“萨德”拦截弹。

1. 西太地区

美国在日本部署了 2 部 AN/TPY-2 雷达，在韩国和关岛各部署了 1 套“萨德”反导系统。1998 年朝鲜发射了一枚三级火箭，其中二级和三级发动机残骸飞越日本本州岛落入日本以东海域，自此日本着手反导作战体系建设。由于日本自研的 J/FPS-5 反导预警雷达价格昂贵，日本军方只购买了 4 部（计划是 10 部），但随着反导预警需求越发急切，为了提升反导预警能力，日本同意美国在其境内部署战区导弹防御系统，2006 年和 2014 年，美国先后在日本空军的车力基地和经岬基地部署了 2 部 AN/TPY-2 雷达，以此加强对西太地区弹道导弹发射的监视能力；2016 年初，朝鲜进行了第 4 次核试验并发射了“光明星”-4 卫星，韩国以应对朝鲜弹道导弹威胁为借口，随即宣布同意美国在其境内部署“萨德”反导系统。目前，该系统已部署完成，并担负战备值班。关岛作为美国的海外领土和重要进攻型军事基地，战时将成为对手首要打击的重点目标。对此，美国于 2013 年在关岛部署了“萨德”反导系统，与海基“宙斯盾”系统、陆基“爱国者”系统构成多层拦截网，以此加强关岛的反导作战能力。现在关于 AN/TPY-2 雷达的探测威力说法不一，假定其对 RCS 为 $1m^2$ 的弹道导弹目标探测距离为 1200km。美国在西太地区的“萨德”反导系统雷达可以覆盖朝鲜全境，俄罗斯东南部地区，中国的黄海、渤海、东海以及东北部和中部地区。在和平时期，可以用于探测中国、俄罗斯和朝鲜导弹（特别是潜射导弹）的发射试验，积累弹头和诱饵的雷达特征数据，这有利于提高反导预警系统目标识别的能力，战时可对中国、俄罗斯和朝鲜方向来袭导弹进行早期预警和弹头识别，并对来袭导弹进行末段高层拦截。

2. 中东地区

随着伊朗核问题的持续发酵，美伊关系也一直处于紧张状态，为了应对伊朗的威胁，美军不断加强在海湾地区的军事部署。奥巴马政府开始推行欧洲反导计划，分 4 个阶段实施：第 1 阶段是在地中海部署海基“宙斯盾”系统，目前已完成，有 4 艘“宙斯盾”舰常驻西班牙海军罗塔军事基地；第 2 阶段是在罗马尼亚南部部署陆基“宙斯盾”系统，该系统于 2013 年动工，2015 年完工，2016 年 5 月担负战备；第 3 阶段是在波兰北部部署陆基“宙斯盾”系统；第 4 阶段是升级罗马尼亚和波兰的陆基“宙斯盾”系统。在欧洲反导计划实施过程中，美国于 2008 年、2011 年和 2012 年分别在以色列、土耳其和卡塔尔部署了“萨德”反导系统中的 AN/TPY-2 雷达，形成“中东预警探测带”，重点监视来自伊朗北部、西部和南部的导弹发射，部署在土耳其的雷达同时可以监视俄罗斯西北部地区的导弹发射活动。另外，该预警探测带可与地中海的海基“宙斯盾”系统、罗马尼亚的陆基“宙斯盾”系统以及波兰的陆基“宙斯盾”系统（正在建设）形成无缝衔接，能有效保护以色列和欧洲盟国不受来自伊朗的弹道导弹威胁。从伊朗发射弹道导弹攻打欧洲及美国本土，必经“中东预警探测带”，再加上 AN/TPY-2 雷达的高分辨率与弹头识别能力，可为反导拦截系统提供高效的情报保障和充足的拦截时间窗口。2019 年 3 月，美国在以色列南部的涅瓦提姆空军基地部署了一套“萨德”反导系统，用于军事演习；2019 年 4 月，美国在罗马尼亚德维塞卢部署了一套“萨德”反导系统，以在陆基“宙斯盾”进行升级期间维持安全。该系统于 9 月归还德国，在行动期间，“萨德”与北约盟军空中司令部进行了整合和操作；2019 年 9 月，五角大楼授权在沙特阿拉伯部署“萨德”反导系统。

3. 美国本土

目前，美国在得克萨斯州布利斯堡基地部署了 3 套“萨德”反导系统，在胡德堡基地部署 2 套“萨德”反导系统。平时主要在这两个基地进行战备训练，战时可根据需要机动部署到指定地点，相互补充，快速入网，既可以与美国本土的远程预警雷达构成本土预警网，也可与阿拉斯加州格里利堡基地和加利福尼亚州范登堡基地的陆基中段反导系统、各基地的“爱国者”系统构成本土多层拦截网。

2.5.4 测试与发展

2022 年 2 月：国防部批准将阿联酋为其“爱国者”“萨德”和 HAWK 防空系统采购的备件从 3000 万美元增加到 6500 万美元。五角大楼出售 31 个 MIDS-LVT 数据链系统，以升级利雅得的“萨德”反导系统。

2022 年 1 月：“萨德”在阿布扎比上空首次成功拦截来袭的胡塞导弹。

2020 年 3 月：洛克希德·马丁公司获得合同，开始为沙特阿拉伯制造“萨德”导弹。

2019 年 9 月：五角大楼授权向沙特阿拉伯部署一套“萨德”反导系统。

2019 年 3 月：美国在以色列南部的涅瓦提姆空军基地部署了一套“萨德”反导系统进行军事演习。

2019 年 4 月 11 日至 9 月 4 日：为了维护安全，美国在罗马尼亚德维塞卢部署了一套“萨德”反导系统，陆基“宙斯盾”系统正在进行升级。

2017 年 9 月：末段高空区域防御系统（“萨德”）的所有组件部署到韩国。

2017 年 7 月：在 FET-01 飞行测试中，MDA 收集了来自“萨德”拦截器的威胁数据。“萨德”检测、跟踪和拦截了一个中程弹道导弹（MRBM），它是由一个 C-17 运输机通过降落伞发射的。

2017 年 7 月：FTT-18 测试计划于 2017 年 7 月 8 日向公众公布。FTT-18 是“萨德”反中程弹道导弹的首次测试。

2017 年 4 月：韩国宣布，美国“萨德”反导系统在韩国庆尚北道星州郡星州的一个高尔夫球场投入使用。

2017 年 3 月：“萨德”反导系统的首批组件抵达韩国奥山空军基地。

2016 年 7 月：美国将向韩国部署一套“萨德”反导系统，以防御朝鲜弹道导弹。

2015 年 12 月：美国启用了计划中的 7 套“萨德”反导系统中的第 5 套。

2014 年：第四套“萨德”反导系统在得克萨斯布利斯堡启用。

2013 年 4 月：美国在关岛部署了一套“萨德”反导系统，以此来强化围绕该岛的导弹防御，同时应对来自朝鲜的导弹威胁。

2012 年 10 月：第 3 套“萨德”反导系统在得克萨斯布利斯堡启用。

2012 年 10 月：FT-01 飞行试验测试“萨德”与“爱国者”PAC-3 和“宙斯盾”的组合，以对抗 5 种不同类型导弹的攻击。“萨德”成功截获了从威克岛以北 C-17 运输机发射的远程空射发射目标导弹。这标志着“萨德”首次拦截中程弹道导弹（MRBM）。这次 1.8 亿美元的测试中使用了两部 AN/TPY-2 雷达，其中位于前沿的雷达将数据输入“宙斯盾”和“爱国者”系统以及“萨德”反导系统。

2011 年 12 月：阿联酋成为“萨德”反导系统的首个国际买家。

2011 年 10 月：用两个拦截器对两个目标进行了成功的内大气层拦截。

2010 年 6 月：FLT-14 飞行试验进行了以迄今为止在最低的高度进行了单一目标的

成功大气层内拦截。之后，开展了模拟实时巡航系统，将多个模拟目标注入“萨德”雷达，以测试系统对敌方弹道导弹大规模袭击的能力。

2009 年 12 月：FLT-11 试验中，“Hera”靶弹在发射后未能点燃，拦截器未启动。官方宣称“没有测试”。

2009 年 10 月：第 2 套“萨德”反导系统在得克萨斯布利斯堡启用。这套系统包含陆军第 32 防空和导弹防御司令部第 11 防空炮兵旅约 100 名士兵。

2009 年 5 月：成功重复去年 9 月的飞行测试。

2008 年 9 月：目标导弹在发射失败，所以拦截弹都没有发射。官方宣称“没有测试”。

2008 年 6 月：“萨德”反导系统成功实施了一次测试，在从 2001 年以来开展的 43 次“命中即摧毁”拦截测试中完成第 35 次成功测试。

2008 年 6 月：“萨德”反导系统成功击落了一枚从波音 C-17 环球霸王Ⅲ（C-17 Globemaster Ⅲ）发射的导弹。

2008 年 5 月：首套“萨德”反导系统在得克萨斯布利斯堡启用。

2007 年 10 月：在本次拦截测试中，“萨德”反导系统成功摧毁了一个大气层外目标。在夏威夷考艾岛的太平洋导弹靶场进行了成功的外大气层拦截试验。飞行测试表明该系统能够探测、跟踪和拦截地球大气层外的单一目标。该导弹经过热条件测试证明其能够在极端环境下工作。

2007 年 6 月：到目前为止，MDA 对“萨德”拦截武器实施了最低高度飞行测试，展示了该系统在具有空气加热效应的高动态压力环境下的作战能力。

2007 年 4 月：导弹防御系统在太平洋的考艾岛上拦截了一枚“中远程”单一目标导弹。它成功地测试了“萨德”与导弹防御系统其他组件的互操作性。

2007 年 1 月：一枚“萨德”导弹成功拦截了地球大气层内的一个代表“飞毛腿”型导弹的目标。这是“萨德”反导系统在太平洋导弹靶场接受的首次测试。

2006 年 9 月：FLT-04 测试中，“Hera”靶弹发射，但是测试提前终止。

2006 年 7 月：FTT-03 是首场完全集成的“萨德”飞行测试。它成功演示了自寻弹头的功能，并且拦截了一枚单一目标。

2005 年 11 月：“萨德”飞行测试 FTT-01 在新墨西哥白沙导弹靶场开展。这是一次非拦截测试，旨在测试导弹组件和演示导弹脱离、助推器/拦截器分离、转向、高度控制系统操作、拦截器控制。

2000 年 6 月：洛克希德获得工程和制造开发的合同，将其设计成一个移动战术陆军火力单元。

1999 年 8 月：在第 11 次飞行测试中，“萨德”拦截器首次成功拦截地球大气层外目标导弹，并且首次拦截已经与助推器分离的弹头。

1999 年 6 月：在一个简化的测试场景中拦截器命中了测试目标。

1999 年 3 月：由于包括制导系统在内的多个故障，拦截器无法击中测试目标。

1998 年 5 月：拦截器由于助推器系统中电气短路，未能击中测试目标。因为屡次失败，美国国会减少了项目的资金。

1997 年 3 月：拦截器由于电气系统中的污染，无法击中测试目标。

1996 年 7 月：拦截器由于目标系统中的故障，未能命中测试目标。

1996 年 3 月：拦截器由于动能杀伤装置助推段分离的机械问题，未能击中测试目标。

1995 年 12 月：由于导弹燃料系统中的软件错误，而拦截器无法击中测试目标。

1995 年 7 月：这次非拦截测试成功演示了拦截器的制导和控制系统。

1995 年 4 月：在首次飞行测试中，拦截器通过演示正确的发射、助推器性能、助推器/拦截器分离、雷达-拦截器通信、飞行终止系统操作、飞行中环境数据采集等，达到了测试目的。

2.6　“爱国者”先进能力防御系统

“爱国者”（Patriot）先进能力防御系统，是美国“爱国者”PAC-3 导弹防御系统（PAC-3 系列）的简称，又名美制“爱国者”PAC-3 反导系统，该系统是 TMD 中的低层导弹防御系统，是由美国早期的“爱国者”导弹防御系统发展而来的。“爱国者”导弹自首次部署以来陆续在升级，其改进型包括 PAC-2、PAC-3、GEM-T（战术制导增强型导弹）和 PAC-3MSE（PAC-3 导弹分段增强）导弹。该系统火力强，能够对抗饱和空袭，搜索速度快、跟踪能力强、反应时间短，可以实施多目标同步攻击；能有效地对抗现有的电子攻击；能够与其他的陆军系统和联合系统互操作。“爱国者”PAC-3 反导系统是美国和其他多国部署的一型陆基机动导弹防御拦截武器系统，该系统能够探测、跟踪、对抗无人机、巡航导弹、短程或战术弹道导弹，已在“沙漠风暴”和“伊拉克自由行动”等中东作战行动期间接受实战检验，并且部署到全球各地。

2.6.1　基本情况

“爱国者”PAC-3 反导系统是美国当前列为重点发展的核心战区导弹防御计划之一，将作为双层陆基战区导弹防御系统的低层防御系统。“爱国者”PAC-3 反导系统由陆基 AN/MPQ-53 雷达、交战控制站、发射装置和拦截弹 4 个基本部分组成。作战控制平台（ECS）是“爱国者”PAC-3 反导系统火力单元的作战中枢神经系统，它提供指挥、控制和通信以及火控功能。交战控制站采用人机交互的方式，可以由计算机辅助进行目标识别和优先级排序，也可以由交战控制站和计算机完全自主控制整个作战飞行中的拦截弹的地空通信。发射装置负责导弹的运输、保护和发射任务，它可以安装在离交战控制站和雷达较远的地方，通过微波数据链路自动接收指令。每一个发射装置可携带填装 16 枚“爱国者”PAC-3 导弹的弹箱。

“爱国者”PAC-3 反导系统是美国弹道导弹防御系统中的最后一道防线，该系统是集防空和反导于一体的综合系统，是陆军防空能力的重要组成部分。“爱国者”火力单元以营为单位组织作战，每个营都有独立的指控站，能够指挥 4~6 个火力单元。“爱国者”的相控阵雷达可以同时产生 32 种不同扫描波束，处理 50~100 个飞行目标，并引导 8 枚拦截弹对不同方向的目标进行拦截，3 枚导弹可同时处在飞行最终阶段攻击目标。

“爱国者”导弹是美军专门用于拦截高性能飞机、导弹的全空域 4 联装箱式防空武器。其作战半径为 0~100km，最大飞行速度为声速的 5~6 倍，杀伤半径 20m，反应时间仅需1.5~2min，拦截成功率达80%以上。“爱国者”导弹具有与众不同的特殊高效性能和设备，以及美军拥有的先进预警侦察系统。美军指挥中心可由侦察卫星和预警飞机传送信息，迅速算出目标导弹的弹道与到达目标时间，启动目标周围的“爱国者”导弹系统开始搜索。“爱国者”导弹发射系统在雷达捕捉到目标后的几分钟之内就能将“爱国者”导弹发射出去。初段按预选程序飞行，中段按雷达指令前进，末段根据目标导弹反射的雷达波主动寻的，并把测得的导弹与目标的偏角差传给地面，地面制导雷达及时发出指令控制导弹飞行，直至击中目标。

2.6.2 基本组成

“爱国者”PAC-3反导系统一个火力单元（Fire Unit），或者一个导弹连（Battery）的基本配置为：AN/MPQ-53、AN/MPQ-65雷达1部；AN/MSQ-104、AN/MSQ-132作战控制平台1部；OE-349天线杆1套；AN/MSQ-24EPPⅢ电源1部；M901、M902、M903发射平台8套。一个典型的PAC-3导弹营（Battal；on）的配置包含4~6个火力单元，以及一个信息协调中心（ICC）、战术指挥系统（TCS）、通信中继总成（CRG）等。

1. AN/MPQ-65雷达

AN/MPQ-53是多功能相控阵雷达，集探测、识别、跟踪、制导、电子对抗等功能于一身。AN/MPQ-65是AN/MPQ-53的升级版，在PAC-3配置3（Configuration3）中完成，采用双行波管单元和新的射频振荡激发器，雷达性能提高。AN/MPQ-65不具备360°作战能力，即雷达在工作状态下无法360°全方位地探测、跟踪、制导，天线阵面在水平方位覆盖上只有大约120°的探测扇区、90°的制导扇区，AN/MPQ-53搜索扇区±45°、跟踪扇区±60°，AN/MPQ-65搜索扇区应该扩大了。不过整个雷达通过一个基座组件固定在半挂拖车上，在部署阶段可以通过基座组件电机驱动整个雷达在水平方位上进行旋转，在一个典型的作战防御设计中，目标的来袭方向是已知的，火力单元中雷达和发射架方位部署都尽可能提高防御能力。

2. AN/MSQ-104作战控制平台

AN/MSQ-104作战控制平台（ECS）是火力单元级的指挥控制节点，负责解算弹道、控制发射序列以及与发射架和其他火力单元通信。现在已经升级到AN/MSQ-132，内部操作界面也进行了相应升级。

3. M903发射平台

随着“爱国者”PAC-3反导系统不断升级，为了适应新加入的导弹，系统的发射平台也由M901逐步升级到M902、M903。关于M901、M902、M903之间的差异为：M901只能装载4枚PAC-2和制导增强型导弹（GEM）等导弹；M902可以装载4枚GEM，也可以搭载4个4联装的PAC-3导弹发射筒，也就是16枚PAC-3导弹，但是GEM不能与PAC-3导弹混装；M903可以装载16枚PAC-3导弹，也可以装载12枚PAC-3MSE导弹，还可以混装8枚PAC-3导弹和6枚PAC-3MSE导弹，亦可混装2枚PAC-2导弹和8枚PAC-3导弹。M903发射平台很灵活，实战时满载、平时飞行试验和训练相对随意。发射架在水平方向上是可转动的，转动角度范围为±110°，当然这个转动与雷达类似，并不是在工作状态下实时进行的，而是在部署阶段就将发射架转到可能的目标来袭方向。发射架在俯仰方向上是固定的，有两种状态：一种是水平状态，用于运输和导弹装载；一种是固定38°俯仰角，用于发射。

4. PAC-3、PAC-3MSE 导弹

PAC-3 导弹是先进的末段防空导弹，采用碰撞杀伤技术，是如今所有动能拦截器的技术探路者，也是唯一服役并经过实战检验的碰撞杀伤拦截弹，可以拦截战术弹道导弹、巡航导弹、飞机等有威胁目标。

PAC-3 导弹在不断改进升级，最新版是 PAC-3MSE 导弹，如图 2.26 所示。PAC-3MSE 导弹是在 PAC-3 导弹基础上有计划的改进升级，早在 2003 年就签订了开发合同，最终是在 PAC-3CRI 导弹上进行升级，属于典型的螺旋式开发。PAC-3MSE 导弹提供增强性能以应对不断进化的战术弹道导弹和巡航导弹等目标。

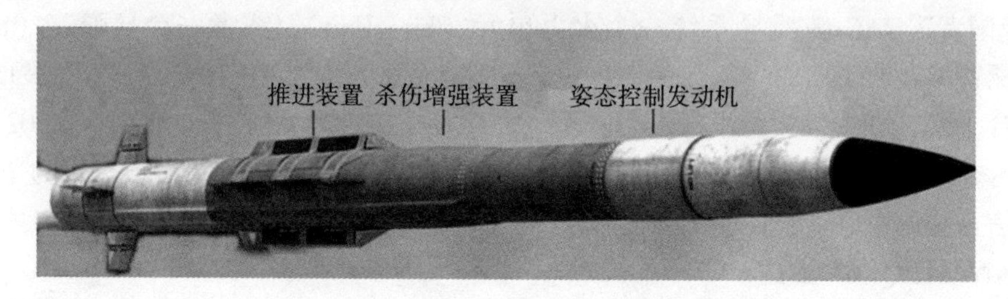

图 2.26　PAC-3MSE 导弹示意图

“爱国者” PAC-3 导弹的弹头以“碰撞杀伤”，即“HIT TO KILL”方式取代过去的“碎片杀伤”方式。PAC-3 拦截弹上有一个名为“杀伤增强器”的装置。该装置放在助推火箭与制导设备段之间，长 127mm，质量 11.1kg。杀伤增强器上有 24 个 214g 的破片，分两圈分布在弹体周围，形成以弹体为中心的两个破片圆环。当杀伤增强器内的主装药爆炸时，这些破片以低径向速度向外投放出去，等于增大了拦截弹的有效直径，从而使目标或被拦截弹击中，或被破片击中，杀伤范围更大。拦截弹在中程使用惯性制导飞向预定的拦截位置，并能在飞行中接收陆基雷达的更新数据。在飞行的最后 2s，“爱国者” PAC-3 拦截弹利用 50W 的 Ka 波段主动雷达终端导引头制导。陆基雷达为 AN/MPQ-53G 波段频率捷变相控阵雷达，它对来袭导弹进行预警和跟踪，还提供与“萨德”“爱国者”反导弹系统相互配合完成对来自导弹末段高空和末段低空的导弹拦截任务。

2.6.3　部署情况

“爱国者” PAC-3 反导系统旨在从战术水平上提供防空和反导能力，以此来捍卫美国驻军和盟友安全。目前，全球多国均部署了“爱国者”导弹防御系统，用以保护平民和驻军免受来袭巡航导弹、弹道导弹、火箭、飞机威胁。“爱国者” PAC-3 反导系统在“沙漠风暴”行动和“伊拉克自由”行动中接受了实战测试，还被用作为以色列“铁穹”导弹防御系统的一部分。在过去数年中，许多国家都部署了“爱国者” PAC-3 反导系统，以此来确保其边境安全，保护自身军队免受战术弹道导弹的威胁。

2013 年 1 月到 2015 年年底，土耳其购买并部署了 5 套“爱国者” PAC-3 反导系统，以增强该国防御来自叙利亚冲突地区的弹道导弹威胁的能力。自 2012 年开始，这些“爱国者” PAC-3 反导系统已探测到从叙利亚境内发射的数百枚弹道导弹，并且跟踪了这些导弹的飞行路径，以确保它们不会对土耳其平民或驻守土叙边境沿线的土方部队构成威胁。

除了土耳其之外，阿联酋和沙特阿拉伯也部署了“爱国者”PAC-3反导系统，以此来保护也门境内由沙特阿拉伯领导的联盟驻军以及也门和沙特阿拉伯边境地区的平民安全。自冲突开始，胡塞武装向沙特阿拉伯联军发射了大量“飞毛腿”和“圣甲虫”导弹，其中一部分便遭到“爱国者”PAC-3反导系统的拦截。2017年11月，罗马尼亚、波兰和瑞典与美国达成导弹防御协议，购买雷声公司制造的“爱国者”PAC-3反导系统。

日本、韩国、美国目前在太平洋部署了“爱国者”PAC-3反导系统。自1994年开始，美国一直在韩国部署“爱国者”PAC-3反导系统，以防范朝鲜发射的短程弹道导弹和巡航导弹。此外，韩国自行部署的“爱国者”PAC-3反导系统也是韩国导弹防御系统的一部分。日本也在东京周围部署了“爱国者”PAC-3反导系统，作为该国导弹防御系统的组成部分。2022年，在“勇敢盾牌-22”演习中（“Valiant Shield 22”）中，陆军第94航空和导弹防御司令部在帕劳艾莱国际机场成功完成了第一次“爱国者”导弹实弹射击。在《2023财年国防授权法案》中，美军计划采购3850枚“爱国者”PAC-3 MSE防空导弹。

2.6.4　测试与发展

2022年6月：与F-35A“闪电”Ⅱ进行联合测试，美国海军、空军和海军陆战队在帕劳成功进行了“爱国者”PAC-3反导系统的实弹演习，作为“勇敢盾牌”演习的一部分。该系统与F-35A“闪电”Ⅱ战斗机合作，使用2枚“爱国者”PAC-3拦截弹在太平洋上空击落了一枚来袭的巡航导弹。这次演习标志着“爱国者”PAC-3反导系统首次在美国境外与隐形战斗机一起使用。

2021年8月：2021年8月9日，洛克希德·马丁公司于白沙导弹靶场进行了“爱国者”PAC-3分段增强型（MSE）拦截弹与“爱国者”PAC-3成本降低计划（CRI）拦截弹的拦截试验。试验中，一枚升级型“爱国者”PAC-3 MSE拦截弹成功拦截了一枚战术弹道导弹靶标，验证了导弹、发射软件和硬件组件的升级性能。此外，2枚“爱国者”PAC-3 CRI拦截弹分别成功拦截了一枚战术弹道导弹靶标，验证了该型拦截弹的可靠性。

2015年：“爱国者”PAC-3 MSE（改进导弹分段增强改进型）完成作战测试并获批开展初步生产。PAC-3 MSE是最新的“爱国者”PAC-3导弹，截至2017年11月，已完成所有复杂测试，为全速生产决策铺平了道路。2015年，该系统完成了运行测试，并已批准初步生产。PAC-3 MSE具有更大的双脉冲固体火箭发动机以及升级的制动器和热电池，以适应性能的提高并扩大导弹的射程。目前的“爱国者”发射器最多可携带12枚PAC-3 MSE导弹，或6枚PAC-3 MSE和8枚PAC-3导弹的组合。与PAC-3一样，PAC-3 MSE使用碰撞杀伤技术拦截来袭导弹，旨在应对不断演变的威胁。

21世纪头十年中期：依照《对外军售协议》，日本、荷兰、阿联酋、科威特及中国台湾地区等国家和地区购买了“爱国者”导弹、发射器、升级套装。

伊拉克自由行动：在“伊拉克自由”行动期间，美国“爱国者”部队共拦截了9枚敌方战术弹道导弹。2003年3月23日，伊拉克部队向科威特联军发射了一枚Ababil-100战术弹道导弹（TBM），该导弹被101空降师航空旅的“爱国者”PAC-3反导系统所摧毁。

20世纪90年代晚期至20世纪早期：“爱国者”PAC-3升级型是其主要改进型号，使用碰撞杀伤技术来拦截来袭导弹。“爱国者”PAC-3也为每套发射装置提供更多火力，每套发射装置上配备了16枚“爱国者”PAC-3导弹，原来是4枚“爱国者”PAC-2导弹。

20世纪90年晚期：“沙漠风暴”行动之后，制导增强型导弹（GEM）开始生产。GEM是对PAC-2导弹的战后反战术弹道导弹改进，增强了其在更高高度和更远距离打击目标的能力。GEM及其改型还使用了爆炸破片弹头来摧毁来袭导弹，这意味着来袭导弹将被GEM在其附近爆炸并摧毁，而不是直接碰撞击中。GEM战术（GEM-T）也作为GEM升级到PAC-2的一部分部署。GEM-T提高了“爱国者”对战术弹道导弹、巡航导弹、飞机和远程来袭武器拦截有效性和杀伤力。

1994年：1994年，美国在韩国驻扎了第43防空炮兵第1营，以应对朝鲜威胁暂停朝鲜半岛停战的威胁。至今，韩国仍在部署“爱国者”PAC-3反导系统。

1991年1月：海湾战争期间，美国“爱国者”反导系统连击落了至少11枚敌方导弹，部署在以色列主要城市防御系统的其他“爱国者”炮兵连也拦截了大量来袭导弹。1991年1月18日，伊拉克向沙特阿拉伯东部的Dhahran发射了一枚“飞毛腿”导弹。导弹被第11旅第7防空炮兵第2营A阵地发射的2枚“爱国者”导弹击落。这也是在作战行动中发射的第一次反导弹拦截弹。

20世纪80年代晚期至90年代早期：PAC-2是“爱国者”反导系统的第一次重大导弹升级，其特点是一种单级固体燃料地面发射导弹，旨在拦截飞机、战术弹道导弹和巡航导弹。PAC-2携带传统的高爆弹头，最高速度可达5000km/h以上，射程超过100km。PAC-2与PAC-1的不同之处在于，导弹发射之间有3~4s的延迟，而不是几乎同时的齐射。雷声公司于1988年开始生产PAC-2，继1987年成功测试导弹的升级杀伤能力之后。在“沙漠风暴”行动期间决定部署PAC-2后，美国于1990年加快了PAC-2的生产。

1988年：美国陆军导弹司令部开始更新“爱国者”反导系统的软件，提升导弹的跟踪能力，并改变导弹的弹头，以增加“弹头杀伤”的概率，摧毁来袭导弹的进攻能力。陆军于1986年在新墨西哥州白沙导弹靶场测试了这些升级，被认为是“爱国者”PAC-1的升级。1988年，第一批采用PAC-1软件升级的“爱国者”装置被认为可以投入使用并获得作战认可。

20世纪80年代中后期：美国陆军导弹司令部开始更新“爱国者”导弹的跟踪能力，并且更换了导弹弹头，从而增加弹头杀伤概率。陆军在1986年测试了这些升级型号，将它们视作“爱国者”PAC-1升级型。

1985：美国陆军建议在欧洲部署“爱国者”反导系统，该系统被分配至欧洲第32陆军防空司令部所属连队。在当时部署的“爱国者”反导系统还只能击落飞机。

1982年5月：美国陆军启用首个“爱国者”导弹营。

1981年12月：美国军工交付首枚“爱国者”导弹。

2.7　小结

美国已经建立了世界上体系最完备、具备全球预警和多层多段反导信息支援能力的弹道导弹预警体系。随着全球高超声速导弹、弹道导弹的快速发展，美国弹道导弹防御系统已不能完全满足美国国土防御的要求。为在弹道导弹防御任务基础上进一步拓展任务集，将高超声速导弹防御、巡航导弹防御纳入任务范围，美国MDA对自身组织机构和人员进行了广泛评估与重组，于2020年初建立了导弹防御局2.0组织架构。在新组织架构下，MDA提出了导弹防御系统2.0，美国分层国土导弹防御体系构想第一层由GMD构成，采用陆基拦截弹（GBI）在飞行中段拦截来袭导弹保护美国，主要应对远程弹道导弹，采取分层国土导弹防御体系后，将显著提高国土导弹防御的可靠性以及有效性。

第3章　美国天基导弹预警装备

天基预警装备是目前导弹预警系统中广泛使用的一种探测设备，主要由地球静止轨道（GEO）卫星、高椭圆轨道（HEO）卫星、低地球轨道（LEO）光学预警卫星和卫星地面站组成。因为导弹发射时会从尾部喷出炽热的火舌（一般称为羽状尾焰），这种羽状尾焰会产生强烈的红外辐射，通过在卫星上搭载红外/紫外探测设备，可监测弹道导弹助推段散发的尾焰，对弹道导弹进行早期的预警及跟踪，并将测得的方位角和辐射强度等有关信息迅速传递给地面中心，引导地面预警雷达并给拦截武器提供目标指引信息，从而使地面防御系统能够赢得尽可能长的预警时间，以采取有效的反击措施。

天基预警系统是美军反导体系的重要组成部分，它利用星载红外探测器，探测弹道导弹发射尾焰的红外辐射，并将测得的方位角和辐射强度等有关信息传送到地面站，从而为国家领导、作战指挥官、情报机构以及其他关键决策人员提供及时、可靠、准确的导弹预警与红外监测信息。在美军的实际反导作战过程中，天基预警系统对重点区域进行持续监视，发现敌方弹道导弹发射时，对其进行跟踪识别，向导弹预警中心发出告警信息。预警卫星跟踪直到导弹的火箭发动机关机为止，预警卫星获取的信息通过各地面站传送到指挥控制系统进行分析处理，预测导弹弹道和落点（位置和速度估计值）。指挥控制系统将分析的数据信息形成控制指令和引导信息，将其传送给陆基的预警雷达，预警雷达利用传送来的引导数据来搜索和跟踪导弹，进而实现对导弹的定位。远程陆基跟踪雷达和低轨预警卫星共同配合精确跟踪和识别来袭导弹，在发射拦截弹进行拦截的过程中，陆基雷达不断向飞行中的拦截弹注入修正的目标数据，进而完成整个拦截过程。

低轨预警卫星具有引导拦截弹的能力，使得拦截打击系统能够进行超视距拦截打击。天基预警装备是美国导弹预警系统的重要组成部分，美国的导弹预警卫星主要经历了三大阶段：导弹防御警报系统（MIDAS）和“461”计划、“国防支援计划”（DSP）、“天基红外系统”（SBIRS）计划，以及发展中的“空间跟踪与监视系统”（STSS）、下一代过顶持续红外（NG-OPIR）、“高超声速与弹道跟踪天基传感器”（HBTSS）、“天基杀伤评估”（SKA）等系统。

3.1　国防支援计划

3.1.1　基本情况

20世纪50年代，苏联研制成功了洲际弹道导弹，而美国当时对它束手无策，为此美国空军提出天基预警系统的方案：把红外探测器装在卫星上来探测敌方导弹火箭发动机尾焰的强烈热辐射，于是导弹预警卫星就问世了。美国的导弹预警卫星又称为“国防支援计划”（DSP）卫星，是由美国和加拿大双边签署北美空中防御计划之一，是美国第一种实战部署的预警卫星系统，主要用于对洲际弹道导弹和潜射弹道导弹的预警。导弹预警卫星是一种监视、发现和跟踪敌方弹道导弹而早期报警的遥感类侦察卫星。这种卫星一般在高轨道上运行，它能通过星载红外探测器较早探测到洲际弹道导弹、潜射弹道导弹乃至战区和战术弹道导弹的发射，并将有关信息迅速传递给地面中心，从而使地面防御系统能赢得尽可能长的预警时间，以组织有效的反击或采取相应的应对措施。它可不受地球曲率的限制，居高临下地进行对地观测，具有覆盖范围广、监视区域大、不易受干扰、受攻击的机会少、提供的预警时间最长等优点，是目前导弹早期预警技术发展的重点。

美国空军已发射 23 颗 DSP 卫星，如图 3.1 所示。目前在轨的是美国第二代、第三代导弹预警卫星。第三代预警卫星系统由 5 颗地球同步轨道卫星组成，3 颗主星分别定位于太平洋西经 150°、大西洋西经 37°和印度洋东经 69°上空，用于固定扫描监视除北极以外的整个地球表面；2 颗备份星定位于印度洋和欧洲上空，用于监视印度洋东部和欧洲。

图 3.1　DSP 卫星在轨部署示意图

此外，DSP 卫星还具备空间变轨能力，可根据需要变更运行轨道于某一地区上空，提供中、近程弹道导弹的战区反导预警。受海湾战争的启发，美国此后还研制了专供基层指挥官使用的联合战术地面站战术监视地面系统，可直接接收和处理 2 颗或更多颗 DSP 卫星数据，缩短数据传输时间，为战区反导提供较充足的预警时间。但是，由于 DSP 卫星具有不能有效预警战术弹道导弹、过分依赖地面站、虚警率高、对火灾也报警等缺陷，因此 1995 年美国国防部最终决定发展新型天基红外系统卫星逐步取代 DSP 卫星。天基红外预警卫星是美国研制的探测与跟踪导弹发射的新一代卫星，其目的是满足对导弹预警、导弹防御、技术情报和作战空间特征 4 个任务领域和空间监视数据不断增长的需求。

3.1.2 功能特点

DSP卫星系统可在来袭洲际和潜射弹道导弹发射40~50s后探测到目标，5min后报警。对射程8000~13000km、飞行时间30min的洲际和潜射弹道导弹可分别提供25~30min和10~25min的预警时间，对陆基战术弹道导弹最多提供5min的预警时间能对俄罗斯和中国的导弹发射、试验和其他航天活动保持不间断的监视。

冷战时期，DSP卫星起到了防止冲突的作用，因为苏联在DSP的监视下，无法发动突袭。20世纪70年代开始，在世界范围内每一场战争都受到DSP卫星的监视。20世纪80年代，DSP卫星系统在一些地区冲突中担任了探测所有中程导弹或远程导弹发射的任务，包括两伊战争期间密集的导弹轰炸。在1991年的海湾战争中，DSP卫星为美军提供了伊拉克针对美国及盟国发射的大量导弹的攻击预警数据。据报道，自DSP卫星系统投入使用至今已先后探测到苏（俄）、法、英、中、印、朝等国的导弹发射信息超过1000余次。

从DSP系统中多颗卫星的轨道位置来说，该系统实际上非常适合对从北极圈或其他关键海上巡逻区域发射的潜射弹道导弹（SLBM）进行快速预警。DSP卫星甚至能对地面进行的导弹推进系统静态点火试验进行报告和描述。1989年，改进型DSP卫星开始发射，它们能监视可能攻击美国航空母舰的敌方飞机的加力燃烧室羽焰。所以，DSP卫星开始为一些战区提供一定程度上的飞机攻击预警。例如，在海湾战争中，一旦敌方的喷气式战斗机利用加力燃烧室起飞准备对美国或英国的战舰进行高速攻击，负责监视该区域的DSP卫星就能立即探测到这一情况，并迅速将该信息报告美军。DSP预警卫星几乎形成对低纬度地区的完全覆盖，可重点监视美国周边相关海域潜射弹道导弹发射，以及亚洲与海湾地区相关海域和陆基弹道导弹发射情况。DSP地面站包括一个位于澳大利亚的海外地面站、一个位于欧洲的地面站，以及美国本土地面站和移动地面站。

DSP卫星系统部署情况如表3.1所示。

表3.1 DSP卫星系统部署情况

卫星	工作类型	发射时间	经度	监视区域
DSP-17	备份星	1994年12月22日	110°E	东印度洋上空
DSP-18	工作星	1997年2月23日	37°W	大西洋上空，用以探测核潜艇从美国东海岸以东海域的导弹发射
DSP-20	工作星	2000年5月8日	152°W	太平洋上空，用以探测核潜艇从美国西海岸以西海域的导弹发射
DSP-21	备份星	2001年8月6日	10°E	欧洲上空
DSP-22	工作星	2004年2月14日	69°E	印度洋上空，用以监视俄罗斯和中国的洲际弹道导弹发射场

美国在DSP预警卫星上的主要载荷有2种：一种是红外探测器，每隔8~12s就可以对地球表面1/3区域重复扫描1次，能在导弹发射后50s内探测到导弹尾焰的红外辐射信号，并将这一信息传给地面接收站，地面接收站再将情报传给指挥中心，全过程仅需3~4min；另一种是高分辨率可见光电视摄像机，安装摄像机是防止把高空云层反射的阳光误认为是导弹尾焰而造成虚警。在星上红外探测器没有发现目标时，摄像机每隔30s向地面发送1次电视图像，一旦红外探测器发现目标，摄像机就自动或根据地面指令连续向地面站发送目标图像，以1~2帧/s的速度在地面电视屏幕上显示导弹尾焰图

像的运动轨迹。

DSP 预警卫星工作时采用自旋稳定的方式，以 6r/min 的速度自转，卫星主轴保持对地定向，其红外探测器轴线与卫星主轴成 7.5°，随着卫星自旋形成圆锥状扫描方式，构成一个立体视角场，自转速度为 6r/min。卫星红外探测器长 3.60m，孔径 0.91m，探测阵元是 6000 个采用 PbS 和 HgCdTe 的红外探测阵元，对 2.7μm、4.3μm 两个谱段的红外辐射极其敏感，可发现约 10km 以上高度、处于主动段飞行的导弹或火箭，定位精度约 3~5km。DSP 预警卫星技术参数如表 3.2 所示。

表 3.2　DSP 卫星技术参数

年份	1970—1974	1975—1978	1979—1984	1984—1988	1989—2007
卫星型号	DSP-1~4	DSP-5~7	DSP-8~11	DSP-12~13	DSP-14~23
设计寿命/年	1.5	3	3	5	5~7
平均实际寿命/年	3	5	5	7	7~9
质量/kg	900	1040	1200	1680	2380
功耗/W	400	480	500	705	1270
主探测器波段/μm	2.7	2.7	2.7	2.7~2.9 4.3~4.4	2.7~2.9 4.3~4.4
探测元件数	Psb：1×2000	Psb：2×2000	Psb：2×2000	Psb：4×2000 HgCdTe：4×6000	Psb：4×6000 HgCdTe：4×6000
分辨率/km	3~5	1.5	1.5	1.5	<1

3.1.3　发展历程

DSP 预警卫星自 1970 年发射第一颗预警卫星至 2007 年，共发射了 23 颗卫星，历经 3 代，发射场地均为卡纳维拉尔角空军站，目前在轨的是美国第三代导弹预警卫星。第一代到 1973 年 6 月共发射了 4 颗，首颗于 1970 年 11 月 6 日发射，最后一颗于 1973 年 6 月 12 日发射，第一代 DSP-4 卫星如图 3.2（a）所示。其每颗卫星质量为 898kg，是长 7m、直径 4m 的圆柱体，设计寿命为 1.5 年。它依靠粘贴在星体表面的太阳能电池和入轨后展开的 4 块太阳能电池帆板产生 400W 电能。主要任务是从地球背景中分析热红外源的温度、位置和轨迹，从而发现导弹尾焰、判定导弹类型和攻击目标，发出导弹来袭警报。此外，卫星上还装有 1 台可见光电视摄像机，用以辅助红外探测器辨别真假导弹目标。

第二代 DSP 从 1975 年 12 月到 1987 年 11 月共发射了 9 颗。卫星是 1043kg 的圆柱体，设计寿命 3 年，并扩大了红外探测器扫描范围，消除了第 1 代 DSP 卫星中的扫描盲区，灵敏度和可靠性也增加了，降低虚警概率，还加装了核爆炸探测器，能探测大气层内的核爆炸，提高卫星抗核打击能力，第二代以及第二代升级型 DSP-5 和 DSP-13 卫星如图 3.2（b)(c）所示。

第三代首颗卫星是 DSP-14 于 1989 年 6 月 14 日发射，到 2007 年 11 月 10 日共发射 10 颗，第三代 DSP-14 卫星如图 3.2（d）所示。DSP 卫星现计划与 SBIRS 组网工作到 2030 年。

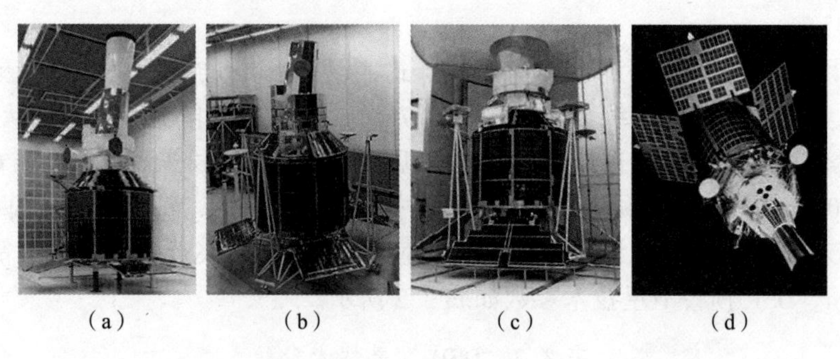

（a）　（b）　（c）　（d）

图 3.2　DSP 卫星

DSP 卫星经过 4 次改进，卫星性能不断提高，由最初只能用于探测远程战略弹道导弹发射，到 1991 年海湾战争时，已经能够用于探测伊拉克发射的战术弹道导弹。第三代 DSP 卫星具有许多优点：

（1）体积大，带有大型陀螺仪和更多燃料，从而能随时机动至战区上空。它还携带了动能碰撞敏感器，所以可在动能武器来袭时自动实施机动躲避，必要时也可机动到“闪电”型大椭圆轨道上工作，从而提高了系统的生存能力。

（2）星上红外探测器能工作在 2 种不同的红外波段，它们分别以 2.7μm（短波红外）和 4.3μm（中波红外）波长探测红外目标，这样不仅增强了对导弹发射阶段和起飞阶段的侦察，使探测器既能探测和跟踪地平线以内的目标，又可探测和跟踪地平线以上的目标，而且还能防激光干扰和提高识别能力。其望远镜焦平面分两部分，以保护电子设备免遭激光武器发射的高能激光的摧毁，当 1 种波段被激光致盲时还可启用另 1 种波段继续监视，大大增强了预警系统的实战可用性。

（3）为了实现“零动量”，以最大限度地节省姿控用燃料。前两代 DSP 采用惯性调节装置对卫星自旋轴进行微调，而第 3 代 DSP 则利用反作用轮来产生与卫星自旋动量相等且相反的动量，从而达到零动量稳定。

（4）星上红外望远镜装有 6000 个硫化铅和 HgCdTe 红外探测元（前两代不到 2000 个），提高了探测灵敏度，能够较好地探测红外特性不明显的中、短程导弹，有效识别各种导弹发射。

（5）卫星寿命长，达 7~9 年。

（6）电源功率达 1275W，与前两代相比大大提高。

（7）星上计算机有较大改进，可自行管理各分系统，保持卫星在轨位置基准，即使失去地面站的控制，卫星仍能发送导弹预警数据，星上信号处理能力的提高，使得杂波抑制效果得到改善。

（8）星上有多个先进的核辐射探测器，平时用于监测有关国家履行核禁试条约的情况，战时则可精确测定核爆炸位置。

（9）具有数据重复发送功能，即在敌人实施干扰、数据传送中断时，卫星可快速重复传送加密的预警数据，并能用激光把数据传给其他卫星。

第三代 DSP 卫星由 TRW 公司（Thompson Ramo Wooldridge Inc.）研制，每颗卫星价值 2.5 亿美元，装载了 7 种有效载荷包括红外探测器、卫星敏感器、核爆炸辐射探测器、高分辨率可见光电视摄像机、通信转发系统、激光通信系统和紫外跟踪探测器。其中，主探测器是红外探测器，有短波和中波2个红外波段，前者用于导弹点火监测，后者用于导弹轨迹监测。紫外跟踪探测器，用于弹头跟踪。激光通信子系统用于DSP卫星星座通信。最后一颗DSP卫星——DSP-23于2007年发射上天。该卫星质量2.5t，高约8.5m，直径2.7m，太阳电池翼展开后跨度6.74m，总面积约为77.4m^2。除了红外望远镜和旁边安装的内、外大气层核爆炸探测器外，还安装有一个特殊的有效载荷——"空间大气爆炸报告系统"（SABRS）组件，专门用于探测在空间进行核试验，该载荷还安装在SBIRS上。SABRS组件能够测量中子、伽马射线和X射线，设备中有5个小型核探测传感器，以替代DSP卫星上搭载的较重的探测器。DSP卫星共利用过4种型号的"大力神"火箭、航天飞机和现在的"德尔塔-4"型火箭进行发射。在DSP卫星发射的37年中，只有一颗DSP卫星的发射遭到了彻底的失败，即20世纪70年代的DSP-5卫星，失败原因是火箭的肼推进剂管路破裂。此外，1999年利用"大力神"火箭发射DSP-19时，火箭的惯性上面级操作失误，将卫星送入了大椭圆转移轨道而不是原定的地球同步轨道。从此DSP-19的传感器就一直用于进行特殊的观测，因为这颗卫星会每天两次穿越范艾伦辐射带卫星所受的高辐射正好提供了军用卫星系统对辐射效应的数据。

虽然第三代的DSP卫星已经超期服役，远远超过其设计寿命，其可靠性完全超出预期，其中至少5颗，甚至多达8颗仍在可靠地提供数据，目前已与天基红外系统项目地面站集成或由其控制。根据美国信息通信指挥控制网2020年6月29日消息，美国将继续延长导弹预警卫星的寿命。2020年7月美国空间与导弹系统中心发布了一份价值2.225亿美元的合同。根据这份合同，诺斯罗普·格鲁曼将在未来10年继续为美国DSP卫星提供支持。诺斯罗普·格鲁曼是所有DSP卫星的主承包商。据称，这些卫星已超过设计寿命的125%。这份新合同将有助于进一步延长"防御支持计划"卫星的寿命。这项工作预计于2030年3月31日之前完成。

随着导弹技术的发展（如诱饵、中段机动、多目标等技术），加之DSP卫星研制较早，在性能上无法满足当前和未来弹道导弹防御作战需要。DSP卫星系统通常每年能探测到的导弹发射，其中约2/3是战略导弹或航天发射，其余为较小的战术弹道导弹发射。此外，该系统每年还能观测到许多对陆、海、空军指挥官十分重要的其他"红外事件"，这些事件可能涉及实时轰炸效果评估或在人迹罕至的地区或海域出现的热红外特征等。然而，实战中也暴露出DSP卫星的严重不足：预警时间太长，对探测主动段时间较长的战略导弹很有效，而对探测主动段时间较短的战术弹道导弹来说预警时间不足；很难监测移动式导弹的发射，预警时间受预期轨道参数影响较大。要想提供来袭导弹的轨道参数，必须事先了解敌方导弹可能的发射地点，这样才能拟定来袭导弹的轨道，对预期发射区域和预期轨道的判定直接影响预警时间的长短，这也是机动式导弹发射架给导弹预警卫星提出的难题；只能获得导弹发射的时间和地点，不能提供导弹弹头的运动轨迹和着落地点，从而给地面雷达系统有效跟踪造成困难。

对于DSP地球静止轨道卫星来说，要使其地面分辨率很高是不现实的。针对DSP卫星虚警率高、不能跟踪中段飞行的导弹、过分依赖国外地面站中继通信、对战术弹道导弹预警时间短以及对火灾也报警等缺陷，同时也为了满足导弹空间监视数据不断增长的需要，美国国防部于1994年12月决定研制可同时预警战略和战术导弹的SBIRS导弹预警卫星来逐步取代DSP。

DSP 卫星发展时间线：

2007 年 11 月 10 日：最后一次发射。

1989—2007 年：发射 10 颗 DSP-1（Block Ⅴ）卫星。

1984—1987 年：发射 2 颗第二阶段升级型（Block Ⅳ）卫星。

1979—1984 年：发射 4 颗多轨道卫星性能改进（MOS/PIM）（Block Ⅲ）型卫星。

1975—1977 年：发射 3 颗第二阶段（Block Ⅱ）型卫星。

1970—1973 年：发射 4 颗第一阶段（Block Ⅰ）型卫星。

1970 年 11 月 6 日：美国空军在佛罗里达州卡纳维拉尔角空军基地的泰坦ⅢC 火箭发射了一颗机密技术验证卫星（Complex 40）。

20 世纪 60 年代：国防支援计划源自天基红外导弹防御警报系统（MIDAS）。MIDAS 的首次成功发射是 1960 年 5 月 24 日。1960—1966 年，12 次 MIDAS 发射部署了 4 种不同类型的传感器，引领了 DSP 的开发、发射和使用。

3.2 天基红外系统

3.2.1 基本情况

由于 DSP 是冷战时期的产物，本身是为战略导弹的预警而设计的，因而轨道单一、探测手段单一、数据处理手段单一，对于战术导弹的发射存在预警时间短、虚警率高、漏报多的问题。为此，美国从 2006 年开始发射可同时预警战略导弹和战术导弹的第 2 代导弹预警卫星 SBIRS，它可监视和预警全球导弹发射，包括发射时间、地点、弹头轨迹以及着落地点估计等；为导弹防御系统指引目标，提供技术情报；侦察全球导弹发射试验，收集有关对方导弹技术情报；侦察战场情况，为美军及同盟军提供情报支持；侦察全球核爆炸。SBIRS 卫星如图 3.3 所示，作为美国新一代导弹预警卫星，它将替换导弹预警能力较弱的 DSP 卫星，具备空前的、稳固的全球红外监视能力。导弹预警卫星是美军反导体系的重要组成部分，其预警能力的高与低，提供预警时间的多与少，是导弹拦截成功与否的关键。

图 3.3 SBIRS 卫星在轨工作示意图

天基红外预警卫星系统有高轨道卫星和低轨道卫星两个部分：高轨道包括 5 颗 GEO 卫星（2 颗备用）和 2 颗 HEO 卫星，装备短波和中波红外探测器，能够穿透大气层探测到导弹发射的红外辐射；低轨道部分的关键设备“目标捕获传感器”已研制成功并装配完毕，计划由 24 颗覆盖全球的“空间跟踪与监视系统”（STSS）组成，STSS 用于中段跟踪和识别弹头，该系统能够在敌方导弹主动段结束后继续保持对弹头跟踪，探测灵敏度提高 10 倍、防区扩大 2~4 倍，从而为反导预警系统提供更早和更精确的预警信息。

3.2.2　功能特点

SBIRS 能大大提高美军的导弹预警能力和反导作战能力。它由高轨道卫星、低轨道卫星和地面站组成。其高轨道部分包括 SBIRS-GEO 和 SBIRS-HEO，由 5 颗地球静止轨道卫星（其中 2 颗为备份）、2 颗大椭圆轨道卫星组成，主要侦察、跟踪来袭导弹的主动段，为美军最高决策层和作战部门，提供全球范围内与战区有关的战略、战区导弹或其他在发射、助推飞行和下落阶段的红外数据，其中的大椭圆轨道卫星专门用来探测俄罗斯和周边地区的洲际导弹发射及北方水域的潜射导弹发射。其低轨道部分由 20 多颗左右的小卫星组成，它们能跟踪、鉴别全球范围内来袭导弹发射后的全过程（中段和再入阶段），同时也提供导弹发射场和其他技术情报，而不只在导弹发射的助推段进行跟踪，以有效地为导弹防御系统提供精确的瞄准数据，包括提供弹道中段的精确跟踪与识别，并将引导数据提供给导弹拦截弹。通过这种不同轨道的多星组网方式，能具有全球覆盖的预警能力，提高星上探测器的时间分辨率，从而有助于探测那些采用机动发射架进行的导弹发射。但由于技术难度较大、部署成本较高。

2002 年，美国调整天基预警系统将低轨部分拆分成独立的 STSS，作为在轨技术演示验证项目，交由当时新成立的 MDA 发展，而高轨部分保留 SBIRS 的名称。地面站设施：主要有美国本土的地面任务控制站（MCS），备份任务控制站（MCSB）、抗毁任务控制站（SMCS）；海外中继地面站（RGS）、抗毁中继地面站（SRGS）；多任务移动处理器（MMP）以及相关通信链路；训练、发射和支持性基础设施；重要地面站设立在伯克利空军基地。美国地面站建设过程大致可分为 3 个阶段：①以 DSP 数据接收处理和使用为主，并将对战区的攻击和发射早期报告地面站联合为一个本土任务控制站；②保留 DSP 卫星所要求功能，以满足 SBIRS 系统高轨卫星信息处理的战略要求为重点，开展相关软件与硬件的改造升级；③重点开展 SBIRS 系统低轨道卫星信息接收与处理功能研制部署。

美国天基导弹预警系统是通过高低轨卫星的协作以及地面站的支持来实现其系统功能的。高轨卫星（SBIRS-High）利用其覆盖范围广的优势来快速发现目标，并将卫星的跟踪数据传送到地面任务控制站，任务控制站对数据进行处理、分类和目标识别，判断红外源的性质，计算出导弹弹道，然后将跟踪数据传送给低轨 STSS 卫星并引导其对目标导弹中段及末段的跟踪测量，低轨卫星利用其分辨率高的优势来连续探测、跟踪目标。同时，任务控制站将卫星信息送往导弹防御系统的 C2BMC，引导武器拦截系统对导弹实施拦截。

SBIRS 首先对导弹发射实现粗查，然后由高低轨卫星做定点详查，对导弹弹头进行跟踪并测出弹道轨迹参数。具体来说，由于 SBIRS-High 采用双波段双传感器方案，即每颗卫星上装有双波段 2.7μm、4.3μm 高速扫描型探测器和与之互补的高分辨率凝视传感器，所以，扫描型探测器用一维线阵粗略扫描地球南北半球，进行初探；发现目标后，将探测信息提供给凝视探测器，后者用一个精细的二维面阵将发射画面拉近放大，紧盯目标，进行跟踪，获取详细信息，并在10~20s内将预警信息传给预警指挥控制中心。高轨卫星间不通信，但可和低轨卫星进行通信以接力跟踪。SBIRS星座能在导弹发射10~20s内将预警信息快速传送至地面控制系统，并对助推段导弹进行稳定、可靠的跟踪，为后续反导传感器提供关键的目标指示；由于在设计时同时考虑了对洲际导弹、远程导弹和中近程战术导弹的探测跟踪能力，所以SBIRS对陆基洲际导弹的预警时间达26min，对潜射导弹的预警时间为15min，对陆基战术导弹的预警时间为4~5min；能够侦察地球表面的连续视图，大约每3s拍摄一次，同时搜索指示热特征的红外活动，比任何其他系统更快地探测导弹发射，并能够识别导弹的类型、燃尽速度、轨迹和撞击点，图3.4所示为SBIRS系列卫星接力全程探测目标的示意图。

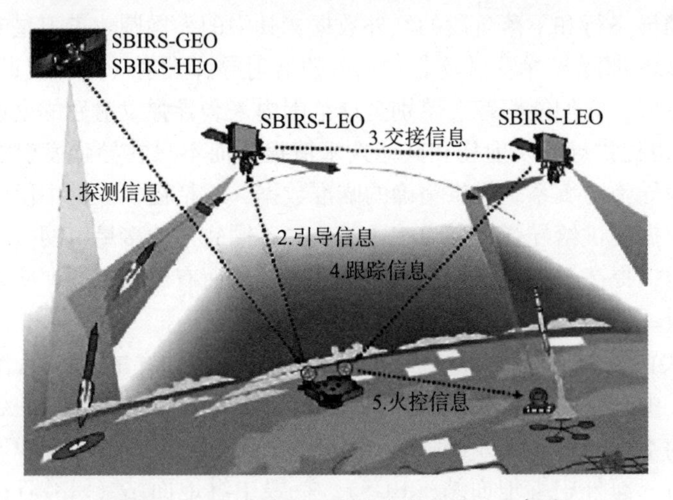

图3.4　SBIRS系列卫星接力全程探测示意图

SBIRS-GEO卫星均部署于地球静止轨道，主要用于替代DSP，对全球中低纬度区域进行全天候监视。SBIRS-GEO卫星载有高速扫描红外探测器与高分辨率凝视型红外探测器，探测波段均覆盖近红外、中红外和地面可见光。工作时，扫描型红外探测器拥有广泛视野，利用短波技术，探测导弹上升阶段喷出的明亮尾流，进行助推段探测，获取目标后交接至凝视型红外探测器。凝视型红外探测器对目标进行凝视跟踪，利用狭窄视场、高精度凝视，精确跟踪导弹、弹头和其他物体（如碎片和诱饵），直至完全确认来袭目标导弹被摧毁。该卫星装有高速扫描型相机，它的一维线阵在东西方向瞬时视场大约10°，但通过二维指向机构，在现有的长线列红外探测器技术基础上实现了大范围的搜索（东西、南北方向视场均为20°，可覆盖地球圆盘），成像周期大约3s；凝视相机采用小面阵的焦平面探测器，凝视视场0.44°×0.44°通过面阵拼接技术，实现了大面阵焦平面探测器才能获取的大范围跟踪视场，成像周期大约0.1s，地面分辨率大约1km。另外，SBIRS采用了多级时间延迟积分的红外探测器技术，通过增加探测器对目标的等效积分时间，提高系统对目标探测的信噪比，从而增强卫星探测能力。以上各种探测技术和工作模式的改进，有效解决了DSP卫星存在的对战术弹道导弹探测能力差、虚警率高等问题，同时，发射点估计、射向计算以及落点预报精度均得到大幅提升。

SBIRS-HEO卫星部署在典型的“闪电”轨道，该轨道是一种特殊的大椭圆冻结轨道，轨道远地点位于北半球高纬度地区，使得卫星在1个周期内可用长弧段（90%以上）位于北半球上空，冻结轨道的特点使其远地点高度和星下点位置较为稳定，即利用长期保持该长弧段“逗留”特性使卫星探测范围覆盖地球静止卫星盲区，大幅扩大了SBIRS的侦察范围。其轨道周期通常为12h，地面轨迹2圈后回归，有利于星地管理和卫星对地观测，同时卫星有50%的弧段位于30000~40000km之间，对地覆盖范围大（卫星视场可完全覆盖北极地区）。该轨道卫星主要是弥补SBIRS-GEO在北极存在的盲区，装备了扫描相机，工作模式与性能参数类似，但目前美方没有公开资料佐证其是否装备了凝视相机。SBIRS-HEO主要负责GEO覆盖盲区。HEO扩展了GEO在地球两极的覆盖能力，轨道远地点位于北半球，增加了SBIRS对北半球高纬度地区如俄罗斯本土和中国北部，尤其是北极附近区域洲际导弹和潜射导弹发射的监视时间；另外，每颗HEO卫星可观察北极地区时间不小于12h，通过2颗高轨道卫星的交替工作，可实现对北半球高纬度地区的全天24h持续监视。通过GEO卫星与HEO卫星的协同工作，SBIRS相对于DSP系统实现了目标的全球覆盖，SBIRS卫星的探测谱段更宽，扫描型和凝视型探测器相结合，使SBIRS的扫描速度和灵敏度比DSP系统提高了10倍以上，能够穿透大气层，具备在导弹刚点火就探测到其发射的潜力，可对目标进行精确跟踪，定位精度约为1km，可在导弹发射后10~20s将警报信息传送给部队。该卫星星座能够实现对地球表面的连续侦察，每10s重访问一次，同时搜索指示强热特征的红外活动，比任何其他系统更快地探测导弹发射，并能够识别导弹的类型、关机点、弹道轨迹和落点。HEO载荷可将系统的预警能力扩展到南北两极地区。对导弹发射的探测能力大幅度提高，发现目标的时间进一步缩短。图3.5所示为SBIRS GEO-2卫星在2013年5月获取的北美地区上空的雷暴图像。

图3.5 SBIRS GEO-2获得的卫星图像

目前，美国共发射了6颗SBIRS-GEO和4颗SBIRS-HEO卫星，目前在轨运行的SBIRS-HEO和SBIRS-GEO卫星已经完成在轨部署，美国SBIRS系列卫星发射情况如表3.3所列。6颗SBIRS-GEO卫星组网可以实现对亚欧大陆和西太平洋等重点区域的双重或三重覆盖。单重覆盖和未覆盖的区域主要是美国可以掌控的美洲大陆和大西洋区域，可由DSP卫星和陆基预警雷达进行补充。2006年和2008年发射的2颗大椭圆轨道卫星已经超年限服役，2014年和2017年发射的2颗主要作为替代，也可作为备份或者实施北极区域多星立体探测。这8颗卫星形成了除南极外的全球导弹助推段探测与跟踪能力。美国于2021年5月19日发射第5颗SBIRS-GEO卫星，2022年发射第6颗

SBIRS-GEO 卫星，以替代前 2 颗 SBIRS-GEO 卫星，也是该星座的最后 2 颗卫星，可进一步提高整个 SBIRS 系统的性能。

表 3.3　美国 SBIRS 系列卫星发射情况

卫星名称	发射时间	轨道参数	工作状态
SBIRS-GEO1	2011.05.07	96.84°W	在轨工作
SBIRS-GEO2	2013.03.19	20.60°E	在轨工作
SBIRS-GEO3	2017.01.21	159.60°W	在轨工作
SBIRS-GEO4	2018.01.20	159.00°W	在轨工作
SBIRS-GEO5	2021.05.19	21.14°E	在轨工作
SBIRS-GEO6	2022.08.04	145.10°E	在轨工作
SBIRS-HEO1	2006.06.28	1111km×37564km/63°	待退役
SBIRS-HEO2	2008.03.13	1112km×37580km/63.56°	待退役
SBIRS-HEO3	2014.12.13	2103km×37746km/62.85°	在轨工作
SBIRS-HEO4	2017.09.24	1738km×38111km/63.8°	在轨工作

SBIRS 地球静止轨道卫星采用洛克希德·马丁公司的 A2100 军用卫星平台，设计寿命 12 年，电源功率约 2800W，质量约 4500kg。与 DSP 相比，其最大的改进是采用双探测器体制，每颗卫星都装有 1 台高速扫描型探测器和 1 台凝视型探测器，前者用于扫描南北半球，探测导弹发射时喷出的尾焰，如果发现目标则将信息提供给凝视型探测器；后者将导弹的发射画面拉近放大，紧盯可疑目标，获取详细的目标信息。这种双探测器体制工作方式，可使卫星的扫描速度和灵敏度比 DSP 高 10 倍，有效地增强探测战术导弹的能力。它能够在导弹刚点火时就探测到其发射，在导弹发射后 10～20s 内将警报信息传送给地面部队。同时，卫星上的处理系统还能预测出导弹弹道以及弹头的落点。图 3.6 所示为 BIRS HEO-1 卫星在 2006 年 11 月 4 日监测到 Delta Ⅳ火箭发射时图像。

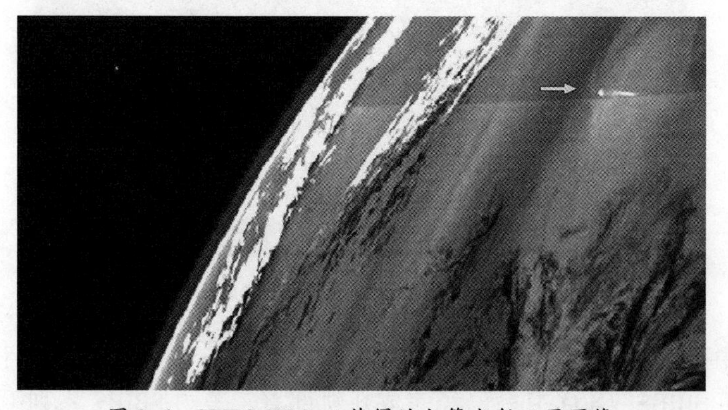

图 3.6　SBIRS HEO-1 获得的火箭发射卫星图像

3.2.3　发展历程

1995 年美国提出发展 SBIRS，以取代 DSP 卫星。SBIRS 系统分为高轨卫星（含 SBIRS-GEO 与 SBIRS-HEO）与低轨卫星（SBIRS-LEO），高轨卫星主要用于主动段的侦察与监视，低轨卫星主要用于搜索和跟踪导弹目标中段飞行时的发热弹体和“冷”再入弹头。SBIRS

系统通过高轨卫星与低轨卫星组网，可实现对战术、战略导弹发射的助推段、中段飞行阶段、再入阶段的全程探测与跟踪，并达到对目标的全球覆盖。

虽然1996年10月3日美国国防部正式批准了“天基红外系统-高轨道”计划，当年11月确定由洛克希德·马丁公司承包。但项目进展并不顺利，在研制过程中常受到硬件和软件方面的一系列技术难题困扰，致使其研制进度大大推迟，经费严重超支。2001年3月，卫星试验成功；2002年，SBIRS低轨计划因耗资过大而被取消，高轨部分仍由美国空军负责，仍称为SBIRS，由4颗GEO卫星和2个HEO轨道载荷组成。SBIRS系统高轨道星座卫星最初预算包括2颗大椭圆轨道（SBIRS-HEO）卫星和4颗静止轨道（SBIRS-GEO）卫星，主要用于接替DSP卫星实现关键战略、战术弹道导弹发射和助推段飞行目标的探测任务，后期根据需要增加了预算与部署，项目调整为红外传感器设计，交付时间由预计的2003年推迟到2004年；2004年8月，洛克希德·马丁公司向空军交付首个高轨椭圆载荷；2005年末，五角大楼决定减少SBIRS系统为2颗大椭圆轨道和2颗地球同步轨道卫星；2006年，SBIRS GEO-1通过关键功能测试，SBIRS HEO-1红外传感器搭载于NROL-22侦察卫星发射成功；2007年，研发替代红外卫星系统（AIRSS）用以替代2~3颗SBIRS GEO卫星；2008年，SBIRS HEO-2红外载荷搭载于NROL-28侦察卫星成功发射，AIRSS系统更名为红外增强卫星（IRAS）；2009年10月，SBIRS GEO-1卫星进行热真空试验；2010年1月，验证了SBIRS GEO-1的运行状态、性能和与地面系统协作能力；2010年12月，完成SBIRS GEO-1集成测试。2011年3月，SBIRS GEO-1被运送至卫星发射场，5月7日发射，进入近地点200km，远地点36000km的地球同步转移轨道，8日卫星远地点发动机首次点火进行轨道提升，开启太阳能电池板、天线和防护设备，进行6次变轨后定位于西经99°，2011年6月，红外载荷开始收集短波、中波红外信息，2012年2月，卫星开始传送过顶红外情报数据，18个月后，卫星具备全面的弹道导弹预警能力，可参与弹道导弹防御试验与作战任务。

根据政府问责办公室（GAO）的数据，从1996年至2020年，该计划的总成本估算从56亿美元激增至203亿美元，增长了260%。该计划的地面处理和控制系统也面临重大发展障碍，将其全套功能的交付推迟到第一颗SBIRS卫星发射8年后。美军将首颗SBIRS地球同步卫星定点于西经99°与美军军事战略重心有直接联系，从保卫本土利益的角度出发，潜射弹道导弹成为美军的最大威胁。定点于该范围美军可有效监控美国周边海洋范围的红外威胁，尤其潜射弹道导弹和海军试验演习等战略动作；此外，定点于该位置对美军重返亚太地区可提供重要的情报支撑，对实时监测中、俄的弹道导弹发射和海军军事行为有突出的优势。SBIRS系统最终在2017年完成SBIRS大椭圆轨道部署，2022年完成SBIRS同步轨道部分部署。

SBIRS卫星发展时间线：

2022年8月4日：SBIRS GEO-6成功发射，完成全部高轨卫星部署。

2021年5月19日：SBIRS GEO-5成功发射。

2020年6月9日：SBIRS GEO-5卫星完成热真空（TVAC）测试。

2020年4月16日：洛克希德·马丁公司开始SBIRS GEO-5 TVAC测试。

2020年1月28日：美国空军向雷声公司授予1.97亿美元的合同，以开发未来作战弹性地面演化（FORGE），以收集和处理来自SBIRS的数据。

2018 年 9 月：GEO-4 卫星获得美国空军太空司令部的运行验收。

2018 年 5 月 2 日：GEO-4 卫星获得首幅图像，并传回地球。

2018 年 6 月 6 日：美国空军航天与导弹系统中心宣布 GEO-4 卫星全面投入使用。

2018 年 2 月：空军取消了对 SBIRS GEO-7 和 SBIRS GEO-8 的资助，并为开发新型导弹预警卫星的项目提供了 6.43 亿美元。

2018 年 1 月 19 日：美国空军在卡纳维拉尔角空军基地的 41 号航天发射场成功发射了 GEO-4 卫星。

2017 年 3 月 22 日：GEO-3 卫星获得首幅图像。

2017 年 1 月 20 日：GEO-3 卫星从佛罗里达州卡纳维拉尔角发射。

2016 年 12 月：SBIRS Block 10 升级达到运行验收。

2016 年 6 月 12 日至 2016 年 8 月 30 日：SBIRS Block X 升级经历作战使用评估。

2015 年 6 月：HEO-4 传感器作为 SBIRS 后续合同的一部分交付给空军。

2015 年 5 月：在北半球上空运行的 HEO-3 成功完成了在轨测试。

2014 年 6 月 27 日：洛克希德·马丁公司被授予生产第 5 和第 6 颗 SBIRS GEO 导弹预警卫星的合同。

2014 年：HEO-3 发射入轨。

2013 年 11 月：GEO-2 卫星获得美国空军航天司令部（AFSPC）的运行验收。

2013 年 5 月：GEO-1 卫星获得 AFSPC 的运行验收。

2013 年 3 月 19 日：GEO-2 卫星成功发射入轨。

2011 年 7 月 7 日：GEO-1 成功发布了第一张红外图像。

2011 年 5 月 7 日：GEO-1 成功发射入轨。

2011 年 3 月 7 日：美国空军接收了洛克希德·马丁公司交付的第一颗 SBIRS 地球同步轨道卫星。

2010 年 12 月 13 日：美国空军和洛克希德·马丁公司成功完成了 GEO-1 卫星的最终综合系统测试（FIST）。

2009 年 1 月 27 日：美国空军和洛克希德·马丁公司成功完成了 GEO-1 卫星的基线综合系统测试。

2008 年 12 月：HEO-1 获得美国战略司令部（USSTRATCOM）的认证，可在战略和战区导弹预警任务中运行。

2008 年 6 月：第 2 个 HEO 有效载荷进入轨道。

2006 年 11 月：第一个 HEO 有效载荷宣布进入轨道。

2001 年 12 月：SBIRS 任务控制站宣布投入运行。

1995 年：SBIRS 被宣布为 DSP 的后续项目。

3.3　空间跟踪与监视系统

3.3.1　基本情况

空间跟踪与监视系统（STSS）系列卫星是 SBIRS 早期计划的低轨道部分，卫星如

图 3.7 所示，计划在高度 1300~1600km 的低轨道上部署 24 颗预警卫星。STSS 主要设计用于跟踪全球范围内的从发射到再入的弹道导弹，并将处理后的数据提供给拦截弹以引导拦截弹的飞行，此外还可辅助用于空间态势感知、技术情报以及战场评估等。SBIRS 早期计划的低轨部分起初由美国空军主管，由于存在较大技术风险，2002 年更名为 STSS，并由美国空军移交给导弹防御局（MDA）。

图 3.7　STSS 卫星在轨工作示意图

该系统的预警卫星装有宽视场扫描型短波红外捕获探测器和窄视场凝视型多光谱跟踪探测器，前者用于观测主动段飞行导弹或火箭的尾焰，后者用于跟踪中段、再入段导弹目标，并用于真假弹头识别。通过星间通信链路，多颗预警卫星可对目标进行协同、接力探测，提高跟踪精度。STSS 计划的目标是构建具有对弹道导弹全程跟踪和探测能力的卫星星座，能够区分真假弹头，能够将跟踪数据传输给指挥控制系统，以引导雷达跟踪目标，并能提供拦截效果评估。

由于技术风险和经费投入过大，美国国会要求调整计划，最终仅批准先发射 2 颗卫星进行技术演示验证试验。2002 年 8 月，美国 MDA 授予诺斯罗普·格鲁曼公司价值 8.69 亿美元的合同，研制 2 颗演示验证卫星，并建造地面控制站等。2009 年 9 月，STSS 的 2 颗演示验证卫星发射入轨。截至 2020 年 8 月，美国已发射 3 颗试验卫星，用于验证对不同飞行阶段弹道导弹的跟踪能力。该系统的终极目的是实现对导弹的全程监视，但是技术难度大，投入高，目前该项目处于暂停状态，为最大限度降低 SBIRS 的技术风险并为未来做技术储备，美国已开始预研第三代红外监视（3GIRS）预警卫星系统，该系统也被称为替代红外卫星系统（AIRSS），重点发展商业卫星搭载预警载荷和宽视场探测器技术。

3.3.2　功能特点

STSS 星座计划部署在 1600km 高的大倾角低地球轨道面上。它们除具备“SBIRS-High”卫星特点外，还能跟踪发热的弹体、助推级后的尾焰及再入弹头，实现对导弹发射的全过程跟踪。所以可以用于收集、处理和发送所有级别（从机动导弹到洲际弹道导弹和潜射弹道导弹）的弹道导弹发射的情报，对导弹袭击进行早期预警、跟踪和实时向国家导弹防御系统中指挥拦截弹道导弹的指挥系统传送弹道导弹在弹道全程上的飞行数据。

STSS 卫星运行在地球上空近地轨道。按照设计功能，需要 2 颗卫星协同工作以便能够及时发现导弹发射活动，然后在导弹飞行的助推阶段、中段和末段跟踪导弹及其弹头。这是其他任何传感系统都做不到的。因为目前的导弹预警卫星只能监测到导弹发射，无法对弹道导弹进行全程监视和跟踪。STSS 的 2 颗演示验证卫星入轨后，多次参与美国一系列导弹拦截试验，展示了导弹全程跟踪、立体式跟踪、多目标跟踪、空间目标跟踪、相机间任务转交、双星间通信，以及下行链路和导弹防御指挥与控制系统通信能力。在多次导弹防御试验中生成高质量预警信息，拥有更优的预报精度，缩短了信息传输回路，可以提供更多拦截准备时间。这 2 颗卫星是 STSS 计划的重要组成部分，能向地面拦截弹传递符合精度和时间要求的导弹跟踪数据，使拦截弹成功地对目标进行拦截。飞行在多个轨道面上的低轨道卫星将以成对的工作模式提供立体观测。星间通信（频率 60GHz）用于弹头中继跟踪的信息通信；星地通信（频率 22/44GHz）用于卫星测控和遥感数据下行。整个 STSS 星座将利用卫星内部的交叉链路实现卫星之间的通信连接。STSS 在轨工作示意如图 3. 8 所示。

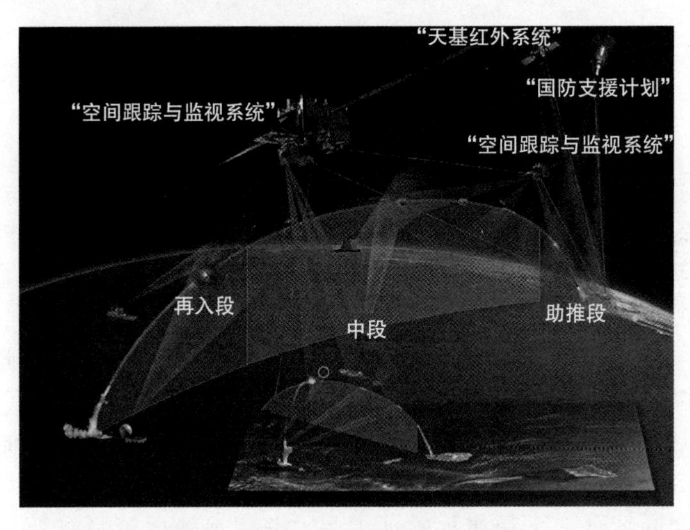

图 3. 8　STSS 卫星在轨飞行示意图

STSS 卫星具有以下功能：一是全天时全球覆盖。当第一颗卫星所跟踪目标离开视线后，可以将目标位置告知第二颗卫星，第二颗卫星继续跟踪目标并将有关引导信息提供给反导拦截部队，必要时可以在整个星座中继续传递下去，直到目标被摧毁或无法探测为止；二是弹道全程跟踪。STSS 具备对弹道导弹助推段、中段和再入段的弹道全程跟踪能力，相比之下，DSP 和 SBIRS 只能探测到弹道导弹助推段尾焰；三是立体跟踪。2 颗及 2 颗以上 STSS 卫星通过重叠覆盖，可以实现类似人类双眼视觉的立体式跟踪，大大提高了对目标的定位和跟踪能力，更有效支持导弹拦截；四是真假弹头识别。STSS 卫星在对弹道导弹进行全程跟踪时，还能分辨出弹头与诱饵，该卫星主要是通过光谱等信息进行识别。

STSS 跟踪传感器工作在以下 3 个谱段范围：可见光、中长波红外（MLWIR）、长波红外（LWIR）。而 STSS 跟踪传感器为了适应探测太阳下温度约 240~500K 的目标以及阴影下温度约 180K 中段目标的需求，其对应峰值波长在 5.8~16.1μm，长波将大于 14μm，因此，对于 STSS 中长波红外波段可认为在 5~8μm，其长波红外波段为 8~16μm。

根据已公布的有关 STSS 的长波红外传感器的预期性能数据显示：能够有效探测到 1 亿 km，辐射强度为 6×10^8 W/sr 的小行星。对此，假设对于小行星的探测信噪比为 3dB，则计算得到其长波对于 55W/sr 的中段目标有效探测距离为 30000km。从探测的几何关系上分析，STSS 在 40~100km 以内的临边高度下，对于最大飞行高度 1800km 左右的中段目标，其最大探测几何距离在 10000km 左右，其对温度在 300K 的中段目标可靠探测距离约为 10000km。STSS 预警卫星系统可能由 24 颗预警卫星组成，轨道高度 1600km，卫星轨道采用 Walker 星座，分布于 4 个轨道面上，轨道倾角 60°。跟踪相机探测能力超过 8000km，设置凝视视场 2°×2°，二维指向范围方位向 360°，俯仰向设置为 53.5°~150°。

STSS 的 2 颗演示验证卫星由诺斯罗普·格鲁曼建造，每颗卫星装有 1 台用于跟踪导弹的多频段红外搜索探测器和 1 台类似于美国空军其他防御卫星的凝视型跟踪探测器，具有在可见光和红外光谱范围内探测目标的能力。它们用于演示对各个飞行阶段的弹道导弹的跟踪能力，证明 STSS 星座具有每天 24 小时覆盖全球、每周 7 天监视弹道导弹事态变化，以及全程跟踪弹道导弹及其再入弹头的能力。星上的红外敏感器件可使探测器不像雷达一样受某些因素的限制，并且可提高拦截弹的目标截获能力。STSS 试验演示卫星将对所装载的 Block 2006 探测器进行在轨测试，探测目标包括地面、空中目标和近、远程导弹。Block 2006 有效载荷由一套红外探测跟踪遥感器组成，它能被集成到 STSS 卫星上，图 3.9 所示为 STSS 载荷功能示意。这种导弹预警探测技术可在地平线上方和下方进行探测和跟踪，还能够对导弹从发射到飞行中段进行实时的探测和跟踪。这些遥感器可与其他导弹防御系统进行无缝的数据协同，还支持超远程的处于飞行中段的导弹威胁探测。它们灵活性更高、能力更强、更可靠，能够更快速地向战区指挥官传送情报。

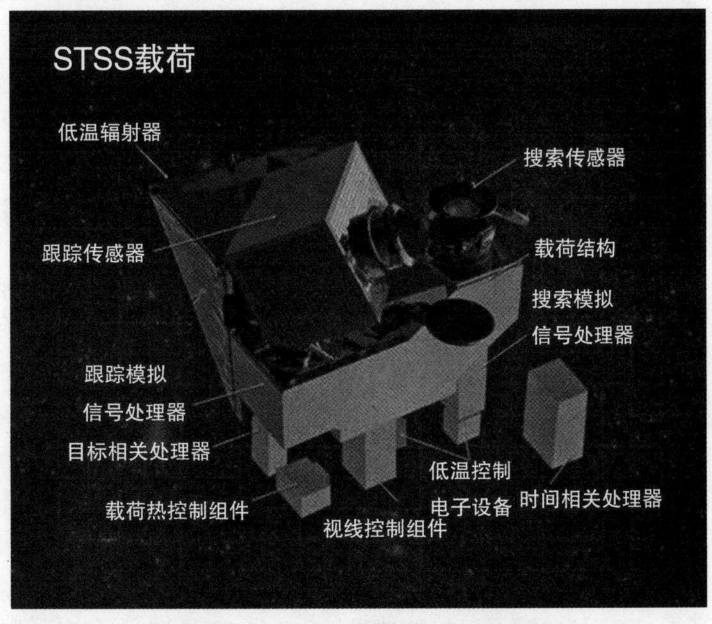

图 3.9　STSS 卫星载荷功能示意图

整个STSS系统能获得弹头的精确位置、速度和加速度数据，大大降低反导系统的部署数量；还可用于太空态势感知任务，监测空间物体，避免航天器发生碰撞。该系统总共可实时跟踪超过100多个目标。STSS有不同轨道配置：用于完成美国“国家导弹防御系统”任务时，它可优化为3条轨道21颗星，为导弹防御系统提供全球范围内的全天候监测。该系统原计划在2011年“国家导弹防御”计划的第二阶段开始服役；用于完成导弹预警、导弹防御、技术情报、战场描述这4项任务时，它可优化为4条轨道至少28颗卫星。这些低轨道卫星将成对工作，以提供立体观测。整个低轨道卫星星座是利用卫星内部的交叉链路互联，每对卫星通过60MHz的卫星间链路进行相互通信。当第1颗卫星所跟踪的导弹离开它的视线后，它可以将目标的位置告知第2颗卫星，第2颗卫星将继续跟踪目标并将有关引导信息提供给反导部队。必要时，这种传递可以在整个星座中继续下去，直到目标被摧毁或无法再探测到为止。表3.4所示为STSS卫星主要功能参数。

表3.4　在轨STSS卫星主要参数

卫星名称	STSS ATRR(USA205)	STSS Demo-1(USA208)	STSS Demo-2(USA209)
轨道类型	LEO	LEO	LEO
近地点/km	867	1334	1331
远地点/km	878	1356	1359
轨道倾角/(°)	98.9°	58°	58°
发射时间	2009年5月5日	2009年9月25日	2009年9月25日
质量/kg	约2000	约1000	约1000
有效载荷		高速处理器的功率为175W，可同时探测并跟踪100个目标	
设计寿命/年	>1	2~4	2~4

3.3.3　发展历程

1995年，美国空军启动SBIRS-Low的研制；2000年完成第一阶段项目定义、风险降低阶段；2001年，开始第二阶段项目制造和发展阶段；2002年，SBIRS-Low计划出现成本、进度、性能等方面的危机：2002年8月，SBIRS-Low由美国空军移交MDA，改名为空间监视跟踪系统（STSS）；2003年，进行初始硬件检测和地面站设计工作；2004年，进行系统兼容性测试；2005—2007年，对卫星进行综合测试；2009年5月，发射了1颗先进技术风险降低卫星；同年9月，发射了2颗演示验证DEMO卫星。

2010年6月，这2颗STSS试验演示卫星在太空通过了一系列重要的试验：在6月6日的试验中，卫星探测并追踪了由美国MDA发射的两级陆基拦截器的飞行过程，并向地面中继站传回了数据；在6月16日的试验中，卫星监视了由美国空军发射的“民兵”洲际弹道导弹，完美地探测并追踪了洲际弹道导弹撞击目标前大约30min的时间内7700km的飞行；第三次试验是在6月28日进行的，在一次拦截试验中观测了“末段高空区域防御”导弹的发射，为未来导弹防御星座铺平了道路。这2颗卫星以不同角度观测导弹，一颗卫星以地球为背景观测了导弹，另一颗以太空为背景进行观测。结合2颗卫星的视角提高了STSS试验演示卫星的精确性。7月19日进行了空间目标跟踪探测试验，对极轨业务环境气象卫星（NOAA-17）进行跟踪与探测，观测大部分交汇情况，验证了窄视场跟踪传感器以空间为背景的目标识别能力。探测并跟踪某个常驻太空目标是此类天基遥感器的另一项指标，跟踪气象卫星是其一项重大成就。STSS 对中程弹道导弹目标的替代品（气象卫星）实施了精确追踪。MDA 进行的这一验证项目是弹道导弹防御系统的天基遥感组成部分，用于降低 STSS 方案的风险，支持未来导弹防御运行卫星星座方案的研发和部署；7 月 23 日进行了探测传感器到跟踪传感器的自动交接试验，STSS 卫星对柯特兰空军基地星火光学靶场发射的一束激光源进行了探测，在 15~20min 的过顶时间，验证了宽视场捕获传感器自主发现目标，并将目标传递给窄视场凝视型多色传感器的能力；9 月 17 日，进行了 ICBM 发射探测试验，2 颗卫星观测了“宙斯盾”拦截试验，利用星上跟踪传感器观测推进器点火到关机全过程，并在推进结束后的中段继续较好地观测燃料耗尽的导弹，并将跟踪数据传送到地面试验室，验证了跟踪传感器对助推段末段飞行弹头的立体成像跟踪能力；12 月进行了传感器校准试验，STSS 演示验证卫星成功进行了多次导弹发射与飞行过程中的跟踪测试。

2011 年 4 月，STSS 的一颗卫星捕获到发射后处于飞行中段的靶弹，利用星间链路提示另一颗卫星进行立体跟踪并相互传递数据，首次演示验证了对弹道导弹的全程跟踪能力。2013 年 2 月，美国 MDA 和海军进行的“标准”导弹飞行试验-20 中，STSS 卫星利用其精确跟踪能力，首次为“宙斯盾”弹道导弹防御系统提供了目标指示，并为“标准”SM-3 Block ⅠA 拦截弹制定火控方案。STSS 可以为导弹拦截系统提供更准确、及时的预警信息，与拦截弹形成火力控制的闭环回路，将使“宙斯盾”系统有能力在靶弹进入探测范围前发射拦截弹，支持更早、更准确的拦截，大大扩展了整个导弹防御区域。由于 STSS 卫星在低轨上运行，无法长时间停留在相同区域的上空。为了灵活运用 STSS 应对来自全球不同区域的导弹攻击，至少需要发射几十颗 STSS 卫星覆盖全球，达到平时任意卫星能够覆盖地球上任意地点的状态。在轨道部署方面，现公开资料多数认为 STSS 系统卫星轨道部署在 1600km 左右的太阳同步轨道，卫星星座结构极可能采用 Wakler 星座构型，轨道倾角为 102.49°。目前，美国共发射了 3 颗 STSS 系列卫星，均于 2009 年发射，即一颗先进技术风险降低（ATRR）卫星和 2 颗演示验证星（Demo），主要参数如表 3.4 所示，STSS 演示卫星最初预计在轨验证时间是 2~4 年，但是实际上这 2 颗卫星寿命远不止于此。2019 年的《导弹防御评估报告》提到，美国一直致力于发展天基传感器，以闭合天基火控回路，并于 2013 年成功进行了基于 STSS 卫星情报进行模拟拦截试验。另外，2020 年 11 月 17 日，美国用 1 枚“标准”SM-3 Block ⅡA 导弹成功拦截了 1 枚洲际靶弹，据报道，试验中，美军采用低轨预警卫星跟踪情报生成火控级数据，在舰载雷达探测到靶弹之前，发射了 1 枚“标准”SM-3 Block ⅡA 导弹，以“远程交战”模式成功拦截靶弹。这次试验，不仅验证了“标准”SM-3 Block ⅡA 导弹可以突破设计界限，具备拦截洲际弹能力，同时还验证了低轨预警卫星的目标跟踪精度可达到火控级。

STSS 发展时间线：

2022 年 3 月 8 日：2 颗 STSS 卫星在服役 13 年后均已退役。

2019 年 10 月 14 日：STSS 卫星在轨道上运行了第 10 年，比其设计的在轨寿命还要长 6 年。

2019 年 2 月 8 日：MDA 向诺斯罗普·格鲁曼公司额外授予 1740 万美元，用于额外的 STSS 在轨运行和维持，合同总额达到 19 亿美元。

2017 年 3 月 31 日：诺斯罗普·格鲁曼公司完成了从 2016 年 4 月开始的在轨运行和维持期。

2016 年 12 月 14 日：MDA 宣布了加强 STSS 的目标，以扩大地面拦截弹的射程，并计划将 STSS 的寿命延长至 2017 年计划退役之后。

2016 年 4 月 1 日：诺斯罗普·格鲁曼公司在科罗拉多州科罗拉多斯普林斯的导弹防御航天中心和加利福尼亚州雷东多海滩的诺斯罗普·格鲁曼航空航天系统开始在轨运行和维持期。

2016 年 3 月：MDA 授予诺斯罗普·格鲁曼公司总值 1890 万的 STSS 运行和维持合同。

2015 年 3 月：MDA 授予诺斯罗普·格鲁曼 2180 万美元合同，用于 STSS 的在轨运行和维持。

2013 年 10 月：由于预算限制，精密跟踪空间系统（PTSS）被取消。

2013 年 2 月 13 日：MDA 和“伊利湖”号巡洋舰（USS Lake Erie-CG 70）通过“标准”SM-3 Block ⅠA 制导导弹在太平洋上空成功拦截了一枚中程弹道导弹目标，该导弹使用 STSS-D 探测和跟踪目标，并将跟踪数据转发给“伊利湖”号。

2011 年 7 月 8 日：STSS-D 对一枚短程空射目标（SRALT）进行了成功探测测试。

2011 年 3 月 16 日：STSS 展示了有史以来首次对弹道导弹从主动段到再入段的跟踪。

2010 年 11 月 3 日：STSS 完成了一系列早期在轨测试，测试了 127 个系统功能，并展示了 2 颗卫星的完整校准性能、其交联系统以及获取和跟踪传感器有效载荷的能力。

2010 年 9 月 17 日：STSS 成功演示了自动切换到跟踪传感器的能力。

2010 年 6 月 28 日：STSS 发现并观测到了 3 次导弹试射，并成功地转发了有关其弹道的数据。

2010 年 6 月 16 日：STSS-D 卫星监测了美国空军发射的一枚洲际弹道导弹，探测并跟踪了“民兵”导弹，该导弹在 30min 内飞行 7600km，然后击中马绍尔群岛西部夸贾林环礁附近的目标。

2009 年 9 月 25 日：MDA、NASA 和空军在佛罗里达州卡纳维拉尔角的 NASA Delta Ⅱ运载火箭上将 2 颗 STSS-D 卫星送入近地轨道。

2007 年 8 月 13 日：完成了 2 项重要的里程碑测试，即最后的 STSS 战备演示和地面系统功能测试。

2001 年：SBIRS-Low 转到 MDA，成为空间跟踪和监视系统。

1996 年：“明亮的眼睛”（Brilliant Eyes）项目被移交给美国空军，美国空军负责建造新的天基红外系统（SBIRS），以取代旧的国防支援计划（DSP）。“明亮的眼睛”随后更名为 SBIRS-Low。

20 世纪 80 年代：STSS 开始于空间和导弹跟踪系统（SMTS），也被称为战略防御局（SDIO）下属的“明亮的眼睛”（Brilliant Eyes）项目。

3.4 下一代过顶持续红外项目

3.4.1 基本情况

美国正在研制的下一代天基预警系统将采用多星、多轨道的分布式部署方式，重点提升探测和生存能力，可实现对高超声速武器和弹道导弹等进行全弹道预警、探测和跟踪。高轨方面，美国空军将下一代过顶持续红外项目（Next-Gen OPIR）取代 SBIRS 系统；低轨方面，美国太空发展局（SDA）、MDA 和 DARPA 等多家机构正在开展合作，构建大规模、低成本、小型卫星星座，主要用于监视和发现敌方的战略弹道导弹，并在导弹发射时发出警报，未来将逐步取代现役的 SBIRS。

美军认为，随着俄罗斯、印度等国大力发展卫星对抗能力，其太空资产面临着来自动能武器、天基操控武器、陆基激光武器，以及网络和电子攻击等的威胁，这些威胁使得美国的太空体系日益脆弱，未来的天基导弹预警卫星系统必须具备更强的生存能力和体系弹性。为瞄准未来太空作战，转变装备发展理念，着力构建在“竞争性环境”中具有更强的生存能力和体系弹性的天基预警体系，以应对新出现的和预期的威胁，空军在 Next-Gen OPIR 项目中提出通过“采用成熟的卫星平台+重点关注传感器技术”的方式，使美国在未来保持甚至获得更强预警能力的同时，有效降低单个预警卫星的成本，从而降低己方导弹预警卫星的作战目标价值，获得更高的生存概率。此外，“相对简单廉价”的预警卫星，在战时也能够大量制造和快速部署，补充和维持天基导弹预警能力，增强导弹预警卫星的体系弹性。

在 SBIRS 系列计划开展后，美国认为该系统生存能力不高。美军战略司令部司令约翰·海滕就一直反对该计划，希望用更简单、更灵活的系统代替。于是美国空军在 2019 财年预算中，取消了对 SBIRS 第 7 颗和第 8 颗同步轨道卫星的预算。该项目后续发展资金也大幅减少。而 Next-Gen OPIR 系统生存能力更强，具有灵活的轨道机动性以及可以在轨补给燃料的能力，图 3.10 所示为 Next-Gen OPIR 卫星在轨工作示意图。

图 3.10　Next-Gen OPIR 卫星在轨工作示意图

3.4.2 功能特点

由于 SBIRS 性能远强于 DSP 系统，但仍无法满足导弹防御的需求，美国现有的导弹防御系统设计上用于防御纯弹道导弹，美国现在的天基红外系统对跟踪高超声速武器力不从心，更谈不上对飞行中段“冷”弹头的探测能力了。美国积极着手加速导弹预警系统的发展，2016 年 Next-Gen OPIR 正式公开，它作为快速采购计划执行，接替现在的 SBIRS。Next-Gen OPIR 探测能力得到了极大提高，它不仅能探测、跟踪大型弹道导弹的发射和尾焰，还能探测和跟踪小型的地空导弹，甚至空空导弹的发射。即使对于弹道导弹飞行中段的“冷”弹头，新一代系统也能进行跟踪。对于助推-滑翔和吸气式高超声速武器而言，由于它们在大气高层高速飞行，与大气摩擦会产生强烈的热辐射，Next-Gen OPIR 也具备其探测的潜力。Next-Gen OPIR 预计 2025 年发射服役，至于极地轨道卫星发射更晚，整套系统预计到 2029 年才具备战斗力。该系统与 SBIRS 的高轨道系统相似，分为 HEO 和 GEO 卫星两种，该系统将至少包括 3 颗 GEO 卫星和 2 颗 HEO 卫星。其中，HEO 卫星负责监控北极上空，GEO 卫星负责监控全球。但与现役的 SBIRS 卫星相比，OPIR 卫星的特点是加强了探测能力，同时在面对反卫星武器威胁的时候有更高的生存力。但是发射 OPIR 目前遇到两大难题：一是正在为该计划研建的新地面系统可能无法在首星入轨时提供使用；二是探测器与卫星平台的总装集成将比预想的复杂。为了保证首颗 OPIR 入轨后有地面系统可用，美国太空军计划把地球静止轨道卫星设计成能融入现有 SBIRS 卫星的地面架构。

2019 年 10 月，洛克希德·马丁公司承研的 Next-Gen OPIR 导弹预警系统通过美国空军重要研发节点审查。此次评估对象为使用增强型 LM2100 卫星平台的 3 颗 GEO 卫星，评估内容为卫星和其他配套地面系统。该平台多个子系统已实现更新换代，旨在强化卫星系统弹性。OPIR 是美国在继 DSP，SBIRS 之后，规划的新一代高轨预警卫星系统。OPIR 系统计划由 3 颗地球静止轨道卫星和 2 颗极地卫星组成。洛克希德·马丁公司负责建造地球静止轨道卫星，诺斯罗普·格鲁曼负责建造极地卫星。不过，在这之前美国在 2021 年先发射宽视场（WFOV）卫星，这是一颗可用于支持 OPIR 项目的试验卫星，采用波音的子公司千年空间系统公司（Millennium Space Systems）的“天鹰座”M8 卫星平台，搭载一台由 L3 哈里斯公司研制的 200kg 的 6°视场凝视型探测器，用来试验采集和报告导弹发射数据的不同途径，为 OPIR 提供依据，用其数据来开发地面处理算法，以应对未来探测器预计将传回的更多数据分析需求，Next-Gen OPIR 采用超大面阵多波段红外阵焦平面探测器，一旦整个系统完成实战部署，可直接在战略和战术层面上支持反导作战，将对各国的导弹武器的作战运用带来极大影响。

3.4.3　发展历程

美空军在 2018 年授予洛克希德·马丁公司 29 亿美元用于设计下一代预警卫星工作，而太空部队又授予其 49 亿美元用于开始制造。该消息是在两个关键传感器有效载荷通过其关键设计审查后不久发布的。洛克希德·马丁公司已将该项目分包给两个团队，为前 3 颗下一代 OPIR GEO 卫星制造红外传感器。雷声公司和一个由鲍尔航空航天公司（Ball Aerospace）与诺斯罗普·格鲁曼公司组成的团队将各自提供一个有效载荷，以在其中一颗卫星上运行。洛克希德·马丁公司将选择一家供应商为最后的 GEO 卫星提供第 3 个传感器。诺斯罗普·格鲁曼公司也在设计两颗极地卫星。太空部队在 2020 年授予该公司 24 亿美元用于这些方面的设计工作。

2019年10月，洛克希德·马丁公司承研的Next-Gen OPIR导弹预警系统通过美国空军重要研发节点审查。2020年5月21日，美国太空部队空间与导弹系统中心的下一代OPIR地球同步轨道（NGG）卫星项目完成了两个备选红外任务有效载荷的初步设计评审，备选的有效载荷将由雷声公司空间与机载系统分部和诺斯罗普·格鲁曼公司航空航天系统分部以竞争、并行研发的形式建造，以降低2025年发射首颗NGG卫星的进度风险。两家公司将各自设计、建造、组装、集成、测试和交付一个任务有效载荷，胜出的有效载荷将被集成到NGG卫星。

美太空部队已经开始为下一组下一代OPIR卫星发布合同。2021年5月，向雷声公司授予2900万美元合同，向波音子公司千年空间系统公司授予2800万美元合同，用于构建数字模型。承包商将使用数字工程工具来验证下一代GEO卫星是否可以在更接近地面表面的中轨轨道完成预警探测任务。2021年8月24日，在2021年太空研讨会贸易展期间，美国太空部队宣布下一代OPIR GEO卫星已成功完成关键设计审查（CDR），这验证了设计的成熟度并开启了制造、集成和测试阶段。初步设计审查已于2019年完成。计划2021年秋季将对下一代OPIR GEO进行全系统严格审查。

美国太空部队一直在推动2025年之前发射首颗NGG卫星，此次成功审查表明该项目正在按计划进行。NGG项目接下来将建造和测试工程设计单元（EDU），并为2025年交付的首颗卫星采购关键载荷硬件。其中的地球静止轨道卫星采用LM2100增强型平台，以增加使多个任务领域受益的功能，生存能力更强，具有灵活的轨道机动性以及可以在轨补给燃料的能力，造价29亿美元。覆盖极地卫星价值24亿美元，2027年开始发射，2029年将部署完毕全部5颗OPIR卫星，从而替代在役的SBIRS。

2022年9月21日，美国国防部官员表示美国国防部计划停止采购承担弹道导弹预警功能的超大型地球静止轨道（GEO）红外卫星，未来几年，该项目将开始向低轨小型卫星架构过渡。美国太空发展局（SDA）局长德里克·图尔纳（Derek Tournear）告诉记者："太空军正在朝着未来不依赖那些（GEO卫星）的方向前进。"图尔纳发表上述言论的前一天，太空军首席采购官弗兰克·卡尔维利（Frank Calvelli）表示，美国国防部再也负担不起价值数十亿美元、平均开发时间为7年的GEO卫星了。他特别批评了进行中的下一代OPIR卫星项目。在该项目中，美国太空军以78亿美元的价格，从洛克希德·马丁公司购买了3颗GEO卫星和地面系统。作为对比，SDA最近买的28颗导弹跟踪低轨卫星，一共花了14亿美元。图尔纳说，计划在2025年至2028年发射的这3颗下一代OPIR卫星将是国防部购买的最后一批GEO导弹预警卫星。这3颗卫星发射后，未来的系统将由大量低轨卫星和部分中轨卫星构成，"我们将取消GEO卫星和大型、精致、昂贵的卫星。"美国弹道导弹防御体系的架构已经发生改变，但由于其需要保持导弹预警系统不间断运行，目前的GEO卫星在2050年前将继续工作。

下一代过顶持续红外项目发展时间线如下。

2029年：计划部署3颗OPIR卫星。

2027年：开始发射。

2021年8月24日：美国太空部队宣布下一代OPIR GEO卫星已成功完成关键设计审查（CDR），这验证了设计的成熟度并开启了制造、集成和测试阶段。

2021 年 5 月：美太空部队向雷声公司授予 2900 万美元合同，向波音子公司千年空间系统公司授予 2800 万美元合同，用于构建数字模型。

2020 年 5 月 21 日：美国太空部队空间与导弹系统中心的下一代 OPIR 地球同步轨道（NGG）卫星项目完成了两个备选红外任务有效载荷的初步设计评审。

2020 年：美太空部队授予诺斯罗普·格鲁曼公司 24 亿美元用于两颗极地卫星的设计。

2019 年 10 月：洛克希德·马丁公司承研的下一代 OPIR 导弹预警系统通过美国空军重要研发节点审查。

2018 年：美空军授予洛克希德·马丁公司 29 亿美元用于设计下一代预警卫星工作，美太空部队又授予其 49 亿美元用于开始制造。

2016 年：下一代 OPIR 计划正式公开，作为快速采购计划执行，接替现役的 SBIRS 系统。

3.5 高超声速与弹道跟踪天基传感器

3.5.1 基本情况

美国认为现役高轨道天基预警系统在高超声速威胁目标的探测与跟踪能力上存在不足，而低轨卫星距离地球更近，能够更准确地探测到目标。在此背景下，面对高超声速武器探测任务，美国导弹防御局（MDA）与太空发展局（SDA）、DARPA 和美国空军合作，着手开展新一代天基低轨预警系统的研发，目前重点推进的项目包括开展天基导弹跟踪传感器系统进行原型概念设计活动：SDA 正在研究一种天基分布式卫星体系结构，而 MDA 提出了“高超声速与弹道跟踪天基传感器”（HBTSS）。HBTSS 是由 SDA 领导的美国国防部扩散近地轨道空间架构中的几个任务之一。HBTSS 将使用持久红外传感器检测并跟踪导弹威胁和新出现的威胁，图 3.11 所示为 HBTSS 在轨工作示意图。

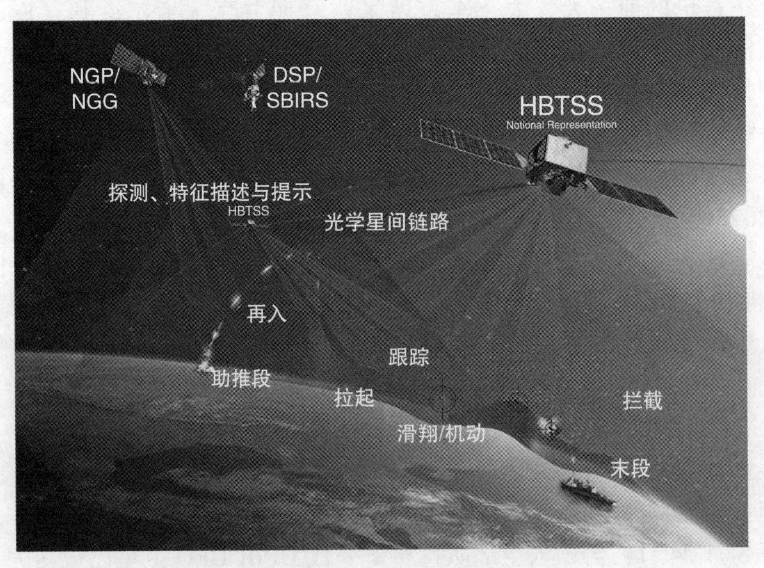

图 3.11 HBTSS 卫星在轨工作示意图

美国SDA拟将MDA的HBTSS系统纳入国防空间架构跟踪层。发现和跟踪高超声速导弹是十分困难的，因为这类目标的探测难度比通常在地球静止轨道上的卫星跟踪的导弹要暗10~20倍。如果探测和跟踪这类目标，需要大口径光电和红外传感器，而部署这类传感器最有利的位置是地球的低轨道。HBTSS的前身是美军MDA正在努力建造的高超声速和弹道追踪空间传感器，设计能够检测和追踪目前的导弹防御体系结构无法处理的高超声速飞行器，该系统计划将传感器内置到低地球轨道卫星群中，这个计划应该是STSS延续计划，融合在“下一代过顶持续红外”（Next-Gen OPIR）预警卫星计划中。与上述计划不同的是HBTSS系统目前不是单独部署，而是以搭载的方式部署在低轨道商业卫星的约200个50~500kg的传感器载荷上。系统部署后，一是主要弥补对高超声速武器预警探测能力的不足，形成对高超声速武器的全程跟踪能力；二是可以与SBIRS、下一代OPIR系统共同覆盖导弹主动段，增强对先进弹道导弹的预警能力。该系统计划2021—2022年开始进行天基演示试验验证，2025年后实现部署运行，HBTSS的设计能力将使美军能够连续跟踪高超声速助推滑翔武器，以及从弹道导弹发射到落地的全过程。

3.5.2　功能特点

HBTSS计划在低地球轨道（100~2000km之间）建立一个卫星星座，可以密切关注在当今弹道导弹预警卫星探测范围以外和高于地面预警雷达探测末段高度飞行的机动高超声速武器。HBTSS卫星将由SBIRS和DSP以及未来的“下一代过顶持久红外系统”卫星提供早期预警，该高轨预警卫星可检测导弹发射的主动段红外特征。HBTSS传感器将在导弹的高速滑翔阶段跟踪导弹，然后将目标坐标“移交”给拦截系统，例如美海军的“宙斯盾”弹道导弹防御系统和陆军的战区高空区域防御拦截器（“萨德”系统）。HBTSS预计将为弹道导弹和高超声速武器提供从发射到再入的跟踪，其中包括对这些目标的探测、跟踪和识别。HBTSS最终将被纳入SDA导弹跟踪层的计划传感器基础设施中。这将是SDA新体系结构的一部分，该体系结构将由数百颗位于低地球轨道（LEO）的卫星组成，这些卫星相互通信，共同探测和跟踪敌方武器。

美国下一代国防太空架构跟踪层卫星搭载的宽视场（WFOV）探测器可以在高超声速武器飞行初期进行探测和预警，进入滑翔段后将跟踪数据传递给HBTSS。HBTSS搭载中视场（MFOV）探测器，具有更高的灵敏度，可提供支持滑翔段拦截所需的火控数据。SDA导弹跟踪层本身是一个星座卫星，具有宽视场传感器，位于低地球轨道，旨在在网络中协同工作，以检测和跟踪陆地、海洋、空中和空间领域的目标。HBTSS将是数十颗具有中视场（MFOV）传感器的新型卫星之一（图3.12），并将向导弹防御系统提供火控数据，以拦截来袭威胁。宽视场和中视场传感器的组合对于跟踪和保持高超声速武器能力的监管至关重要，高超声速滑翔飞行器（HGV）的机动性和速度使其能够在地面雷达和传感器的覆盖区域内“隐身”穿行。HBTSS将对这些HGV和弹道导弹飞行过程进行持续跟踪和监管，这将使导弹防御系统能够在威胁导弹到达目标之前拦截它们。

图 3.12　地面状态的 WFOV 测试卫星

目前的导弹防御系统尚不具备有效跟踪和拦截高超声速武器所需的能力。高超声速武器的设计目的是通过其速度和超机动能力超越现代探测系统。高超声速武器（如 HGV）的设计目的是避开已知拥有导弹防御基础设施的地区，为其目标提供一条不受干扰的通道。虽然高超声速武器可以被红外传感卫星探测到，但由于其在接近目标时的机动性，探测跟踪难度要高 10~20 倍。此外，还有一种可能性，即在发射过程中，高超声速武器可能不会总是发射出红外羽流，或是强度大到足以探测到的羽流。

美国认为，高超声速武器现阶段快速发展，美国的一些竞争对手可能已经领先于美国。高超声速武器一般分为两类，即高超声速滑翔飞行器（HGV）和高超声速巡航导弹（HCM）。HGV 由火箭运载，在离地球 40~50km 的地方释放。高超声速巡航导弹上装有发动机，在离地面 20~30km 处释放。高超音声导弹的飞行速度是声速的 5 倍以上，可以在飞行中逃避雷达的探测，故很难发射拦截器将其摧毁。虽然目前的洲际弹道导弹和其他导弹，对防御一方仍然存在反应时间上的挑战，但防御一方能发现这些武器。例如，洲际弹道导弹需要大约 20min 才能穿越太空，这为防御一方发射陆基或海基拦截弹留出足够的时间。高超声速从根本上改变了这种局面。

HBTSS 的设计目的是用一个传感器的有效载荷探测并持续跟踪高超声速威胁，以便给地面军事指挥官赢得时间以采取反制措施摧毁来袭导弹。由于高超声速飞行器速度快、脱离单颗卫星探测范围时间短，所以如果想要对其进行监测和跟踪，必须通过一整套通信效率非常高的卫星协同工作，才能实现这种有效监测。HBTSS 将是一个由环绕地球轨道的卫星群上的传感器组成的网络，可实施全球观测。HBTSS 采用特殊的设计理念，将使用持久红外传感器跟踪高超声速武器从发射到再入过程的全部轨迹。

当前防御弹道导弹的系统拦截武器的可靠性不足和传感器覆盖范围不够，最缺乏可进行持久性跟踪和识别的天基传感器层。天基传感器层一直是导弹防御体系结构的重点，HBTSS 最终的设想是部署数百颗小卫星，以及一个通信传输层，将信息在卫星之间、地面和作战人员需要的地方传输，并根据需要插入任务区。但当下对高超声速武器来说，美国除了两颗演示卫星外，其余的卫星还没有部署。此外，现有的雷达系统不能在没有中继的情况下将探测距离延伸到地平线之外，因此五角大楼将继续改进 C2BMC 系统，旨在连接和集成各种不同的雷达。HBTSS 系统要为反导系统提供一个精确的来袭导弹轨迹，从而能更好地实现对抗，如拦截来袭导弹、研制用来使导弹偏离轨道的电子战系统或其他新概念防御方案。

3.5.3　发展历程

HBTSS 第一阶段为设计原型有效载荷及信号链处理演示。2019 年 10 月 29 日，美国 MDA 淘汰了第一阶段 8 家竞标商，宣布选定诺斯罗普·格鲁曼、莱多斯（Leidos）、L3 Harris 和雷声共 4 家公司进入 HBTSS 项目下一阶段，并授予每家公司一份为期 12 个月、价值 2000 万美元的科研合同，用于完成 HBTSS 星座的载荷原型机方案设计，以及信号链处理、软件算法等研究工作，为 HBTSS 项目演示验证降低技术风险。五角大楼的 2020 年财政年度无经费需求清单列入了空间传感器层项目，国会 2019 年度已经批准授予该项目 7300 万美元经费。

2021 年 3 月 19 日，美国进行了高超声速武器试验，美国未来防御体系将把高超声速武器攻击和防御能力整合到一起。此外，HBTSS 也受益于美国太空部队的成立。在美国太空部队的新财年预算材料中提到“机密项目有重大进展”，所谓的“机密项目”也在美国太空部队的财报中浮现，那便是新一代的“天基红外星座系统”，在 2021 年将会有 23 亿美元投入其中。“天基红外星座系统”是美国正在进行的新型太空防御系统的代称，该计划旨在利用监控全球，卫星上装有 HBTSS 的装置，以便在第一时间检测到全球各地导弹的发射。

美国导弹防御局 HBTSS 原型已通过关键设计审查（CDR），其中诺斯罗普·格鲁曼公司于 2021 年 11 月完成 CDR 工作，L3Harris 公司于 12 月完成 CDR 工作，并宣称已开始实施制造工作。这两家公司均表示，正在顺利推进后续制造工作。美国 MDA 于 2021 年 1 月分别授予诺斯罗普·格鲁曼公司 1.55 亿美元、L3Harris 公司 1.22 亿美元合同，以开展天基传感器设计、制造、演示，实现对高超声速和弹道导弹的探测、跟踪、瞄准。美国军方计划最早在 2022 财年实现高超声速和弹道导弹天基探测器 HBTSS 的初始运行，以弥补当前探测器网络的盲区，实现针对高超声速助推滑翔武器和远程弹道导弹的全程跟踪。值得注意的是，美国国防部 2021 财年预算要求将 HBTSS 项目的资金从 MDA 转移到 SDA，并由 SDA 负责管理该项目。SDA 的主要任务是统一部署大规模天基体系架构，其中天基跟踪层负责跟踪先进的导弹威胁。SDA 对跟踪层的所有权“将确保该层与其余体系结构无缝集成”，以实现天基跟踪层的部署，并将在 2022 财年部署初始能力。

高超声速和弹道跟踪和监视系统发展时间线：

2026 年：第 2 期计划（Tranche 2）开始。

2024 年：第 1 期计划（Tranche 1）开始。

2023 年：第一批（2 颗）HBTSS 卫星将部署到低地球轨道。

2022 年：空间传感器层第 0 期预计开始发射。

2021 年 12 月 11 日：HBTSS 原型通过关键设计评审。

2020 年 6 月 5 日：SDA 发布了跟踪现象学实验的招标书，目的是为 HBTSS 卫星开发传感器算法。

2020 年 3 月 12 日：在国会听证会上，MDA 的主管宣布，尽管项目资金转移到 SDA，但 HBTSS 的开发仍将由 MDA 负责。

2019 年 10 月 29 日：MDA 向诺斯罗普・格鲁曼公司、莱多斯公司、L3Harris 公司和雷声公司授予 4 份价值 2000 万美元的合同。

2019 年 10 月 4 日：据报道，SDA 的预算请求包括一项五年计划，以开发由 250 多颗卫星组成的通信星座，包括 MDA 的 HBTSS 系统。

2018 年 10 月：五角大楼开始表达兴趣，并开始研究开发空间传感器层，以对抗高超声速和弹道导弹。

3.6　天基杀伤评估

3.6.1　基本情况

在发展导弹防御体系的过程中，美国虽然已经部署多种预警监视和目标探测的卫星和雷达，但多次拦截试验中仍出现了一些与杀伤评估相关的问题。美国发现其现有体系无法满足最终拦截时刻的杀伤评估要求，特别是面对诱饵、子母弹等突防技术的发展。因此，美国国防部提交国会的《2014 财年国防授权法案》提出“导弹防御局应提高陆基中段导弹防御系统杀伤评估能力”，并要求在 2020 年前开发和部署。

“天基杀伤评估”（SKA）系统是美国 MDA 正在开展的导弹拦截效果评估实验系统。该系统通过在商业卫星上搭载探测载荷，用于评估导弹拦截是否成功。该项目计划构建一个试验性的天基传感器网络，侧重对大气层外物理杀伤的评估，用于核查反导拦截弹是否成功拦截来袭导弹，并判断其是否需要二次拦截。SKA 系统是一个由商业卫星上的小型传感器组成的网络。单个传感器装有 3 个红外探测器，用于收集弹道导弹防御系统中来袭导弹和拦截弹之间撞击的能量特征。负责研制 SKA 系统载荷的美国约翰・霍普金斯大学应用物理实验室研究人员指出，正在开发的杀伤评估载荷需要回答以下问题：拦截弹是否与目标碰撞？是否拦截了所希望拦截的目标？拦截目标携带何种载荷（核、高爆炸药、化学或生物武器）？拦截弹是否使载荷不再具备杀伤能力？MDA 认为，SKA 系统可以确认来袭导弹是否已被有效摧毁，从而无须再发射更多拦截弹进行拦截，达到降低成本并提高作战效能的目的。

美国军事理论家 Boyd 在 20 世纪 70 年代提出 OODA 环理论，基于作战的逻辑顺序将作战过程抽象为观察（Observe）—定位（Orient）—决策（Decide）—行动（Act），4 种行为不断循环，在此理论基础上，结合美国反导装备体系建设情况，确定 SKA 在 OODA 环中的位置，如图 3. 13 所示，可见 SKA 是对 OODA 形成闭环具有关键作用，是反导体系形成实战化能力的重要支撑。

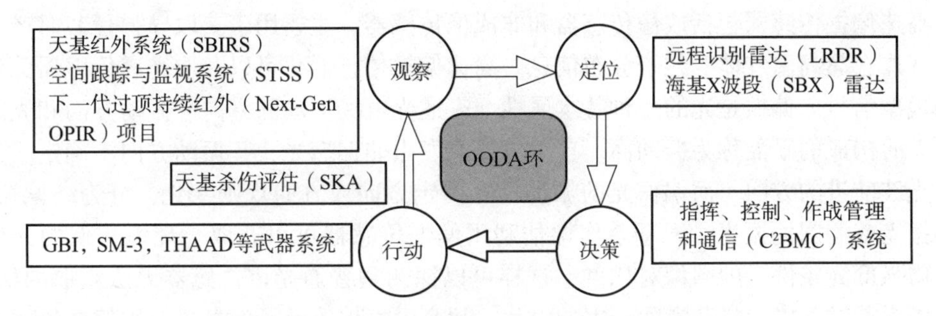

图 3.13 SKA 在反导 OODA 环中的位置作用

3.6.2 功能特点

SKA 系统主要功能包括：判断是否杀伤目标；判断目标类型包括常规弹头、核弹头、生化弹头或诱饵；判断是否正面撞击；判断目标杀伤效果。天基杀伤评估系统是反导系统实战化的重要支撑，主要利用天基传感器获取导弹拦截状态，并对拦截效果进行评估。SKA 探测器第一代传感器网络有 22 个传感器组，每个传感器组包括 1 个高速光谱传感器、1 个高速偏振成像传感器和 1 个高速偏振非成像传感器，传感器如图 3.14 所示。

图 3.14 SKA 传感器示意图

高速光谱传感器由一个短波红外成像器和一个中波红外成像器组成。高速则是指光谱传感器的信号处理速度。一般情况下，光谱传感器处理速度可达 12bit/s。由于导弹拦截速度非常快，且拦截现象发生时间极短，所以光谱传感器必须具备很快的处理速度，具体速度值尚未公布，但是信号处理速度必须满足导弹拦截现象持续时间的要求。

高速偏振传感器包括成像传感器和非成像传感器，主要用于获取导弹拦截时产生的弹体碎片、超高温气体等粒子分布信息。高速偏振传感器，可以获取光谱传感器无法获取的偏振信号。偏振是光的一种基本属性，表述光电场振动的方向。振动方向和光波前进的方向构成的平面称为振动面。自然光光源发出非偏振光，其振动方向不确定，但垂直于光波前进的方向。而偏振光的振动具有固定方向或方向规则变化，分为线偏振光、圆偏振光或椭圆偏振光。天基杀伤评估利用偏振传感器可以获取与环境相似的光谱信号，增强低光条件下的图像对比度，这样可以探测到普通光谱传感器无法获取的信息。在导弹拦截试验中，拦截瞬间产生的碎片、超高温气体等粒子信息只能用偏振传感器获取，与高速光谱传感器形成互补，用于判断粒子类型、运动速度、粒子缺陷、粒子位置等，实现目标类型、目标杀伤效果判断的信息获取。

从图 3.14 可以看出，3 个传感器共用一套处理器、控制器和基座。质量约 10kg，将搭载在商业卫星上。MDA 评估认为，“宙斯盾”弹道导弹防御项目表明，光电/红外探测器是最适宜用于毁伤评估的探测器。SKA 探测器将主要依靠导弹防御指挥控制系统提供的预计拦截点位置信息，预先定位探测器可观测拦截碰撞所产生的可见光和红外光，通过观测碰撞-杀伤拦截所产生破片云的闪光或热辐射的可见光或红外光谱，对拦截弹的毁伤效果及来袭导弹的载荷类型进行评估。

SKA 系统根据反导系统提供的目标信息，提前将传感器定位于目标方向，利用传感器感知导弹拦截产生的热辐射、碎片颗粒等，并将感知结果与试验结果相对比，实现杀伤评估，随后将杀伤评估结果通过卫星传至地面指控中心。SKA 系统主要工作过程如下：

（1）信息获取。传感器主要用于获取拦截状态信息，是杀伤评估的第一步也是关键一步。导弹拦截过程会产生超高速碎片、颗粒、等离子体，而且会产生高强度光信号，具有时间短、能量高、密度大的特点，这给传感器技术带来很大挑战。SKA 每个传感器组分别采用了 3 种传感器，其中高速光谱传感器主要敏感 1.5 ~ 1.7μm 和 3.3 ~ 4.9μm 的红外信号；偏振传感器利用敏感的粒子偏振度来判断粒子的位置信息、类型信息。

（2）拦截事件评估。该模型利用传感器数据，计算早期爆炸气体、小颗粒爆炸物、后期气体膨胀等信息，通过与毁伤数据库、拦截弹数据库、目标数据库的数据进行对比，建立基于时间序列的拦截时间评估模型，可判断拦截目标类型、是否正面拦截。

（3）杀伤效果评估。该模型在耦合热力学和流体力学的基础上，利用拦截弹、目标材料碎裂特征，建立再入飞行器拦截特征杀伤评估。该模型主要用于评估目标是否被摧毁，并给出是否需要二次拦截建议。

由于前期反导系统预警雷达网仅能识别与真实弹头雷达反射截面积（RCS）相差较大的诱饵，而无法识别与弹头 RCS 相差较小的物体，所以在 2001 年、2006 年及 2010 年的几次导弹拦截试验中，出现了无法确认是否有效拦截的问题。2019 年 6 月，SKA 系统 22 套传感器部署完毕，并参与了美军洲际弹道导弹齐射拦截试验。SKA 系统对美军的战略作用非常显著。

（1）SKA 系统有助于降低导弹防御成本，提高导弹防御效率。SKA 系统项目保密性较强，美国国防部、MDA 较少披露项目研发进度，美国一众媒体也鲜有报道相关信息。对于SKA系统搭载卫星平台，以及系统能力相关信息更是从未主动公布，一定程度上凸显了SKA系统的重要性。SKA系统虽不具备拦截前识别真假弹头的能力，但可用于确定导弹防御系统是否拦截了真正的弹头，帮助美军作战指挥官判断是否需要进行二次拦截或实施战略反击，对于降低导弹防御成本、提高导弹防御效率具有重要意义。

(2) 借助商业航天技术可有效降低军工项目研发风险和成本，加快研发进度。美国MDA借助商业航天技术，通过搭载到商业卫星、借助商业发射的方式，一方面提高了项目采办效率，加快了研发进度；另一方面分担了研发风险，降低了整个项目的研发成本。整个SKA系统仅花费4年多的时间就实现了在轨运行，整个系统研发经费也仅为1.2亿美元。据相关分析，美国MDA正在进行架构设计的“空间传感器层”项目，旨在对高超声速武器进行“从生到死”的跟踪，也将采用搭载商业卫星的方式进行部署，预计2019年开始进行原型设计，2025年前后即可实现在轨运行。

(3) 美国将大力推动天基导弹防御传感器网络建设和相关技术研发。近年来，随着复杂弹道导弹和临近空间威胁的发展，美国高度重视天基导弹防御传感器网络建设，美国国会在《2018财年国防授权法案》中专门增加1350万美元用于弹道导弹防御系统传感器替代方案天基传感器架构研究。在《2019财年国防授权法案》中又增加7300万美元用于研究天基传感器架构。2019年1月美国国防部发布的《导弹防御评估》报告中将重视天基导弹防御层级列为导弹防御战略要素之一，多次强调了发展空间传感器的重要性和紧迫性。

高超声速武器的出现颠覆了美国现有的防御体系，高超声速武器机动性强，可预测性差，陆基装备难以实现有效跟踪。天基传感器是探测并跟踪高超声速武器最有效的选择。随着美国太空力量独立成军，美国天军将全面负责涉及太空范围内的作战事宜，拥有卫星系统、反导系统等多平台武器装备，有条件更加高效地整合太空资产，针对复杂弹道导弹和高超声速飞行器的威胁，实现侦察端到打击端的全链整体作战。天基导弹防御传感器未来发展愿景如图3.15所示。

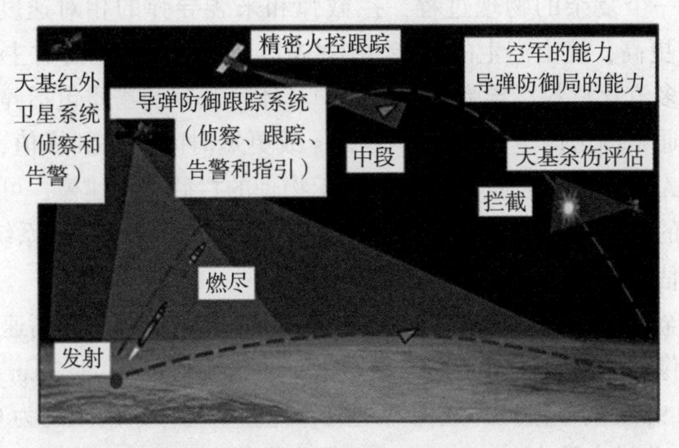

图3.15　天基传感器未来结构展望图

目前，最有可能搭载SKA系统载荷的商业卫星是“铱”（Iridium）卫星系统。美国计划2017年9月发射10颗“铱”卫星，最终将构建起由66颗在轨卫星和4颗备份卫星组成的“铱”卫星系统。“铱”星座原来主要用于移动通信，包括7条运行轨道，每条轨道有 11 颗卫星。由于这种轨道分布结构与金属铱原子结构相似，所以该星座被称为“铱”星座。“铱”卫星将运行在高 780km 的 6 个近圆轨道上，每个轨道面将部署 11 颗卫星，该星座示意图如图 3.16 所示，每颗卫星装有专用的托管载荷舱。

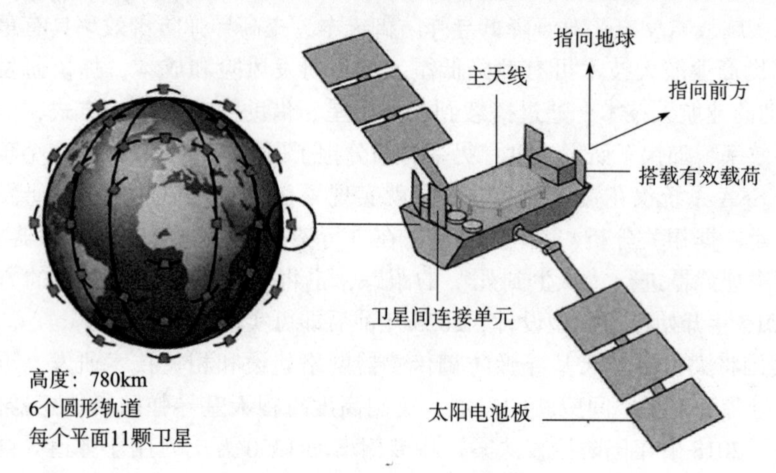

图 3.16　“铱”星座示意图

铱星通信公司（Iridium Communications）在 2017 年 6 月发射“下一代铱”（IridiumNEXT）星的第二批卫星；2019 年 1 月，太空探索技术（SpaceX）公司使用“猎鹰”9 火箭将最后 10 颗 IridiumNEXT 卫星送入轨道，目前可实现组网运行。IridiumNEXT 系统主要支持铱星公司新的宽带服务和设备，以及与物联网相关的通信服务，还可提供交通管制服务技术，实现全球飞机的实时轨迹监控。IridiumNEXT 卫星可搭载多个载荷，每个载荷质量约 50kg，体积 30cm×40cm×70cm，平均功率 50W。载荷安装方向可选择指向地球或指向卫星运行速度矢量方向。由于 SKA 系统载荷只有 l0kg，因此每颗卫星可容纳多个载荷。

导弹拦截是一个复杂的物理过程，拦截弹和来袭导弹的相对速度大多在每秒 1～10km，有时甚至更高，撞击产生的动能在 100MJ～2GJ，慢速撞击时主要产生碎片，高速撞击时产生较多汽化材料。导弹拦截过程中具体可观察的物质包括碎片、颗粒、等离子体、气体等，通常撞击产生的光强度在 1ms 或更短时间内达到峰值，在 10～50ms 达到第二峰值。SKA 系统的研发重点包括：基于物理的拦截事件建模，可以以时间为横坐标记录拦截信息的高速传感器，用于传输杀伤信息的基于导弹防御系统架构的传感器，以及新型杀伤评估传感器技术、杀伤评估算法等。

约翰·霍普金斯大学应用物理实验室研发了高速光谱传感器、高速偏振成像传感器和高速偏振非成像传感器。高速光谱传感器由一个工作在 1.5～1.7μm 的短波红外成像器和一个 3.3～4.9μm 的中波红外成像器组成，光栅平均像素间距约为 0.77nm，瞬时视场仅 40 微弧度，分辨率约为 3～4nm，对于弹道导弹的跟踪范围大于 1000km，仰角小于 3°。偏振传感器由工作在近红外光、短波红外和中波红外的 3 个偏光计组成，偏光计利用太阳光作为辐射源，通过测量偏振度来判断碎片的位置信息。

为了收集拦截频谱，对拦截目标载荷进行识别和分类，建立拦截杀伤评估信息数据库，约翰·霍普金斯大学应用物理实验室使用哈雷·阿卡拉天文台上口径达 1.6m 的望远镜对拦截过程进行跟踪观测。哈雷·阿卡拉天文台位于美国夏威夷群岛所属毛伊岛哈雷·阿卡拉山顶，海拔达3000m以上，不受云层遮挡。在MDA进行的几次拦截试验期间，约翰·霍普金斯大学应用物理实验室搜集了“爱国者”“萨德”“宙斯盾”“陆基中段防御系统”的多次拦截试验数据。

3.6.3 发展历程

20世纪80年代，作为“星球大战”计划的一部分，美国最早提出了天基传感器的概念并开展了相关研究，但限于当时的技术条件和研发成本，项目取得了一定的进展但并未实现。美国国防部提交国会的《2014财年国防授权法案》提出，“导弹防御局应提高陆基中段导弹防御系统杀伤评估能力”。2014年4月，MDA启动SKA系统项目，前期工作由2013年取消的“精确跟踪空间系统”项目剩余经费提供部分资金。经过多年的预算支持，预计于2018财年完成在轨组网。随后，MDA计划集成SKA至弹道导弹防御系统，天基杀伤评估系统参与MDA试验。预算情况如表3.5所示。

表3.5 在轨STSS卫星主要参数天基杀伤评估系统预算情况

年份	2014	2015	2016	2017	2018	2019	2020
预算/万美元	651.5	2329	2069	2069	3099	1648	3210

与此同时，约翰·霍普金斯大学应用物理实验室也在着手核心数据库和模型的建立。通过收集、反演基础材料和物理参数，研究建立目标结构、形态及光/电/声特性理论模型，仿真计算生成基本数据；通过标准体、标准场景的模拟试验测量建立算法模型校验体系和数据；通过专项试验或其他机会测量获取碰撞动态数据、进行数据模型置信度校验等手段，建立杀伤评估数据库。在2019年3月的FTG-11陆基中段防御系统齐射拦截洲际弹道导弹试验中，洲际弹道导弹靶弹从美军位于马绍尔群岛里根试验靶场发射，范登堡空军基地的陆基中段反导系统先后发射2枚陆基拦截弹进行拦截。第一枚拦截弹击中了弹头母舱，系统对摧毁后的碎片进行观测，第二枚拦截弹在确定没有其他弹头后，按计划选择了“最具威胁的目标”并予以撞击摧毁。虽然没有具体公布SKA发挥的功能，但根据之前公布的计划以及此次试验的过程，推测SKA已经参与试验并进行了有效评估。

按照美国《国防授权法案》要求的2019年底实现在轨运行，综合《导弹防御内情》披露的消息、美国康奈尔大学和平与冲突研究所专家乔治·路易斯个人博客，以及约翰·霍普金斯大学应用物理实验室《技术文摘》刊登的《天基杀伤评估技术发展》论文等信息，结合近期美国商业卫星发射入轨情况，基本可以判断SKA系统从2017年开始搭载在第二代“铱星”上陆续发射，截至2019年1月，已经完成全部22个有效载荷的部署，并参与了美军洲际弹道导弹齐射拦截试验。2019年完成了在轨检测，该系统在最近的几次MDA飞行测试中成功完成，重点是其命中评估能力。虽然SKA没有公开宣布正式运行，但美国“2023财年的预算请求”包括2700万美元，继续将SKA整合到整个导弹防御系统中。截至2020年10月，SKA系统已在轨运行并执行计划中的测试活动。

SKA系统虽然花费不多，但却意义重大，能在较短时间内有效弥补美国反导体系中评估环节的缺失。SKA的高效部署体现了美国航天科技领域的深厚积累和军民融合体制的巨大活力，借助商业卫星搭载军用载荷已成为美国实施“弹性与分散式空间系统体系结构”的重要途径。借鉴SKA的经验，以小卫星载荷跨领域应用为试点，探索民用火箭投送军事卫星、军用载荷搭载民用卫星的路子，要以市场经济为导向、军事需求为支撑，凝聚军民融合发展合力，发挥好航天军民融合对国防建设和经济社会发展的双向支撑拉动作用，实现经济建设和国防建设综合效益最大化。

SKA发展时间线：

2020年10月：SKA系统已在轨运行并执行计划中的测试活动。

2019年3月：SKA参与了FTG-11陆基中段防御系统齐射拦截洲际弹道导弹试验，并进行了拦截效果的评估。

2019年1月：完成全部22个有效载荷的部署。

2017年：SKA载荷开始搭载在第二代“铱星”上陆续发射。

2014年4月：MDA启动SKA系统项目，前期工作由2013年取消的“精确跟踪空间系统”（PTSS）项目剩余经费提供部分资金。

3.7 小结

天基预警系统在美军弹道导弹防御体系中充当着“千里眼”和“引导者”的角色，一方面，天基预警系统能第一时间探测到弹道导弹的发射，可以给陆基和海基的导弹防御系统提供实时的目标跟踪、识别和杀伤评估等数据，另一方面，天基预警系统还可以引导远程预警雷达更好地跟踪目标导弹，增加导弹防御系统的探测跟踪能力，有效扩大反导系统的防御区域，同时还能降低预警雷达因提前开机被敌方反辐射武器攻击的概率。

美国国内在发展天基预警系统的重要性和必要性上已经达成一致。与陆基和海基雷达相比，天基预警系统具有更广阔的视野，通过有效的轨道规划可以实现从导弹发射到拦截的持续跟踪，从而可以观测到突防装置的部署以及弹头周围碎片的形成，使得弹头识别更加容易，进一步提高拦截效率。天基探测系统提供的覆盖范围更大，预警反应更快，将增加导弹的预警时间，这一点对于构建高超声速武器防御体系至关重要。天基探测系统将能够尽早向反导系统提供来袭导弹的火控数据，进一步提高拦截效率和拦截成功率。美国天基预警系统，实现了针对全球弹道导弹的预警探测能力。下一代天基预警探测体系架构正在发生重大变革，未来美国将构建大规模、多轨道和低成本的预警探测卫星星座，预计在2030年左右具备针对弹道导弹和高超声速武器的预警探测和全程跟踪能力，将极大提升反导系统的网络化作战能力。

第 4 章　美国陆基导弹预警装备

美国弹道导弹防御系统（BMDS）是世界上体系架构最复杂、系统组成最庞大、技术难度最大、作战能力最强的导弹防御体系，旨在拦截处于中段和末段飞行的各类弹道导弹，肩负着保护美国本土和美国海外基地免受导弹袭击的重任。在 BMDS 中，陆基雷达由承担远程预警雷达和精密跟踪与识别雷达组成，担负着早期导弹预警、远程目标跟踪和中段目标识别等任务，是 BMDS 中的核心传感器。美国 BMDS 中现役的陆基雷达包括远程预警雷达、前置 AN/TPY-2 雷达、改进型早期预警雷达（UEWR）、升级“丹麦眼镜蛇”雷达和 AN/MPQ-53/65 雷达。其中，AN/TPY-2 雷达部署在热点区域附近，用于目标的早期预警和跟踪，改进型早期预警雷达和“丹麦眼镜蛇”雷达部署在美国本土周边，用于跟踪处于飞行中段的弹道目标，并提供粗略的目标分辨功能。此外，美国在罗马尼亚和波兰建造了陆基“宙斯盾”系统，在阿拉斯加建造远程识别雷达（LRDR），并计划在太平洋建造 2 部国土防御雷达（HDR），以提升 BMDS 的全球覆盖能力和目标分辨能力。所有设备一起在世界范围内构成了一个较为完善的陆基导弹预警系统。

美国陆基导弹预警任务由美国国防部和参谋长联席会议领导，由 MDA 提供装备开发与体系建设；由战略司令部负责平时统筹规划与资源调度协调；由北方司令部负责战时本土反导作战；太平洋司令部、欧洲司令部和中央司令部负责控制本责任区内的预警资源，并与战略司令部和北方司令部进行密切协同。战略司令部下属第 21 空间翼负责 5 部 UEWR 和“丹麦眼镜蛇”雷达的日常运行和维护；太平洋司令部下属第 94 陆军防空反导司令部控制日本车力基地和京丹后市的 2 部 AN/TPY-2 雷达；欧洲司令部下属第 10 陆军防空反导司令部负责运行土耳其和以色列的 2 部 AN/TPY-2 雷达；中央司令部下属第 32 陆军防空反导司令部负责运行卡塔尔的 AN/TPY-2 雷达。在本土导弹防御任务中，上述传感器向施里弗基地的第 100 导弹防御旅传送数据，由后者实施具体反导作战任务。

4.1　P 波段远程预警雷达

远程预警雷达对空远距离搜索跟踪战略轰炸机、弹道导弹等目标，主要功能需求是作用距离要远，搜索跟踪能力要强。远程预警雷达主要采用相控阵技术来同时实现探测与跟踪等多种功能，能够实现对中远程弹道导弹的中段预警探测、跟踪以及概略识别等任务。远程预警雷达根据早期导弹预警装备（天基预警卫星、前置预警雷达等）发来的弹道导弹发射警报，根据目标指引信息在指定空域进行探测搜索，截获目标后进行概略识别和持续跟踪，并将相关预警信息提供给精密跟踪识别雷达或拦截武器系统制导雷达，同时将预警信息提供给指挥中心和相关作战单位。

远程预警雷达固定部署执行战略预警任务，通常工作在P波段（230~1000MHz）、L波段（1000~2000MHz）或者VHF（30~300MHz）波段，利用该频段电磁波频率低的特点，实现大功率发射以获得较远的探测距离。根据预警作战要求，远程预警雷达的探测距离必须在3000km以上，主要承担对来袭弹道导弹、战略轰炸机和空间来袭武器进行的远程预警任务。远程预警雷达通常部署在国土周边，用于在预警卫星引导下或自主对各个威胁方向来袭弹道导弹进行值班警戒、搜索跟踪、弹道测量、落点预报、导弹目标概略识别和威胁评估等，为精密跟踪识别雷达或反导武器系统提供引导信息。作为兼用型的装备，远程预警雷达还可以担负对空间目标监测以及对己方发射的导弹、火箭等航天器进行跟踪测量的任务。

目前，BMDS的骨干是5部大型陆基相控阵雷达。这些雷达经过能力升级后融入陆基中段防御（GMD）系统，并命名为改进型早期预警雷达（UWER），代号AN/FPS-132。UWER旨在向GMD火控（GFC）中心提供导弹跟踪数据，同时向综合战术预警和攻击评估（ITW/AA）系统提供导弹告警数据。英国菲林代尔斯的UWER由英国皇家空军运行，其他的由美国和加拿大人员运行。

4.1.1　基本情况

“铺路爪”（PAVEPAWS）相控阵雷达是美国20世纪70年代为应对洲际导弹威胁而研制的远程预警系统，其主要用途是担负战略性防卫任务，该型雷达由美国雷声公司制造，为收发合一的固态有源相控阵雷达，如图4.1所示。

图4.1　美国“铺路爪”雷达

美国“铺路爪”战略预警雷达性能相当先进，即使其生产设计时间在20世纪70年代，但直到今天，“铺路爪”雷达的探测距离可达5000km，美国在国内共部署4部该型雷达，分别置于重要的空军基地，由美国空军的空间司令部负责运行和维护，用于探测从大西洋和太平洋来袭的潜射导弹。除此之外，美国还在丹麦和英国部署了同样的预警系统，用来监视相关潜在威胁国家的飞机、导弹的即时动态。

典型的P波段远程预警雷达装备为美国AN/FPS-132预警雷达，其是美国雷声公司研制的基本型AN/FPS-115“铺路爪”相控阵雷达的最新改进型号，主要用于洲际/潜射弹道导弹预警和空间目标监视。AN/FPS-115“铺路爪”相控阵雷达于1976年开始研制，1980年开始装备部队，先后共有6部投入使用，历经多次升级改进，其中3部已经升级到 AN/FPS-132 型，2 部雷达已于 2016—2017 年升级到 AN/FPS-132 型，1 部已于 1995 年停止使用。

4.1.2　功能特点

1. 系统组成

"铺路爪" 雷达属于大型有源相控阵雷达，主要由发射系统、天线阵列、波控机、接收和信号处理系统、中心计算机、数据处理和显示系统等组成。

1）发射系统

发射系统主要包括发射机、发射功率分配网络、发射机控制与保护单元、发射电源以及通风冷却系统。"铺路爪" 雷达体积庞大，发射系统位于天线底座下部的工作机房。该部分的主要作用是形成高功率的射频信号，并送到天线阵列发射出去。"铺路爪" 雷达可以根据执行的具体任务、监测目标的远近等因素实现输出射频信号功率的自适应变化。

2）天线阵列

天线部分是 "铺路爪" 雷达的核心，每部 "铺路爪" 雷达采用阵面圆平面阵，每个阵面含 677 个辐射单元，其中固态 T/R（收/发）组件 1792 个，无源器件 885 个。每个固态 T/R 组件独立发射、接收电磁波，无源器件主要起信号功率放大、滤波等作用。

3）波控机

波控机又称为波束控制系统，包括波束控制运算单元、波束驱动控制单元以及接口单元等。基本功能是在雷达控制台发出的指令控制下，给天线阵列中各个移相器提供所需要的控制信号，并使雷达波束随工作模式自适应变化。

4）接收系统

接收系统包括接收机系统前端、通道接收机、波束形成网络以及波束接收机。其功能是接收从目标反射回来的信号，然后对其进行放大和变换，滤除接收机噪声或外来的有源干扰与无源杂波干扰，检测出目标回波，判定是否存在目标，并从回波中提取目标信息。

5）信号处理系统

该部分是雷达的神经中枢，主要功能是处理雷达回波信号，从而发现目标并得到测定目标的坐标、速度，形成目标点迹。

6）中心计算机

中心计算机在 "铺路爪" 雷达中起关键作用，是其 "大脑"，控制整个雷达的工作并参与波束形成、信号处理、数据处理、信息显示和雷达的自动化监测，主要完成波束控制、信号自动分析、数据储存和显示、雷达工作状态检测以及执行任务后的数据简化和分析。

7）数据处理和显示系统

其功能是通过对目标点迹的处理形成目标的航迹，并通过显示系统实时显示目标的数据（空间位置、距离、方向、速度等）、能量管理状态、系统状态等，供操作人员和指挥决策人员使用。

2. 结构与功能特点

与机械扫描雷达不同，“铺路爪”雷达不是通过转动天线来改变波束方向进行扫描，其天线呈圆平面状，上面有规则地排列许多辐射单元与接收单元，称为阵元。利用电磁波的相干原理，通过控制输往阵元电流相位的变化来改变波束方向进行电扫描。工作时，发射系统产生一定发射波形的高功率射频信号，馈送到所有天线单元，以便向空中辐射。中心计算机计算出规定波束指向的相邻单元的相位差，然后由波控机计算出每个辐射单元的移相器应有的相位并控制驱动器使移相器达到该相位，从而使天线波束准确地指向规定的方向。波束跳跃的最大速度由计算机—波控机所需的计算时间和移相器—驱动器转换所需要的最少时间决定。形成波束的天线阵元数可以改变，因此波束形状可以控制。每个天线单元接收来自目标的回波信号，经过信号处理系统进行相干相加、放大、检波后送给数据处理和显示系统。

“铺路爪”雷达采用搜索加跟踪的工作方式。当搜索远距离目标时，天线阵列上的辐射器通过计算机控制集中向一个方向发射、偏转，达到电磁能量的集中使用；在对付较近的目标时，这些辐射器又可以分工负责，有的搜索、有的跟踪、有的引导，同时工作。每个移相器可根据自己担负的任务，使电磁波瓣在不同的方向上偏转，相当于无数个天线在转动，其速度要比同类机械扫描快十几倍到几十倍。

“铺路爪”雷达多采用双面阵天线，工作频率 420 ~ 450MHz，探测距离一般为 4800km，对高弹道、RCS 为 $10m^2$ 的潜射弹道导弹的探测距离可达 5550km。雷达峰值功率 582.4kW，平均功率 145kW，全部设备都安装在 32m 高的多层建筑物内，两个圆形天线阵面彼此成 60°，每个阵面后倾 20°，直径约 30m，由 2000 个阵元组成，雷达阵面如图 4.2 所示，扫描一次所需时间为 6s，平均无故障工作时间可达 450h，平均修复时间为 1h。可实时侦测 RCS 大于 $0.1m^2$ 的目标，能够同时探测、跟踪和鉴别 100 ~ 200 个目标。“铺路爪”雷达主要用于探测与跟踪弹道导弹、巡航导弹和地球同步轨道卫星等目标。通过测算可知，在无电磁干扰条件下，对于战术弹道导弹、巡航导弹、战斗机、海面舰船等不同目标，“铺路爪”雷达的探测距离分别为 3300km、200km、600km、200km。

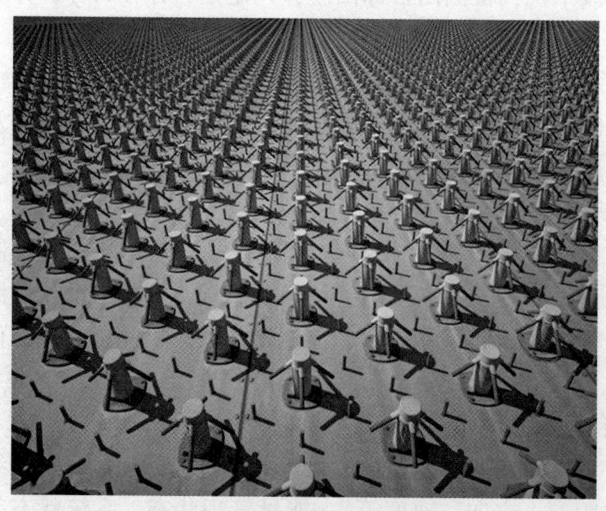

图 4.2 美国“铺路爪”雷达阵面

与其他工作制式的预警雷达相比，“铺路爪”雷达具有独特的工作特性。

1）系统反应快，波束控制灵活

与普通雷达不同，“铺路爪”雷达天线的扫描工作方式采用电子扫描，而不是机械扫描（靠天线的转动实现扫描）。在这种扫描方式下，天线波束指向由计算机管理，控制灵活，实现了无惯性快速扫描（扫描一次所需时间6s）。此外，“铺路爪”雷达天线采用全数字工作方式，数据处理（搜索信号数据处理和跟踪信号数据处理）系统与计算机相结合，从而缩短了对目标信号检测、录取、信息传递等所需的时间，提高了系统反应速度。

2）功能强大，适用于多种作战环境

“铺路爪”雷达每个天线阵面上辐射单元自动分成56个子阵，每个子阵由各自的发射机供给电能，也由各自的接收机接收回波。工作状态下，“铺路爪”雷达形成56×3个独立控制的波束，分别用以执行搜索、探测、识别、跟踪等多种功能。特别需要指出的是，“铺路爪”雷达天线的仰角覆盖范围是3°~85°，阵列倾角是20°，则实际上天线波束指向的最高仰角为105°（过顶）。考虑到改进型“铺路爪”雷达AN/FPS-126具有三个阵面，则“铺路爪”雷达在天顶方向无探测盲区，可以实现对同步卫星的跟踪。

此外，由于采用灵活的电子扫描，便于采用按时分割原理和多波束，使雷达能够实现跟踪加搜索TAS工作方式。通过与电子计算机相配合，针对不同作战需求，通过修改作战软件，即可实现同时搜索、探测、跟踪不同方向和不同高度的多批目标，从而适用于多目标、多方向、多层次的反导防空作战环境。

3）工作频率低，“三抗”能力强

在抗干扰方面，“铺路爪”雷达可以利用分布在天线孔径上的多个辐射单元综合成非常高的功率，并能合理地管理能量和控制主瓣增益，可以根据不同方向上的需要分配不同的发射能量，易于实现自适应旁瓣抑制和自适应抗各种干扰。

在抗反辐射导弹打击方面，“铺路爪”雷达虽然发射的电磁信号功率达到582.4kW，但其工作在UHF波段（420~450MHz），频率较低，而目前主流反辐射导弹使用的被动导引头是针对其他波段雷达设计的，在攻击“铺路爪”雷达时很难保证命中精度。即使研制专用的导引头，由于反辐射导弹弹头的尺寸有限，低频率接收天线也难以安装到弹头体内，并不可行。此外，“铺路爪”雷达站体积庞大，即使毁伤部分天线阵元，仍能继续工作，并在开机状态下更换毁坏的天线阵元，因此，使用弹药量较小的反辐射导弹很难实现理想的打击效果。在抗隐身方面，由于隐身目标通常是按照1GHz~29GHz的工作频率设的，其在UHF波段的RCS面积并没有实质性的下降，因此，波长较长的“铺路爪”雷达对隐身目标具有较强的侦测能力。

4）自动化程度高，工作稳定可靠

“铺路爪”雷达将雷达与计算机高度结合，不仅在波束形成与控制方面由计算机指令进行控制，而且在数据处理（包括搜索信号数据处理和跟踪信号数据处理）等方面也都有计算机参与，大大提高了雷达系统的自动化程度。“铺路爪”雷达的天线阵面、发射系统以及接收系统大量采用固态组件，信号处理部分全数字化，工作稳定性非常高。发射、接收系统的平均无故障间隔时间超过了7700h，天线的平均故障间隔时间达

450h。尤其是天线阵列，其收/发固态组件并联使用，少数单元失效时，对系统性能影响不大。同类雷达的试验表明，10%的组件失效时，对系统性能无显著影响，不须立即维修；30%失效时，系统增益降低3dB，仍可维持基本工作性能。

3. 性能缺陷

当然，受到多种因素的制约，“铺路爪”雷达在工作性能上并非尽善尽美，尚存在一些明显缺陷。

1）受到地球曲率的限制，对低空目标的探测能力有限

“铺路爪”雷达工作于微波波段，电磁波传播形式是视距传播，当“铺路爪”雷达探测低空目标时，雷达的极限探测距离要受到地球曲率的限制。例如，部署在中国台湾省的“铺路爪”雷达站天线位于2610m的乐山山顶，则利用视距公式可计算出该雷达对低空目标（如巡航导弹、水面舰艇等）的极限探测距离为210km。如果再考虑电磁波的各种传播损耗，则该雷达对低空目标的探测距离不超过200km。

2）对侦测空域内不同位置的目标探测能力不均衡

根据相控阵雷达的原理，“铺路爪”雷达的最大探测距离是相对于天线视轴而言的。若在搜索跟踪时，雷达的天线波束偏离视轴一个角度，则天线的有效截面积会减小，雷达的作用距离也会减小，且随着偏离角度的增大，雷达的作用距离减小得也越大。例如，当“铺路爪”雷达天线波束在方位角和仰角上同时偏离45°时，雷达的作用距离会减小20%左右。与此同时，天线波束偏离了视轴以后，波束也将变宽，雷达的角度测量精度也将随之下降。可见，目标的位置对于“铺路爪”雷达的作用距离、测量精度具有相当大的影响。此外，在目标偏离天线视轴的情况下，雷达的天线波束会变宽，导致跟踪精度下降，即距离分辨力和角度分辨力变差。

3）距离分辨力低，侦测数据不够精确，不能直接用于反导作战

“铺路爪”雷达工作带宽有限，在搜索模式下为100kHz，跟踪模式下为1.0MHz，根据带宽与分辨率的关系，可知该雷达的最高距离分辨率仅为150m。如此低的分辨率限制了雷达区分目标真伪的能力，导致其侦测的弹道参数不够精确。此外，“铺路爪”雷达在回到搜索模式之前不能长时间对目标进行跟踪。基于以上原因，“铺路爪”雷达还不能直接引导反导武器对来袭弹道导弹进行有效拦截，其作战的时效性还有待提高。

可以预见，“铺路爪”雷达将承担战时反导、防空作战预警及平时战略情报搜集任务，但受到自身性能的限制和作战环境的影响，很难发挥最佳的作战效能。此外，从“铺路爪”雷达自身的工作特性来看，其工作频率、工作制式、扫描跟踪特性、技战术性能以及自身采取的抗干扰措施等重要信息难以保密，加之站址固定，天线朝向固定，这都有利于对其实施电子干扰，从而降低其作用距离和跟踪能力，增加其误报、伪报的概率。

4.1.3 发展历程

美国本土原部署了4部AN/FPS-115“铺路爪”雷达。首部系统于1980年4月在美国马萨诸塞州奥蒂斯空军基地开始服役。另两部系统分别于1981年和1986年在美国加利福尼亚州比尔空军基地和美国佐治亚州的罗宾斯空军基地（该基地于冷战结束后退役）开始工作。第4部系统于1987年5月在美国得克萨斯州埃尔多拉多空军基地（该

基地已拆迁搬到美国阿拉斯加州的克里尔）投入使用。在美国本土的这4个“铺路爪”雷达站，其后只有美国马萨诸塞州科德角空军站（与奥蒂斯空军基地驻扎于同一地点）和美国加利福尼亚州比尔空军基地仍在使用，这两基地的AN/FPS-115“铺路爪”也升级为改进型的“铺路爪”雷达AN/FPS-123，而搬到美国阿拉斯加州的克里尔空军站的另一部AN/FPS-115“铺路爪”也于2001年初完成AN/FPS-123雷达的升级工作，投入运行。此外，在美国本土之外丹麦格陵兰图勒空军基地和英国菲林代尔斯皇家空军基地也都曾装配有改进型“铺路爪”雷达AN/FPS-120雷达和AN/FPS-126雷达，其中AN/FPS-126雷达为三面阵雷达，每个阵面有超过250辐射单元，提供360°方位的预警和跟踪能力，表4.1所示为“铺路爪”系列雷达性能及部署情况。

表4.1　“铺路爪”系列雷达性能及部署情况

参数	FPS-123	FPS-132	FPS-123	FPS-132	FPS-132
部署位置	美国克里尔空军站	美国比尔空军基地	美国科德角空军站	英国菲林代尔斯空军基地	丹麦图勒空军基地
阵面倾角/(°)	20	20	20	20	20
俯仰覆盖/(°)	3~85	3~85	3~85	3~85	3~85
方位覆盖/(°)	120×2	120×2	120×2	120×3	120×2

2007年，两部AN/FPS-132 UEWR雷达已分别在美国加利福尼亚州比尔空军基地和英国菲林代尔斯英国皇家空军基地实现了全天时作战能力，这两部雷达由原来分别在这两地的改进型“铺路爪”雷达AN/FPS-123和AN/FPS-126升级而成。丹麦格陵兰图勒空军基地的AN/FPS-120在2009年升级为AN/FPS-132 UEWR雷达，图勒空军基地的UEWR雷达具备初始作战能力。AN/FPS-132雷达联合分别位于美国阿拉斯加州的克里尔空军站和美国马萨诸塞州科德角空军站的两部AN/FPS-123雷达实现了对美国本土的全天时防御。升级前的“铺路爪”和BMEWS仅具备探测目标并初步预测落点，难以长时间跟踪，且数据中无法得到精确的轨迹参数来支持拦截，不足以支撑导弹防御任务。升级后灵敏度和信号处理能力都得到改善，探测和跟踪能力得以增强，允许雷达引导拦截弹拦截目标。升级前后“铺路爪”系列雷达性能及部署情况如表4.2所示。图4.3所示为美国远程预警雷达网络示意图。

表4.2　“铺路爪”系列雷达性能及部署情况

能力	升级前	升级后
捕获能力	采用自主监视的方式以中等概率远程捕获坦克大小的目标	在C2BMC引导下以高概率远程捕获弹头目标
跟踪能力	提供足够精确的数据支撑ITW/AA系统的预警和评估需求	大幅改善航迹的精度和捕获概率，以支撑拦截弹的发射和寻的任务
分辨能力	工作带宽1MHz（3部“铺路爪”）、5MHz（菲林代尔斯）和10MHz（图勒），对应分辨率150m、30m和15m	采用新型接收机/放大器，工作带宽增到10M~30MHz，对应分辨率5~15m

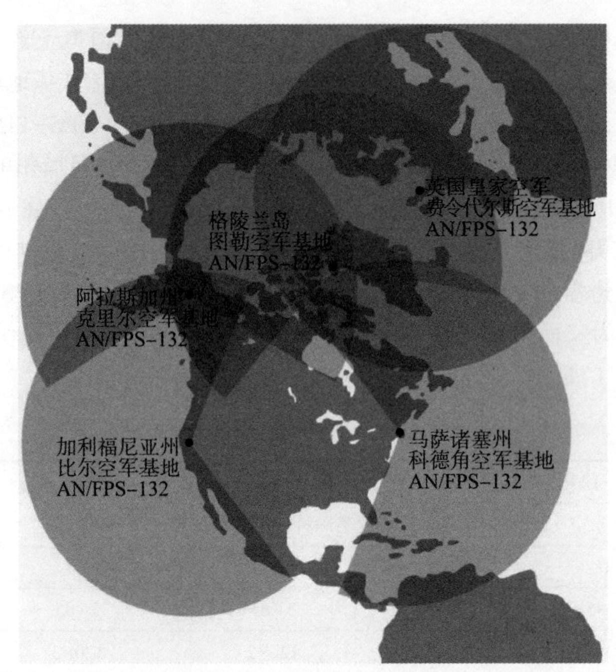

图 4.3 美国远程预警雷达网

格陵兰岛图勒空军基地（丹麦）

图勒弹道导弹预警雷达系统位于丹麦格陵兰西北部的图勒空军基地。图勒空军基地是美军设立的最北基地，位于北极圈以北 1200km，北极点以南 1515km。图勒空军基地位于欧洲和北美洲之间，这一战略位置可以监测和跟踪俄罗斯或朝鲜等国家在陆上发射且飞越北极点上空的弹道导弹威胁，以及来自北冰洋和北大西洋的潜射导弹。图勒弹道导弹预警雷达是一型两面相控阵雷达，由第 12 太空预警中队操作。

英国皇家空军菲林代尔斯军事基地

菲林代尔斯弹道导弹预警系统位于英国皇家空军菲林代尔斯军事基地。菲林代尔斯固态相控阵雷达有三个面，实现 360°方位覆盖，使用电子相位变化来引导雷达波束，持续搜索 4825km 之外的来袭目标或导弹。菲林代尔斯弹道导弹预警系统旨在探测和跟踪从中东/近东向美国本土和英国发射的弹道导弹。

阿拉斯加克里尔空军站

克里尔空军站弹道导弹预警系统是三处弹道导弹预警系统原始站点之一。该雷达系统由第 13 太空预警中队操作，用于探测、跟踪、区别 9500 多个绕地飞行的人造天体。如果发生陆基或海上弹道导弹攻击活动，该雷达还能覆盖整个北美大陆。自 2012 财年开始，固态相控阵雷达系统已成为接受升级的两种雷达系统之一。此项升级计划在 2016 财年完成，可以进一步将该雷达集成到弹道导弹防御系统中。

加利福尼亚比尔空军基地

比尔空军基地的预警雷达自 1979 年以来一直是美国弹道导弹预警系统的一部分，当时第 7 导弹预警中队将“铺路爪”相控阵预警系统雷达站点引入比尔空军基地。自 1979 年以来，该雷达站点已对电子和计算机系统进行硬软件升级。比尔空军基地弹道导弹预警系统有两面，旨在探测和跟踪从太平洋向美国大陆发射的陆基和海基弹道导弹。

马萨诸塞科德角空军站

在科德角空军站的相控阵预警系统预警雷达在1980年启用，并且由第6太空预警中队运行。该雷达基地旨在保护北美东海岸免受海上发射和洲际弹道导弹攻击，并跟踪地球轨道上的物体，比如国际空间站、航天飞机、任何偏离已知轨道的物体，或任何新的在轨物体。自2013财年以来，科德角空军站雷达一直处于升级之中，并计划于2017年完工。

图勒基地预警雷达发展时间线：

2011年3月：美国国防承包商雷声公司完成了改进型早期预警雷达系统的所有系统要求和测试。

2008年3月：图勒完成了改进型早期预警雷达的建设阶段。

2006年4月：MDA授予雷声公司在图勒建设改进型早期预警雷达的合同。

2004年5月：丹麦政府同意将图勒雷达升级为改进型早期预警雷达。

1987年6月：老旧的12SWS雷达被升级为固态相控阵系统，运行更为高效。

1960年：美国在图勒空军基地建造了12SWS雷达系统，并且将其融入更大的弹道导弹预警雷达（BMEWR）网络中。

1951—1953年：美军以“蓝鸦行动”为代号建造了图勒空军基地，基地于1953年竣工，在冷战期间成为北约的一个监听站。

英国皇家空军菲林代尔斯军事基地预警雷达发展时间线：

2007年：改进型早期预警雷达在升级后接受测试和验收。

2003年：在与英国达成协议后，美国升级了固态相控阵雷达，以提高雷达的导弹跟踪能力。

1988年和1989年：美国承包商雷声公司和英国承包商John Laing有限公司分别获得了新雷达系统的雷达和建筑物合同。

1986年5月22日：美国和英国宣布一项协议，对旧的机械雷达系统做现代化改造，将其升级为新的相控阵雷达系统。

1963年：英国皇家空军菲林代尔斯军事基地首次宣布作为弹道导弹预警系统的3个雷达站点之一，为美国和英国东海岸提供雷达扫描覆盖。

阿拉斯加克里尔空军站预警雷达发展时间线：

2016年：改进型早期预警雷达将于2016财年完成并投入使用。

2012年9月：雷声公司接到美国空军和美国MDA授予的一份价值1.253亿美元的合同，用于改进型早期预警雷达系统。

1981年：克里尔空军站的雷达被升级为AN/FPS-123固态相控阵雷达系统。

1961年9月：美国部署的该型雷达成为弹道导弹预警系统的一部分，实现了全面作战能力。

4.2　L波段“丹麦眼镜蛇”雷达

4.2.1　基本情况

“丹麦眼镜蛇”（Cobra Dane）雷达项目于1971年获得批准，项目合同于1973年7

月授予了雷声公司。系统测试于1976年后期完成，整个系统于1977年达到作战能力。该雷达只生产了一部，现部署于美国阿拉斯加州的阿留申群岛，其正式编号为AN/FPS-108，如图4.4所示。

图4.4　美国"丹麦眼镜蛇"雷达

"丹麦眼镜蛇"雷达是一部大型L波段固定式相控阵雷达，其探测距离为4600km，并且可提供120°方位扇区覆盖。该雷达天线为单面稀疏阵，直径29m，由34768个单元组成，其中有源单元约为15000多个，其余是无源的，后期可用有源单元进行替换。"丹麦眼镜蛇"雷达的主要任务是探测和跟踪弹道导弹和卫星。雷达主要收集俄罗斯及相关国家的导弹飞行轨迹数据，提供弹道导弹发射的早期预警，探测新卫星并更新已知卫星的参数。其数字数据与语音通信系统与美国国家航空情报中心（NAIC）和北美防空防天司令部（NORAD）连接。

4.2.2　功能特点

20世纪90年代进行的"丹麦眼镜蛇"雷达现代化改进项目已使该系统的工作寿命延续至今，雷达增强的性能满足了更高的任务需求。雷达升级改进了数据采集能力，采用了新型硬件更换过时的数据处理设备，包括信号与数据处理系统、接收机和显示器等，并应用了Ada软件（一种可设计成重复使用的软件）。升级"丹麦眼镜蛇"雷达的主要作用可以归纳为：战略预警；空间监视；确认天基预警卫星提供的预警信息，进一步跟踪并精确测量来袭导弹的瞬时位置、速度、弹着点等弹道参数；对来袭目标进行粗识别；将得到的来袭目标较为精确的信息上传给C2BMC系统。升级后的预警雷达保留了和平时期战略预警和空间监视两项传统任务，同时将为GMD系统提供中段目标探测和跟踪能力。

"丹麦眼镜蛇"雷达在美国的BMD系统中扮演多种角色。该雷达可以探测覆盖区域内的洲际弹道导弹和潜射导弹。一旦探测到目标，它就可以对再入飞行器和再入过程中的空间目标进行分类。GMD系统的火力和任务控制可以使用该雷达获取的实时信息，陆基雷达可以精确跟踪弹道导弹，以发射地面拦截导弹，它还可以为拦截弹发射后更新弹道导弹跟踪持续提供引导信息。

从1999年开始，"丹麦眼镜蛇"雷达重新被接入空间监视网络，不仅可以用于导弹试验情报搜索，而且可用于空间监视。此时，"丹麦眼镜蛇"雷达仍然工作在1/4功率状态，主要工作在任务模式下。在这种模式下，“丹麦眼镜蛇”雷达每天可以对500个已知目标进行2500次测量。“丹麦眼镜蛇”雷达也维持10°方位角、高俯仰角的波束，以探测未知目标，每天可以对100个未知目标进行500次测量，这两个任务占据总任务的1.14%。

在1999年的一次测试中，对方位30°、俯仰角50°范围，使用1.14%的总任务时间进行探测，每天可以产生700~800条未知目标的航迹。在1999年随后进行的空间碎片试验中，“丹麦眼镜蛇”雷达对方位60°（289°~349°）、俯仰角50°的范围，使用全功率、3%的占空比进行探测。2003年，“丹麦眼镜蛇”雷达回到全功率运行，支持大空间范围搜索预警，以继续其作为主要导弹情报搜集者的角色，结果迅速为空间监视网的分析库增加了数千条目标信息。在2000年，“丹麦眼镜蛇”雷达能够探测到14000km以外的目标，但是使用的软件是专门为跟踪轨道周期超过225min的目标而设计的。

“丹麦眼镜蛇”雷达的有源单元在阵面按锥形递减的方式排列，阵面边缘T/R组件密度为中心的20%。为了获得高的距离分辨率，天线单元被分为96个子阵，每个子阵有160个辐射单元，发射时由行波管（TWT）进行供电（96个TWT）。雷达的峰值功率为15.4MW，平均功率为920kW，最大占空比6%，波束宽度为0.6。按照最初的构造，宽带模式下，“丹麦眼镜蛇”雷达使用脉冲宽度为1ms，带宽为200MHz（利用线性调频脉冲压缩得到）的宽带波形，频率在1.175~1.375GHz，但是这种信号仅限于视线角小于22.5°的情况。此时，其距离分辨率约为1.14m。窄带模式下，“丹麦眼镜蛇”发射信号频率范围在1.215GHz~1.250GHz（与之对应的波长大约为24.3cm）。在搜索模式下，其采用脉冲宽度为1.5~2.0ms、带宽为1MHz的窄带脉冲信号；在跟踪模式下，采用6种不同脉冲宽度的波形，其中常用的是脉冲宽度为0.15~1.5ms、带宽为5MHz的波形。雷达采用两个脉冲宽度为1ms、带宽为25MHz的脉冲来校正电离层引起的电磁波传播误差。

“丹麦眼镜蛇”雷达的阵面指向为北偏西41°，阵面后倾为20°，方位视场角为±60°，俯仰角为80°，有源单元按照“中间密、边缘疏”密度加权分布，雷达阵面如图4.5所示。

图4.5 “丹麦眼镜蛇”雷达阵面

“丹麦眼镜蛇”雷达对RCS为0.1m^2的目标探测距离达4000km，可同时跟踪超过100个目标，最大距离分辨率达1.1m，性能超过UEWR。但由于地理位置和指向问题，朝鲜射向夏威夷的弹道只能被观测几十秒，射向美国西海岸的导弹也不在“丹麦眼镜蛇”雷达视轴的±22.5°内，从而无法进行宽带测量。因此，该雷达不适合观察来自朝鲜方向的导弹。

“丹麦眼镜蛇”雷达的功率孔径积小于FPS-85和AN/FPQ-16雷达，灵敏度近似

FPS-85 和 AN/FPQ-16 雷达。2000 年左右，对于一个-20dBm^2 的 RCS、距离 1852km 的目标，“丹麦眼镜蛇”雷达采用 1.5ms 单脉冲可获得 15dB 的信噪比，采用 1ms 单脉冲可获得 13.2dB 的信噪比。不过，这是在俯仰角 1.0°时，大气吸收和扫描损失约为 2.1dB，相当于波束主方向的 0.6。将此损失加入考虑，对于一个距离 1000km 且 RCS 为 1m^2 的目标，1.5ms 脉冲的瞄准灵敏度为 59500(47.7dB)，1.0ms 脉冲的瞄准灵敏度为 39400(46.0dB)。它在探测仰角 0.6°，距离 1000 海里（1852km）且 RCS 为 0.01m^2 的目标时，采用 1.0ms 脉冲能取得 16.5dB，更长的脉冲可获得更大的灵敏度。这对应着的准线（波束主瓣中心）灵敏度为 82500。

升级后的“铺路爪”雷达、BMEWS 和“丹麦眼镜蛇”雷达 3 种陆基远程预警雷达性能对比如表 4.3 所列。

表 4.3　三种陆基远程预警雷达性能对比

名称	升级“铺路爪”雷达	升级 BMEWS	升级“丹麦眼镜蛇”雷达
位置/融入 GMD 系统时间	比利空军基地/2004 年科德角/2018 年	菲林代尔斯/2007 年 格陵兰岛/2011 年 克里尔空军站/2017 年	谢米亚岛/2004 年
频率/MHz	420~450	420~450	1175~1375
波长/cm	67~71	67~71	22~25
天线直径/m	22.1	25.6	29
波束宽度/(°)	2.2	2.0	0.6
发射增益/dB	37.92	—	—
天线孔径/m^2	384	515	660
单阵面有源/无源单元数量	1792/885	2560/1024	15360/19408
T/R 组件峰值功率/kW	330~340	330~340	—
占空比/%	18（特殊情况下可将一个阵面提升到 25%，另外一个阵面降低到 11%）	30	6
单阵面平均功率/kW	145（25%占空比）	255（30%占空比）	920（6%占空比）
最大脉宽/ms	16	16	1.5~2.0（搜索模式） 0.15~1.5（跟踪模式） 1.0（宽带模式）
带宽/MHz	10~30	10~30	5/200（宽带模式，雷达视轴±22°范围）
距离分辨率/m	≥5	≥5	30/1.14（宽带模式）
测角精度/（°）	—	—	0.02
距离精度/m	—	—	3
单个脉冲探测距离（视轴方向，S/N=20）/km	2700（σ = 0.2m^2，脉宽 16ms）	3400（σ = 0.2m^2，脉宽 16ms）	4200（σ = 0.1m^2，脉宽 1.5ms）

4.2.3　发展历程

“丹麦眼镜蛇”雷达于 1977 年投入使用，起初的主要任务是监视苏联的弹道导弹试验，辅助进行预警和空间监视。在 20 世纪 90 年代初，美国对“丹麦眼镜蛇”雷达进行了一次大的升级，并在随后进行多次改进。在 1994 年 4 月之前，“丹麦眼镜蛇”雷达一直和空间监视网络连接，为空间监视网络的一部分。后来由于预算的原因，它与空间监视网络通信中心的连接被关闭了。在此之前，操作过程（尤其是对其低海拔监视范围的界限）限制了它可检测的空中目标的尺寸。后来在 1999 年进行的试验证明了它在跟踪空间小碎片方面的能力，因此于 1999 年 10 月，它又被重新接入空间监视网络。但是为了降低运行成本，“丹麦眼镜蛇”雷达将占空比从 6%降至 1.5%，其功率降为额定功率的 1/4，以便减少发射功率。当有弹道导弹试验时，它能够在 30s 内恢复到全功率工作状态。从 2003 年 3 月开始，“丹麦眼镜蛇”雷达重新开始全功率工作，成为空间监视网络中的一个探测器。“丹麦眼镜蛇”雷达被纳入了美国陆基中段防御国家导弹防御系统。

“丹麦眼镜蛇”雷达发展时间线：

2015 年 12 月：美空军官员宣布与雷声公司签订 7700 万美元的合同，升级雷达。

2015 年 5 月：“丹麦眼镜蛇”雷达从空军太空司令部移交给空军生命周期管理中心的作战管理局。

2003 年 3 月：“丹麦眼镜蛇”雷达升级至全功率，并在美国 BMD 系统中发挥作用。

1999 年 10 月：“丹麦眼镜蛇”雷达成功地探测了太空中的小碎片，这使它在太空监视网络中重新发挥了作用。

1994 年 4 月：“丹麦眼镜蛇”雷达在太空监视网络中的角色被取消。

1977 年：“丹麦眼镜蛇”雷达投入使用。

4.3　“萨德”反导雷达

4.3.1　基本情况

“萨德”（THAAD）即末段高空区域防御系统，主要用于近程和中程弹道导弹的末段拦截。在拦截能力上，最远拦截距离 200km，最大拦截高度 150km，向上与“宙斯盾”的 SM-3 衔接，向下与“爱国者”拦截系统衔接。而其 X 波段 AN/TPY-2 火控雷达探测距离远、精度高，可前沿部署，用于探测上升段未出大气层的中程弹道导弹。

AN/TPY-2 高分辨率 X 波段固态有源相控阵多功能雷达是美国“萨德”反导系统的火控雷达，是“萨德”反导系统的重要组成部分，为拦截大气层内外 3500km 内中程弹道导弹而研制，是美军一体化弹道导弹防御体系中的重要传感器。AN/TPY-2 是陆基移动弹道导弹预警雷达，可远程截获、精密跟踪和精确识别各类弹道导弹，主要负责弹道导弹目标的探测与跟踪、威胁分类和弹道导弹的落点估算，并实时引导拦截弹飞行及拦截后毁伤效果评估。

4.3.2　功能特点

AN/TPY-2 雷达探测距离远、分辨率高，具备公路机动能力。该型雷达还可用大型运输机空运，战术战略机动性好，其战时生存能力高于固定部署的雷达。AN/TPY-2 有两种部署模式，既可单独部署成为早期弹道导弹预警雷达（前置部署模式），也可和“萨德”反导系统的发射车、拦截弹、火控和通信单元一同部署，充当导弹防御系统的火控雷达（末段部署模式）。AN/TPY-2 雷达由天线、操作控制车、冷却设备车、电子设备车和电源设备车 5 个部分组成，图 4.6 所示为 AN/TPY-2 雷达天线实物图和结构图。

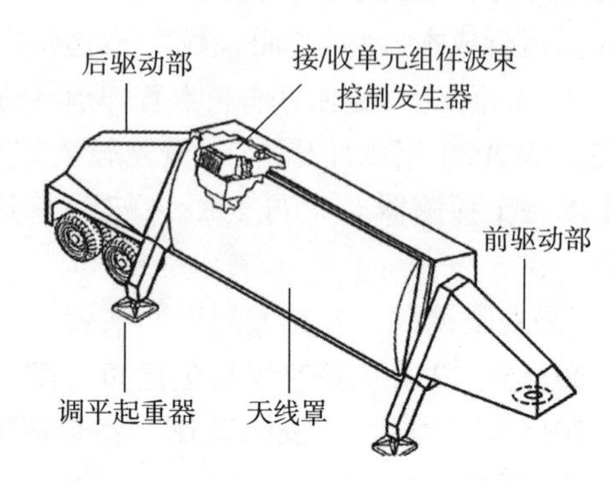

图 4.6 AN/TPY-2 雷达天线实物图和结构图

1）相控阵天线

AN/TPY-2 雷达具有多种搜索方式，有 3 种同时接收波束（1、3、7 个波束）的配置方式，也可使用 3、7 个波束搜索模式，该模式可在顺序发射多个脉冲后同时接收多个波束。还可选择在波束内发射 3 个不同频率的脉冲对雷达 RCS 进行去相关，增强检测能力。由于该雷达采用波长较短的 X 波段和巨大的雷达阵面，雷达波束非常窄，其分辨率非常高，对弹头具有跟踪和识别能力，能识别假弹头，能将目标从诱饵或弹体碎片中识别出来。

AN/TPY-2 雷达具有多种先进的抗干扰措施。AN/TPY-2 雷达具有远距离同时宽波束扫描、窄波束跟踪的能力；可利用时间分割技术，对多批目标实施搜索、捕获和识别，能将天线孔径上离散分布的发射机（T 模块）辐射功率在空间高效合成，轻而易举地获得其他任何体制雷达难以得到的超大功率孔径积，具有孔径上少量阵元失效仍可有效工作的故障软化性能。自适应预流推进算法可按来袭目标不同威胁度，合理搜索和跟踪目标，适应多变而复杂的电磁环境。AN/TPY-2 雷达具有高功率输出和优越的波束/波形捷变性能，有很好的抗干扰性能。先进的多功能 AN/TPY-2 不仅能完整地获得高速度、多批次、小 RCS 目标的标量几何参数而感知目标，而且具有在严酷信息战的环境中，实时精确探测目标群中每个目标的距离、角域及其速度、加速度、目标回波幅度、相位起伏和极化信息等标量和矢量参数，对目标分类、识别、编目和成像而认知目标，完成由“亮点”到“图像”的飞跃。

2）电子设备车

电子设备车是一种模块化、一体化的拖车，车厢配备核生化防护能力及环境控制装置的密闭保护罩。主要设备有：2 台用于数据处理的 VAX7000 计算机、4 台 MP2 大规模并行信号处理机，以及接收机/激励器、检测目标发生器和高速记录仪等。MP2 处理机是大规模并行处理技术的首次军事应用，用途是频谱分析、脉冲压缩与连续探测，以及对来自接收机的数字化雷达回波抽样进行初步图像处理。VAX7000计算机负责实际作战任务的计算，任务前与任务后的数据处理等。

3）电源设备车

电源设备车由1台内燃机、1台交流发电机、1个控制盘、1个转换开关组成，能提供功率为1.1MW的电能。

4）冷却设备车

冷却设备车是1个长12m、质量16.3t的封闭式拖车，车内装有供天线冷却用的液体冷却设备和为天线及电子设备提供电力分配的装置。

5）操作控制车

操作控制车是一个单独的系统，可保证操作人员监视雷达跟踪效果以及与外部的通信，有独立的电力系统。部署时其功能可以并入雷达系统。系统之间的通信连接采用光纤数据链路。整套系统和组件共需功率为2.1MW的电能来工作。

“萨德”反导系统中的AN/TPY-2雷达不仅可以在“萨德”反导系统中末段部署模式中承担火控雷达的作用，还可以脱离“萨德”反导系统的发射装置，作为前置预警雷达单独部署在阵地前沿，如图4.7所示。“萨德”反导系统的作战过程可以分为探测、捕获、跟踪分析、制订计划、拦截作战。拦截作战过程中，系统会实时评估作战数据修正计划并且在目标未摧毁的情况下还可进行二次拦截。因此，“萨德”反导系统的作战能力非常全面，在美国全球导弹防御系统中具有许多突出的特点和优势。

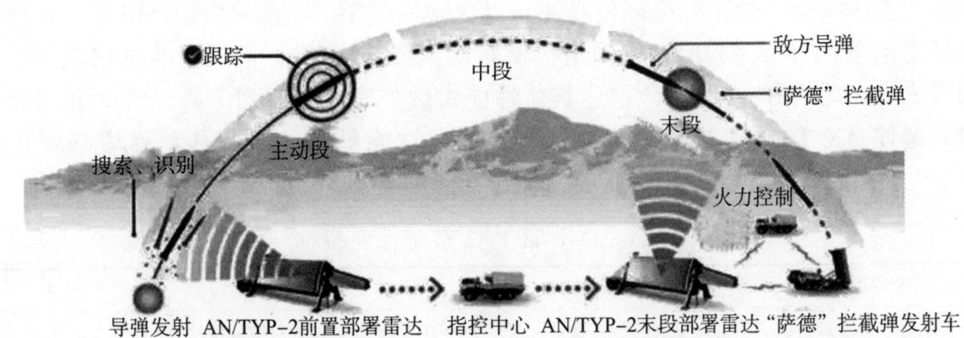

图4.7　AN/TPY-2雷达前置部署和末段部署工作模式

最初AN/TPY-2雷达是为“萨德”反导系统研制的，而“萨德”反导系统主要为满足大气层内外拦截3500km内中程弹道导弹目标的要求，因此其必须具有高度的战术机动性，为此该雷达设计为长约13m，质量为34t。虽然这与其他战术拦截系统雷达相比要大，但与其兼顾的战略预警雷达相比系统体积显著缩小，并采用模块化设计，有很强的地面机动性，可采用舰船、火车或拖车进行点对点运输，还可根据作战需要由C-5或C-17运输机空运至指定地点，在全球范围内快速机动部署，部署后可通过公路机动变换阵地，躲避空中打击。

前置AN/TPY-2雷达有自主搜索、聚束搜索和精密提示3种搜索模式，对应不同的搜索优先级、跟踪优先级、次优先级、距离、俯仰角度和波束特征，如图4.8所示。自主搜索模式是在情报和区域作战司令部的引导下对感兴趣区域进行监视的一种模式。

在该模式下，前置 AN/TPY-2 雷达自动进行目标捕获，并通过 C2BMC 将航迹自动传输给陆基中段防御（GMD）系统、“宙斯盾”BMD 和其他 BMDS 单元。在传感器管理者的授权下，前置 AN/TPY-2 雷达可在 SBIRS 预警信息提示下自动进入聚束搜索模式。该模式中，雷达通过聚焦搜索波束来增强对助推段目标的捕获能力，并通过 C2BMC 将目标航迹传给 GMD、“宙斯盾”BMD 和其他 BMDS 单元。精密提示模式可以在前置 AN/TPY-2 雷达资源有限的环境下提高其目标捕获能力，通常在目标已被另一个前置传感器（如“宙斯盾”BMD）捕获时使用。为完成精密提示，C2BMC 会向 AN/TPY-2 雷达传送目标的速度、三维坐标和协方差等完整状态矢量。

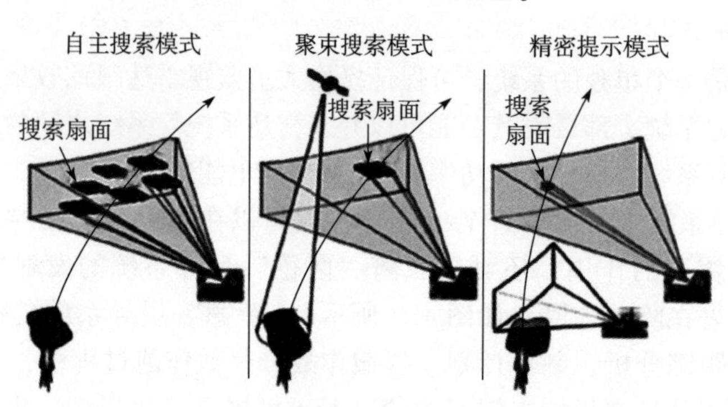

图 4.8　前置 AN/TPY-2 雷达的 3 种搜索模式

AN/TPY-2 雷达工作在 X 波段（9.5GMz），雷达天线面积为 9.2m^2，发射/接收阵元数为 25344 个，单个阵元峰值功率可达 16W，雷达平均功率 60~80kW，方位角机械转动范围-178°~+178°，俯仰角机械转动范围 0°~90°，但天线的电扫范围、俯仰角及方位角均为 0°~50°。该雷达具体性能参数如表 4.4 所列。高分辨率和超远的探测距离使 AN/TPY-2 雷达成为世界上最大、性能最强的陆基移动弹道导弹预警雷达。

表 4.4　AN/TPY-2 雷达性能指标

阵面宽度和高度/m	4.6/2.0	天线孔径/m^2	9.2
子阵数	72	单个子阵的 T/R 接口微波模块数	44
单接口模块的 T/R 组件数	8	T/R 组件总数	25344
布阵形状	等边三角形	俯仰角/(°)	0~80
T/R 组件峰值功率和平均功率/W	16/3.2	总平均功率/W	81000
频率/GHz	8~12	带宽/GHz	约 1
分辨率/cm	约 25	方位向波束宽度/(°)	约 0.39
俯仰向波束宽度/(°)	约 0.92	方位角/(°)	±53
俯仰角/(°)	±5°	机械可调整仰角/(°)	10~60
前置部署探测距离/km	870km(σ=0.01m^2，S/N=20dB，驻留时间=0.1s)； 1800~2000km（韩国媒体报道）；2900km（MDA 局长 2008 年宣称）		

4.3.3　发展历程

AN/TPY-2雷达研制历经了3个阶段，分别是演示与验证型号阶段、用户操作评估系统型号阶段、工程制造型号阶段，3个阶段的雷达在天线面积、发射/接收阵元数量等方面存在差别。目前服役的AN/TPY-2雷达为工程制造型号的批量生产型。AN/TPY-2雷达设计用于探测、跟踪以及识别弹道导弹威胁。它能够使得BMDS确认、评估以及应对（针对美国已部署部队及盟国）威胁的能力最大化。美国陆军最初计划购买9部用于“萨德”反导系统的AN/TPY-2火控雷达和9部FBX-T前沿部署预警雷达，后调整至6部AN/TPY-2火控雷达和6部FBX-T雷达（共12部），详细叙述如下：

2007年美国在日本北部青森部署了第一部前置工作模式的AN/TPY-2（FBX-T）雷达，旨在应对朝鲜和中国的导弹威胁。不过，一个“萨德”反导营的标准配置是6套发射架，而部署日本关岛的这套系统仅有3套发射架，这可能成为今后驻外防区的标配。

2007年7月，美国MDA授予雷声公司一份价值3.04亿美元的合同，为弹道导弹防御系统（BMDS）的AN/TPY-2雷达开发跟踪与识别能力。按照合同，雷声公司负责雷达软件的研发与试验、各种工程任务、维修与保障、基础设施更新以及任务规划部署。雷声公司还负责AN/TPY-2雷达的全寿期工程保障支持。

2008年9月28日，以色列南部的内盖夫沙漠部署了一部前置部署模式工作的AN/TPY-2雷达。

2011年9月14日，土耳其宣布将在其东南部马拉蒂亚省部署一套前置部署模式工作的AN/TPY-2雷达。该雷达朝向伊朗，距离伊朗西部边境约700km，可覆盖伊朗全境以及外高加索部分地区。一旦发现目标，该雷达能在第一时间将探测数据传送给位于罗马尼亚的发射阵地，另外部署在地中海的“宙斯盾”舰船也可通过“协同作战能力”网络接收来自该雷达的预警数据。土耳其位于地中海和南欧，此处部署AN/TPY-2雷达，其目的在于与“宙斯盾”舰船和“标准”SM-3拦截弹一起增强欧洲南部及整个欧洲地区的弹道导弹防御能力。

2013年年初，美日决定在日本中部京都附近再部署1部同样的预警雷达，并在横田机场设立了一个联合行动协调中心。预警雷达的预警信息可通过该协调中心传送给美国，增加美军的反应时间，进一步增强美军的导弹防御能力。

2014年，雷声公司继续升级AN/TPY-2雷达的硬件和软件，提升系统的信号处理和数据处理能力，将一部升级版处理器集成到一个电子设备单元中，可使雷达更快、更精确地识别弹头与非弹头，其处理能力是上一代产品的5倍，且具有更好的未来升级空间。此外，这种电子设备单元采用了标准化设计，并非为单部雷达定制的产品，因此一旦某部雷达即使发生故障，这种电子设备单元可随时用于补缺，确保雷达覆盖的连续性。

2014年3月、10月，雷声公司分别提前6个月交付第9部、第10部AN/TPY-2雷达，作为美国陆军第4个、第5个“萨德”反导营的火控雷达，负责导弹搜索、检测、跟踪和识别，并引导导弹拦截。之后几年雷声公司又先后交付了剩下的2部AN/TPY-2雷达。

2011年4月，在一次反导测试中，“标准”SM-3 Block ⅠA型拦截弹成功拦截了一枚中程弹道导弹靶弹，这是“宙斯盾”反导系统首次拦截射程超过3000km的中程弹道导弹。在靶弹升空后，部署在威克岛的AN/TPY-2雷达成功探测并跟踪到这枚导弹，并将导弹运行轨迹等数据通过战斗管理系统传送给部署在夏威夷以西的“奥凯恩”号导弹驱逐舰，由后者的AN/SPY-1雷达进行导弹制导，成功实施拦截。美国MDA认为，借助远距离陆基雷达搜集到的导弹轨迹数据实施拦截，极大增加了“标准”SM-3导弹的战斗空间和防御范围。故此，此次试验堪称“迄今最具挑战性”的反导试验。

2012年，美国国家研究委员会提交了一份报告，建议将经过改良的TPY-2雷达用作美国内陆陆基中段防御系统的一部分。该报告建议美国增加5部集成且可旋转的陆基TPY-2雷达，且每部雷达均应配备X波段上行和下行模式。其中4部将部署到现有的4部改进型早期预警雷达（UEWR）基地。另外一部TPY-2雷达将部署到新墨西哥的大福克斯，当地目前驻扎着第10太空预警中队。TPY-2的X波段波长对弹头和诱饵的识别能力要强于目前的改进型早期预警雷达。

2015年12月，美国MDA使用雷声公司制造的“标准”SM-3 Block ⅠB导弹在AN/TPY-2雷达的支持下在试验中成功摧毁了来袭弹道导弹靶弹。试验过程中，“标准”SM-3 Block ⅠB导弹使用AN/TPY-2雷达的远程跟踪数据摧毁一枚中程弹道导弹靶弹。“标准”SM-3 Block ⅠB导弹采用了增强型双色红外导引头以及升级的制导和推进能力，该型导弹于2014年开始服役，目前装备在美国海军军舰上。AN/TPY-2雷达的探测范围和识别能力与“标准”SM-3导弹的射程和速度的结合产生了良好的效果，这也是两个系统都是全球导弹防御系统核心组成的原因。

2016年7月7日，由朴槿惠政府公布部署“萨德”反导系统的决定，“萨德”反导系统将安装在位于首尔东南200km处的星州县的韩国空军基地。经过当地居民的抗议后，空军基地的场地随后更改为在原州的前高尔夫乡村俱乐部。2017年4月提前启动，6个“萨德”发射器中有2个在5月2日前投入使用。

AN/TPY-2雷达发展时间线：

2018年11月：美国国务院宣布向沙特阿拉伯出售“萨德”反导系统。此次销售包括7部AN/TPY-2雷达，以支持44个发射器。

2017年3月：美国向韩国部署“萨德”反导系统和相应的AN/TPY-2雷达，以应对朝鲜日益增长的弹道导弹威胁。

2013年4月：为应对朝鲜的威胁，在关岛部署了“萨德”反导系统和相应的AN/TPY-2雷达。

2012年9月：美国军方和日本同意在日本部署第2部AN/TPY-2雷达。

2012年7月：AN/TPY-2部署到卡塔尔的Al Uedod空军基地，与伊朗隔波斯湾相望。

2011年9月：土耳其同意部署AN/TPY-2雷达，作为EPAA阵列系统的一部分。该雷达将面向伊朗部署，并与美国海军系统连接。

2008年9月：美国陆军欧洲司令部向位于内盖夫沙漠的以色列内瓦蒂姆（Nevatim）空军基地部署了AN/TPY-2雷达。

2007年：美国向日本部署了第1部AN/TPY-2雷达，以提供基于前置模式监视并提升该地区的导弹防御能力。

2007年7月：雷声公司宣布与MDA签订3.04亿美元的合同，为BMDS前向AN/TPY-2雷达开发先进的跟踪和识别能力。

2007年2月：雷声公司获得了2000万美元的改装合同，该合同最终可能高达2.12亿美元，用于制造、交付和集成萨德反导系统的AN/TPY-2雷达组件。

4.4 “爱国者”反导雷达

4.4.1 基本情况

AN/MPQ-53(PAC-2) 是“爱国者”MIM-104防御系统的雷达，主要针对中/高空反弹道导弹防御任务，该系统是洛克希德·马丁公司和雷声公司合作的，工作于C波段，是一个无源电子扫描阵列雷达系统，由3~4人通过电缆链路使用MSQ-104交战控制站远程操作。MPQ-53雷达实现了“探测到杀伤”一体化工作，这意味着与其他地对空导弹系统相比，能够使用单个单元执行其他地空弹道系统多部雷达的功能。雷达可以探测和跟踪100多个目标，射程超过100km。由于MPQ-53没有移动部件，难以被干扰，并提高了其总体成功率。AN/MPQ-65(PAC-3) 根据PAC-3计划，MPQ-53雷达组已被MPQ-65雷达取代，如图4.9所示。

图4.9 AN/MPQ-53/65雷达

4.4.2 功能特点

AN/MPQ-53相控阵雷达具备搜索、探测、跟踪及识别、导弹跟踪及引导和反电子干扰等功能。雷达由作战控制中心中的数字式武器控制计算机通过一条数据链对其实施自动控制。该雷达可跟踪最多100个目标并向最多9枚导弹提供导弹制导数据。AN/MPQ-65雷达与前者的主要区别在于，后者又增加了一个行波管（TWT），使得该雷达的搜索、检测以及跟踪能力得到了提升。

AN/MPQ-53相控阵雷达的信号处理器在监视目标时，可存储目标信号和副瓣消隐通道的信号，以便进行流水线式处理；在搜索时可进行副瓣消隐、恒虚警检测、距离计算，以及按时分割技术以便为武器控制计算机做出格式编排；在截获跟踪时，能在指定的距离—角度窗口用脉冲计数器完成目标截获并转入跟踪；在中制导段，对取出的导弹坐标数据和状态数据进行采样和格式编排，然后提供给武器计算机；再通过导弹跟踪（TVM）阶段，照射脉冲串的积累和选通结果经快速傅里叶变换处理和格式编排，再提供给武器计算机使用。AN/MPQ 的指挥控制车是整个武器系统的作战控制中心，由武器控制计算机、人/机接口及各种数据和通信终端组成。作战控制中心通过两组程序控制武器系统的全部作战过程：第一组程序使系统进入准备状态，第二组程序控制整个交战过程。

AN/MPQ-65(PAC-3) 在 PAC-3 计划下，MPQ-53 雷达组已被 MPQ-65 取代。MPQ-65 雷达在 PAC-3 配置 3 中完成，采用双行波管单元和新的射频振荡激发器，雷达性能显著提升。升级后的 MPQ-65 雷达可以同时跟踪多达 100 个目标。基线功能得到增强，以更好地应对机动弹道导弹、隐形巡航导弹和飞机等发展中的威胁。使用 C 波段频率，雷达的作用距离超过 100km，并且还使用 MSP-104ESC 操作。AN/MPQ-65 雷达使用第二个行波管，能比 MPQ-53 分配更多的搜索、检测和跟踪能力。一项名为部署后 Build8 或 PDB8 的升级，通过从模拟处理过渡到数字处理，为“爱国者”部队提供了功能更强大的雷达。“爱国者”的 AN/MPQ-65 雷达升级为 AN/MPQ-65A，增加了大约 30%的搜索范围并提高了处理速度。

AN/MPQ-53/65 雷达配备敌我识别（IFF）、电子反对抗措施（ECCM）和通过导弹跟踪（TVM）阶段制导子系统。AN/MPQ-53 雷达支持 PAC-2 单元，而 AN/MPQ-65 雷达支持 PAC-2 和 PAC-3 单元。后者增加了第二个行波管（TWT），使 AN/MPQ-65 雷达增强了搜索、探测和跟踪能力。雷达天线阵列由 5000 多个元件组成，这些元件每秒“偏转”雷达波束多次。雷达天线阵列还包含一个敌我识别（IFF）询问器子系统、一个通过导弹跟踪（TVM）阵列和至少一个旁瓣对消（SLC）器，这是一个旨在减少可能影响雷达的干扰的小型阵列。

AN/MPQ-53 雷达升级为 AN/MPQ-65 雷达后，雷达性能得到了显著提升。两者均工作在 C 波段，天线孔径 2.44m，天线阵元 5161 个，作用距离覆盖 3～170km，搜索扇区达到 90°，跟踪扇区可达 120°，整个天线装置安装在一辆半拖车底盘上。AN/MPQ-65 雷达工作于 5.25～5.925GHz（C 波段），探测距离 170km，平均功率 20kW。AN/MPQ-65 相控阵雷达平均功率比 PAC-2 使用的 AN/MPQ-53 雷达增大了一倍，增强了对小 RCS 目标、低空飞行巡航导弹、超高速目标的探测、跟踪和识别能力。

美国的 AN/MPQ-53 相控阵雷达主天线阵直径为 2.44m，共有 5161 个辐射阵元，可进行 32 种天线方向图转换，转换时间为 100ms。制导天线阵直径为 0.5334m，共有 253 个辐射阵元。副瓣对消天线阵共有 5 个，每个阵面有 51 个辐射阵元。敌我识别天线阵工作在 L 波段，有 20 个辐射阵元。AN/MPQ-65 在安装在 M860 半挂车上的 C 波段无源电子扫描相控阵雷达中运行。在“爱国者”PAC-3 计划下，AN/MPQ-53 雷达组已被 AN/MPQ-65 取代。“爱国者”反导防御系统所配备的雷达也经过了多次改进，目前广泛部署的“爱国者”PAC-3 反导系统已经由早期的 AN/MPQ-53 雷达升级为 AN/MPQ-65 雷达，雷达性能得到了显著提升。

AN/MPQ-65 通过进一步细化工作时序，能更加精确地确定目标长度、RCS 和速度，自动分析、捕获目标，并能从诱饵和碎片中分辨出战斗部，使雷达对目标的跟踪能力大大提高。同时，因增加了雷达的功率和拦截导弹的 K 波段主动导引头，减少了雷达对单个目标的制导时间和能量的消耗，使得同时拦截目标的数量也有了大幅增长，该雷达同时跟踪目标数可达100个，同时交战的目标数达到9个。

4.4.3　发展历程

“爱国者”反导雷达的发展伴随着PAC-1、PAC-2、PAC-3反导系统的发展而不断地演进，1985年AN/MPQ-53雷达具备初始作战能力，2003年AN/MPQ-65雷达具备初始作战能力。

1998年美国国防部在白沙导弹靶场对“爱国者”先进性能（PAC-3）导弹的首次研制飞行试验（DT-1试验弹）获得成功。PAC-3导弹由洛克希德·马丁公司研制，试验目的已达到：检验了导弹的发射与飞行、与现有“爱国者”导弹系统的对接和导弹在拦截目标前的运作。系列飞行试验将分研制试验和作战适用性试验两个阶段。

2000年7月8日美国国家导弹防御系统第3次拦截试验失败，延后两周，在7月22日，又在新墨西哥州白沙导弹靶场成功地拦截并摧毁了一枚低飞的MQV7-107巡航导弹，拦截高度在13km以下，具体数据尚未公布，这是“爱国者”PAC-3型导弹又一次成功的动能杀伤拦截试验，也是第一次成功的拦截巡航导弹试验。

2010年2月，增强型PAC-3拦截导弹的第1次拦截试验成功，2011年3月，美国陆军改进后的增强型“爱国者”PAC-3拦截导弹在白沙导弹靶场成功摧毁了一枚由轨道科学公司（Orbital Sciences Corporation）制造的靶弹。在此次试验中，作为靶弹的目标飞行器朝南发射，沿着弹道飞行，再入过程中被拦截导弹摧毁。

2012年8月29日，美陆军试验与评估司令部在白沙导弹靶场进行了一次作战试验，试验中洛克希德·马丁公司的PAC-3导弹成功摧毁了战术弹道导弹目标。此次试验包括3个来袭目标：2枚“爱国者”战术弹道导弹和1架MQM-107无人机。2枚PAC-3导弹成功拦截了2枚战术弹道导弹。数据显示所有试验目标均已实现。此次试验是2012年度PAC-3导弹飞行试验连续第3次成功，下半年洛克希德·马丁公司还计划进行3次PAC-3试验，包括演示验证“爱国者”PAC-3反导系统和MEADS系统中导弹分段增强（MSE）能力的飞行试验。

2016年3月17日，洛克希德·马丁公司PAC-3 MSE导弹在白沙导弹靶场成功探测、跟踪并拦截1枚战术弹道导弹。据PAC-3项目副主管称，PAC-3 MSE导弹持续证明了可靠性和命中杀伤力，对该导弹进行升级，可使其成为作战人员抵御当前和未来威胁的工具。

2019年11月7日，美陆军在白沙导弹靶场成功进行了PAC-3 CRI导弹拦截弹道导弹试验。试验中，美陆军发射2枚PAC-3 CRI导弹，成功拦截了2枚战术弹道导弹靶弹。此次试验基于美陆军野战监视计划，旨在验证美陆军部署的PAC-3导弹可靠性和战备状态。

“爱国者”PAC-3系统是美陆军一体化防空反导系统的主要组成部分，主要用于拦截战术弹道导弹、巡航导弹和作战飞机等。PAC-3 CRI和PAC-3 MSE是PAC-3导弹的最新型号，PAC-3 CRI为低成本改进型号，便于大量部署；PAC-3 MSE为分段增强型号，换装更大的火箭发动机，采用更大的翼面，作战距离提升至40km，拦截高度增加到22km。

2021年1月，美陆军一体化防空反导作战指挥系统（IBCS）进入低速生产阶段。7月15日，IBCS在新墨西哥州白沙导弹靶场完成了最后一次研发试验。试验中，IBCS通过一体化火控网络（IFCN）首次共享了海军陆战队的AN/TPS-80地面/空中任务导向雷达G/ATOR系统的跟踪数据，并发射“爱国者”PAC-3导弹成功拦截2枚巡航导弹靶弹。IBCS在此次试验中集成了迄今为止最广泛的探测器，验证了IBCS连接跨军种探测器的能力，为实战部署前的初始作战试验奠定了基础。11月4日，IBCS在新墨西哥州白沙导弹靶场发射了2枚PAC-3MSE导弹，成功拦截了弹道导弹目标，这也是IBCS首次成功发射“爱国者”PAC-3MSE导弹。

“爱国者”反导系统发展时间线：

2021年11月：IBCS首次成功发射“爱国者”PAC-3MSE导弹成功拦截了弹道导弹目标。

2021年1月：IBCS通过一体化火控网络（IFCN）发射“爱国者”PAC-3导弹成功拦截2枚巡航导弹靶弹。

2019年11月：美陆军在白沙导弹靶场成功进行了PAC-3CRI导弹拦截弹道导弹试验。

2016年3月：“爱国者”PAC-3MSE导弹在白沙导弹靶场成功探测、跟踪并拦截1枚战术弹道导弹。

2012年8月：“爱国者”PAC-3导弹成功摧毁了战术弹道导弹（TBM）目标。

2011年3月：增强型“爱国者”PAC-3拦截导弹在白沙导弹靶场成功摧毁了1枚由轨道科学公司制造的靶弹。

2010年2月：增强型“爱国者”PAC-3拦截导弹的第1次拦截试验成功。

2000年7月：“爱国者”PAC-3型导弹成功地拦截并摧毁了1枚低飞的MQV7-107巡航导弹。

1998年：“爱国者”PAC-3弹的首次研制飞行试验（DT-1试验弹）获得成功。

2003年：AN/MPQ-65雷达具备初始作战能力。

1985年：AN/MPQ-53雷达具备初始作战能力。

4.5 较低层的空中和导弹防御传感器

4.5.1 基本情况

2019年10月16日，美国彭博新闻社率先披露：美陆军已选择雷声公司作为“低层防空反导传感器”（LTAMDS）项目的中标方，标志着洛克希德·马丁和诺思罗普·格鲁曼两大竞标团队最终落败，“爱国者”PAC-3反导系统雷达未来仍将由雷声公司研制。LTAMDS项目是美陆军未来司令部组建后主导的首批重点武器研发项目之一，该项目旨在研发一种多功能雷达系统，替换现役AN/MPQ-65A雷达，同时补齐能力短板，对一体化防空反导体系中的低层传感器组件进行现代化升级。新雷达将使美陆军得以充分发挥“爱国者”PAC-3MSE导弹的性能，该弹射程已超过现有AN/MPQ-65A雷达的探测范围。除填补能力短板外，新雷达还将降低使用和维护成本，提升可靠性和可维护性。

雷声公司研制的 LTAMDS 系统目标是取代美国陆军用于“爱国者”导弹系统的现役 AN/MPQ-53/65 雷达。雷声公司正在研制 6 台样机，并有望在 2022 财年末准备好进行测试。与其他竞争系统相比，其优势在于能够在战场的全方位以及在超出当前导弹防御系统雷达和导弹系统的作用范围内探测威胁的能力，该型雷达如图 4.10 所示。

图 4.10　LTAMDS 雷达

4.5.2　功能特点

LTAMDS 雷达由前部的一个主天线阵列和后部的两个辅助天线阵列组成。三部天线协同工作，使操作员能够从任何方向同时检测和处理多个威胁，确保战场上没有方位盲区。LTAMDS 主阵列的尺寸与现役“爱国者”系统雷达阵列大致相同，但性能是后者的两倍多。虽然它是为美国陆军的一体化防空反导系统设计的，但也将适用于早期的“爱国者”系统。LTAMDS 雷达能够提供全方位的覆盖范围，具有高度的交叉功能、互操作性和模块化，是专门为陆军综合防空和导弹防御体系结构内的作战而设计的首个传感器，可探测战术导弹、飞机和巡航导弹等最先进目标的威胁。LTAMDS 雷达能够实现全方位远距离探测，并具有探测和跟踪高速机动目标并向网络提供数据的能力。

LTAMDS 雷达将为“爱国者”导弹营提供增强的感知能力，并具有以前未知的可见性和持久性，支撑“爱国者”导弹营能够分散到更广阔的区域，增加其作战范围，同时使编队对敌人的精确打击更有弹性。低层的防空和导弹防御传感器已经从老款的 AN/MPQ-53/65 雷达套件的替代品发展成为一种多功能雷达，可以与多种指挥所和发射器（不仅是“爱国者”PAC-3 反导系统）共享数据，融入陆军新的综合防空和导弹防御战斗指挥系统，即一体化防空反导作战指挥系统（IBCS）网络。与 IBCS 网络的集成对于下一代导弹作战至关重要，而下一代导弹作战要求进行进攻与防御集成。IBCS 加入了陆军的下一代 TITAN 作战网络，该网络是国防部联合全域指挥与控制（JADC2）计划的一部分，旨在创建一个联合的“网络”，以连接整个联合部队的传感器和射手。

LTAMDS 使用氮化镓（GaN）技术代替砷化镓（GaAs），除了基于氮化镓的雷达系统具有更高的信号强度和灵敏度之外，主要优点还在于 LTAMDS 在其使用寿命内无须重新认证。与砷化镓相比氮化镓的另一个优点是更加省电。氮化镓是一种坚硬的玻璃状物质，其晶体结构可以使电子的移动速度比传统计算机芯片中使用的硅快 1000 倍。研究表明，以氮化镓为主的电子芯片的功率密度是砷化镓芯片的5~10倍，因此在相同条件下，氮化镓芯片可承受的电压或电流是砷化镓芯片的2倍以上。同时氮化镓的热导率比砷化镓高7倍，对散热的要求更低，可以在更大的功率下工作。与砷化镓相比，同样尺寸采用氮化镓的天线发射器功率要大一个数量级，探测距离比原来延伸了77%。相应的是，在相同功率需求下，可将雷达接收发射单元的数量减少到原来的1/10，从而大大减少天线面板的尺寸，使雷达变得更小更轻。而在制造成本方面，以硅基氮化镓制成的高电子迁移晶体管比同级的碳化硅组件更便宜，所以使用氮化镓技术的雷达价格更低。另外，根据实验室测试，氮化镓元器件的平均无故障间隔时间可达千万小时，远远优于现有产品。

LTAMDS应用C频段进行目标的探测与跟踪，使用S波段和X波段频率进行导弹通信。LTAMDS具有三个天线阵列：前面的一个主阵列，后面的两个辅助阵列。它们一起工作，可以同时检测和应对来自任何方向的多种威胁。拖车的前部有一个大型主雷达阵列，可以折叠成类似于普通的18轮拖车。在拖车的背面，有两个较小的折叠式雷达辅助阵列，它们左右倾斜一定角度。氮化镓的使用增强了三个阵列的扇区，导致扇区重叠以提供360°覆盖，能够实现对典型目标超过100km的探测距离。

4.5.3　发展历程

LTAMDS项目在2017年初由美国陆军开展招标。该项目的起因是这些年来随着战场形势的变化，美军深感原先使用的“爱国者”雷达系统已经逐渐力不从心。为了应对那些更小、更灵活、更具杀伤力的空中威胁，美军需要一款更为先进，并能够探测360°全方位威胁的雷达作为替代。2017年10月13日，美国国防部军械技术联合会分别授予雷声公司、洛克希德·马丁公司、诺斯罗普·格鲁曼公司以及技术创新应用公司以LTAMDS原型技术成熟阶段合同。2019年6月17日，美陆军在白沙导弹靶场完成了近三个月的LTAMDS原型演示验证。试验中美陆军测试了三种不同的LTAMDS原型，跟踪了模拟来袭导弹和真实飞机。从目前的中标结果来看，雷声公司的产品表现最为出众。此次中标后，雷声公司将收到超过3.84亿美元的款项，根据美国陆军另一项交易授权协议，交付6个先进LTAMDS雷达生产型单元，计划在2022年LTAMDS将达到与美国陆军的初始作战能力。

2020年2月，雷声公司宣布完成了首个用于LTAMDS的前端阵列雷达。雷声公司在其获得合同后不到120天的时间内完成了这项工作。根据美国国会2022财年调整书，美军原计划在2022第四季度使新雷达达到初始作战能力。根据预算书，美军现计划于2024财年第一季度将LTAMDS投入生产。雷声公司已于2022年4月交付首部LTAMDS雷达，运抵新墨西哥州白沙导弹靶场进行测试。2022年10月，美国陆军司令部与雷声公司签订为期3年、价值1.22亿美元的合同，用于低层防空反导传感器（LTAMDS）先行计划产品改进增量Ⅲ的升级工作，旨在应对快速发展的导弹威胁。

LTAMDS发展时间线：

2020年7月8日：Orolia USA被选为LTMDS提供弹性PNT能力的分包商。

2020年2月20日：LTMDS的第一个前端阵列完成。

2019年11月13日：雷声公司选择Crane Aerospace&Electronics为LTMDS提供电力

控制和调节的国防电力系统。

2020年10月17日：雷声公司被授予3.84亿美元的合同，交付LTMDS的6个作战单元。

2019年10月14日：LTAMDS模型首次在AUSA年度会议上公开展示。

2019年春/夏：美国陆军就LTAMDS样机项目，在雷声公司、洛克希德·马丁和埃尔塔系统公司以及诺斯罗普·格鲁曼公司的雷达之间进行比较选择。

2018年10月3日：洛克希德·马丁公司和雷声公司选择继续改进"爱国者"雷达的成熟技术。

2017年10月18日：MEADS项目取消后，美国陆军重新发布新的项目指南，以取代"爱国者"雷达。

4.6 远程识别雷达

4.6.1 基本情况

美国准备用新一代的远程识别雷达（LRDR）对现役大型的远程预警雷达进行替换，LRDR是一种新一代陆基大型固定式反导远程识别雷达，如图4.11所示。为解决美国战略反导装备体系存在的远程目标识别问题，MDA在2014年启动LRDR计划，共1套，2021年部署阿拉斯加州克里尔空军基地，造价超过10亿美元，对来袭目标进行精确跟踪、识别及杀伤评估，可应对打击美国本土的洲际弹道导弹威胁。LRDR由美国洛克希德·马丁公司负责研制生产，是美国新一代弹道导弹防御系统的重要组成部分，其耗资据称超过了13亿美元。未来，LRDR战略反导雷达将主要为部署在阿拉斯加格里利堡的美军新型GMD反导拦截弹提供来袭的敌方各类弹道导弹的详细数据信息。LRDR项目基于S波段雷达技术，采用了双极化测量体制，能够获取目标形状方面的信息，据称可以实现真假弹头识别，为陆基中段导弹防御提供关键技术支撑。

图4.11　部署在阿拉斯加的LRDR

传统上，针对弹道导弹探测时远程预警雷达采用UHF频段，在远程预警雷达的引导下辅以X波段雷达进行精密跟踪与识别，因为前者的侦测距离远但分辨率低

(看得远看得广但看不清)，后者则相反（看得清但看得近看得窄)，所以用 UHF 扫描并侦测到后，可以交给 X 波段多功能相控阵雷达做精确的识别。LRDR 则是采用介于 UHF 和 X 波段中间的 S 波段，雷达将采用新一代技术，应用了“萨德”反导雷达研制的天线技术，T/R 组件采用了氮化镓材料，从而使得更小的雷达能达到更大的功率，其工作波段也从 X 波段改为 S 波段后，极大地提高了雷达远距离探测能力，能够实现预警与识别的双重功能。LRDR 雷达是继“萨德”反导系统的 AN/TPY-2 雷达后，美国最先进的陆基反导雷达，它将成为美国陆基中段反导系统的重要基础。2017 年，美国国会批准了 LRDR 新型陆基反导预警雷达的设计方案，当时计划在 2020 年完成该雷达的交付。

4.6.2　功能特点

根据 MDA 的项目招标描述，目标识别能力是美军最优先发展能力之一，而 LRDR 则是弥补这项能力不足的骨干装备。LRDR 的作战任务包括战略反导预警跟踪识别、空间态势感知两大任务。执行战略反导任务时，通过天基预警系统/前出装备的目标提示或波束扫描，建立低仰角的目标搜索屏，实现飞出地平线以上导弹目标的及时预警，自动转入对弹道目标的精确跟踪、目标识别，引导己方导弹实施中段拦截，并执行毁伤评估。此外，该雷达也可承担空间态势感知任务，利用自身快速、广域空间搜索能力与高跟踪精度优势，探测、跟踪、测量、识别中低轨目标，对其进行编目、分析、定轨，为空间攻防提供目标信息。图 4.12 所示为 LRDR 作战场景示意图。

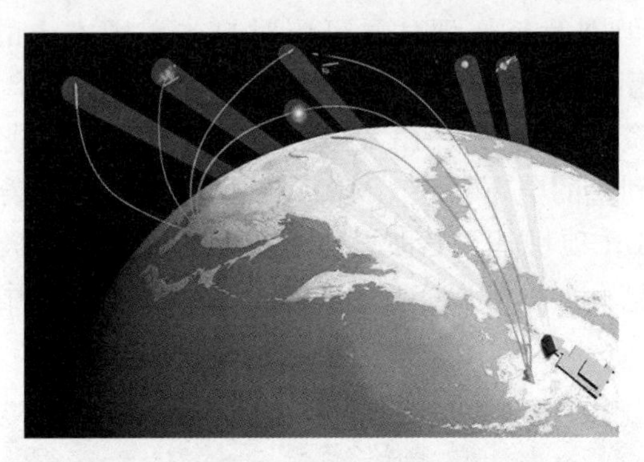

图 4.12　LRDR 作战场景示意图

LRDR 是一型基于氮化镓半导体收发组件的陆基 S 波段固态数字有源相控阵雷达，采用宽视场、宽瞬时带宽及多种识别技术，提升对来自太平洋地区来袭导弹的远程中段目标识别能力，增强美国本土的反导拦截能力。在招标阶段，MDA 曾披露三种阵面设计方案，分别为 S 波段单面阵雷达、S 波段双面阵雷达（双面布阵)、S 波段双面阵雷达（单面布阵，另一个面阵用于后期升级时增装收发组件)。为了在后期升级时两个面阵能够获得相同的灵敏度，双面阵方案要求采用相同的天线硬件。最终，该型雷达采用固定式双面阵方案，方位覆盖 240°。从洛克希德·马丁公司不同阶段发布的 LRDR 模型图来看，天线面阵形状有所不同。初期设计方案为八角形，定型方案为四边形。LRDR 部署场景如图 4.13 所示。

图 4.13　LRDR 部署场地示意图

LRDR 将为阿拉斯加格里利堡的陆基中段防御（GMD）拦截器提供来袭导弹的全天候探测、跟踪和识别数据（图 4.12），以支持导弹防御系统锁定和预防弹道导弹威胁，LRDR 识别能力将使其能够识别致命物体（如来袭导弹弹头），并将它们与非致命的诱饵区分开来，这将有助于节省用于拦截敌方导弹的拦截器的数量，并且还能够在未来的配置中应对高超声速武器的威胁。

LRDR 将是运行在 S 波段（2~4GHz）的超大型相控阵雷达，但是该雷达真实的工作频率并未公布。从原理上看使用 X 频段（8~12GHz）能够实现更高的分辨能力，而采用 S 频段更多的应该是成本上的考虑。LRDR 也应该具备对目标的二维成像能力（ISAR），这个功能与 AN/TPY-2X 波段“宙斯盾”AN/SPY-1 雷达所具有的能力一样。LRDR 使用双极化方式，这有利于获得目标的形状方面的信息，有利于进行真假弹头识别。LRDR 也将具有两个天线阵面，每个阵面具备 120°的方位覆盖性能，因此雷达具有约 240°的方位角视场。

LRDR 采用宽视场相控阵天线，工作频率约为 X 波段的 1/3，雷达阵面如图 4.14 所示。在天线单元数相同的条件下，LRDR 具有与 X 波段雷达相同的天线增益和波束宽度，而天线孔径是 X 波段的 9 倍，所以其跟踪距离是 X 波段雷达的 1.7 倍，或者可获得在相同距离上的 9 倍信噪比得益。LRDR 的识别手段要少于宽带性能更好的 X 波段雷达。LRDR 工作于 S 波段，对中段目标群的识别手段主要基于 RCS 时变特征、微动特征、弹道系数与目标极化等手段，实现弹头、诱饵识别。与之相比，X 波段雷达除上述手段外，还可对目标执行 HRRP 一维成像、ISAR 二维成像，甚至三维成像等宽带成像

图 4.14　LRDR 雷达阵面

识别，实现更多手段的综合验证识别。

LRDR 具有两个 279m^2 的天线阵列，比 SPY-1 天线面积大 25 倍，由于 SPY-1 雷达天线的孔径约为 12m^2，因此 LRDR 的孔径约为 300m^2。因此，LRDR 的天线面比海基 X 波段雷达的天线面（249m^2）要大，但比已经在美国 GMD 系统中使用升级后的预警雷达（384~515m^2）的天线面小，或者升级版“丹麦眼镜蛇”雷达（660m^2）要小。

LRDR 采用氮化镓作为雷达的材料。氮化镓材料的采用，使得 LRDR 实现了高起点，LRDR 的设计探测距离可达 5000km，远超 X 波段雷达，实现了真正的远程。LRDR 的距离分辨率约为 X 波段雷达的 1/3。LRDR 工作在 3GHz 左右，由此，估算最大瞬时带宽在 300MHz 左右，最低距离分辨率为 0.5m。SBX 工作在 9.5GHz，带宽约 1GHz，理论最低距离分辨率可达 0.15m，实际分辨率约 0.2~0.25m。此外，在天线孔径相同条件下，LRDR 雷达的角度分辨率仅为 X 波段雷达的 1/3。同时，LRDR 还面临电离层效应影响。电离层对于较低频率电磁波的折射、色散、衰减等效应会导致信号的传播延迟、相位失真和幅度衰落，严重影响雷达性能。

LRDR 广泛采用了 AN/TPY-2 雷达的成熟技术，并将雷达阵面做大、采用氮化镓材料以及将工作频率改为 S 波段。S 波段的选择同样受到一定争议：根据 2018 年《约翰·霍普金斯 APL 技术摘要》，美军认为“对于 LRDR，选择 S 波段是一个折中方案：在相同的灵敏度和覆盖范围下，S 波段经过评估可提供比 X 波段低得多的成本，并且具有可接受的性能。研究分析表明，尽管 X 波段的目标识别表现会更好，但仍不足以证明 X 波段相比 S 波段具有性价比的优势”。S 波段的探测精度较 X 波段有一定下降，但也能完成对来袭目标的真假分析，并大幅增长探测距离，实现了美军的预定目标。通过对硬件的升级，LRDR 实现了对美军现役预警雷达的性能碾压。

与前几代预警雷达相比，LRDR 的软件水平实现重大跨越。弹道导弹防御与高超声速武器拦截，对美军的防御体系的整合提出了更高要求，体系中的各个部分通力合作，实现对弹道导弹/高超声速武器的全过程监视。作为中段部分的监视雷达，LRDR 必须做到体系兼容和雷达联网的有机统一。多部雷达分布式联网，有利于对目标更好地进行监控，提高拦截效率，为此 LRDR 着重强调了与其他雷达进行情报共享和数据交流的能力。LRDR 将集成到美军弹道导弹防御指挥和控制系统中，并将协助评估威胁，以更有效地激活陆基系统拦截目标。

LRDR 还改进了美军现有远程预警雷达的跟踪算法，通过算法改进，LRDR 初步实现了对较低弹道目标的探测，暂时缓解了目前美军在高超声速武器跟踪领域的紧张局面。软件水平的提高带来了对真假目标的识别能力的飞跃，开放式架构为各种算法的整合提供良好支持，便于在软件领域实现更新迭代。美军着眼算法更新、体系建设、数据共享，从软件角度提升了 LRDR 的战力。优秀的软件体系离不开硬件的性能支持；硬件需要软件才能激发出潜在实力，软件和硬件设计相辅相成，美军着眼未来威胁设计，同时在雷达体系中预留了升级空间。

4.6.3　发展历程

2014 年 3 月，MDA 在 2015 财年预算新闻发布会上宣布为 GMD 系统设计和部署远程识别雷达，以提高 GMD 系统分辨弹头和诱饵的能力，抵御朝鲜远程/洲际导弹对美国本土的威胁。2017 年，LRDR 通过初始设计评审和关键设计评审，反映出项目进展顺利、软硬件开发水平达到预期成熟度。LRDR 项目最早源于 2015 年美国 MDA 与洛克希德·马丁公司签署的一份研制协议，开发和部署成本共 15 亿美元。美军现有的预警雷达无法做到对探测距离和精确识别的兼顾："铺路爪""丹麦眼镜蛇"预警雷达尽管探测距离较远，却存在无法有效识别目标的问题；X 波段雷达虽然实现了对目标的有效识别，但在探测距离和生存性能上差强人意。美军急需一款既能够远程探测、又能精确分辨来袭目标的新型导弹预警雷达，为此，LRDR 应运而生。

2015 年 10 月，MDA 授予洛克希德·马丁公司 7.84 亿美元的合同，用于开发、测试和建造 LRDR，目标是到 2020 年使 LRDR 在阿拉斯加中部的克里尔空军基地投入使用。2017 年 9 月，阿拉斯加 LRDR 的建设开始。在 2018 年 12 月完成系统技术成熟度 7 级测试之后，LRDR 项目一直在稳步向全速率制造迈进。"技术成熟度 7 级测试的完成，为洛克希德·马丁公司和 MDA 客户对该项目已准备好提高雷达产量提供了信心。"对此，洛克希德·马丁公司 MDA 雷达项目负责人钱德拉·马歇尔表示："2018 年，洛克希德·马丁公司利用生产型代表硬件（战术后端处理）以及固态雷达集成站（SSRIS）中的软件，在作战环境中成功演示验证了系统性能。"洛克希德·马丁公司投资了该最先进的雷达设施，以降低执行 LRDR 项目的风险。2019 年 8 月洛克希德·马丁公司为 MDA 研制的 LRDR 已完成向阿拉斯加州克里尔空军基地交付第一个雷达面板，而雷达建筑物的最后一根梁也早已完成吊装。这些事件标志着该项目进展顺利并努力按照 2020 年在其位于阿拉斯加州的克里尔空军基地向 MDA 提供服务计划迈进。

2021 年 12 月 6 日，美国国防部宣布位于美国阿拉斯加州克里尔空军基地的 LRDR 正式投入使用，成为美国弹道导弹防御系统的中坚力量，对来袭目标进行跟踪、识别，并引导陆基中段拦截弹进行有效拦截。LRDR 于 2021 年底在阿拉斯加州克里尔空军基地实现初始部署，2022 年春季接受美国太空部队的作战验收，联网并入 C2BMC 系统。MDA 计划为 LRDR 研发 2 型改进型号雷达，针对主动探测器偏置监控、空间态势感知和目标识别、低功率持久搜索，以及 LRDR 与指挥与控制、作战管理和通信系统的集成 4 个领域进行升级改进，新能力预计 2024 年部署。

LRDR 发展时间线：

2022 年：接受美国太空部队的作战验收。

2021 年 12 月：位于美国阿拉斯加州克里尔空军基地的 LRDR 正式投入使用。

2019 年 8 月：洛克希德·马丁公司为美国导弹防御局（MDA）研制的远程识别雷达（LRDR）交付第一个雷达面板。

2018 年 12 月：完成系统技术成熟度 7 级测试。

2018 年 1 月：洛克希德·马丁公司宣布已成功展示了使用 LRDR 技术应用于陆基"宙斯盾"雷达系统的方法。

2017 年 9 月：阿拉斯加 LRDR 的建设开始。

2015 年 10 月：MDA 授予洛克希德·马丁公司 7.84 亿美元的合同，用于开发、测试和建造 LRDR。

2014 年 3 月：MDA 首次向业界发布 LRDR 信息请求。

4.7 国土防御雷达

4.7.1 基本情况

美国军方认为夏威夷地区未受到GMD系统现有的传感器覆盖和陆基拦截器的保护。从地理位置上看，美国现有远程预警雷达对从西太平洋方向飞往夏威夷的导弹覆盖范围存在明显盲区，而阿拉斯加和加利福尼亚的GMD系统的陆基拦截导弹需要飞行较长的时间进行拦截。通过在夏威夷部署“萨德”终端或将现有的陆基“宙斯盾”系统设施转换为配备“标准”SM-3 Block ⅡA拦截导弹系统，能够提高夏威夷地区的导弹防御能力。但是，陆基“宙斯盾”系统的SPY-1雷达不足以支持“标准”SM-3 Block ⅡA拦截器。MDA认为“萨德”的AN/TPY-2雷达不足以防御夏威夷。国土防御雷达（HDR）是在LRDR的基础上发展而来。2017年，MDA开始制定研制和生产“识别雷达”的计划，以改善来自夏威夷方向的防御能力。

夏威夷国土防御雷达（HDR-H）和太平洋国土防御雷达（HDR-P）两型雷达是美国弹道导弹防御系统下新的持续识别传感器，可满足美国北方司令部和太平洋司令部的作战需求，从而在短期内获得应对太平洋区域潜在威胁的长久解决方案。这两型雷达均可提供全天时全天候探测能力，以应对日益复杂的潜在威胁，提高弹道导弹防御拦截器的能力，并为美国本土、阿拉斯加和夏威夷提供防御。HDR将利用洛克希德·马丁公司LRDR的已有资源，并根据可能要面临的不同威胁进行改进。HDR系列雷达将利用其他传感器项目的开发成果来增强目标识别、跟踪和评估能力，以提高拦截器拦截效率。

4.7.2 基本功能

HDR雷达主要针对西太平洋地区国家的弹道导弹威胁，由于采用了开放式、可拓展的系统结构，以适应未来增长需求，同时采用双极化测量方式，提高了雷达目标识别和跟踪能力。部署在阿拉斯加的LRDR弥补了美国弹道导弹本土防御作战的短板，但这还远远不够，孤悬海外的夏威夷缺乏导弹预警和防御能力，而西太平洋地区同样需要更强大的新一代战略预警雷达。

HDR雷达具备自主获取、跟踪和识别来袭弹道导弹的能力，能够“有效对抗对手现有及正在研发的导弹武器系统”，未来该雷达将成为美国弹道导弹防御系统（BMDS）的关键传感器之一，大大增强MDA陆基中段防御系统的整体能力。HDR还具有目标识别和杀伤评估等功能，可以为部署在阿拉斯加州和加利福尼亚州的陆基拦截导弹提供支持，日本也能共享信息。HDR甚至还可以监视他国攻击人造卫星的“卫星杀手”和监控太空垃圾，对美国保卫太空资产也有重要意义。

4.7.3 发展历程

美国最初计划在夏威夷建造一部夏威夷国土防御雷达，为夏威夷提供导弹预警。2018年12月18日，美国国防部发布了导弹防御局HDR-H项目合同，洛克希德·马丁公司最终战胜雷声公司赢得了该项目合同。

MDA 在 2017 财年完成了针对 HDR-H 的现场调查。HDR-H 雷达不会达到 LRDR 的阵面规模，但比“萨德”的 AN/TPY-2 雷达规模要大得多。HDR-H 雷达将能够提供持续的远距离搜索和目标识别能力，并通过其他传感器进行系统能力的增强，以减轻新的弹道导弹威胁目标对美国弹道导弹防御系统的影响。HDR-H 雷达优化了太平洋导弹防御架构中的目标识别能力，并增强了 GBI 拦截弹保护夏威夷地区的能力。HDR-H 雷达还能够执行太空态势感知等其他任务。HDR-H 雷达的总成本预计超过 10 亿美元，其中 7.63 亿美元用于设计和制造雷达，3.21 亿美元用于雷达部署。HDR 雷达计划部署 3 部，总耗资约 41 亿美元。HDR-H 雷达是 LRDR 雷达的缩小单面阵版本。预计 HDR-H 雷达将在 2023 财年完成弹道导弹防御系统集成、测试和运行准备工作的初始部署。HDR-H 雷达如图 4.15 所示。

图 4.15　HDR-H 示意图

MDA 在 2017 财年完成了针对 HDR-H 的现场调查。2018 年 12 月 18 日，美国国防部发布了导弹防御局 HDR-H 项目合同，洛克希德·马丁公司最终战胜雷声公司赢得了该项目合同。HDR-H 雷达旨在提高夏威夷的防御能力，其设计将能够在来袭目标中途飞行中识别、跟踪和分类目标威胁。该雷达将集成到美国弹道导弹防御系统（BMDS）框架中，以增强其防御能力，并提供自主捕获和持续精确跟踪和识别，以应对日益增长的威胁。

在 2018 年 12 月 7 日，MDA 授予了 3 家公司（洛克希德·马丁、诺思罗普·格鲁曼和雷声公司）25 万美元的合同，以分析 HDR-P 的性能要求，合同于 2019 年 4 月到期。HDR-P 的可能位置已经确定，MDA 表示：“HDR-P 提供持续的中段识别能力、精确跟踪和命中评估，以支持国土防御远程导弹威胁。”与 LRDR 和 HDR-H 一样，它也可以用于太空目标监视。2018 年 12 月，日本媒体报道称，美国正在考虑从 2023 年开始在日本部署 HDR-P。2019 年 1 月，日本报纸上的一篇文章指出，美国政府尚未要求日本批准部署日本的雷达，它还补充说，美国打算与日本自卫队共享雷达提供的信息。

2020 年 2 月，美国导弹防御局（MDA）表示将放弃在太平洋地区部署 HRD-H 和 HDR-P 的计划，并重新考虑印太地区弹道导弹防御传感器体系。MDA 在其 2021 财年预算需求中，没有再列入这两型雷达，相关经费将用于国防部其他重点发展领域。MDA 称，目前夏威夷前沿部署的 AN/TPY-2 雷达和海基 X 波段雷达（SBX）已在印太区域提供了全面覆盖，“宙斯盾”舰也能根据需要重新定位，可以很好地应对当前弹道导弹威胁，而未来的防御体系将重点考虑天基传感器层，以应对高超声速武器等威胁。

2020 年 8 月，美国国会和五角大楼对夏威夷的 HDR-H 的支持空前，美参众两院继续支持研发 HDR-H，通过众议院拨款委员会国防小组委员会 21 财年国防开支法案和参议院武装部队委员会的国防政策法案中的资金支持，夏威夷雷达在国会赢得了关注。众议院小组委员会注资 1.33 亿美元购买夏威夷国土防御雷达，参议院军事委员会（SASC）投入 1.62 亿美元，继续开发 HDR-H。HDR-H 被归类为 MDA 的重点领域，MDA 发言人马克·赖特（Mark Wright）在 8 月 6 日在《国防新闻》的声明中表示："如果国防部决定继续推进 HDR-H，那么 HDR-H 将作为美国国土防御架构的一部分应对远程威胁而部署。导弹防御体系必须随着威胁的发展而发展，空间传感器不会替代地面雷达，而是地面雷达的补充。同时具备地面雷达和空间传感器，可以提供目标双重特性，可以在威胁变得越来越复杂时准确地跟踪和识别威胁。"

2020 年 12 月，美国《2021 年国防授权法案》在参议院获得了通过。该法案主要是对美国下一财年的军费预算进行授权，其中 10 亿美元在夏威夷部署 HDR-H，用于探测弹道导弹、巡航导弹和高超声速武器等。MDA 将 HDR-H 的部署地点缩小到了瓦胡岛西北海岸的三个可能地址，其中两个地点位于美国陆军的卡胡库训练区，第三个地点位于夏威夷卡埃纳角空军站卫星跟踪站旁边。2022 年 12 月美国参议院通过的《2023 年国防授权法案》增加 7500 万美元开发 HDR-H，并计划在 2028 年前投入使用。

除了在夏威夷部署 HDR-H，MDA 此前还计划 2024 年开始在日本建造太平洋地区国土防御雷达，命名为太平洋国土防御雷达（HDR-P）。2022 年 8 月，MDA 授予洛克希德·马丁公司 7.23 亿美元的合同用于开始建造关岛国土防御雷达（HDR-G）。这将是美国首次将具有探测洲际导弹能力的反导预警系统部署在海外。HDR-P 的价格将比 HDR-H 的价格更高，超过 13 亿美元，其中雷达为 10 亿美元，军事建设成本为 3.21 亿美元，与 LRDR 基本相同。作为未来美国部署到西太平洋的关键传感器，部署日本的国土防御雷达不仅能用于监视朝鲜的中短程弹道导弹发射试验，也将中国和俄罗斯内陆发射的远程和洲际导弹试验纳入监视范围。

4.8　美国反导雷达能力分析

目前，美国反导雷达网络已实现了对重点区域全覆盖和对目标弹道的全程跟踪能力，构建了从传感器跟踪、指挥控制，到动能拦截的完整杀伤链，并通过体系化的陆基雷达网络建设改善目标的分辨能力。

4.8.1　区域覆盖与跟踪能力

美国近年来致力于推行全球反导战略，不仅在美国本土，还在亚太、欧洲等多个地区部署了多部预警雷达，并通过指挥控制、作战管理与通信系统实现了各节点的有机交链与不同区域不同波段雷达的互联互通，在全球形成了密集的雷达网络，基本实现了目标的全过程跟踪和一体化快速响应能力。

美国陆基反导雷达网络基本具备重点区域覆盖与无缝跟踪能力，美国陆基反导雷达采用前置部署和本土周边部署相结合，能够全面覆盖重点区域，并具备全弹道进行跟踪的能力。

推进前沿部署，探测范围覆盖我国纵深。美军在韩国星州部署"萨德"系统，在日本车力、经岬前置部署X波段雷达，在中国台湾地区乐山部署“铺路爪”雷达，且“宙斯盾”舰常态化部署日本海及我国周边海域，雷达预警网深入中国内陆地区，具备对中国导弹发射活动全程监控跟踪的能力。

强化本土防护，严密覆盖北美大陆及周边空域。美军在阿拉斯加、美国本土、欧洲部署“铺路爪”“丹麦眼镜蛇”等多型陆基远程预警雷达，在美国本土和加拿大构建了北方预警系统，对来自俄罗斯和北极地区的弹道导弹进行严密监控；舰载“宙斯盾”系统、SBX等平台灵活机动，可进一步提升战场态势感知能力，扩展雷达预警网。

舰载SPY系列雷达及日韩前置部署的AN/TPY-2雷达可探测朝鲜方向来袭导弹信息，引导“标准”SM-3拦截弹进行上升段拦截，并将信息与SBX雷达、比尔基地的UEWR雷达、“丹麦眼镜蛇”雷达交接，对导弹精密跟踪，引导GBI拦截弹进行中段拦截，末段部署的AN/TPY-2火控雷达和AN/MPQ-53/65雷达引导拦截武器系统在外大气层、内大气层进行末段拦截。

对于伊朗方向的来袭导弹，土耳其、以色列的前置AN/TPY-2可实现来袭导弹的早期预警，可跟踪导弹的上升段到中段前段，与科德岛的UEWR雷达进行交接，并与罗塔基地的“宙斯盾”驱逐舰、罗马尼亚的陆基“宙斯盾”系统共同完成目标的全导弹跟踪，AN/TPY-2、AN/MPQ-53/65等雷达依据引导信息，实施末段拦截。

4.8.2 全流程作战能力

美国陆基反导雷达网络基本具备传感器—指控—射手的全流程作战能力，实施梯次搭配，构筑紧密协同的分层预警体系。依托指挥控制、作战管理和通信（C2BMC）系统，固定与机动装备、远程与近程装备、前沿与后方装备紧密配合，实现各节点的有机交链和互联互通。“铺路爪”雷达、SBX、前置部署X波段雷达等可探测上升段弹道导弹，计算弹道参数，并通过C2BMC进行实时分发和信息共享；陆基雷达（GBR）、“宙斯盾”系统雷达等对来袭导弹持续跟踪监视，为中段拦截系统提供目标指示；AN/TPY-2、AN/MPQ-53/65等根据引导信息对导弹进行精密跟踪，引导拦截弹实施末段拦截。

在C2BMC系统和GMD通信网络的支持下，现役的陆基反导雷达已与BMDS指挥控制系统、拦截弹系统连成一体，实现了全流程无缝作战能力。在上升段，前置AN/TPY-2雷达和“宙斯盾”SPY-1D雷达将支持“标准”SM-3拦截弹进行第一波拦截弹；在中段，改进型早期预警雷达和海基X波段雷达可支持GMD拦截弹进行第二波拦截；在末段，配备后置AN/TPY-2雷达的“萨德”反导系统和配备MPQ-53/65雷达的“爱国者”PAC-3反导系统将进行第三、四波拦截。

4.8.3 抗突防能力

美国陆基反导雷达抗干扰与体系分辨能力强，提升抗目标复杂突防能力。美军通过在频域、空域、能量域等多方面采用多种技术提高其预警雷达抗干扰能力，从而提升预警雷达实战能力，主要包括：

（1）在频域上，采用频率捷变、频率分集、瞬时大带宽等技术，对瞄准式噪声干扰具有较好的抑制效果。例如，“铺路爪”“丹麦眼镜蛇”雷达支持波形快速切换、捷变频，AN/SPY-1D采用了频率捷变、重频和脉宽跳变技术，AN/MPQ-53采用了全相参脉间频率捷变技术。

（2）在空域上，采用超低旁瓣、旁瓣对消、旁瓣消隐、自适应波束形成等技术，抑制从旁瓣进入的强干扰信号。例如，“铺路爪”雷达采用高增益、低旁瓣天线；陆基雷达原型（GBR-P）使用正八角形天线阵面，具有较低旁瓣；AN/SPY-1D 采用窄主瓣、低旁瓣天线，且可根据实际电磁环境灵活控制波束；AN/TPY-2 具有优越的波束、波形捷变性能。

（3）在能量域上，采用脉冲压缩、波形捷变、全相参处理等技术，提高目标回波信噪比。例如，GBR-P，AN/SPY-1D 采用了脉冲压缩体制及杂波抑制算法，AN/TPY-2 通过大功率孔径积和高功率输出提高干扰和杂波抑制能力。美预警雷达采用低截获信号、功率管理、模式快速切换等多种方式，降低被截获概率，提高战场生存能力。例如，“铺路爪”雷达采用低峰值功率、宽脉冲低截获信号和最小发射功率管理技术；AN/SPY-1D 能够根据环境制定最佳功率分配方案，具有迅速转入无线电静默状态的能力；AN/TPY-2 具有多种工作模式，不同模式下信号波形、带宽、脉宽、重频等差异明显，对其进行电子侦察难度大。

4.8.4 目标识别能力

目前，美国反导体系中有两种目标识别途径：陆/海基大型相控阵雷达、天基/高空无人机/拦截弹搭载的光电红外传感器。其中，天基红外系统（SBIRS）和天基跟踪监视系统（STSS）主要利用短波红外探测助推段导弹，并利用中波/长波和可见光观察并测量导弹弹头/诱饵抛撒过程，描绘各类目标的运动轨迹，实现真假弹头识别。不过，由于 SBIRS 和 STSS 的目标分辨率分别在 30m、8m 左右，可提供一定的跟踪能力，但无法提供详细的弹头识别能力，无法从复杂目标群中分辨出真假弹头。

拦截弹采用的是红外成像末制导导引头，可捕获、跟踪、识别来袭导弹，但存在识别距离短、识别时间短等缺陷。整个导引过程中，约 2m 长的弹头目标在拦截杀伤器的双波段红外传感器上仅为单个像素。对于一个 256 像元×256 像元、视场为 1°的阵列来说，单个像素若想达到 2m 分辨能力，其识别目标需在 30km 距离范围内。EKV 的导引头采用可见光、短波红外（1. 9~2. 5μm）、中波红外（3. 4~4. 0μm）、长波红外（7. 5~9. 5μm）4 个波段探测目标，其角分辨率大约 150~300mrad，这意味着在 1000km 范围内对目标的空间分辨率为 150~300m，在 10km 范围内，分辨率只能为 1. 5~3. 0m。EKV 在识别过程中所观测到的目标只是一个随时间变化的电信号，信号的波动取决于目标温度、表面材料以及投影面积大小等，所有这些特性都可以被对手控制和改变。因此，唯一期望 EKV 区分弹头和诱饵的方法是弹头与诱饵的运动轨迹是否不同，而如果将诱饵设计成与弹头有相同的运动惯性，例如将诱饵与弹头连接在一起，甚至将弹头包裹在诱饵中，将直接导致 EKV 不能观测到弹头的稳定红外信号，则识别将变得异常困难。以陆基拦截弹（GBI）为例，动能杀伤器（EKV）的末期飞行速度约为 10km/s，即杀伤器最多能在碰撞拦截前 3s 内实施目标识别。一般情况下，可能仅在碰撞前 1. 5s 内识别出弹头真实形状。鉴于红外传感器的目标识别手段是基于弹体的温度特征，因此，主要用于助推段、上升段和末段，中段飞行阶段发动机关闭，弹体冷却，目标识别工作主要由陆/海基大型相控阵雷达完成。

基于不同阶段的目标特征提取，可将目标识别流程划分为多个阶段。利用低频段远程预警雷达提取的多种特征，序贯排除特征差异较大的助推器、母舱、弹体分离碎片等假目标，粗分类潜在威胁目标、非威胁目标。然后，利用高频段雷达、光电/红外等多探测识别手段的多特征融合识别，完成目标动态威胁等级排序，实现对真假弹头的逐层分类和目标识别。典型的识别方法如下。

1. 基于RCS的识别方法

RCS是度量雷达目标对照射电磁波散射能力的一个物理量。通常，RCS与目标在雷达视线方向的面积成正比。由于空间目标沿轨道运动将引起姿态相对于雷达视线方向的变化，据此可获得RCS随视角（姿态角）起伏变化的数据，并从这些数据变化的规律中找出目标形体结构的物理特征，据此进行分类和识别。如果目标处于旋转或翻滚状态，可以从RCS变化曲线推断目标的大小和形状。这一特点对识别母舱、发射碎片等非常有效。

采用RCS进行目标识别通常有两种途径：一是直接采用RCS包含的目标特征进行识别（如RCS的均值、极小值、极大值及分位数极差、标准差以及RCS分布的累积概率密度、分布直方图等）；二是对RCS数据进行特征变换后提取目标特征再进行识别。

窄带RCS特征识别是弹头弹体识别的重要手段，通过目标运动的空间非相干积累，提取真假目标RCS序列的不同周期变化特性，区分母舱、诱饵、弹头等RCS特征差异明显的目标。对于窄带雷达而言，一般只能通过信号的大小分辨母舱和弹头这样RCS特征区别明显的目标类别，同时，诱饵的运动特性与弹头往往存在差异，这些差异的存在使得中段真假目标的RCS呈现不同的周期变化特性。因此，根据目标的RCS序列推断目标的周期性运动特征也就成为提供区分中段真假目标的一种依据。

2. 基于极化特征的识别方法

极化描述了电磁波的矢量特征，极化特征是与目标形状本质有密切联系的特征。任何目标对照射的电磁波都有特定的极化变换作用，其变换关系由目标的形状、尺寸、结构和取向决定。测量出不同目标对各种极化波的变极化响应能够形成一个特征空间，就可对目标进行识别。极化散射矩阵（复二维矩阵）完全表征了目标在特定姿态和辐射源频率下的极化散射特性。对目标几何形状与目标极化特性的关系的研究结果表明，光学区目标的极化散射矩阵反映了目标镜面曲率差等精密物理结构特性。有许多种利用极化信息进行雷达目标识别的方法，主要分为：

（1）根据极化散射矩阵识别目标。根据极化散射矩阵来识别目标是利用极化信息识别目标的基本方法。具体包括：根据不同极化状态下目标截面积的对比来识别目标；根据从目标极化散射矩阵中导出的目标极化参数集（极化不变量）来识别目标；根据目标的最佳极化或极化叉来识别目标。由于不同姿态角下目标极化特性的改变限制了根据极化散射矩阵及其派生参数识别目标的有效性，使之只能应用于简单几何形体目标或与其他识别方法结合使用。

（2）利用目标形状的极化重构识别目标。对低分辨率雷达不能区分目标上各个散射中心的回波，只能从它们的综合信号中提取极化特征，因而只能从整体上对简单形体的目标加以粗略的识别。对高分辨率雷达目标回波可分解为目标上各个主要散射中心的回波分量。对复杂形状目标的极化重构，就是利用高分辨率雷达区分出各个散射中心的回波，分别提取其极化信息。在对各个散射中心分别做出形状判断（可以利用目标的极化散射矩阵，或利用目标的缪勒矩阵中各个元素同目标形状的关系）后，依据其相对位置关系组合成目标的整体形状。最后，同已知目标数据库相比较得到识别结果。

3. 基于一维像的识别方法

弹道导弹飞行中段目标群中各目标形体相对较小且结构简单，利用高分辨成像可以实现对弹头类目标、球类以及角发射器等具有不同结构特点的目标进行区分。弹头类目标一般为旋转对称体、沿轴线均匀对称，故其姿态只取决于雷达视线与轴线的夹角。可通过宽带雷达系统获得目标的一维像。

与基于窄带雷达目标识别相比，基于宽带雷达的高分辨率目标识别是目标识别发展的主流发展趋势，可通过高分辨一维距离像（HRRP）获得目标的精细结构信息，分辨模拟假目标，通过 HRRP 变化规律，提取目标运动特征，尤其是微动特征，共同完成对目标分类识别。宽带雷达具有高距离分辨力，可以识别出目标的单个散射中心。由于尺寸、形状的差异，弹头和诱饵呈现不同的结构特征，反映为雷达一维距离像所具有的散射中心在空间分布数量、位置、强度等方面都存在差异。因此，宽带雷达不仅能获取目标的长度信息，甚至可以利用其所观测的目标长度变化推导出目标的周期性运动特征。

4. 基于二维像的识别方法

采用高分辨二维成像是宽带反导雷达的一项关键技术。其原理是在高分辨情况下，将目标的散射中心投影到横向方位，采用空间相干处理技术，对目标不同方位进行处理，从而获得目标方位向的高分辨，得到目标的二维像。其后，对图像进行平滑、增强等处理，从而为目标识别提供更直观的依据。对高分辨二维雷达图像一般采用图像矩阵进行图像的特征提取。

目标由于平动存在绕轴旋转时，宽带雷达可以通过方位向处理得到目标的二维距离，逆合成孔径雷达（ISAR）像，以实现对目标更加精细的形状特征描述，甚至可以观测到诱饵释放的整个膨胀与展开过程的变化，从而具备区分复杂诱饵和弹头的可能性。但是，由于中段弹头的飞行速度快、相对姿态变化很小，以及自旋、章动等运动因素的影响，决定了对中段弹头 ISAR 成像有着自身的技术特点和难点。与窄带雷达相比，宽带雷达具有较高的瞬时带宽，可提供较高的距离分辨率，便于提取更高精度的目标识别特征。因此，从目标特征提取精度手段方面，提高雷达带宽可有效改进目标识别性能。

弹道导弹在突防中通常伴随着各种碎片和数目众多的轻诱饵、重诱饵、有源假目标，如何准确识别出真弹头是导弹防御的核心技术。美预警雷达综合采用窄带识别和宽带识别技术，提高目标识别能力。窄带信号通过回波特征、运动特性等区分弹头和假目标，宽带信号可提取出目标尺寸、形状、姿态、微动特性等更精细的特征。

美国现役战略反导系统中，P 波段远程预警雷达、L 波段雷达主要承担上升段预警跟踪，工作频段低、带宽小，具备初步目标分类能力，可将导弹碎片分类为非威胁目标，诱饵、弹头母舱等目标分类为威胁目标。两种雷达的跟踪精度不足，目标分辨率难以满足反导拦截要求。P 波段、L 波段雷达均无法提供有效目标识别能力，这种能力仅有 X 波段雷达可以获得。前置预警型 FBX-T 雷达、海基 X 波段雷达（XBR）等 X 波段的波束较窄，带宽高，虽具备较好距离分辨率和目标识别能力，但存在探测距离不足、视场不足、数量不足等劣势，不足以支撑实战条件下的中段反导识别。

在BMDS的现役雷达中，UEWR受带宽限制，仅能区分比弹头尺寸小很多的碎片，无法分辨与弹头相差不大的诱饵；海基X波段具备中段高精度目标分辨能力，但由于电子视场角仅有±12.5°，导致在实战中难以完全覆盖目标威胁云。对此，美国积极推进LRDR、HDR-H和HDR-P的开发建造工作，提升美国本土和太平洋地区的导弹预警跟踪能力，以体系化的S波段陆基雷达网络弥补分辨率不足，实现抗复杂导弹突防能力。SBX最大带宽达1.3GHz，距离分辨率达0.15m，可从众多诱饵中识别来袭弹头；GBR-P能够对目标进行实时成像，还采用了正交双极化天线，通过极化测量有效提高目标识别能力。另外，国内外还开展了超分辨处理技术、导弹微动特性测量等方面研究，目标识别手段趋向多样化。

美军反导防御系统采取的是体系化融合识别方案，基于基础目标特性研究与导弹目标模板库建设，通过天—地—海、雷达—红外—可见光、弹道/RCS/极化/微动/成像等多特征、多雷达、多平台、多频谱的识别手段，构建出体系化、融合式、精细化目标识别能力，支撑全球反导作战，图4.16所示为美国精细化反导识别体系。

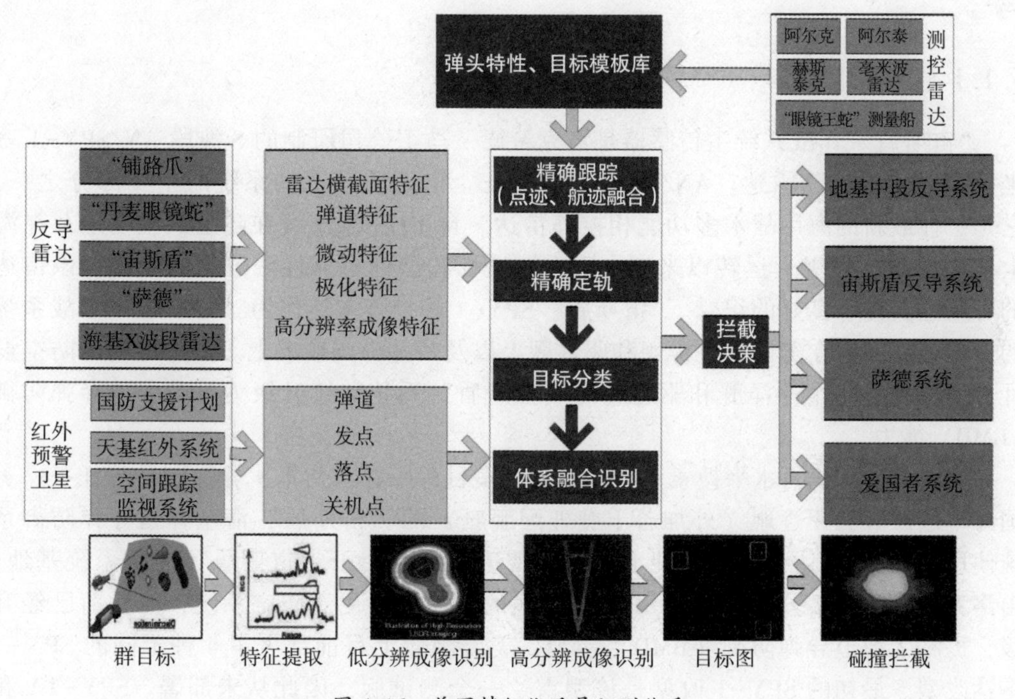

图4.16　美国精细化反导识别体系

4.9　小结

在未来20年内，美国陆基雷达网依旧是BMDS传感器的绝对主力，该网络将采用升级换代和研发建造并行的建设路线，进一步提升对重点区域的覆盖和跟踪能力，完善从传感器到射手的全流程反导能力，提升体系化目标精确分辨能力和抗复杂目标突防能力。

第5章　美国海基导弹预警装备

海基反导一直处于美国弹道导弹防御（BMD）体系发展的首要位置，已形成“宙斯盾”系统等实战装备，并大量部署在巡洋舰和驱逐舰上，与其他陆基反导系统协同，构筑了覆盖多层拦截的全空域、一体化BMD体系。“宙斯盾”导弹防御系统是美国国家导弹防御体系的重要组成部分，美军持续利用新技术对其开展升级换代和现役型号改进，不断加速海基“宙斯盾”舰建造和服役，积极推动陆基“宙斯盾”反导系统全球部署。

5.1　“宙斯盾”反导雷达-AN/SPY-1

5.1.1　基本情况

“宙斯盾”作战系统主传感器是洛克希德·马丁公司研制的S波段AN/SPY-1三坐标多功能相控阵雷达。AN/SPY-1雷达是“宙斯盾”武器系统的主要部分之一，它是一种最新的海用战术多功能相控阵雷达。自1973年连续在陆上试验场地及在海上“诺顿湾”号舰上运转以来，由于系统设计和部件可靠性两方面的原因，该雷达的可用性获得了良好的纪录。“宙斯盾”SPY-1相控阵雷达作为“宙斯盾”作战系统的一部分，部署在美海军巡洋舰和驱逐舰上以及一些外国舰船上。虽然最初为防空设计，但许多美海军巡洋舰和驱逐舰的“宙斯盾”系统陆续升级为具有弹道导弹防御（BMD）能力。

该型雷达可执行水平搜索和半球搜索、多目标跟踪与指示、导弹制导等任务。美国海军巡洋舰和驱逐舰（外加若干艘外国舰艇）的“宙斯盾”海基弹道导弹防御系统使用SPY-1雷达，而在陆地上，该型雷达系统还用于“宙斯盾”岸防系统基地。由洛克希德·马丁公司开发的SPY-1雷达的最初设计用于防空系统，但目前已经升级，提高了弹道导弹防御（BMD）能力。美国舰艇上目前部署了4种不同的SPY-1雷达改型。最初的SPY-1改型是该型雷达一个测试版，因此从未部署。SPY-1A和1B改型被部署到了“宙斯盾”巡洋舰上，在两个甲板室上各有两个天线面板。而SPY-1D和1D（V）改型被部署到了“宙斯盾”驱逐舰上，具有4个天线面板，每个天线覆盖方位角略大于90°。所有经过弹道导弹防御系统升级的美国“宙斯盾”系统均装备了1B、1D或1D（V）版本，SPY-1雷达如图5.1所示，表5.1所示为SPY-1不同型号雷达的对比。

图 5.1　SPY-1 雷达

表 5.1　SPY-1 各种型号对比

属性	SPY-1B/D	SPY-1D(V)	SPY-1F	SPY-1F(V)	SPY-1K
装载舰船类型	驱逐舰、巡洋舰、护卫舰	驱逐舰、巡洋舰、护卫舰	护卫舰、驱逐舰、两栖攻击舰、航空母舰	护卫舰、驱逐舰、两栖攻击舰、航空母舰	轻型护卫舰、护卫舰、巡逻舰
天线直径/m	3.7	3.7	2.4	2.4	1.7
天线单元数目/个	4350	4350	1856	1856	912
SM-2 和改进型“海麻雀”导弹	支持	支持	支持	支持	—
全天候性能	支持	支持	支持	支持	—
关键特征	较强多任务性能、广泛部署于舰队、战区弹道导弹防御	较强多任务性能、广泛部署于舰队、战区弹道导弹防御	低成本、多任务性能	较强多任务性能、改进的濒海作战性能、反舰巡航导弹防御	成本最低、多任务性能

5.1.2　功能特点

SPY-1 雷达是一个多功能、单脉冲、相控阵（固定天线）雷达，可进行方位、俯仰搜索、目标截获、识别和跟踪，并且还能向对空导弹提供指令制导。与传统机械转动的雷达相比，SPY-1 雷达的数据率更高并具有跟踪处理的能力。“宙斯盾”弹道导弹防御系统能够探测、跟踪、瞄准、拦截巡航导弹和弹道导弹目标。在探测和识别到一个区域导弹威胁后，“宙斯盾”弹道导弹防御系统能使用 SPY-1 提供的跟踪信息实现部分制导的“标准”导弹改型来攻击和拦截该目标。装备“宙斯盾”弹道导弹防御系统的巡洋舰和驱逐舰已能够在雷达探测短程和中程弹道导弹动作后，在 10s 内发射予以拦截。

处于弹道导弹防御状态中的“宙斯盾”驱逐舰使用 SPY-1 雷达探测和跟踪洲际弹道导弹，向弹道导弹防御系统（BMDS）提供跟踪数据。弹道导弹防御系统可共享跟踪数据，以此来提示其他导弹防御探测器，同时为位于阿拉斯加格里利堡和加利福尼亚范登堡空军基地的陆基中段防御（GMD）拦截武器提供火控数据。迄今为止，超过 20 艘“宙斯盾”巡洋舰和驱逐舰经过升级已具备远程监视和跟踪能力。海上跟踪和飞行测试已验证了该系统跟踪洲际弹道导弹的能力，并且证明了其远程传输跟踪数据（跨越9个时区）的连通性和可靠性。该能力对支持导弹防御态势感知、目标捕获、交战具有必要性。

目前，部署在美国军舰上的“宙斯盾”SPY-1雷达有四五个版本，其中只有两三个版本的雷达所在舰船已升级为BMD，这可能是由于BMD和其他升级可能已经消除了一些不同版本之间的区别。

SPY-1。这是一个从未部署过的雷达测试版。

SPY-1A。SPY-1A最早部署在美国首艘“宙斯盾”巡洋舰“提康德罗加”号（CG 47）上，该舰在1981年部署到位。美国海军目前正在逐渐淘汰SPY-1A，因此大多数“宙斯盾”巡洋舰采用的雷达是改进型的SPY-1B。

SPY-1B/SPY-1B(V)。SPY-1B有一个比SPY-1A天线有更好副瓣特性的新型天线，这对于必须经常工作在地海杂波环境下的“宙斯盾”雷达来说是很重要的。SPY-1B的平均功率约是SPY-1A版本的两倍。平均功率的增加是通过增加雷达的占空比而不改变峰值功率来实现的。

SPY-1D。SPY-1D是首套为“宙斯盾”驱逐舰开发的SPY-1雷达，SPY-1D在驱逐舰上使用一个发射机为所有4个雷达阵面供电，而不是使用2个发射机各自给2个阵面供电，因此所有雷达面板均位于同一个甲板室。此次升级也提高了该型雷达的低空目标防御能力，提升了在严重杂波环境和电子对抗环境中检测小目标的能力。2015年，作为EPAA的一部分，驻泊西班牙罗塔港基地的4艘美国驱逐舰装备了SPY-1D雷达。

SPY-1D(V)。SPY-1D(V)被称为滨海作战雷达。它改良了杂波抑制和运动目标探测性能，增强了“宙斯盾”雷达在杂波环境中的目标检测能力，还提升了至少33%的发射机平均功率，并增加了双波束能力，能够从背对的两个阵面同时给出两个波束。

SPY-1F。这种改型被称为“护卫舰阵列雷达系统”，专为“宙斯盾”护卫舰设计，是SPY-1D的一个缩小版。尽管美国海军并未采用SPY-1F，但该型雷达被挪威部署到其南森级“宙斯盾”护卫舰（Fridtjof Nansen-class frigate）上，这一改型与1B版类似。

SPY-1雷达一次可以自动跟踪100多个目标，同时还可以保持连续雷达监视。有关SPY-1雷达探测距离的公开数据表明，该型雷达可以在超过165km的距离上探测到高尔夫球大小的目标。在探测相当于弹道导弹尺寸的目标时，SPY-1雷达的探测距离估计有310km。由于该型系统最初旨在远洋和濒海作战，因此SPY-1雷达必须经过改造，朝向地形上方，才能用到陆地和近岸，以避免地面杂波导致过多虚假目标。

SPY-1B/D型雷达的主要特点是采用分布式微处理器系统，具有较强的多任务处理能力，以实现快速信号处理。与SPY-1B相比，SPY-1D具有更高的平均功率和更低的噪声，以及更高的脉间、相位和幅度稳定性。动目标显示器的杂波对消系统可让计算机选择2~7个脉冲以减轻杂波，更宽的凹口滤波器可过滤掉鸟类等的航迹。使用不同相对航速增强杂波（陆地杂波和雨）对消能力。自动自适应模式允许系统自动选择优化的MTI搜索波形。在高杂波和箔条干扰环境下，脉冲多普勒捕获和跟踪12~16个脉冲波形，比MTI提供更高的敏感性和杂波抑制能力，可补偿濒海杂波环境中敏感接收机产生的虚警概率。SPY-1D(V)型雷达采用新型行波管、目标筛选及杂波抑制算法，雷达探测跟踪弹道导弹和巡航导弹的能力获得了较大程度的提高。双波束搜索能力使得雷达在杂波和严重干扰条件下依然拥有很高的数据率，增强了沿海作战能力，同时针对海岸水域任务进行了优化，提高了抗干扰能力。

“宙斯盾”舰上使用多功能 SPY-1 雷达不是数个分开单个雷达，不仅可以减少或省略专用雷达间的复杂接口，而且还能大大地减少系统反应时间，并能进行大量的目标信号处理。SPY-1 雷达系统包含天线、发射机、接收机、信号处理机、控制组件、辅助设备。它使用 4 个平板天线，每一个平板天线能对水平线以上的 90°扇区进行 360°扫描，它包含有 4000 多个能形成向多个方向辐射的辐射单元。SPY-1 雷达的被动电子扫描系统由计算机操控，使用 4 套互补天线来提供 360°全覆盖。它是一型多功能相控阵雷达，工作频率在 S 波段，能够搜索、自动探测、过渡到跟踪、跟踪空中和水面目标、支持导弹拦截。

巡洋舰上的 1A、1B 和 1B(V) 版本雷达有两个发射机，每个都是在一个舱面船室上的两个天线阵面间复用的。驱逐舰上的 1D 和 1D(V) 版本雷达使用一台发射机驱动所有位于单一舱面船室上的 4 个天线阵面。此处描述的重点是 1B/D 版本，以及其与 BMD 使用相关的物理特性。

“宙斯盾”系统工作在 S 波段（3.1~3.5GHz）。早期的描述表明，该系统有 10MHz 的“持续的相干带宽”和 40MHz 的瞬时带宽。“宙斯盾”系统的带宽随后明显增加，最大可达 400MHz。目前正在服役的“宙斯盾”BMD 系统添加了辅助数字信号处理器，使其形成的二维逆合成孔径图像有比以前更高的分辨率，体现了宽带能力。

1999 年的林肯实验室提出了“AN/SPY-1 雷达宽带波形概念”，它采用了由 10 个 40MHz 带宽的脉冲信号构造，3.1~3.5GHz 的 400MHz 宽带的波形，实现 0.5~1.0m 的距离分辨率。

从 SPY-1B 开始采用了一个新型天线，虽然它表面上与 SPY-1A 的天线相似，却包含了一些重大的改进。特别是 SPY-1B 相对于 SPY-1A 改善了最大和平均副瓣，并消除了天线扫描角度范围内的栅瓣。这些改进是通过将天线细分为比 SPY-1A 天线（68 个阵，每个子阵 64 个单元，总共 4352 个单元）更多的子阵（2175 个，每个子阵 2 个单元，总共 4350 个单元），以及改进加工和校准技术。天线阵面的物理结构为八边形，高度为 4.06m，宽度为 3.94m。在 1A 版本中，天线单元本身包含在一个类似六边形中，其高度约为 3.84m，宽度为 3.67m。由天线单元填充的区域（孔径）约 $12m^2$。在 1B/1D 版本中，天线阵面本身（由天线单元占据的区域）比 1A 天线更接近圆形，但是由于单元的数量本质上是相同的，所以它的孔径区域很可能也是相同的。

据报道，“宙斯盾”雷达增益 G=42dB=15800，波束宽度 1.7°×1.7°。然而，所述的 1.7°波束宽度大于 42dB 增益和天线直径对应值，从这两个值得到的实际波束宽度约为 1.3°。1B 和 1D 版本几乎是相同的，除了 1B 版本使用两部发射机，每部给两个天线阵面供电，而 1D 版本只有一部发射机为所有四个天线阵面供电。然而，由于发射机明显只能同时用于一个阵面（1D(V) 可以给两个阵面），可以从任何天线阵面辐射的最大功率，两个版本应该是相同的。

SPY-1A 的原始版本峰值功率高达 5MW，平均功率为 32kW。SPY-1A 的发射机输出由 32 个正交场放大器提供，每个放大器峰值功率为 132kW，最终组合成 4.2MW 峰值功率。SPY-1B 的平均功率为 58kW，峰值功率为 4~6MW。这些数值与一些报道的描述是一致的，即称1B版本与1A峰值功率相同但平均功率高一倍（占空比提高一倍），即SPY-1B/1D采用新型技术提高了占空比。2004年国防科学委员会报告指出，“宙斯盾”雷达系统的平均辐射功率孔径为485kW·m^2。假设该报告内容适用于SPY-1D，即天线孔径12m^2，那么平均功率大概为40kW。由于发射机和天线间存在插损，实际发射功率将更小；天线有效孔径少于12m^2，实现波束宽度1.7°×1.7°。

“宙斯盾”雷达（SPY-1B版本）可以产生脉宽为6.4μs、12.7μs、25μs和51μs的脉冲，脉冲压缩比为128。51μs的最大脉宽与1997的研究称由“宙斯盾”雷达脉冲产生的电磁干扰将最多持续52μs的说法是吻合的。然而，鉴于对“宙斯盾”进行了包括BMD升级在内的许多系统升级，这些脉宽数值可能已经发生了重大变化。“宙斯盾”SPY-1A接收机的噪声系数约为4.25dB=2.66。同样，随着系统的改进和升级，这个数值可能会发生重大变化。

SPY-1D(V)是目前正在建造“宙斯盾”雷达的版本，2005年从DDG 91开始首次部署在美国海军驱逐舰上。对雷达的这种升级似乎并不涉及对天线的重大改变。增加33%的占空比显然SPY-1D(V)升级的一个需要。在SFD-268 CFA上实现放大器占空比比SFD-262 CFA上增加“超过33%”，目的是能够在SPY-1D(V)雷达上使用，部分原因是使用了改进的冷却技术。如果根据1B/1D版本58kW发射机平均功率计算，占空比增加后将使发射机平均功率至少达到77kW。

“宙斯盾”对特定目标探测距离的一个公开数字是，SPY-1D“可以在165km外跟踪一个高尔夫大小的目标”。高尔夫球大小的球体在3.3GHz的雷达反射截面（RCS）约为$\sigma=0.0025\text{m}^2$。这一描述是在当时即将部署的SPY-1D(V)雷达的背景下的，用以在杂波环境下检测迫击炮和火炮外壳和小口径火箭，因此推测它适用于1D(V)版本。对应到雷达反射截面更典型的弹道导弹最终助推器级（RCS为1.0m^2）或弹头（RCS为0.03m^2），探测距离将分别能够达到至少740km和310km。

5.1.3 发展历程

SPY-1雷达由Johns Hopkins应用物理实验室在20世纪60年代研制的先进的多功能相控阵雷达发展而来。第一代的SPY-1A雷达于1965年开始发展，1974年展开海上测试，第一套系统随提康德罗加级巡洋舰首舰“提康德罗加”号（CG 47）于1983年进入美国海军服役，后来又发展到驱逐舰，阿利·伯克级驱逐舰首舰“阿利·伯克”号（DDG 51）于1991年进入美国海军服役，图5.2所示为该舰电子装备部署示意图。该雷达是“宙斯盾”作战系统的核心，是“宙斯盾”战舰的主要探测系统。它由相控阵天线、信号处理机、发射机和雷达控制及辅助设备组成。它能完成全空域快速搜索、自动目标探测和多目标跟踪。该雷达工作在S波段，对空搜索最大作用距离约为400km，可同时监视400批目标，自动跟踪100批目标。

SPY-1D于1991年首次安装在“阿利·伯克”号上。它是SPY-1B的改进版本，以适应阿利·伯克级驱逐舰的需求。SPY-1D(V)即濒海作战雷达，是1998年为高杂波近海岸作战而推出的升级型雷达。SPY-1F是SPY-1D的较小版本，设计用于护卫舰。美国海军未使用，但已出口到挪威。SPY-1F的起源可以追溯到20世纪80年代出口德国海军的护卫舰阵列雷达系统。

图5.2 DDG 51电子装备示意图

在现有的“宙斯盾”雷达系统上配备的SPY-1雷达，即使进一步的改进也无法满足现实需求，美军希望能以SPY-6取代AN/SPY-1雷达作为新一代舰载防空反导弹雷达装备，它可以有效地对抗各类现役甚至是未来的战机、弹道导弹及超声速反舰导弹。2015年，部署于罗马尼亚的陆基“宙斯盾”反导系统（含SPY-6雷达）已完成部署；另一套在波兰于2020年开始运作。

SPY-1雷达发展时间线：

2015年：根据EPAA第三阶段的要求，美军在罗马尼亚部署了一台SPY-1雷达的陆基“宙斯盾”系统。4艘美军“宙斯盾”驱逐舰按照EPAA的指示部署到西班牙，装备SPY-1D雷达。

2005年：SPY-1D(V)改进型首次部署在“阿利·伯克”级驱逐舰“平克尼”号上。

1991年：SPY-1D改进型首次部署在“阿利·伯克”号驱逐舰（DDG 51）上，这是阿利·伯克级“宙斯盾”驱逐舰的首舰。

1982年：SPY-1B改进型首次部署在美国“普林斯顿”号航空母舰（CG 59）上。

1983年：第一艘配备SPY-1雷达的“宙斯盾”巡洋舰“提康德罗加”号（USS Ticonderoga，CG 47）服役。

1970年以后：SPY-1计划作为“宙斯盾”武器系统开发过程的一部分。通过雷达信号处理系统升级，提高了精确跟踪数据，提高了远程监视、跟踪和交战能力。

5.2 “宙斯盾”反导雷达-AN/SPY-6(AMDR)

5.2.1 基本情况

20世纪90年代，美国海军提出了21世纪水面作战舰艇（SC-21）的发展计划：

DD 21 驱逐舰、CG 21 巡洋舰、武库舰。其中，DD 21 驱逐舰主要担负对海攻击和对陆打击两大作战任务，对海攻击任务包括反水面舰艇作战、反潜作战和反水雷作战等；CG 21 巡洋舰主要担负防空作战和弹道导弹防御作战两大作战任务，典型特征是装备新型防空反导雷达（Air and Missile Defence Radar，AMDR）。美国海军的装备型号为 AN/SPY-6 雷达，SPY-6 是美国雷声公司为海军研制的系列雷达，在 7 种级别的舰艇上进行防空反导。SPY-6 系列是一体化的，可以同时防御弹道导弹、巡航导弹、敌对飞机和水面舰艇。与传统的雷达相比，该型雷达具有明显更大的探测范围，更高的灵敏度和更精确的识别等优势。SPY-6 雷达增强了水面舰队在以上方面的关键能力。该型雷达是第一种可扩展雷达，使用了模块化设计的理念，能够被整合成任意口径的雷达系统。其冷却、动力、控制和软件系统都具有扩展性的特点，这样可以使其在不需要进一步增加投资的情况下完成对雷达系统的升级改造。

防空反导雷达（AMDR）是美国海军的下一代综合防空反导雷达。目前计划从 2016 年开始在阿利·伯克级驱逐舰 DDG 51 Flight Ⅲ上部署。AMDR 能够显著增强舰船探测空中和水面目标以及不断增加的应对弹道导弹威胁的能力。与目前的驱逐舰上的 AN/SPY-1D(V) 雷达相比，雷声公司的 AMDR 提供了更大的扫描范围并提高了识别精度。该系统由雷达模块化组件（RMA）的各个“模块”构建，这些 RMA 堆叠在一起以适合任何舰船所需的阵列大小，使 AMDR 成为美国海军第一台真正可扩展的雷达。

RMA 单独的模块可以组成任意形状大小的雷达，适用于任何舰船，每个 RMA 都是氮化镓半导体器件，既增加了雷达功率，减小了其尺寸，还能降低其能耗。RMA 的一个实例就是为 3 艘驱逐舰装备的防空反导雷达，AMDR 由 37 个 RMA 模块组成，灵敏度是 AN/SPY-1 雷达的 30 倍，可以在距离目标两倍的位置上发现一半大小的目标，同时执行多个任务，包括防空、反水面武器作战和弹道导弹防御。美国海军开发新一代基于 AMDR 概念的 AN/SPY-6 雷达主要目的是希望驱逐舰能有效对抗更复杂的空中和弹道导弹袭击。AN/SPY-6 雷达阵面如图 5.3 所示。

图 5.3　AN/SPY-6 雷达阵面

5.2.2　功能特点

美国海军开发新一代雷达主要目的是对抗面临的更复杂的空中和弹道导弹袭击。据美国海军的说法，“宙斯盾”弹道导弹防御能力需要在现有的雷达系统基础上增加雷达灵敏度和波宽，能侦察、跟踪并能在一定范围内支持对先进弹道导弹袭击的作战。同时，防空作战任务也需要更高的灵敏度，并具备抗干扰能力，能在恶劣陆地、海上和风雨干扰中挑选出观察性极低和超低空飞行的袭击目标。而现有的SPY-1D(V）雷达配合“宙斯盾”系统，即使进一步的改进也无法满足这些要求。

作为美国海军下一代舰载防空反导雷达装备，AN/SPY-6采用固态有源相控阵及先进的双波段模式，完整的AN/SPY-6雷达包括：一部用于大量搜索的四面S波段雷达AMDR-S、一部用于地平线搜索的三面X波段雷达AMDR-X，以及一台雷达组件控制器（RSC）为S波段和X波段雷达提供资源管理，协调与“宙斯盾”作战系统的交互关系。

（1）AMDR-S：AMDR的核心，用于提供针对空中与弹道导弹目标的全空域搜索、跟踪、识别和导弹指令制导等功能，采用4个S波段阵（3.7~11m直径多尺寸可选）。凭借大口径、高功率、高灵敏度与大工作带宽等优势，提供比现役雷达更高的探测与识别能力。

（2）AMDR-X：用于为AMDR-S提供低空补盲及水面探测等辅助信息，采用X波段，具备水平搜索、精确跟踪、海面小目标探测等功能。采用3个X波段多功能相控阵（1.2m×1.8m）。

（3）RSC：用于在后端控制、协同和综合管理AMDR-S和AMDR-X部雷达，确保部雷达在复杂多变的作战环境中完成各自的作战任务。

AN/SPY-6雷达具备多任务能力，既支持远程探测、跟踪和弹道导弹识别，同时也能防御空中和海面威胁。为具备并提高弹道导弹防御能力，AN/SPY-6雷达需要有比以前“宙斯盾”防御系统中SPY-1系列雷达更高的灵敏度和带宽，从而支持远程探测、识别和攻击先进的弹道导弹。为防御空中和海面威胁，AN/SPY-6雷达需要增强杂波抑制能力，从而能在地杂波、海洋杂波以及雨杂波严重的环境中探测到能见度低、飞行高度低的威胁目标。

美国海军对AN/SPY-6的要求是具备开放的构架，采用可升级的设计和模块化的硬件和软件，可部署于不同舰船平台，能在雷达系统全寿命周期内实施技术升级并提升性能。另外，要求具备两种功率状态，当驱逐舰未部署、不要求完全能力时，雷达可在较低的功率状态下操作，以减少燃料消耗，提高舰船的能效，但在高功率状态时，所有雷达资源必须全部可用，以执行战区任务。

一个重要应用RMA技术的海军雷达是“企业空中监视雷达”，设计用于航空母舰和其他战舰，每个阵列由9个RMA组成，比所要更换的雷达小20%，但与大型舰上的大型雷达一样灵敏，同时防空、反水面作战、电子防护以及空中交通管制功能，可扩展RMA技术为美军及其盟军提供了性能优异技术领先的下一代雷达技术。

AN/SPY-6雷达可扩展以适合任何尺寸的雷达孔径或任务要求，雷达接收灵敏度是AN/SPY4-1D(V）的30倍以上；与AN/SPY-1D(V）相比，可以同时处理30倍以上的目标，以应对大型复杂袭击，采用自适应数字波束成形和雷达信号/数据处理功能可重新编程，以适应新任务或新出现的威胁。双波段雷达优势在于将S波段与X波段雷达的后端信号处理与数据处理设备结合在共同的后端设备之中，利于整合控制与电磁频谱分配；另外，对于探测低空、小型目标而言，双波段雷达亦可同时处理两个不同频率与脉冲重复频率的雷达信号：X 波段使用高脉冲重复频率，尽速确认目标信号；而 S 波段则使用中脉冲重复频率，确认同一个信号的真实距离，然后将两个雷达信号送入同一个滤波处理器，以进行更精确的目标识别。

相比传统雷达的大量搜索雷达中的模块，AN/SPY-6 使用 T/R 模块可产生高功率射频输出，且搭配使用氮化镓材料以降低能耗与冷却效率。AN/SPY-6 采用氮化镓半导体材料，在 T/R 模块中，不仅体积缩小还提高发射功率，使得雷达侦测范围提高至原先的 1.5 倍，且其平均故障间隔时间延长 10 倍。

美国海军的新一代综合电力系统采用了开放式的结构，整个系统被分为 6 个子模块，可由不同的公司单独研制，不但减少了研发成本与时间，可升级与扩充性，亦大幅提升系统全寿期，AN/SPY-6 全寿期可达 40 年。随着协同作战能力（CEC）、海军一体化火控防空作战能力、一体化防空反导（IAMD）能力以及岸基纵深攻击能力的整合，美国海军整体战力将日渐完备。

AMDR 的初始设计指标中，美国海军就提出雷达应该设计成一种尺寸可调的系统，以适应不同的平台，满足当前和未来的各种作战要求。因此 AMDR 设计将采用模块化的软硬件和开放式结构，天线尺寸可调，系统设计具有一定的灵活性，根据不同的舰船平台，选用不同尺寸的模块搭建，并且具备即插即打的能力，新软件和硬件能以对系统影响最小的方式插入，使系统快速升级。

按照 AN/SPY-1D 雷达性能进行推算，AN/SPY-6 的主要性能如下：

（1）对中段弹道导弹最大作用距离不低于 960km。

（2）对隐身飞机最大作用距离不低于 350km。

（3）对掠海反舰导弹最大作用距离不低于 27km（X 波段采用 AN/SPQ-9B）。

5.2.3　发展历程

2009 年 6 月，美国海军分别向洛克希德·马丁公司、诺斯罗普·格鲁曼公司和雷声公司授予了 3 份固定价格合同（前两者分别获得 1000 万美元，后者为 990 万美元），开始研究新一代海军防空反导雷达（AMDR）。

2010 年 9 月，AMDR 项目进入技术开发阶段，美国海军授予诺斯罗普·格鲁曼公司、洛克希德·马丁公司和雷声公司总价值约 3.5 亿美元，为期 2 年的合同，对 AMDR 中 S 波段雷达和雷达组件控制器（RSC）进行技术开发。AMDR 波段雷达的设计开发时间尚未确定。为满足竞争测试的要求，美国海军在夏威夷建立了先进雷达探测实验室（ARDEL），自 2011 年起，开始 AMDR 的测试工作。2010 年 CG(X) 巡洋舰项目被取消，尽管如此，AMDR 仍在继续研发。

2013 年 10 月，雷声公司最终击败洛克希德·马丁公司、诺斯罗普·格鲁曼公司，负责设计、开发、集成、测试和交付美国海军 AMDR 中的波段雷达（AMDR-S）和 RSC 的研制工程样机。2013 年年底 AMDR 的 4 项关键技术在一次环境测试中得到了验证。其中，数字波束形成技术可同时完成防空和反导任务，基于氮化镓半导体技术 T/R 组件成功演示了其良好的功率效率和冷却效率。此外，软件技术和数字接收机技术也在测试中得到成功演示。

2014 年 7 月，雷声公司完成了 AMDR-S 雷达的硬件初始设计评审和集成基线评审，标志着这一项目转入工程化和制造开发阶段。

2015 年 4 月，AMDR 通过关键技术评审，确认了系统软硬件的有效性，当时预计 2018 年完成首次部署。雷声公司 2015 年完成了一部雷达的建造，2016 年转场至位于夏威夷的太平洋导弹靶场进行测试，直至 2017 年年底完成了工程化和制造开发阶段的工作。

2019 年 2 月，AN/SPY-6(V) 在夏威夷考艾岛的太平洋导弹靶场，成功对一枚近程弹道导弹实现预测搜索、探测并保持目标跟踪。这项名为 Vigilant Nemesis 的飞行试验是对 AN/SPY-6(V) 进行的一系列弹道导弹防御飞行试验的最终研制试验。

2020 年 6 月，首部实装型 SPY-6(V) 雷达（即 37 个雷达模块的 4 面阵型 SPY-6）已经完成了近场测试。

2020 年 7 月，首套 AN/SPY-6(V) 雷达，安装在美国海军阿利·伯克Ⅲ型驱逐舰“杰克·卢卡斯”号（DDG 125）上。目前，4 套 SPY-6 阵列中已经安装完成其中的 2 套。计划 2024 年后换装全状态的 AMDR 雷达，即 AMDR-S 雷达搭配 AMDR-X 雷达。

SPY-6 雷达发展时间线：

2021 年 1 月：美国海军开始在舰队中增加部署一系列新的 SPY-6 雷达系统。

2020 年 6 月：首部实装型 SPY-6(V) 雷达完成近场测试。

2019 年 2 月：AN/SPY-6(V) 成功对一枚近程弹道导弹实现预测搜索、探测并保持目标跟踪。

2017 年 5 月：雷声公司获得 3.27 亿美元的合同，进行防空反导雷达（AMDR）的低速初始生产。

2017 年 3 月：AN/SPY-6(V) 在夏威夷考艾岛的太平洋导弹靶场完成首次弹道导弹防御试验。

2016 年 10 月：AN/SPY-6(V) 跟踪到多颗卫星，随后几个月内，通过同时跟踪飞机和卫星，实现了首次综合防空反导跟踪。

2016 年 6 月：美国海军在太平洋导弹靶场的先进雷达探测实验室（ARDEL）部署 AN/SPY-6(V)。

2016 年 5 月：完成近场靶场测试，接受了性能测试和校准，验证了系统对真实目标的跟踪能力。

2016 年 1 月：完成首部 AN/SPY-6(V) 防空反导雷达阵列构建。

2015 年 5 月：完成关键设计评审，从硬件价格、软件开发、风险降低、生产性分析、项目管理、试验进度成本等对该项目进行了全方位的评估，评审结果该项目技术成熟、可生产且风险低。

2013 年 10 月：美国海军与雷声公司签署 AN/SPY-6(V) 工程、制造和研发合约。

2012 年 6 月：美国海军发布工程化和制造开发阶段招标书。发布针对 AMDR-S/RSC 的工程化和制造开发阶段标书。

2010 年 9 月—2012 年 9 月：技术开发阶段。

2009 年 6 月—12 月：AMDR-S/RSC 概念研究阶段。

2003 年：美国海军提出将搜索雷达天线波段从 L 波段变为 S 波段。S 波段在湿度较高的环境中，如雨和雾中，具有较好的性能，并且在大范围空域具有极好的扫描和跟踪能力。

1999 年 11 月：美国海军与雷声公司签订一份价值 1.4 亿美元为期 5 年的合同，用于制造装备于航空母舰和驱逐舰的新一代多功能雷达。

5.3 海基 X 波段雷达

5.3.1 基本情况

海基 X 波段（SBX）雷达是美国国家导弹防御系统陆基中段防御计划的重要组成部分，可用于辨别来袭的各种弹道导弹分弹头及假目标，为导弹拦截提供远程监视截获和精密跟踪。美国海基 X 波段雷达是目前世界上最大的 X 波段相控阵雷达，主要用于探测和跟踪弹道导弹，并直接向美军导弹防御体系中的指挥、控制系统实时传输信息。同时，SBX 雷达是美国海基高空导弹防御系统的组成部分，为海上“宙斯盾”系统提供目标早期预警以及拦截效果分析。

海基 X 波段雷达安装在一个挪威设计、俄罗斯制造的第五代半潜双船体钻油平台。整个系统排水量达 50000t，相当于一艘中型航空母舰。平台底部有 2 个平行船体，每个船体上有 3 根巨大支柱，共同支撑着该平台，仅旋转平台自重就高达 2400t。平台上是一个白色巨型球状雷达，从海面到雷达顶部超过 80m，相当于 28 层楼的高度。整个雷达平台长约 120m，宽约 70m，面积超过一个足球场，共有 65~80 名工作人员。半潜式平台的推进器采用 6 台 3.6MW 发电机以 12 缸 Caterpillar 柴油机驱动，安置在左右 2 个舱内。SBX 雷达计划部署在阿拉斯加州阿留申群岛的艾达克岛，以追踪朝鲜和中国以及俄罗斯上空的导弹，凭借动力系统，该平台能以 10~13 节的速度自主航行，也可以漫游太平洋以侦测弹道导弹。图 5.4 所示为 SBX 雷达以及内部雷达阵面图。

图 5.4 SBX 雷达以及内部雷达阵面

5.3.2 功能特点

SBX 雷达主要包括雷达平台、X 波段雷达（XBR）、飞行中拦截弹通信系统（IFICS）、数据终端以及陆基中段防御（GMD）通信网络，以及发电站和其他雷达系统配套设施。

SBX 雷达能够发现、跟踪导弹，监控导弹的实时弹道数据，通过 IFICS 将数据传给指挥中心，由指挥中心判断是否为来袭目标，并指挥陆基拦截系统发射拦截武器。在此过程中，SBX 雷达对拦截效果进行评估，并将评估报告传回指挥中心。从整个作战过程来看，SBX 雷达需要完成对来袭目标的早期截获、稳定跟踪、对诱饵和弹头进行分辨，提供精确的杀伤效果评估。作为唯一具备高分辨测量能力的超大型雷达，SBX 雷达在整个 GMD 系统中起到了至关重要的作用，被寄予了极大的期望。图 5.5 所示为 SBX 雷达在反导作战中的作用。

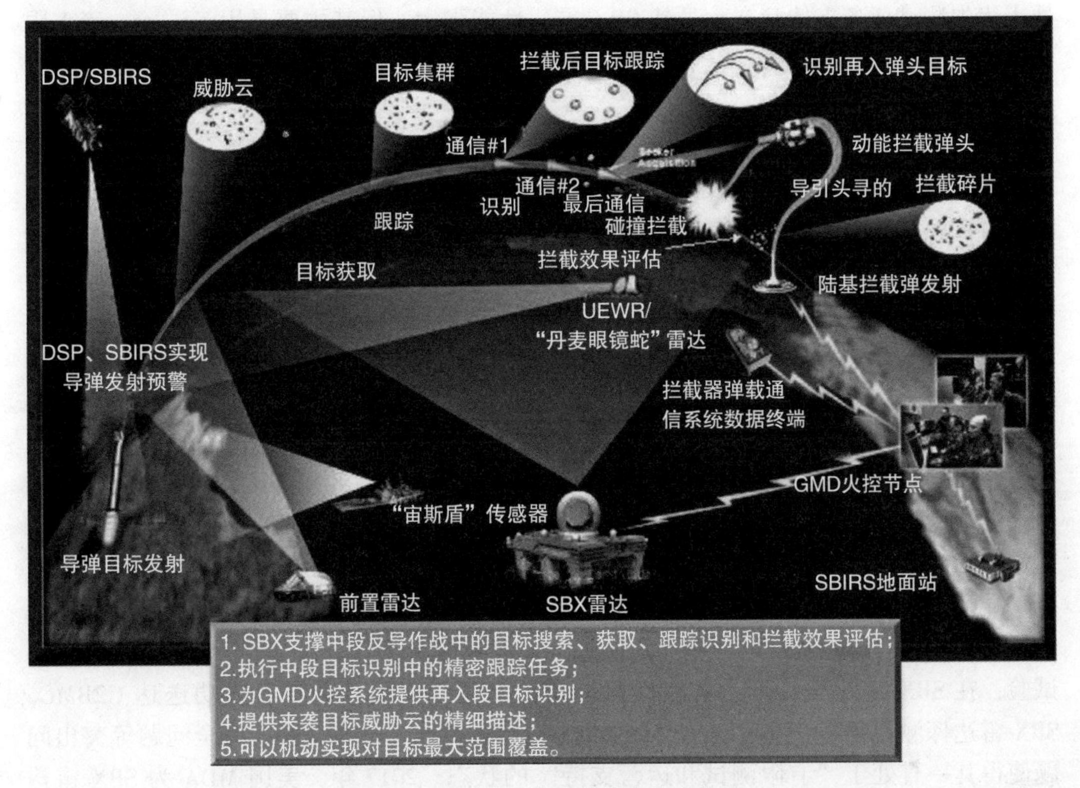

图 5.5　SBX 雷达在反导作战中的作用

SBX 雷达天线为有源相控阵天线，呈八角形平面阵列，直径 12.5m，天线阵列面积高达 248m²，占地 384m²。拥有 69632 个 T/R 模块，其中有 45000 个砷化镓模块为有源 T/R 模块。平均功率 170kW（每一阵面），低副瓣相控阵天线面积 123m²，雷达的功率孔径达到 2000 万数量级，T/R 模块呈大间格分布，这种分布方式使雷达可以追踪极远距离的目标，以支援“萨德”反导系统外大气层目标导引，这个阵列雷达需要超过 1000kW 的电源。天线波束能在方位上移动 270°、在仰角上移动 0°~85°，对空作用距离超过 4500km，距离分辨率优于 20m。

SBX 雷达除了采用有源相控阵技术外，还采用高频和最先进的雷达信号处理技术，用于提供详细的弹道导弹跟踪和识别信息。SBX 雷达具有天线波束窄、分辨率高、频带宽、抗干扰能力强等特点。SBX 雷达除了具有探测弹道导弹、巡航导弹和隐形飞机等空中目标、提供预警情报的功能外，还可作为火控雷达。情报人员可以通过它掌握来袭导弹的最新弹道数据，并将数据、图形传回北美防空防天司令部指挥中心，从而由华盛顿的最高决策层下达是否拦截的命令。最后，操作人员还可以通过它对拦截效果进行评估，同时将评估报告传回指挥中心。

作为唯一具备高分辨测量能力的海基超大型雷达，SBX 在整个导弹防御系统中起到了至关重要的作用，在实际使用过程中，也相继暴露出该型雷达探测视角窄、部署时间长、维护耗时长、建设成本高等缺点以及电磁辐射安全等问题。目前，SBX 仅处于“有限工作状态”，主要用于反导试验保障。SBX 雷达拥有一个性能极其强大的相控阵天线，理论距离分辨率达到 0.15m，重达 1814t，自 2013 年起，SBX 雷达停泊于珍珠港水域，处于优先测试任务支持状态，虽然 SBX 雷达性能强大，但其主要是用于试验，诸多限制条件制约了其实战效果。

5.3.3　发展历程

2002 年，MDA 开始筹划建造 SBX 雷达，当时计划将其部署到阿留申群岛，因为那里是监视朝鲜导弹的理想位置，如果需要，同时也可移动到其他地方。至今 SBX 已经进行了上百次试验。SBX 雷达在建造初期被寄予厚望，但随着测试的进行，相继暴露出各种问题，包括美国的一些军方人士在内的有关军事专家不断对其提出质疑。

2006 年 7 月 5 日，SBX 雷达捕捉到朝鲜接连发射的 7 枚“大浦洞 2 号”导弹，并测算出导弹的相应数据。整个过程仅用了 41s，这充分显示了其距离远、反应迅速等作战效能。从 2004 年 GMD 系统发挥作用以来，之后的 9 次飞行试验中，只成功拦截 4 次包含诱饵的导弹目标。2007 年 3 月的 FTX-02 拦截试验中，SBX 雷达的软件系统出现故障，没有为拦截武器提供精确的指示信息。在 2010 年 1 月的 FTG-06 拦截中，SBX 雷达作为唯一的一部参试雷达误将飞行器助推器间歇性燃烧喷出的一块固体燃料当作目标，导致试验彻底失败。2011 年 3 月升级改造之后，SBX 雷达参与了多项试验任务，但由于其相继暴露各种问题，发展地位降至“有限试验辅助”。2014 年 6 月的 FTG-06b 试验，在 SBX 雷达支持下，虽然拦截成功，但拦截评估结果没有成功送达 C2BMC。SBX 雷达探测视角窄、部署时间较长、维修保养时间长、成本较高、安全问题等突出问题使得其一直处于“有限测试和运营支持”的状态。2017 年，美国 MDA 为 SBX 雷达请求 6900 万美元来支持飞行试验，以验证升级的识别能力和空间碎片缓解能力。随着美国 MDA 和狮鹫技术公司（Griffin Technologies）之间新合同的签署，将对 SBX 雷达进行任务整合。

2016 年 9 月，SBX 雷达被部署到朝鲜附近公海水域，用以监视朝鲜导弹发射。2017 年 10 月，美国 MDA 授予雷声公司 15 亿美元合同，用于支持和维护 AN/TPY-2 与 SBX 雷达至 2020 年 10 月。2017 年 11 月，美国国防部宣布，雷声公司已获得 3.71 亿美元的合同，为 AN/TPY-2 和 SBX 雷达提供研发支持，以提高系统作战支撑能力、工程服务和网络安全。

SBX 雷达发展时间线：

2017 年 6 月：美国导弹防御局（MDA）决定投入上千万美元，对 SBX 雷达进行任务整合，以验证升级的识别能力和空间碎片监测能力。

2017 年 5 月 30 日：在 GMD 系统试验中，SBX 雷达成功跟踪了并引导拦截了一枚弹道导弹。

2016 年 1 月 28 日：在一次成功的陆基中段防御飞行测试中，SBX 雷达捕获并成功跟踪了一枚从美国空军 C-17 运输机上空射的中程弹道导弹目标。

2014 年 10 月：在 2015 财年初，SBX 雷达进入测试和作战支援状态，这意味着它可以按需部署，支持弹道导弹防御系统的测试和防御作战任务。

2012 年 10 月：从 2013 财年开始，SBX 雷达在太平洋上处于“有限的测试支援状态”。

2011 年 12 月 22 日：美军将 SBX 雷达舰移交给军事海运司令部，后者负责操作和维护该舰，而 MDA 则负责维护 X 波段雷达。

2010 年 12 月 15 日：SBX 雷达在 FTG-06a 任务期间跟踪并提供实时数据，其中一枚大气层外拦截导弹成功拦截一个目标。

2008 年 6 月 5 日：SBX 雷达参与了“荣耀旅行 197”（Glory Trip 197）项目，探测并跟踪了一枚美国“民兵”Ⅲ远程导弹的发射活动。

2007 年 12 月 1 日到 2008 年 4 月 1 日：SBX 雷达在太平洋上航行超过 4000 海里。

2007 年 9 月 28 日：美军举行陆基拦截导弹飞行拦截测试。期间从阿拉斯加州科迪亚克岛发射一枚目标导弹，从加利福尼亚州范登堡空军基地发射一枚陆基拦截导弹，而海基 X 波段雷达则参与了针对两枚导弹的数据收集模式。

2006 年 1 月 9 日：SBX 雷达从得克萨斯州科珀斯克里斯蒂出发，航行 2400km，最后抵达夏威夷珍珠港，接受检查、修理和维护。

2005 年 12 月：SBX 雷达经过麦哲伦海峡进入太平洋。

2005 年 7 月：MDA 正式将半潜船和雷达系统命名为海基 X 波段（SBX）雷达（也称为 SBX-1）。SBX 雷达在墨西哥湾开启海试。

2005 年 5 月：雷达罩是在舰艇平台顶部显眼的白色大圆顶。它被安装到 X 波段雷达上，以此来保护雷达不受外界干扰。

2005 年 4 月：该型 X 波段雷达安装到得克萨斯英格尔赛德的平台上。

2003 年 1 月：美国政府采购了一艘 50000t 级半潜式自航式海上平台来搭载雷达系统。

2002 年：计划建造 SBX 雷达。

5.4　小结

海基弹道导弹防御是美国国家弹道导弹防御系统的重要组成部分之一，美军从弹道导弹防御能力建设之初，就将海基弹道导弹防御力量建设作为其重要支柱之一加以大力发展，目前美军海基弹道导弹防御力量已具备了对弹道导弹中段、末段的防御能力，特别是对于盟国、海外利益的保护发挥了不可替代的作用。

导弹预警在装备体系构成上，当前趋势仍然是以天基、陆基为重点，海空基为补充，总体上呈现多维度、多信源一体化融合发展趋势。美国根据对全球导弹与高超声速飞行器威胁的评估结果，有针对性地与亚太、欧洲、中东地区的 20 多个国家和地区开展反导合作，以海外部署、军售或技术合作等方式，构筑全球一体化分层导弹防御能力。在部署方式上，重点发展配备新一代雷达具有机动部署能力的“宙斯盾”舰，防御体系的建设呈现出从固定转向机动灵活、从地表拓展到太空、从脆弱节点到分布式弹性抗毁的发展特点。

第 6 章 指挥控制与通信系统

指挥、控制与通信（C3）系统对于美国导弹防御任务的成功至关重要，它是战术和战略导弹防御计划的神经中枢。分层导弹防御行动依赖于C3系统，C3系统负责互连各种导弹防御传感器和系统，使这些平台能够及时有效地识别和打击导弹目标。指挥与控制系统从各种传感器、雷达、卫星和作战系统收集和传送数据，将信息传递给指挥官，以供决策和评估。指挥系统还用于协调空中和导弹防御网络，从而实现针对各种不同威胁的综合空中和导弹防御。

6.1 Link16 系统

6.1.1 基本情况

Link16 系统，也称为联合战术信息分发系统（JTIDS），是一种美国各军种使用的大型综合战术数据链，采用了直序扩频、高速跳频等技术，具有容量大、保密性好、抗干扰能力强、使用灵活、功能齐全等特点，主要用于战场情报监视、电子战、任务管理、武器协调、空中交通管制、相对导航以及语音加密等，是指挥控制与各作战单位之间大量信息交换主要依赖的高速数据分发的重要系统，是指挥控制系统的重要组成部分。

Link16 也是美国各军种和北约部队通用的重要战术数据链，在近些年几场局部战争中体现出的高效整合战场资源和共享信息的能力。Link16 是作战指挥和武器控制系统使用的主要数据链，主要用于机载、陆基和舰载作战平台之间的战术信息实时交换，其是信息化战争中的黏合剂，也是战斗力提升的倍增器。Link16 是由 ViaSat 股份有限公司（ViaSat Inc.）和数据链路解决方案有限责任公司（Data Link Solutions L. L. C.'s）开发的战术数据链（TDL），可将各军种之间的通信联网，以支持联合作战并提高互操作性。Link16 系统对于在单一战场空间内作战的北约和联军的互操作性至关重要，它也被美国海军和美国陆军用于空中和海上行动，以及空中和导弹防御。

Link16 数据链作为战争中的“神经网络”已经在欧美等国家广泛使用。美国各军种都相应装备了 Link16 数据链。例如：海军的 E-2C“鹰眼”舰载空中预警机、F-14D“熊猫”战斗机和 EP-3B，还有航空母舰（CV 和 CVN 级）、导弹巡洋舰（CG/CGN 级）、导弹驱逐舰（DDG 级）和水陆两栖攻击舰（LHD 和 LHA 级）等；陆军的“爱国者”PAC-3 反导系统、“萨德”反导系统、联合战术地面站（JTAGS）等；空军的 E-8 联合监视目标攻击雷达系统（JSTARS），EC-130E 机载指挥控制中心（ABCCC），F-15 战斗机、E-3A 预警机、RC-135“铆钉”等。此外，英国的 Tornado F3 和空中预警与控制平台（AWACS）平台；德国的“爱国者”PAC-3 反导系统；北约的 AWACS 等也都装备了 Link16 数据链。图 6.1 所示为 Link16 系统的典型应用场景。

图 6.1　Link16 作战应用场景示意图

Link16 允许在分散的战斗元素之间实时传输战斗数据、语音通信、图像和相关导航信息，使用数据加密和跳频来保持安全通信。该系统促进了通过公共通信链路的数据交换，允许参与者获取和共享态势感知信息并在战斗空间内进行互操作。Link16 还促进了传感器信息的交换，使中央或分布式指挥和控制中心能够创建通用操作图（COP）。Link16 提供的互操作性允许通信链路中的每个参与者以电子方式观察战场、识别威胁和获取目标。Link16 信息通常通过射频载体广播，但它也可以通过陆线、卫星和串行链路分发信息。Link16 是一种复杂的无线电，旨在全方位广播，为分散和/或快速移动的参与者提供最大的互操作性。通过 Link16 发送的消息可以根据需要同时广播给任意数量的用户。

Link16 与其他战术数据链路的不同之处在于它不依赖于任何一个终端作为 Link16 网络的节点。取而代之的是，所有支持 Link16 的终端都充当节点，允许各军兵种在分布式的情况下进行操作。Link16 独特的数据链架构使部队能够在不可预测的战场环境中灵活地进行作战，这对于部队针对未来威胁的互操作性至关重要。

最新一代的 Link16 设备是多功能信息分发系统低容量终端（MIDS LVT），如图 6.2 所示。这是一种安装在机载、地面和海上平台上的小型装置，具有安全数据和语音传输功能。MIDS LVT 是由德国、意大利、西班牙、法国和美国之间的谅解备忘录发起的。MIDS LVT 终端已安装在大多数美国战斗机、轰炸机、旋翼机、无人机和加油机上，并用于大多数美国防空和导弹防御系统。Link16 还用于移动和固定的美国军事指挥基地。

与美国相比，许多北约国家在整合 Link16 方面进展缓慢且不够全面。Link16 终端陆续安装在 19 个以上的陆、海、空平台，并在十多个国家和地区部署。

图 6.2　MIDS LVT 终端

6.1.2　功能特点

Link16 采用的是无中心网络，提高了通信网络的抗毁能力、通信效率以及快速组网能力。在这个网络中，每一个用户都具有对其他用户收发信息的能力。战争中，安装有数据链设备的武器平台只要一进入作战地域，就能自动与其他作战平台沟通联络，只要有两个联络对象，就能自动发送和接收相关信息，所以任何一方侦获的信息都可以及时、有效地传给友军从而迅速做出应对策略，大大提高了作战效能。Link16 就像“神经网络”一样紧密联系着所有作战单元，这种“神经网络”越发达，数据链的协同与整合能力越强，从而使得作战效能越大。Link16 允许在分散的战斗元素之间实时传输战斗数据、语音通信、图像和相关导航信息；促进通过公共通信链接交换数据，允许参与者获取和共享态势感知信息；促进传感器信息的交换，使指挥和控制中心能够创建 COP；实现来自指挥控制中心和作战人员的信息传播，以及作战人员之间的信息交换。

Link16 数据链由传输通道、通信协议和格式化消息 3 个基本要素组成。其中，传输通道是联合战术信息分发系统/多功能信息分发系统（JTIDS/MIDS），由 STANAG4175（Standardization Agreement，标准化协议（北约））技术标准规定；通信协议采用时分多址（TDMA）接入方式；无中心结构，用户根据分配的时隙轮流发射信息。通过分配独立的跳频图案，可以形成多网结构，以容纳更多成员。与其他通信链路波形相比，Link16 提高了安全性、抗干扰性和态势感知能力，同时还提高了数据吞吐量和信息交换容量。此外，Link16 还提供安全语音功能、相关导航功能以及精确的参与者位置和识别。Link16 数据通过 Link16 终端在一系列平台上传输，包括飞机、水面舰船、地面车辆、导弹防御系统、网络武器以及指挥和控制网络。这些终端可以专门操作 Link16 功能，也可以将 Link16 功能与其他先进的军用波形相结合。为确保持续安全和不间断地通信，根据需要在整个网络中实施强制 Link16 协议更新，并预先向所有网络参与者宣布系统日落日期，以便他们能够有效地更新其各种平台的设备和程序。

Link16 系统主要技术特点如下：具有跳时、循环码移位键控（CCSK）扩频和跳频相结合的混合扩频方式，抗干扰能力强；采取消息保密和传输保密两种方式，增强了保密性；采用 TDMA 接入方式；无中心节点；增加了信息交换的数量和量化度；支持两种保密话音线路；具有相对导航功能；具有精确参与定位与识别功能。

Link16 已成为美军主战平台的基本配置，是各型主战平台实施信息化作战、形成体系作战能力的重要支撑。Link16 的主要目的是作为防空反导指挥和控制系统。它通常用于国家防空，将众多防空资产与海基和陆基平台连接起来，例如装备“宙斯盾”的舰艇、陆基传感器和地对空导弹系统。一旦通过 Link16 相互连接，这些不同的系统就能够在国家空域内建立一个 COP，使指挥官能够迅速识别威胁并进行相应的处理。

Link16 系统还被美国作战司令部用于空中和导弹防御任务。美国海军大量使用 Link16 进行防空和导弹防御，为其飞机和装备“宙斯盾”的导弹舰配备了指挥和控制系统。美国陆军还使用 Link16 进行空中目标和导弹防御，将指挥和控制中心以及“爱国者”和“萨德”反导系统等地面平台整合到 Link16 网络中。其他传感器和情报收集平台使用 Link16 将相关的空中和导弹威胁数据传输到相应的传感器和防御系统。传感器、飞机、海上部队、指挥和控制站以及空中和导弹防御系统之间的这种互操作性提升了系统的防御能力，能够实现超视距的目标交战和远程发射。

6.1.3 当前发展

在 Link16 数据链研制成功以前，所有数据链只能各自通信而不能兼容，致使协同作战能力极差，在越南战争时期这种不能相互通信带来的缺点更加明显，这使得美国萌发了研制 Link16 数据链的设想并于 1974 年成立空军牵头的 JTIDS 联合办公室，统一了这种新系统的要求。Link16 数据链 1 类端机在 1974 年开始研制并于 1983 年首先装备在北约的 18 架和美国的 36 架 E-3A 预警机以及北约和美国的地面防空系统上，主要用于 E-3A 预警机向地面传输对华沙条约组织和苏联的监视信息。1 类端机可以使美军在地面上实时掌握对方的动态，并为“爱国者”和霍克防空导弹提供实时信息与指令，让美军获得先敌发现、先敌攻击的能力。但是 1 类端机吞吐率只有 56kb/s，没有相对导航和语音功能，协议简单，采用的是临时消息规范（Interim JTIDS Message Specification, IJMS）。Link16 数据链 2 类端机于 20 世纪 80 年代开始研制，体积和质量都比 1 类端机小且具有相对导航功能，数据吞吐率提高到了 238.08kb/s，与此同时，还定制了正式的格式化消息和协议标准。由于 Link16 数据链各项要素齐备，所以 Link16 数据链正式形成的时期是 20 世纪 80 年代末。在 2 类端机之后，相继产生了 2H 类终端和 2M 类终端。2H 类端机主要用于海军，2M 类端机主要用于陆军防空系统。截至 1995 年，共交付给美国海军、空军及国外客户 604 套 2/2H 类终端，美国陆军也在 1994—1996 年为“萨德”反导系统与“爱国者”防空导弹部队、陆军高级数据显示系统（ADDS）订购了 94 套 2M 类终端。1990 年，美国、法国和英国的 E-3 预警机已升级为 2H 类终端。原先装备1类终端的部队也于20世纪90年代中后期陆续换装为2/2H/2M类终端。在2类端机的基础上又衍生了多功能信息分发系统（MIDS）终端，它保留了2类端机的性能和功能并采取了更加先进的计算机技术、电子技术和开放结构等。MIDS相对2类端机具有体积小、自重轻、成本较低和可靠性高等特点，它将是Link16数据链继JTIDS之后的下一代终端。

MIDS JTRS是下一代软件定义的Link16终端，如图6.3所示。JTRS于2012年4月普遍获准进行全面生产和部署，其软件定义能力将使终端能够将更多平台集成到Link16中。一旦实施了MIDS JTRS，其他技术能力就变得可用。MIDS JTRS终端的一种功能应用称为战术目标网络技术（TTNT）波形，它是一种基于IP的自动形成网状网络，即使在高速行驶时也可以集成200多个平台。TTNT自动确定数据流量的优先级，允许配备Link16的单元在没有通信卫星网络协助的情况下保持COP。该终端的另一种功能应用称为Talon HATE，它是一种吊舱，它采用MIDS JTRS来与使用不同数据链的隐形战斗机进行通信，以避免泄漏其位置。

图6.3 MIDS JTRS终端

Lind16发展时间线：

2015年8月24日：ViaSat Inc. 和DTS LLC分别获得了价值5.143亿美元和3.665亿美元的合同，用于生产和维护MIDS LVT通信系统。

2015年8月7日：美国国防部提出了一项为期6年的7150万美元计划，用于使用Link16数据链系统升级美国AV-8B Harriers。

2014年9月16日：波音公司完成了Talon HATE吊舱项目的最终设计审查。

2014年8月19日：美国太空和海战系统司令部（SPAWAR）与DLS LLC(1.243亿美元）和ViaSat Inc.（7270万美元）签订了一份合同，将TTNT波形添加到MIDS JTRS。

2014年7月30日：美国SPAWAR向DLS LLC和ViaSat Inc. 授予一份价值1.1675亿美元的合并修改合同，以行使MIDS LVT和MIDS JTRS工程化和集成的选择权。

2013年：MIDS LVT订单来自美国、澳大利亚、德国、日本、阿曼、波兰、沙特阿拉伯、泰国、土耳其和阿联酋。MIDS JTRS已在美国F/A-18超级大黄蜂和E-8C JSTARS上进行了测试并宣布在操作上有效。

2013年2月12日：在FTM-20期间，一艘美国“宙斯盾”舰使用STSS星通过

Link16 传输的数据拦截目标导弹。Link16 提供的集成链路架构允许“宙斯盾”舰使用来自 STSS 传送威胁的跟踪数据。

2012 年：F/A-18 超级大黄蜂、E-8C 和 RC-135 的 MIDS JTRS 生产和部署获得批准。MIDS LVT 订单来自美国、芬兰、沙特阿拉伯、韩国及中国台湾地区。

2009 年 6 月 16 日：第一台 MIDS JTRS 交付给美国政府。

2008 年：从美国、匈牙利和日本获得 MIDS LVT 订单。芬兰、沙特阿拉伯和阿联酋要求使用 Link16。英国发布了一份价值 1220 万美元的订单，为其 Tornado 攻击机配备 MIDS JTIDS 终端。

2007 年：MIDS LVT 订单来自美国、比利时、芬兰、德国、希腊、日本、波兰、葡萄牙和土耳其及中国台湾地区。荷兰正在进行大规模的 Link16 项目，而西班牙则着手提高其 Link16 的兼容性。

2006 年：美国、澳大利亚、德国、葡萄牙、波兰、瑞士和土耳其订购了 MIDS LVT。对系统的要求来自希腊、巴基斯坦和土耳其。加拿大选择 DLS LLC 为加拿大军队提供 MIDS LVT。

2005 年 3 月 26 日：土耳其公布 F-16 机队现代化计划，包括 Link16 整合。ViaSat 被选中为 1.1 亿美元订单提供 203 个 MIDS LVT 终端。

2004—2005 年：ViaSat Inc. 和 DLS LLC 获得 MIDS LVT 合同，该合同由美国、澳大利亚、比利时、加拿大、日本、新西兰、瑞士及中国台湾地区订购。

20 世纪 90 年代后期：JTIDS 1 类终端被较小的 JTIDS 2H 类终端所取代，Link16 部署在更多机载平台。

1992 年：创建运营特殊项目以测试各种飞机的数据链路。

1980 年代中期：随着 1 类 JTIDS 终端的引入，Link16 在美国军队中投入使用。Link16 仅限于使用命令和控制平台进行部署。

1974 年：Link16 开始研发。

6.2　一体化防空与导弹防御作战指挥系统

6.2.1　基本情况

由诺斯罗普·格鲁曼公司为美国陆军开发的一体化防空反导作战指挥系统（IBCS）是一种指挥控制系统，它集成了防空和导弹防御系统，并允许作战人员使用任何传感器或武器来实现任务目标。使用 IBCS，士兵可以执行监视、识别、武器管理和交战功能，并协同规划和执行空中和导弹威胁的联合交战。该系统能够将当前和未来的防空和导弹防御系统、传感器、武器和作战管理指挥、控制、通信和情报系统整合到一个完全集成的网络中。根据诺斯罗普·格鲁曼公司的说法，该系统能够实现“任何传感器—最佳射手”作战，以最大限度地提高防御能力，优化有限的资源，并在战场上提供灵活性。

作为美国一体化防空反导（IAMD）体系的神经中枢，IAMD 体系架构示意图如图 6.4 所示。IBCS 是美陆军现代化转型建设的六大优先事项之一。其以“任意传感器—最佳射手”的动态跨域指控为主要目标，以“武器系统解耦、要素动态重组”为核心思路，以“多域分布式防空反导作战指控”为基本特征，通过对多军种、多维域、多形态传感器/发射器/拦截器的升级改造、网络化集成及增量式迭代演进，不断提升防空反导体系的作战灵活性及多元复杂威胁应对能力。

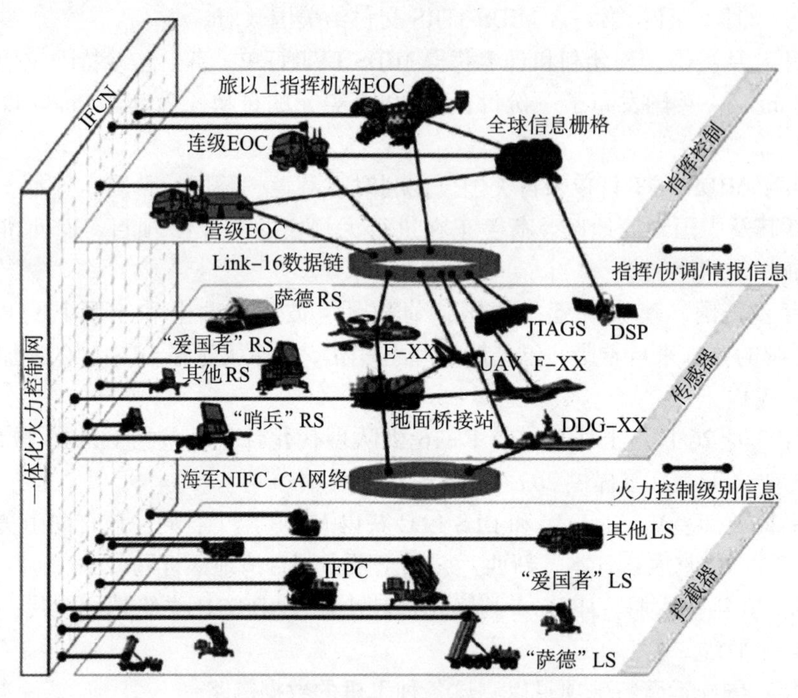

图 6.4　IAMD 体系架构示意图

IBCS 使防空炮兵、其他美国陆军部队以及其他综合防空和导弹防御部队能够融入通用任务指挥范畴。除了提供整合美国 IAMD 资产的方法外，IBCS 还建立了连接互补系统和联盟系统的方法，用于联合和合作多国导弹防御。该系统提供了更广泛的区域监视和更广泛的保护，因为它集成了传感器和拦截器，这为部署规模较小的部队包提供了灵活性。C2 系统非常适合于在快节奏和动态威胁环境中集成防空和导弹防御系统，从而增强了应对多种空中和导弹威胁的能力。美陆军研制综合防空反导作战指挥系统的目的是将现役和在研的多种防空反导系统整合为一体化防空反导网络，是其一体化防空反导能力建设最为关键的一步，IBCS 正在整合“爱国者”防空反导系统和“哨兵”传感器，IBCS 也与“萨德”末段高空区域防御系统集成。

6.2.2　功能特点

IBCS 系统是一套以网络为中心的“系统之系统”防空反导指挥控制与防空反导作战的发展方案，旨在将美陆军用于防空反导的传感器，防空武器，战斗管理、指挥、控制、通信和情报系统通过一体化火控网络互联，使防空反导部队通过该火控网采用任意传感器和武器系统来完成防空反导任务，从而实现防空反导系统效能的最大化和整个大系统的最优化。

美陆军这样的一体化火控网络建成并装备使用后，其“复仇者”防空导弹系统、

“爱国者”PAC-2/3 防空反导系统、“萨德”末段高空区域防御系统和 C-RAM 反火箭弹、炮弹、迫击炮弹系统等现役防空反导武器系统，改进型“哨兵”防空雷达系统、联合陆上攻击巡航导弹防御高架网状传感器系统（JLENS）等现役防空反导传感器系统，以及正在研发的基于“斯特赖克”轮式装甲车的机动近程防空系统等多种类、多建制的武器系统和传感器系统，都能通过 IBCS 系统实现互联互通互操作，使防空反导部队实现对各种作战飞机（侦察机、战斗机、轰炸机等），巡航导弹、弹道导弹、直升机、无人机等空中目标的全谱防御。

IBCS 的研发目标主要有两个：一是克服原有防空反导武器系统在传感器互联互通方面受到的限制，能够动态集成现有的和未来的传感器系统，形成战区防空反导统一态势，实现防空反导作战资源一体化管理和分配，缩短指挥决策时间，防止出现误伤事件；二是打破传统成建制采办防空反导武器系统的限制，能够根据作战任务灵活采办或者动态调整防空反导作战资源，并且能够任意使用传感器和武器来完成防空反导拦截目标的任务。

IBCS 由作战指挥中心（EOC）、一体化火力控制网络中继设备（IFCN Relay）和适配套件 A-Kit 组成。IBCS 是 IAMD 系统的核心组成部分，是美陆军能否成功实现防空反导一体化作战的关键系统。EOC 是通用的一体化防空反导作战指挥中心，兼具作战指挥和武器控制的功能，通过置于 IFCNRelay 里的 B-Kit 实现与各型作战资源的紧密交链；IFCN Relay 是 IFCN 的射频接入节点，IFCN 是自组织、自配置和自愈合的综合火控网络，采用企业集成总线架构和发布订阅机制实现 EOC 与作战资源的紧密交链；A-Kit 是置于作战资源端的“即插即打”接口模块，该接口模块分为武器“即插即打”接口模块和传感器“即插即打”接口模块。EOC 是 IBCS 的核心装备，遵循模块化的设计思路，在接口开放性与标准化的基础上，构建基于企业集成总线的开放式面向服务架构。EOC 通过 FN-R 的 B-Kit 与平台端的 A-Kit 铰链，为各层级指挥节点提供一致的运行环境与交战控制支持，IBCS 企业集成总线架构如图 6.5 所示。

IBCS 给美陆军防空反导作战带来的作用：增强前沿部队保护和应对多种空袭威胁（战术弹道导弹、无人机系统和巡航导弹）的能力；提升美陆军防空反导一体化作战能力，最终形成战区的陆军防空反导一体化立体多层拦截能力；开放式体系架构使其为未来发展引入新概念新技术做好准备，未来还将能同美国的弹道导弹防御系统（BMDS）实现协同工作。

6.2.3　当前发展

美陆军 IBCS 项目办公室 2008 年 9 月同时授予参与竞标的雷声公司和诺斯罗普·格鲁曼公司为期 11 个月的第一阶段研发合同（合同价值 1500 万美元），诺斯罗普·格鲁曼公司被选定为主承包商后，于 2010 年 1 月被授予为期 5 年的第二阶段研发合同（合同价值 5.77 亿美元），正式启动研制 IBCS 系统。IBCS 系统首套硬件设备于 2010 年 8 月由主承包商向美陆军交付，标志着 IBCS 系统初步完成了原型系统样机设计，并于 2012 年年底进入工程和制造研发阶段，即进入了正式研发阶段。

在进入工程和制造研发阶段后的 4 年内，IBCS 系统与“爱国者”PAC-2/3 系统进行了多次联调联试和一体化实弹拦截试验：2014 年年底，诺斯罗普·格鲁曼公司在白沙

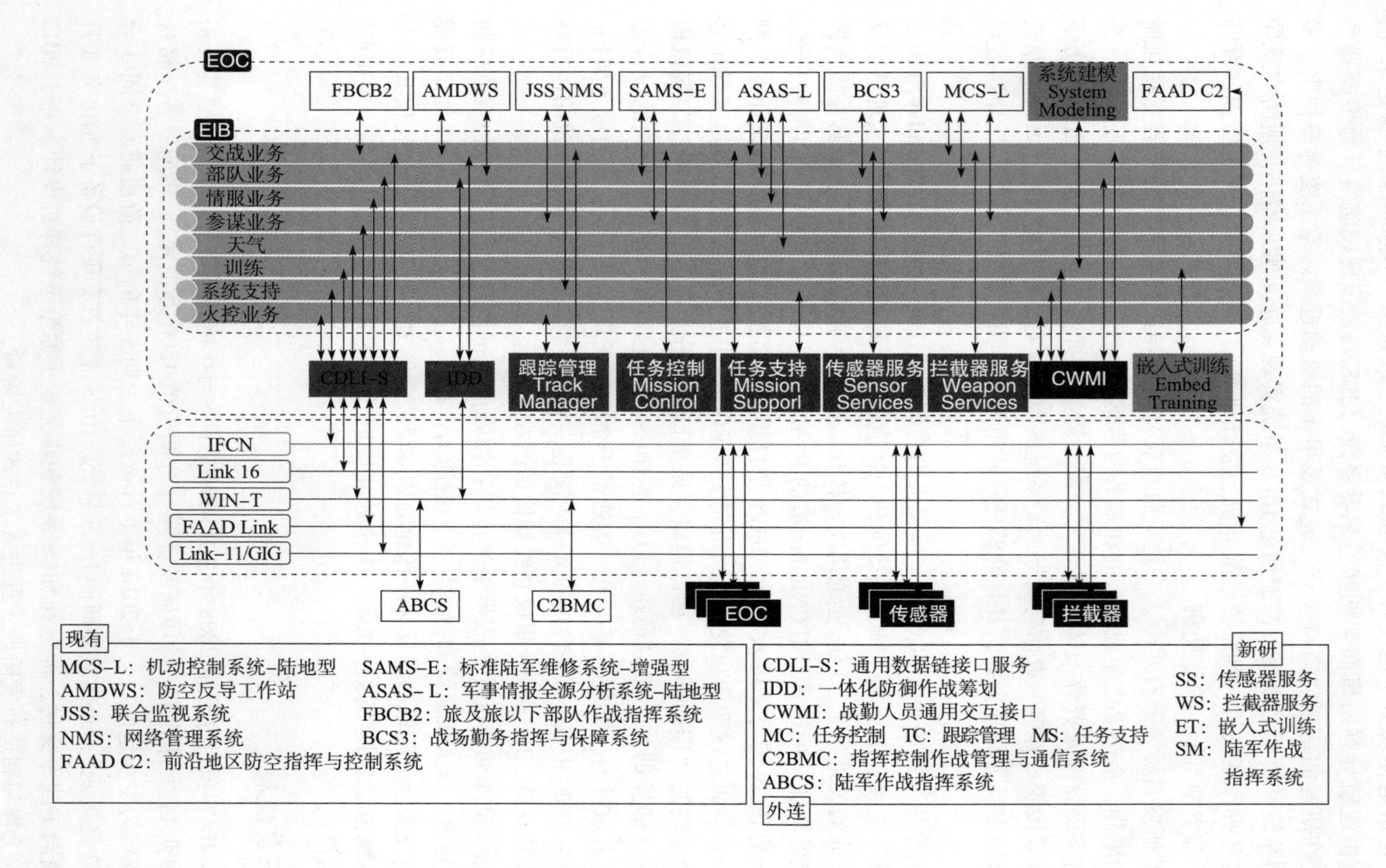

图 6.5 IBCS 企业集成总线架构

导弹靶场对该系统的作战中心、战术综合火力控制网中继平台进行了试验测试；2015年5月，IBCS系统指挥“爱国者”PAC-2系统完成首次实弹拦截试验，成功拦截了1个弹道导弹靶弹，标志着该系统已进入实弹拦截试验验证阶段；2015年11月，IBCS系统指挥“爱国者”PAC-3系统，成功完成两次实弹拦截试验，一次成功探测、跟踪、拦截了模拟巡航导弹进行低空飞行的MQM-107无人机，另一次则成功探测、跟踪、拦截了1枚模拟现代战场环境中战术弹道导弹的老式“爱国者”导弹；美国陆军2016年4月对IBCS系统成功进行了双重拦截飞行试验，指挥“爱国者”PAC-2拦截弹摧毁了1个巡航导弹目标，同时指挥“爱国者”PAC-3拦截弹摧毁了1个弹道导弹目标，验证了该系统应对多个威胁的能力。这些实弹拦截试验的成功，向世人展示了美国陆军正在从传统的“以系统为中心”的防空反导系统实施防空反导作战，转向“以网络为中心”的一体化防空反导体系，实施防空反导作战，从而实现其防空反导能力向一体化跃升。

2017年10月9日，IBCS系统顺利完成了“士兵中心试验”的第一阶段内容，试验结果显示系统性能优良且操作简便，之前试验中发现的软件兼容性和硬件可靠性等问题均得到圆满解决，达到了项目的重要里程碑能力。即将在2022财年与IBCS系统实现一体化融合的“萨德”反导系统，在2017年的联合实弹拦截中也取得重大成功。2017年7月11日，在美国陆军、一体化反导防御联合部队司令部、空军、海岸警卫队、阿拉斯加太平洋太空港发射场、反导防御作战试验机构、国防部作战试验鉴定局、陆军试验与评估司令部等支持下，美国MDA与美国陆军第11防空反导旅首次联合完成了“萨德”反导系统拦截中远程弹道导弹的实弹拦截试验，试验代号为“萨德”飞行试验-18（FTT-18）。试验中，美国空军C-17运输机在夏威夷北部的太平洋上空发射了1枚中远程弹道导弹靶弹，部署在阿拉斯加太平洋太空港发射场的“萨德”反导系统对靶弹进行探测与跟踪，最终“萨德”拦截弹以直接碰撞杀伤方式拦截摧毁了目标。第11防空反导旅使用与实际作战场景相同的程序进行发射、火控与雷达操作，操作人员并不知道靶弹的实际发射时间。初步评估结果表明实现了预定试验目标，具有代表性的中远程弹道导弹目标首次被“萨德”反导系统成功拦截。2017年7月30日，位于太平洋综合航天港的“萨德”反导系统再次成功探测、跟踪、拦截了1枚由美国空军C-17运输机发射的中程弹道导弹靶弹，目的是从飞行中的“萨德”拦截弹收集威胁数据，用于进一步提高“萨德”反导系统的性能和模拟仿真能力。

2018年3月19日—4月13日，IBCS系统在约1126km距离上，通过卫星、光纤和视距无线电通信，成功进行了横跨新墨西哥州白沙导弹靶场、得克萨斯州布利斯堡和亚拉巴马州红石兵工厂的大规模测试，即最新一次“士兵中心试验”。测试要求IBCS系统模拟遂行一体化防空反导作战任务，包括保护4处重点设施，同时跟踪“红军”“蓝军”战斗机、巡航导弹和战术弹道导弹等。期间进行了多项2h测试演示以检验IBCS网络的能力：提供和维护网络以确保语音、数据和视频通信；对空中目标进行敌我识别；生成单一综合空情态势图；计划、执行和监视模拟的威胁目标。测试显示，IBCS系统强大的网络管理技术，能在日益复杂严峻的战场环境中确保士兵间语音、视频和数据的及时有效联通，还能将大片区域内的探测传感器和拦截单元有机整合，融合生成单一综合空情态势图。IBCS系统在测试中集成了20多个节点、9个IBCS作战中心和12个IBCS一体化火控网中继站及“哨兵”近程防空雷达、“爱国者”PAC-2/3防空反导系统，形成一张整体作战网统一运行，并具备临时机动网络自组能力，可根据需要添加或删除节点，还能跟踪监视战斗机、巡航导弹、战术弹道导弹等目标，进行敌我识别标记，然后指挥拦截单元对威胁目标进行拦截。测试显示，IBCS 网络能接收新节点，并对自身进行重组以适应新节点，如某个节点链路丢失，网络能自动重选其周围的数据传输路径。主承包商诺斯罗普·格鲁曼公司宣称，此次测试展示了 IBCS 系统在复杂地形中的“规模化与网络化”能力，能够在未来“多域作战”中担当重任。随后，IBCS 系统参加了美国空军在内华达州内利斯空军基地附近举行的为期 3 周的“红旗”演习，该演习为空军人员提供了实战场景下的空中作战训练。至此，IBCS 系统发展已扫清了自身技术障碍，按计划于 2018 财年实现了与“爱国者”PAC-2/3 防空反导系统初步一体化集成。

IBCS 系统未来将具备与空军的新型远程雷达、海军陆战队的地面/空中任务专用雷达的融合联通能力，海军陆战队已于 2018 年年底进行了实装雷达的融合演示工作。先前的测试还展示了 IBCS 系统对抗电子攻击的有效性。

2020 年 8 月，美国陆军重启 IBCS 新一轮“有限用户测试”，并于 8 月 15 日和 20 日在新墨西哥州白沙导弹靶场先后成功实施 2 次实弹测试，完成了此次“有限用户测试”规定的实弹测试任务。

2020 年 8 月 15 日，在其中一个一体化火力控制网射频接入节点受到干扰，中继通信中断的情况下，一体化防空反导作战系统仍然成功拦截了模拟来袭巡航导弹的 2 架低空飞行的 MZM-178 无人机靶机。这次测试在新墨西哥州白沙导弹靶场进行，使用了 7 个一体化火力控制网络射频接入节点（其中 1 个受到无线电干扰被关闭），在分布在沙漠上相距 50km 的 10 个不同单元之间共享数据。涉及的 10 个单元有：2 部“爱国者”雷达；2 部“哨兵”雷达；2 个导弹连作战指挥中心；1 个营作战指挥中心（负责对 2 个导弹连的指控过程进行监管）；3 套“爱国者”导弹发射装置。发射 2 枚 PAC-3 导弹，摧毁了 2 个目标。

2020 年 8 月 20 日，美国陆军在新墨西哥州白沙导弹靶场对 IBCS 系统进行了第二次飞行测试，成功拦截 1 枚高速高性能战术弹道导弹和 1 枚巡航导弹，演示了 IBCS 系统获取、跟踪、识别和打击来自不同位置、不同速度和不同高度的目标的能力。

IBCS 发展时间线：

2020 年 8 月：美国陆军应用 IBCS 系统成功实施实弹测试。

2018 年 3 月—4 月：IBCS 系统实现了与“爱国者”PAC-2/3 防空反导系统初步一体化集成。

2017 年 2 月：一份报告指出，IBCS 计划因软件缺陷而延迟。

2016 年 4 月 18 日：美国陆军使用 IBCS 成功进行了双交战飞行测试。

2015 年 11 月 16 日：美国陆军和诺斯罗普·格鲁曼公司利用 IBCS 进行了一次拦截测试，用于指挥和控制。在测试期间，IBCS 将“哨兵”和“爱国者”雷达与“爱国者”PAC-3 拦截弹集成，以摧毁巡航导弹目标。

2015 年 5 月 28 日：美国陆军和诺斯罗普·格鲁曼公司使用 IBCS 进行了拦截试验，以摧毁弹道导弹目标。在导弹拦截过程中，使用 IBCS 的综合火控网络连接了 2 个“爱国者”发射器和 1 个“爱国者”雷达。

2013 年 9 月 23 日：诺斯罗普·格鲁曼公司和美国陆军将“爱国者”和“哨兵”的

反导能力纳入 IBCS。

2011 年 11 月 15 日：IBCS 在与来自美国陆军、海军、空军和海军陆战队的传感器和系统交换数据时，展示了其综合指挥能力，以形成单一空情态势图。

2010 年 4 月 26 日：美国陆军和诺斯罗普·格鲁曼公司完成了 IBCS 的中期设计审查，使指挥系统进入设计阶段。

2010 年 8 月 17 日：IBCS 的第一个炮兵交战操作中心交付给美国陆军。

2010 年 3 月 31 日：诺斯罗普·格鲁曼公司创建了基于实验室的 IBCS 原型。

2010 年 1 月 11 日：诺斯罗普·格鲁曼公司赢得 5.77 亿美元的陆军综合作战指挥系统合同。

6.3　指挥控制、作战管理与通信系统

美国弹道导弹防御系统（BMDS）是当今世界上作战能力最强、理念最先进、设计复杂程度最高的导弹防御系统，而该系统的核心就是指挥控制、作战管理与通信 C2BMC 系统。“指挥控制、作战管理与通信”是由美国 MDA 前局长、空军中将罗纳德·T. 卡迪什提出的，该理念后来发展成为一种实战需求，即把“宙斯盾”反导系统、陆基中段防御（GMD）系统、前沿部署的 X 波段雷达系统等 BMDS 装备联为一体，构成一个全球 BMDS 网。利用该系统，指挥员将能够在任何地区、任何导弹飞行阶段，把任意传感器和任意武器连接起来，应对任何规模、任何类型的攻击。另外，C2BMC 项目办公室在 2010 年提出了 3.4 亿美元的预算请求，大部分费用将会用于 C2BMC 软硬件的继续升级，利用传感装置管理和通信等促进主动防御能力。

对于整个导弹防御系统而言，C2BMC 系统就是整个作战体系的大脑和中枢神经，能够将美军分散在陆、海、空、天的传感器和拦截器进行优化整合，大大提升了整个导弹防御体系的作战效能。自 2004 年部署以来，C2BMC 系统进行了不断的优化整合，先后有 10 个版本，使得美国导弹防御系统的指挥更加顺畅，极大地提升了作战效能。该系统是连接、集成导弹防御单元的全球网络，能够使不同作战层面的人员系统规划弹道导弹防御作战，动态管理网络中的探测和拦截系统，完成全球及区域作战任务。

美国已经在战略司令部（STRATCOM）、北方司令部（NORTHCOM）、太平洋司令部（PACOM）、中央司令部（CENTCOM）和欧洲司令部（EUCOM）部署 C2BMC 系统的 6.4 版本，现役 8.2 版本，于 2017 年开始部署，预计到 2021 年部署完毕。6.4 版本系统实现了区域管理多部雷达的能力，初步验证了全球作战管理能力。8.2 版本是对 6.4 版本系统进行改进和扩充，能够管理多部 AN/TPY-2 雷达、SBX、UEWR、“丹麦眼镜蛇”雷达等，并利用导弹防御系统过顶持续红外架构（BOA）直接获得天基红外预警信息。

6.3.1　基本情况

C2BMC 系统将“爱国者”反导系统、末段高空区域防御（“萨德”）系统、“宙斯盾”BMD 系统、地基中段防御（GMD）系统、AN/TPY-2、SBX、天基红外系统（SBIRS）以及天基过顶持续红外（OPIR）系统等连接在一起，组成一个分层的导弹防御系

统，可充分发挥各单元作战性能，增加了 BMDS 的防御覆盖面，使其具有强大的作战能力和鲁棒性。

C2BMC 的作战环境包括：在参加或支援主要作战行动中，能提供弹道导弹防御系统能力的所有作战司令部、职能司令部、下级联合司令部、作战单元等；在主要作战行动中，大直径火箭、巡航导弹、短程弹道导弹（SRBM）、中程弹道导弹（MRBM）和洲际弹道导弹（ICBM）等的威胁，威胁的规模可能从几百枚大直径火箭/短程弹道导弹到几十枚洲际弹道导弹；在主要作战行动中的多层防御，包括防御力量在导弹飞行的助推段、上升段、中段和末段攻击和摧毁目标的能力。这种防御能力将是一种分布式的系统集成，包括传感器、发射装置、交战管理、指挥与控制以及通信。

C2BMC 包括指挥与控制、交战管理和通信 3 个既有区别又彼此重叠的要素。“指挥与控制”包括多层含义，但是在 BMDS 环境下，它的功能主要是为防御者提供策划和态势感知领域的服务。C2BMC 交战管理不同于独立武器系统的火力控制，其功能是支持作战指挥官做出决定，并把决定传达给独立武器系统来打击目标。而一旦打击任务传递给武器系统，就只能由武器系统来决定是否可以进行打击、选择具体的打击武器以及在打击武器抵达威胁目标前进行控制等。在通信方面，C2BMC 则基于全球信息栅格（GIG），为 BMDS 提供通信能力，有效地管理和分配重要数据。

C2BMC 不仅仅是这些单独能力的叠加，C2BMC 与传统的作战管理指挥、控制、通信和情报（BMC3I）相比，已转变为真正以网络为中心的作战活动。它是一种统筹的概念，将建模和仿真、周密计划和分析算法以时间约束的方式集成在一起，为决策者“建议”解决方案和交战顺序。用数据处理方法和综合算法来描述、组织和排序大量的瞬息万变的作战变量。这种 BMDS 的“中间件”将是未来信息化作战指挥与控制概念的开创者。

完整的 C2BMC 系统应具备态势感知能力、适应性计划能力、交战控制能力、建模仿真与分析能力、通信能力。具体功能为：向作战人员提供优化的导弹防御武器系统部署方案；提供导弹防御武器系统各要素间的通信连接；提供循环接战过程中的作战管理功能；远程控制导弹防御武器系统雷达；综合并校正多传感器航迹数据及威胁，汇集成为完整的导弹防御航迹；形成部署展开及战斗过程中的态势感知能力；完成各类导弹防御要素间的协调；促成作战人员将导弹防御武器系统部署于应对威胁最佳位置。

C2BMC 系统已经为美国弹道导弹防御系统的所有单元搭建起桥梁，部署在世界各地前方传感器的数据可以汇聚到 C2BMC 航迹服务器实现航迹融合，为后方传感器提供目标指示。此外，C2BMC 系统还能够快速准确地将前置 AN/TPY-2 雷达的数据转发到“宙斯盾”导弹防御系统中，为“标准”SM-3 拦截弹的提早发射提供支援。

作为 BMDS 的神经中枢，C2BMC 系统将美军分散在全球陆基、海基和天基反导单元高效整合，统筹作战规划和拦截方案，在最短的时间内，分配最优的传感器资源、武器资源、指挥控制资源和作战人员，使 BMDS 的作战效能发挥到最大。C2BMC 系统逐步改变了 BMDS 形态松散、耦合力度小、作战效能低等缺陷，为美国导弹防御体系的全球化、一体化和高效化提供了有力支撑。未来，C2BMC 系统将加装更先进的软硬件系统，融入更多的作战单元，从而将 BMDS 整合为真正意义上的分布式协同防御体系，并在未来反导作战中发挥愈加重要的作用。C2BMC 系统架构如图 6.6 所示。

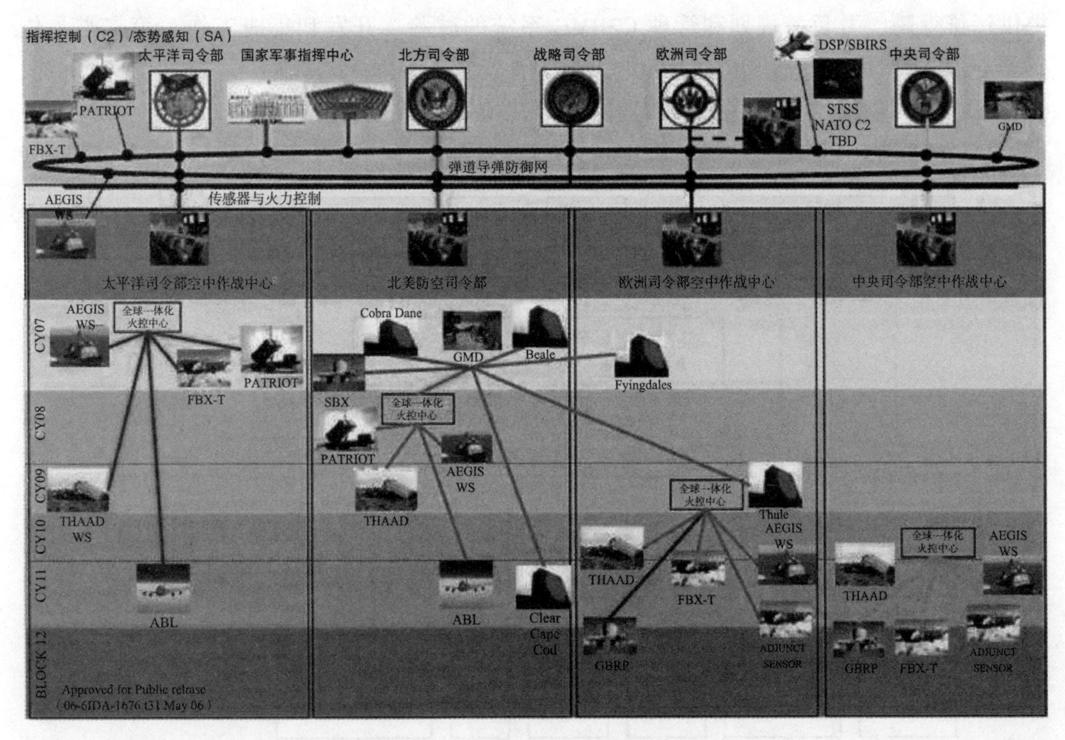

图 6.6 C2BMC 系统架构示意图

6.3.2 功能特点

C2BMC 系统包含指挥控制子系统、作战管理子系统和通信子系统 3 个组成部分。该系统具备以下功能：

（1）BMDS 各单元之间的通信互联。

（2）支持“射击—观测—射击”方法的作战管理功能，能够在使用武器数量最少的情况下使 BMDS 的有效性最大化。

（3）对 BMDS 雷达进行控制，从跟踪同一威胁的多个传感器获取数据，并将之相关成一条最优航迹。

（4）对战场具有实时感知能力，并与北约的相关设施进行互操作。

（5）先进的作战规划能力，从而能够指导 BMDS 设施部署这些功能。可以概括为 BMDS 规划器、态势感知、全球交战管理器以及 BMD 通信网 4 种能力。

从组成上来看，C2BMC 系统是由网络、计算机、软件组成，硬件设施包括工作站、服务器、处理器、通信设施支架及通信设备、态势感知网页浏览器及视频分配设备。美国在全球五大司令部、军事指挥中心、军种作战中心和其他作战保障机构中部署了超过 70 个 C2BMC 工作站和近千套设备，站点数达到 33 个。C2BMC 相连的系统可归为三大类：第一类是指挥单元，包括五角大楼的国家军事指挥中心、战略司令部、北方司令部、太平洋司令部、欧洲司令部和中央司令部，以及战区司令部下属的陆军防空反导司令部、空军空中空间作战中心和海军海上作战中心。第二类是集成维护单元，主要是位于施里弗基地的导弹防御集成与运行中心，该中心隶属于 MDA，旨在为各 C2BMC 节点提供运维保障，并负责规划和管理 C2BMC 系统的试验、开发和集成工作。第三类是传感器与武器单元，包括 SBIRS/DSP 星座、前置 AN/TPY-2 雷达、“宙斯盾”系统、GMD 系统、“萨德”反导系统和“爱国者”PAC-3 反导系统，远程识别雷达（LRDR）也于 2021 年接入 C2BMC 系统，C2BMC 系统连接的单元如图 6.7 所示。

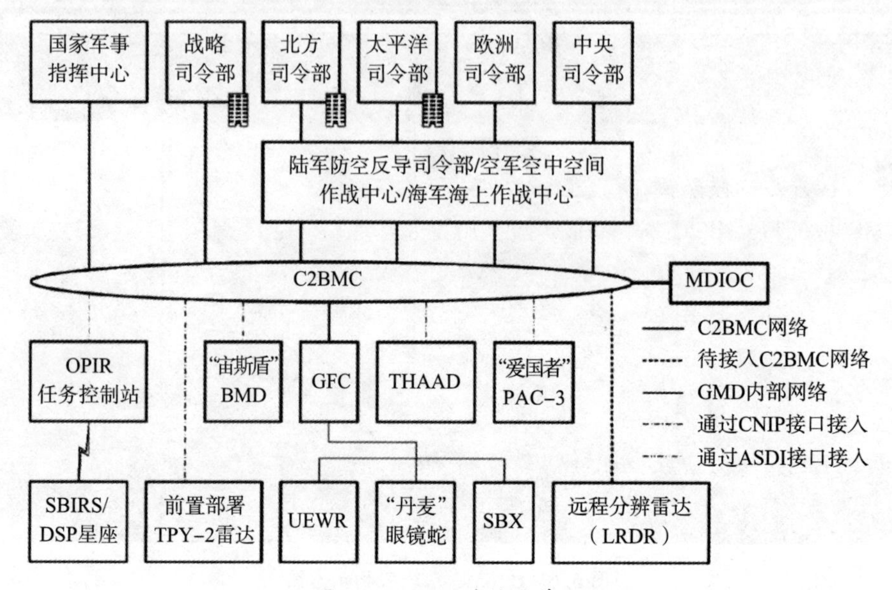

图 6.7　C2BM 连接的单元

1. 连接 SBIRS/DSP 星座

SBIRS/DSP 星座有两个 OPIR 任务控制站，分别位于巴克利基地和施里弗基地，任务控制站通过网络接口处理器连接到 C2BMC 系统，从而使 C2BMC 直接获取卫星数据。值得一提的是，除了 C2BMC 通信线路外，陆基弹道导弹火控（GFC）中心还可通过 GMD 专用通信网络与 OPIR 任务控制站连接。与已经服役的 SBIRS/DSP 星座不同，两颗空间跟踪与监视系统（STSS）卫星是隶属于导弹防御空间中心的验证星，主要用于采集空间环境和导弹目标特征数据。考虑到 STSS 已服役超过 10 年（设计寿命 2 年），且后继项目精密跟踪空间系统（PTSS）已经于 2014 年被取消，可预测出未来 STSS 星座也不会接入 C2BMC 网络。2017 年起，SBIRS/DSP 星座的两个任务控制站可直接连入 C2BMC 系统，从而使得 BMDS 各单元可以直接获取卫星数据，BMDS 将成为组成架构更完整、集成度更高、信息传输更迅捷的协同防御体系。

2. 连接前置 AN/TPY-2 雷达

每部前置 AN/TPY-2 雷达可通过阵地通信车的网络接口处理器接入 C2BMC 网络，之后再通过光缆或通信卫星接入对应战区的陆军防空反导司令部或空军空中空间作战中心，由该司令部或作战中心对雷达进行指挥控制。AN/TPY-2 雷达的数据一方面进入航迹服务器进行航迹关联，另一方面也为其他的 BMDS 传感器提供目标引导。C2BMC 系统侧重为“宙斯盾”舰和前置 AN/TPY-2 雷达提供信息交互，且需要通过 GFC 接收大型陆基雷达和海基 X 波段雷达的信息。

3. 连接舰载“宙斯盾”与陆基“宙斯盾”系统

目前，与 C2BMC 系统相连的“宙斯盾”BMD 系统包括日本海和西班牙罗塔基地的

“宙斯盾”驱逐舰，它们通过星载 Link16 数据链终端和活动目录服务接口（ADSI）将数据中继到 C2BMC 陆上节点。“宙斯盾”BMD 的数据一方面进入航迹服务器进行航迹关联，另一方面为 AN/TPY-2 雷达等传感器提供目标提示。夏威夷太平洋导弹靶场的陆基“宙斯盾”已经接入 C2BMC 网络。在 2015 年 10 月的 FTO-02 试验中，陆基“宙斯盾”系统借助 C2BMC 接收靶场内的前置 AN/TPY-2 雷达数据，利用自身的 AN/SPY 雷达捕获、跟踪目标，制定交战方案，验证了远程发射能力。罗马尼亚的陆基“宙斯盾”系统已于 2016 年 5 月实现初始作战能力，但尚未接入 C2BMC 网络；波兰的陆基“宙斯盾”系统于 2019 年实现初始作战能力。

4. 连接陆基中段防御（GMD）系统

GMD 系统与 C2BMC 系统的接口位于施里弗基地和格里利堡的 GFC。上述传感器的数据将通过 C2BMC 传入 GFC，之后再中继给 GMD 专用雷达，以提供目标指示；GMD 雷达的数据也通过 GFC 中继到 C2BMC 航迹服务器中，以形成一体化导弹图像（IBMP）。

5. 连接“萨德”反导系统与“爱国者”PAC-3 系统

“萨德”和“爱国者”作为两款末段防御系统，通过 Link16 数据链和 ADSI 与 C2BMC 相连，以接收前面所有传感器的提示信息。但 C2BMC 不具备控制“萨德”和“爱国者”PAC-3 反导系统的权限，仅能提供态势感知和作战管理（如选择和搭配合适的传感器与拦截弹）功能。

6. 连接 LRDR 雷达

螺旋 8.2.5 版本的 C2BMC 系统将直接与 LRDR 相连，并负责 LRDR 的管理、控制和任务分配。在 C2BMC 支持下，SBIRS/DSP 星座、前置 AN/TPY-2 雷达、“宙斯盾”BMD 和 GMD 系统的传感器可为 LRDR 提供目标指示，LRDR 也可为 GFC、“萨德”和“爱国者”PAC-3 反导系统提供识别数据，LRDR 数据也可融合到 BMDS 系统中以形成更精确的一体化导弹图像。

C2BMC 系统提供了一套非常有针对性且实用的工具，能够在全球弹道导弹防御的实施过程中提供分析规划、监视评估、辅助决策和作战管理等功能。一方面，C2BMC 系统能够对所属的专用传感器进行远程管理和控制，以获取必要的目标情报信息。另一方面，C2BMC 系统更主要被用来实施全球弹道导弹防御的分析、规划与协调，同时收集和处理各类目标航迹和战场数据，为 BMDS 系统、友军、盟国、海外驻军和国土防御提供重要的态势感知能力。

C2BMC 系统由 6 个功能模块组成，如图 6.8 所示，其中每一个独立的功能模块下还包含子功能模块。各功能模块及其子模块通过通用数据和软件的一体化运用在 BMD 系统内各个层级进行互动，从而使整个防御系统协调运作。这些功能的实现需要大量的工作站、服务器、作战程序和网络接口等软/硬件的支持。C2BMC 的各功能模块中，作战司令部指挥控制模块、全球交战管理器模块和规划器模块是弹道导弹防御态势感知、作战筹划和实施协调的主要功能模块，C2BMC 服务模块、网络与通信模块和分布式多级训练模块则主要为弹道导弹防御作战的筹划和实施提供保障和支持。

作战司令部指挥控制模块主要为战略防御作战而设计，也可以用于战区弹道导弹防御，其主要功能为：提供 AN/TPY-2 雷达的远程管控能力；提供全球一体化弹道导弹防御的态势感知能力；支持 BMD 的任务分析、筹划、评估和指挥。

全球交战管理器模块的功能与作战司令部指挥控制模块类似，它的设计更聚焦于战区和区域 BMD 细节以及加强型的 AN/TPY-2 传感器管理控制与操作，其主要功能为：提供更强的传感器资源管理能力，包括自动化的传感器任务规划和同时管理多部 AN/TPY-2 雷达的能力；为区域作战指挥官提供一体化的半自动 BMD 作战管理能力和交战协同能力；优化的航迹下拉选择和推送能力。在必要的情况下，全球交战管理器模块也可以为战略弹道导弹防御提供支持。

规划器模块是一个中等逼真度的动态作战筹划器，其中包含了 GMD、海基 X 波段（SBX）雷达、AN/TPY-2，“萨德”“爱国者”和“宙斯盾”BMD 等基于大量验证工作而获得的数据与模型，能够提供最优的导弹防御规划能力和对高要求/低密度的战略及战区资产的分析能力。该模块同时支持战略和作战行动层面上的规划，还能够连接到陆军防空反导工作站、海军海上一体化防空反导规划系统等外部规划系统，并支持相关规划信息的交互。

C2BMC 服务模块和网络与通信模块主要指与作战信息处理和交互相关的服务器、软件和各类接口，包括航迹服务器、外部系统接口、C2BMC 网络接口处理器和防空系统集成器等，主要面向各类作战数据的收集、处理、融合与推送分发。

分布式多级训练模块是连接到 C2BMC 系统并在外部操作的一个训练系统，该系统采用一种类似的模式，即通过一部传感器来为分布在世界各地参与 BMD 的多级或独立站点来提供通用的训练场景。该训练系统的服务器位于美军施里弗空军基地，能够提供中等逼真度的 C2BMC 仿真效果以支持训练和练习，不影响现实世界中的作战行动。

从功能上来看，C2BMC 系统能够实现以下 5 个功能：

（1）生成弹道导弹防御计划。一枚洲际弹道导弹从开始发射到击中目标只需要数十分钟，这给导弹防御系统带来了极大的挑战，要求能够迅速地做出反应，制定周密的防御计划，进行多层次的拦截。而 C2BMC 系统能够根据各类预警探测装备探测到的弹道导弹轨道信息进行规划，生成最佳的全球导弹防御计划和互补的战区防御计划，并由此派生出作战方案、战役计划、支援计划、详细的防御计划和交战次序。

（2）态势感知显示及驱动。C2BMC 系统可以将反导系统中各个单元的数据信息进行整合及时反馈，使传感装置和武器系统以最佳方式联合以达到作战要求。C2BMC 系统向分布于全球的每一个作战单元、计划人员、执行人员、高级指挥人员提供与其任务和责任相对应的全部信息和所有数据，从而将作战信息、情报信息和后勤信息集为一体，能够将预警探测系统和拦截系统联为一体，更好地执行作战任务。

（3）全球统一火力控制与作战指挥。C2BMC 系统具有强大的作战功能，能够将指挥控制与作战管理功能合二为一，从多个战区的角度提供有效的防御。C2BMC 系统具有能预先拟定拦截计划，并优化分析提供最适用于当前战场态势最优方案的能力，且能够派生出作战方案计划和交战次序。

（4）建模、仿真与分析。C2BMC 系统具有分析和制定行动方案的功能，C2BMC 系统能够利用己方已知信息，对多个传感器、武器、目标和作战想定做出自动的仿真和评估。C2BMC 系统以自动化的形式综合分析已知数据并以数字化的方式进行作战想定和分析评估。

（5）网络通信。C2BMC 系统通信是导弹防御体系组织结构内任意实体之间交换数据、信息和产品的枢纽，它以网络为中心，允许相关作战部门共享导弹防御系统数据集和数据库，使得信息能够流通，更好地发挥作战效能。C2BMC 系统以网络为中心，在导弹防御系统之间进行数据信息的传输。

这五种能力高效协作、交叉配合，形成了系统的综合实力。在反导拦截作战过程中，C2BMC 系统可以不断分析评估和纠正修改作战规划，它的作用发挥是循环式的，其中系统的信息流向如图 6.8 所示。

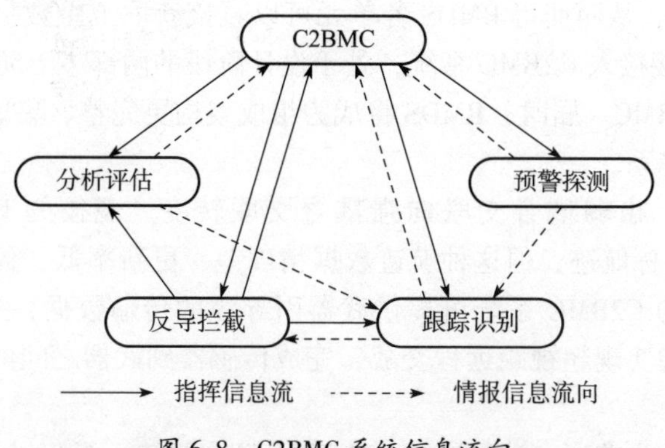

图 6.8　C2BMC 系统信息流向

可见，C2BMC 系统在导弹防御系统的组合连接、态势感知、综合集成以及传输信息等方面发挥关键节点作用。在作战能力方面，经过 20 年的螺旋式开发与试验验证，C2BMC 系统的功能和可靠性已大幅改善。截至 2019 年 2 月，C2BMC 系统参与的大小导弹防御试验超过 30 次，逐步验证了系统的态势感知、作战规划和作战管理能力，但目前的作战能力距离全球化、一体化、敏捷化的要求仍有不少距离，主要表现在以下两个方面：

（1）实现 BMDS 单元的互联互通，与大型地基雷达和海基 X 波段雷达的交联程度较低。目前，C2BMC 系统已经为 BMDS 的所有单元搭建起了桥梁，前方传感器的数据可以汇聚到 C2BMC 航迹服务器实现航迹融合，为后方传感器提供目标指示。此外，C2BMC 还能够快速准确地将前置 AN/TPY-2 雷达的数据转发到“宙斯盾” BMD 系统中，为“标准”拦截弹的提早发射提供支援。但当前的 C2BMC 系统与大型陆基雷达的交联能力偏弱。UEWR、“丹麦眼镜蛇”雷达和 SBX 雷达的数据必须先通过 GMD 专用网络（而非 C2BMC 网络）传送到 GFC，GFC 进行融合处理后再转发给 C2BMC。这种单通道的传输方式增加了数据处理和传输时间，极大影响了传感器的信息交互效率，降低了反导作战效能。

（2）实现对前置 AN/TPY 雷达的作战管理能力，但缺乏对其他单元的指挥控制功能。MDA 尤其注重发展 C2BMC 系统对 AN/TPY-2 雷达的作战管理能力。现役的螺旋 8.2.5 版本已经可以远程实时操控多部 AN/TPY-2 雷达，使特定雷达跟踪特定的威胁目标。此外，C2BMC 还可以改变 AN/TPY-2 的搜索参数和工作状态，启用宽带分辨功能，转发航迹报告，以支援武器系统进行交战。但目前 C2BMC 系统却仅能为其他 BMDS 传感器提供航迹转发和目标指示，显示“宙斯盾” BMD、“萨德”和“爱国者”的武器系统状态。这种设计虽然简化了 C2BMC 系统的技术开发难度，降低了成本，但导致

C2BMC 对整个 BMBS 系统的指挥控制能力不足，限制了导弹防御的一体化和敏捷性。

未来，C2BMC 系统将加装更先进的软硬件系统，融入更多的作战单元，从而将 BMDS 整合为真正意义上的分布式协同防御体系，并在未来反导作战中发挥愈加重要的作用。在协同维度上，由陆海基重点协同向天基全面协同转变。目前，C2BMC 系统侧重为“宙斯盾”舰和前置 AN/TPY-2 雷达提供信息交互，且需要通过 GFC 接收大型陆基雷达和海基 X 波段雷达的信息。2017 年起，SBIRS/DSP 星座的两个任务控制站可直接连入 C2BMC 系统，从而使得 BMDS 各单元可以直接获取卫星数据。位于阿拉斯加的 LRDR 于 2021 年直接接入 C2BMC 系统，处于设计阶段的两部本土防御雷达（HDR）也将在建成后接入 C2BMC。届时，BMDS 将成为组成架构更完整、集成度更高、信息传输更迅捷的协同防御体系。

在协同深度上，由弱耦合交联向强耦合交联转变。现役的 C2BMC 系统能够为 BMDS 各单元转发目标航迹，但这种航迹数据精度差、更新率低，仅能提供目标提示与指引功能。新版本的 C2BMC 系统可提供武器引导级的传输数据，帮助“标准”SM-3 拦截弹和陆基拦截弹实现超视距远程交战，完成传感器到武器之间的强耦合，提高拦截效率和防御范围。

在协同广度上，由美国一家防御向多国联合防御转变。2009 年，奥巴马政府启动 EPAA，标志着 BMDS 由一国防御向美国-北约联合防御的形式转变。目前，罗马尼亚的陆基“宙斯盾”已实现初始作战能力，波兰的陆基“宙斯盾”站点也于 2019 年完成建设。服役后，这两座欧洲的导弹防御骨干装备会接入 C2BMC 网络，大幅扩增导弹防御范围，增加对来袭弹头的拦截次数。此外，美军也与北约盟国开展技术开发和试验合作，试图将北约的主动分层战区弹道导弹防御系统和舰载导弹防御系统接入 C2BMC 网络中，最终实现美国-北约反导一体化。

6.3.3 当前发展

2002 年，C2BMC 作为 BMDS 一个新的组成部分由美国 MDA 首次提出。C2BMC 系统既不是传感器系统也不是武器系统，而是位于指挥中心的软件系统，同时包括工作站和通信设备等支撑硬件。美军 C2BMC 系统遵循“边设计，边研制，边部署，边实践”的原则进行研制和部署。

2004 年 10 月，C2BMC 系统投入使用，初步具备了全球态势感知和本土攻击预警能力。2005 年年底，美国北方司令部、美国战略司令部、美国太平洋司令部和美国驻韩军队已经开始使用 C2BMC 系统。2006 年，C2BMC 系统具备了跨越 14 个时区运行的能力。2008 年年初，C2BMC 系统已连接了跨越 17 个时区的导弹防御系统。2009 年，末段高空导弹防御系统被纳入 C2BMC 系统。2011 年 4 月，美军利用“宙斯盾”反导系统首次成功拦截了一枚中程弹道导弹，试验过程中 C2BMC 系统负责接收来自所有设备的数据，并向美国太平洋司令部、美国北方司令部和美国战略司令部提供交战的态势感知能力。2012 年 10 月，美军举行了三军联合导弹防御试验，试验过程中使用 C2BMC 系统连接各系统不同的传感器和武器系统，多枚导弹被成功拦截，演示了当前美国区域导弹防御系统的综合性能。2017 年起，MDA 率先在美国北方司令部和美国太平洋司令部换装最新的螺旋 8.2 版本软件，该版本的突出特征是加强 C2BMC 与天基红外卫星、

GMD传感器的交联程度，并赋予“宙斯盾”BMD系统远程发射和远程交战能力。根据美军2019年财年预算，MDA将在未来5年间投入25亿美元对C2BMC系统进行部署、研发和试验，并在网络空间领域开展相关研究。

C2BMC发展时间线：

2019年1月：MDR呼吁美国战略司令部司令（USSTRATCOM）作为国防部核指挥、控制和通信（NC3）企业领导人，与空军和MDA协调，领导对先进弹道导弹、巡航导弹和HGV威胁。

2015年10月：在测试FTO-02期间，C2BMC利用了“萨德”反导系统的AN/TPY-2雷达向“宙斯盾”BMD提供拦截后的识别数据，使“宙斯盾”系统能够在拦截后环境中进行防空作战。10月，C2BMC被用于在2015年海上演示期间在北约盟国之间共享数据，并在测试GTD-06期间管理多部AN/TPY-2雷达。

2015年7月：C2BMC螺旋6.4版本参加了GTI-06第3部分，该测试评估了BMDS在USNORTHCOM中的性能和互操作性。在测试期间，C2BMC管理AN/TPY-2雷达，并将跟踪数据转发给GMD火控和“宙斯盾”BMD系统。

2015年6月23日：洛克希德·马丁公司与MDA签订了一份8.7亿美元的合同，继续为C2BMC进行工程、开发、测试、集成、部署和现场作战及维持支持。

2014年6月：洛克希德·马丁公司领导的一个团队进行了一项研究，将C2BMC与陆军的一体化防空反导作战指挥系统（IBCS）集成。

2014年3月：测试证明了C2BMC与战区BMD元素的互操作性，以提供更好的态势感知，包括在导弹初始发射期间启动系统。这一能力在2014年8月的快速交换地面测试中得到了进一步证明，C2BMC管理了3个AN/TPY-2雷达，并促进了这些系统与“宙斯盾”BMD、“萨德”和天基红外系统之间传递处理的导弹弹道数据。

2013年12月：PACOM的Fast Phoenix测试证明了“宙斯盾”BMD和C2BMC之间准确及时的数据共享。

2013年10月：对CENTCOM和EUCOM的测试显示了C2BMC提供数据的能力，从而使雷达系统具有强的目标识别能力。

2013年9月：在对“宙斯盾”BMD和“萨德”进行联合测试的FTO-1期间，C2BMC成功地将AN/TPY-2雷达与“宙斯盾”BMD和“萨德”反导系统集成，并摧毁2个中程弹道导弹目标。

2012年3月：诺斯罗普·格鲁曼公司赢得了一份价值9600万美元的后续合同，继续支持C2MBC的开发、维护和运营。

2012年2月：雷声公司从MDA获得3810万美元的合同，为C2BMC项目提供工程支持。

2012年1月：洛克希德·马丁公司获得了一份价值9.8亿美元的后续合同，继续为MDA开发C2BMC。

2010年8月：诺斯罗普·格鲁曼公司获得9000万美元的合同，开发传感器管理和数据处理技术，以及将未来传感器融合到C2BMC系统中。

2010年4月：洛克希德·马丁公司宣布获得一份价值4.24亿美元的合同，以改进C2BMC安全系统、态势感知能力，并集成传感器和武器系统。

2007 年 12 月：C2BMC 螺旋 6.2 版本开始运行，使系统能够以更高的效率执行更多任务。

2007 年：洛克希德·马丁公司获得 4.58 亿美元的合同，在美国开发、集成和安装 C2BMC。

2004 年：第一个 C2BMC 工作站开始运行。

2002 年：洛克希德·马丁公司开始开发 C2BMC。

6.4 联合全域指挥控制系统

从海湾战争到伊拉克战争，伴随着美国国防战略的不断调整，美军指挥控制体系已历经“军种独立”“平台中心”“网络中心”三个阶段；2018 年，为应对未来大国高端对抗，美军认为必须在各军种和各作战域开展一体化协同作战，通过跨域无缝的指挥控制获取更为高效的攻防效果。为推进美军联合作战实现从“军种联合”向“跨域协同”的变革，在 2019 年美军提出建设联合全域指挥与控制（JADC2）能力，旨在把各军种指挥控制系统连接成一体化指控网络，在所有作战域之间实现迅速、无缝的信息交流。

联合全域作战（JADO）是美军继多域作战之后在联合作战概念上的再次升华，这一新的作战概念旨在建立陆、海、空、太空、网络、电磁、心理认知等所有战争领域新型的协同，把联合作战推向一个新的高度。JADC2 是实现 JADO 概念的关键要素，这一要素的核心理念是实现来自所有作战域的传感器、射手和数据相连接，并为各个层级的任务式指挥提供决策支持。

2020 年 2 月，美军参联会副主席约翰·海顿公开表示“全域战”将是美军未来的主要作战样式。2020 年 3 月，联合全域作战进入《空军条令》，并得到美国国防部高度认可。为在未来复杂的作战环境下继续保持军事优势，美军将深度融合陆、海、空、天、网、电磁全领域中的各类作战资源，依托其在太空和网络空间的优势，整体筹划、协同开展作战行动，形成体系性作战能力，以应对未来强对抗条件下的大国竞争。在复杂的多域作战条件下实施有效的指挥控制是赢得未来战争的先决条件，实现联合全域作战的核心就是要建设“联合全域指挥与控制”（JADC2）能力。

6.4.1 基本情况

2012 年，美军相继发布了《联合作战进入概念》和《联合作战顶层概念：联合部队 2020》，2018 年，美军发布新版《联合作战顶层概念：联合部队 2030》，这些作战概念都有“军种联合”“跨域协同”的特点，联合、全域作战的思想一直在发展。同时，美国陆军相继提出“多域战”和“多域作战”概念，目标是使陆军向传统陆地以外的空中、海洋、太空和网络空间等领域拓展。2018 年，美国发布新版《国防战略》，提出发展新的作战理念来扩大竞争优势、增强打击能力。这些都为“联合全域作战”概念的提出奠定了基础，其发展历程，如图 6.9 所示。

自 2016 年以来，美军作战概念创新如雨后春笋般提出，相继提出了多域战（MDB）、多域作战（MDO）、全域作战（ADO）、联合全域作战等作战概念。研究美军提出的这些作战概念的发展脉络可以看出：美军将立足所有作战领域、融合所有作战领

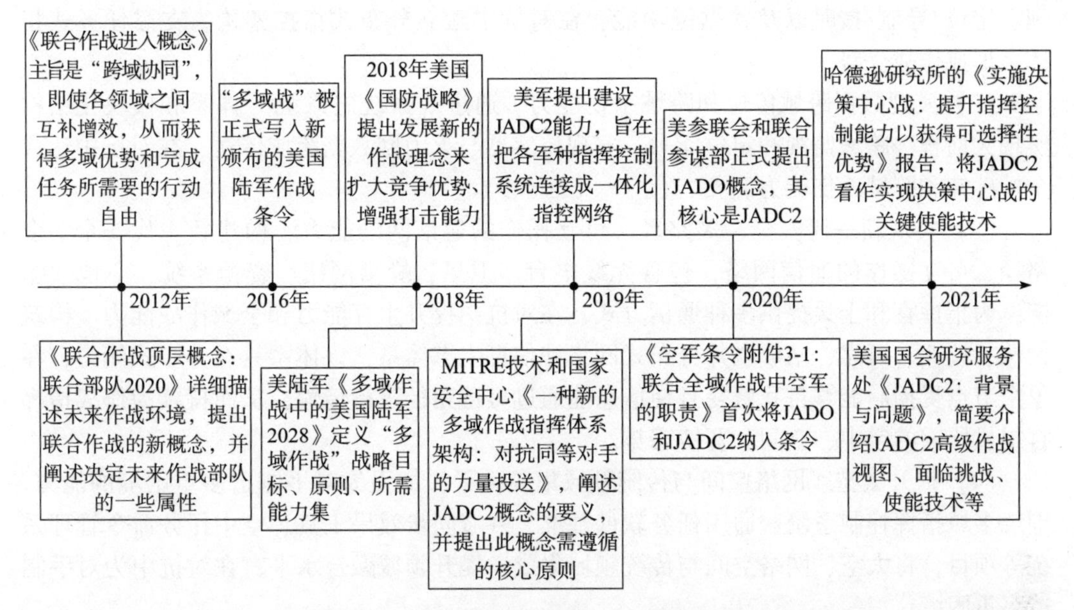

图 6.9　美国“联合全域作战”概念发展历程

域空间并整合所有作战领域的力量，实施联合作战。美军联合全域作战是由多域战发展而来的，联合全域指挥控制由美军联合参谋部指挥、控制、通信、计算机和网络部门于 2019 年提出，旨在将美军所有传感器与射手近实时地连接起来，使各军种内部、军种之间以及美军与盟军之间，在陆、海、空、天、网各个作战域，能够无缝通信、协调一致地开展军事行动，核心是使用“全新架构、相同技术”，连接“每一个传感器，每一个射手”，构建面向无人化智能化作战的“网络之网络”，是“后网络中心战”时代美军指挥控制体系的一次巨大飞跃。核心愿景是将所有分布式传感器与射手近实时地连接起来，遂行跨越所有域的指挥控制。联合全域指挥控制聚焦实现跨军种的无缝机器-机器消息转换与通信，从线性、静态和烟囱式的杀伤链向基于所有域互联网络的杀伤网演进，使各军种能够灵活调用非自身建制的传感能力并极大地拓展和丰富了单一军种的打击选项，显著加快 OODA 环，降低目标选取中的失误。

基于联合全域指挥控制实施分散执行，指挥官能够清楚地传达意图，并且能够授权下级在没有进一步指导的情况下，根据该意图采取行动，减少对中央规划和任务指挥的依赖。自 2019 年提出联合全域作战概念以来，得到了美国国防部以及各军兵种的重视，并在 2020 年 3 月首次将 JADO 写入《空军条令》，正式成为官方认可的作战概念。自 2016 年开始，美国陆军提出的“多域战”概念得到了迅速发展。2018 年 12 月美陆军发布的作战概念 1.5 版本，能够对旅以上作战部队提供切实的直接行动指导，推动其从理论走向实践。

6.4.2　功能特点

总体而言，JADO 对指挥控制能力的需求可概括为以下 4 点：

（1）建立开放式系统架构，实现可互换的组件和平台。大力发展开放式系统架构，实现可互换的组件和平台，跨越有人和无人平台分布电子战、传感器、武器、战斗管理、定位/导航/授时以及数据链功能，在对抗中建立分布式指控架构，支撑任务式指挥，形成作战优势。

（2）实现数据跨域传送和跨域杀伤能力。通过“系统之系统”体系和模块化结构实现大面积、跨域监视和定位能力，实现传感器与火力网数据跨域传送，在对抗中达成全域感知和跨域杀伤能力。

（3）实现新一代安全、多路径、可互操作的通信网络能力。构建新一代安全、多路径、可互操作的通信网络，包含无线电台、卫星、蜂窝网络、赛博系统、空地数据链，为指挥官和士兵提供多种通信方式，在对抗中提升生存能力和全域作战能力。构筑韧性、抗毁、可靠、结成联邦分布式网络和信息生态体系，该体系具有分布式能力，在单个节点受损后能够自我修复且使信息能通过可选路径进行传输，从而持续为作战指挥官提供所需的空中、空间和赛博态势。

（4）提升太空、网络空间与传统领域集成水平，加强为对手制造多重困境的能力。围绕多域指挥控制系统、通用任务软件基准、多域同步效果工具、空中任务命令管理系统等项目，将太空、网络空间与传统领域集成，提升领域融合水平，在对抗中为对手制造多重困境。

美国空军正在开发的“先进作战管理系统”已被美军联合参谋部授权，作为JADC2的核心技术架构和技术引擎。陆军、海军、太空发展局（SDA）等也在JADC2框架内提出自身的计划。美国以联合全域指挥与控制为抓手，陆、海、空军和研究机构全面延续前期相关和新布局的关键技术开发，以空军“先进作战管理系统”、陆军“融合计划”、海军“超越计划”、DARPA“联合全域作战软件”等为试点进行能力开发。

美国空军“先进战斗管理系统”是以网络为中心的分布式、互联、协同的综合系统，集成和融合来自五代战斗机、驱逐舰、无人机、空间系统等各域的传感器数据，通过人工智能、自动信息融合等前沿技术，绘制战场统一图景，为联合作战部队提供先进、有效的地面和空中目标指示及多域作战管理与指挥控制能力。为发展支撑全域作战，美国空军正在研发“先进战斗管理系统”，该系统被称为全域作战概念的核心技术平台，拟通过该系统构建以军用物联网为骨干的生态圈。迄今为止，美空军已多次成功开展跨域联合演练，规模从最初的少量平台及作战单元参与的小规模演练，提升到多平台、多个作战司令部参与、分散地域的大跨度演练，以及美国本土外的大规模联合演练，以更真实地测试先进作战管理系统（ABMS）应对不确定的复杂作战环境下的适应性及有效性。试验证明，ABMS项目在传感器到射手的网络互联、利用共享信息、人工智能软件辅助指挥决策等方面取得了较大进展，其中安全云等部分ABMS技术与能力已可以投入部署应用。

美国陆军于2020年年初启动了“战斗管理指挥与控制”（BMC2）项目，该项目被称为“融合计划”（Project Convergence），旨在进一步将陆军融入联合部队，是JADC2的陆军组成部分。该项目目标是将所有军种的传感器连接在一起，形成一个更有效、效费比更高的作战网络，寻求新型深度感知能力，为多域作战和远程精确火力提供支持。共包含士兵、武器系统、指挥控制、信息和地形5个核心要素。该项目包括TITAN和遥测跟踪指挥部件两部分。其中，TITAN项目将深度整合陆、海、空、天等多域传感器数据，逐步取代美国陆军现有的分布式通用地面站和其他情报地面站，向美国陆军火力网络提供目标数据。当前，美军约有100个战术地面站，13个作战地面站和一些其他传输设施，为战场指挥官提供决策依据。TITAN旨在整合这些能力，以更好地提供来自全域情报监视与侦察传感器的深度感知信息，构建智能化、自动化、融合式的C^4I、电子战、太空战等作战能力。陆军未来司令部计划每年开展一个“融合计划”，通过全年的技术、装备和士兵的试验来实现目标，并开展年度演习或演示验证。

美国海军和海军陆战队已通过“分布式海上作战”和“远征前进基地”作战概念明确了联合全域指挥控制的需求，这些概念构想了一个由舰船、潜艇、飞机和卫星组成的分布式网络，将传感器和射手连接起来，使舰艇能够向自身雷达探测不到的目标开火，实现军种内不同武器平台之间的协同。为支持联合全域作战，启动“超越计划”（Project Overmatch）相关工作，旨在开发网络、基础设施、数据体系结构、工具和分析方法等，以支持可维持海上优势的作战和研发环境。

为支撑全域传感器融合，美国SDA计划构建“国防太空架构”（NDSA），预期将数百颗小型近地轨道卫星组建一个天基网络，成为JADC2空间网络的重要组成部分。目前，已初步构建了天基信息通联渠道。

6.4.3 当前发展

2019年，根据美国国防部部长埃斯珀指示，美国成立了由参谋长联席会议和四大军种组成的联合委员会，旨在研发基于全域作战的全新联合作战概念。美军参联会副主席约翰·海顿称，新的联合作战概念旨在描述未来在全部作战领域构成的作战空间中，实施联合作战所需的能力要求。

2020年2月，美军参联会副主席约翰·海顿表示，联合全域作战是未来预算的重点，美军应努力推动该概念的实现，以在未来冲突和危机中无缝集成这种能力，进而有效实施全域作战。

美国空军的“先进作战管理系统”项目始于2017年，原目标是取代E-3机载预警与控制系统（AWACS）。2020年3月，美国空军首次将联合全域作战JADC2写入《空军条令》，标志着美国空军在JADO和JADC2发展上进入了新阶段。该文件提出了联合全域作战的核心要义：通过一个高度连通的军事物联网，将美军的所有传感器连接到所有射手。为满足JADC2新需求，美国空军调整发展方向，提出利用创建军事物联网，将联合部队（海、陆、空、天、网和电磁频谱）整合成一个整体作战网络，可将任一传感器实时地连接到任一射手，并跨多个武器系统共享数据。该项目是空军对JADC2工作的贡献，重点是现代化国防部作战决策过程。

美国陆军“融合计划2020”于2020年9月在美国亚利桑那州尤马试验场举行，聚焦于陆军所谓的“近距离作战”。演习中最值得注意的是3个系统：一是数据网络，提供连接所有系统的主干，可以接收所有传感器数据并迅速传输给所有决策者；二是“普罗米修斯”（Prometheus）系统，用于传感数据的融合、处理和目标识别；三是“火力同步优化多域作战响应”（Firestorm），作为人工智能代理系统，提供决策辅助，降低人类认知负荷。演习测试了近地轨道卫星和灰鹰无人机数据的回传，地面站“普罗米修斯”系统的数据融合和目标识别能力，以及人工智能代理系统的推荐射击方案的能力。此外，DARPA“分布式作战管理”项目软件对于加强陆军传感器和射手网络化将发挥重要作用，于2020年9月完成后根据“融合计划”，将应用到陆军。

“融合计划2021”将融合其他军种和政府机构，包括海军、空军、海军陆战队和情报机构等，关注更快地做出决策。计划展示：基于云的网络，在正确的时间将正确的数据传送到正确的地方；自主目标检测、识别和优先排序；增加远程火力的射程和杀伤力；人工智能技术，以提高战场可视化、感知和机动能力。“融合计划2022”将增加盟国和合作伙伴的参与，如澳大利亚、加拿大、新西兰和英国。

2020年6月，美国国会参议院批准通过了《2021年国防授权法案》。在法案的“保护美国全域军事优势”部分，首要事项是优先发展联合能力。其主要内容是提高部队的态势感知、决策和跨域指挥能力，制定联合全域指挥控制能力需求，以领导和协调各军种建设。美国空军发布条令，阐述了美国空军部在联合全域作战中的指挥控制、信息、情报、火力、运输与机动、保护及后勤领域中的职责。

2020年10月初，美国海军为支持联合全域作战，启动“超越计划”相关工作，旨在“开发网络、基础设施、数据体系结构、工具和分析方法等，以支持可维持海上优势的作战和研发环境”。“超越计划”设计一个能连接武器和传感器的战术数据网络，以支撑在不同系统和平台之间提取和传送数据，满足目标指示等要求。在此计划提出之前，美国海军数年前就借助推进与空军的“空海一体战”，融合舰船和飞机的数据。美国海军将借助海上一体化防空火控项目和“超越计划”，与其他军种共同谋划，走出JADC2的重要一步。2020年，海军舰船已经参与了多次演习，成功将E-2D、F-35C与陆军的“联合对陆攻击巡航导弹防御网络传感器系统”集成到“海军综合防空火控系统”中。

2020年5月，美国国防部部长提出，各军种要充分利用NDSA架构，将现有和新研传感器逐步接入天基网络，形成支撑全球范围内联合全域作战行动的泛在的信息连通渠道。

2020年4月、8月及2021年3月，美国国会研究服务处先后发布了3版《联合全域指挥与控制》报告。就联合全域指挥控制的概念、背景、当前国防部及各军种的举措、国会考虑的潜在问题四个方面进行明确的阐述。美国《2023财年国防授权法案》为JADC2增加2.45亿美元预算，支持美国国防部实现全域无限通信和快速数据共享的愿景。

6.5　小结

未来战争的战场正在向所有领域扩张，对抗环境将更趋复杂和不确定，决策周期和响应时间将被大幅压缩，信息获取与处理能力在未来作战中将发挥至关重要的作用。美军发展全域联合指挥控制作战能力，以应对全球竞争者和各种威胁。联合作战是由多军种部队或多支军队参加、在联合指挥机构统一指挥下共同实施的作战行动，是与信息化战争相适应的基本作战形式，要求其指挥控制与通信系统具有支持一体化联合作战的能力。

美军联合全域指挥控制致力于解决各军种各自为政的指挥控制模式无法满足高端对抗作战需求的问题，提升联合作战规划和执行中的联合程度，改变联合作战中太空和网络空间领域与传统领域的融合程度不足的现状，将催生新的分层、分级的任务式指挥决策模式，牵引指挥控制系统进一步向分布式、模块化和智能化发展，促进新的作战样式和制胜机理的生成，将对未来大国竞争产生巨大而深远的影响。

第 7 章　美国弹道导弹防御系统发展

导弹武器和反导系统长期以来就是一组相互竞争的矛与盾。作为世界第一大军事强国，美国近年来在增强太空威慑和核威慑的同时，也在对其反导系统不断强化。美国将导弹防御视为能够与“战略核威慑”相互抵消与制衡的重要手段，并将其作为国家战略工程，长期投入巨资成体系发展建设。美国近年来致力于建设全球一体化的多层导弹防御系统，不仅在美国本土，还在亚太、欧洲等地区部署导弹防御系统，并通过指挥控制作战管理与通信系统将分散在全球的导弹防御武器连成一体，加快实现导弹防御作战体系构建，逐步形成全球一体化的导弹防御能力。

2019 年，美国发布的新版《导弹防御评估》进一步指出，为应对不断发展变化的外部威胁，将重点加强对新型弹道导弹、巡航导弹以及高超声速武器的防御能力。美国导弹防御系统在全球部署，导弹防御技术迅猛发展，预警探测能力和导弹拦截能力日益提高。2020 年，美国 MDA 曾公开一份用于小型商务项目会议的演示文稿，文稿包含了 MDA 科学技术项目综述和高级研究综述，该会议有招揽科研机构参与其研究计划之意，因此介绍了一些 MDA 所感兴趣的装备和技术领域，其中装备方面包括动态战场管理（DBM）、可重构焦平面阵列（RFPA）、微型电磁系统、微纳卫星（Nanosat）、高超声速滑翔飞行器（HGV）、威胁再入飞行器（TRV）、高超声速巡航导弹（HCM）；技术方面则分为拦截器技术、指挥控制战场管理和通信技术、建模仿真技术、测试技术和传感器技术。而演示文稿中更加引人关注的则是其中一页：“未来导弹防御系统 2.0”，相比于“现已部署的导弹防御系统”，不但多型拦截武器和探测装备将要升级换代，拦截阶段和拦截高度也会利用新型武器进行补全。

2020 年 4 月，美国发布了新的弹道导弹防御体系架构，即美国弹道导弹防御系统 2.0。该架构是美国对全球弹道导弹发展、防御技术发展和美国国家安全重新评估后提出的。该架构与当前弹道导弹防御系统相比，在增加助推段拦截、丰富拦截武器、新增预警装备等方面做了较大改进，可构建一个更加强大的弹道导弹防御系统。在大国竞争战略指引下，美国持续推动导弹防御领域发展变革，发布新版导弹防御体系架构、制定高超声速防御发展路线图、提出分层国土导弹防御、密集开展复杂飞行试验等，快速推动面向大国对手的导弹防御体系建设。

7.1　美国导弹防御系统能力现状

当前，美国已基本形成了“体系化、多层次、一体化”的弹道导弹防御系统框架，该体系包含预警探测系统、武器拦截系统和指挥控制系统三个主要部分。预警探测系统的装备主要包括陆基、海基预警雷达和天基预警卫星，拦截武器系统的装备包括陆基、海基拦截导弹。预警探测系统和武器拦截系统通过指挥控制作战管理与通信系统相连接，保持指令信息的流畅传输。

7.1.1　预警探测能力

目前，美国在轨运行的预警卫星包括国防支援计划（DSP）、天基红外系统（SBIRS）、天基跟踪与监视系统（STSS）、天基杀伤评估（SKA），已基本形成了高低轨配合，预警、跟踪和识别、评估功能完备的天基预警卫星体系。预警雷达网涵盖海基X波段（SBX）雷达、舰载AN/SPY-1雷达、陆基前置型AN/TPY-2雷达、改进型早期预警雷达（UEWR）以及“丹麦眼镜蛇”雷达。

美国预警卫星预警覆盖范围广，能有效监测和跟踪全球导弹发射，预警探测精度高，识别能力强。其重点装备SBIRS地球同步轨道卫星在导弹发射10~20s内就能将探测到的相关信息传输至地面运行控制系统，进而为武器拦截系统预留了充分的准备时间，可大幅提升拦截成功率。全球区域的导弹和火箭发射均能被SBIRS高轨卫星发现并预警。

预警雷达系统的工作波段覆盖UHF、L、S和X频段。其中UHF和L波段预警雷达主要用于导弹预警、跟踪和弹着点预报。舰载SPY系列雷达及日韩前置部署的AN/TPY-2雷达可探测朝鲜方向来袭导弹信息，引导“标准”SM-3拦截弹进行上升段拦截，并将信息与SBX雷达、比尔基地的UEWR雷达、“丹麦眼镜蛇”雷达交接，对导弹精密跟踪，引导GBI拦截弹进行中段拦截，末段部署的AN/TPY-2火控雷达和AN/MPQ-53雷达引导拦截武器系统在外大气层、内大气层进行末段拦截；土耳其、以色列的前置AN/TPY-2雷达可实现对伊朗方向的来袭导弹的早期预警，并与科德岛的UEWR雷达进行交接，AN/TPY-2、AN/MPQ-53等雷达依据引导信息，实施末段拦截。

美国现役反导雷达中，P波段、L波段等低频雷达，仅具备初步识别能力，可判断目标是否为威胁类目标，跟踪精度低，目标分辨率无法满足反导识别要求。AN/TPY-2雷达、SBX雷达等雷达频段高、波束窄、带宽大、距离分辨率优，但受探测距离短、视场窄、数量少等局限，难以支撑美军反导作战需求。S和X波段的雷达，可以实现对导弹的探测、跟踪、分类和识别功能，可提供火控级跟踪数据，并对毁伤结果进行评估。在分类识别方面，S和X波段预警雷达能够对目标是否为弹道导弹、是否有威胁及导弹类型进行识别，并能够对真假弹头进行辨别。对此，美国积极推进LRDR、AMDR等雷达的建造工作，进一步增强美国弹道导弹防御系统的目标识别能力，以S波段雷达网络弥补当前反导识别能力的不足。

从探测能力来看，BMDS初步具备对弹道导弹的早期发现、跟踪和目标信息的自动交班能力，可探测全球90%以上面积（包括北极地区）的弹道导弹发射，对洲际弹道导弹预警时间最长达30min，对潜射弹道导弹预警时间为10~15min，海基X波段雷达对进入外大气层的弹道导弹目标可持续跟踪20min左右。

7.1.2　武器拦截能力

美国的武器拦截系统包括：海基“标准”SM-3导弹，用于末段拦截的陆基“爱国者”PAC-3系统、陆基末段高空区域防御（“萨德”）系统，以及用于中段拦截的陆基中段拦截（GMD）系统。当前，美军武器拦截系统具有拦截采取简单突防措施的远程弹道导弹的能力，以GMD系统当前的部署数量与部署区域，理论上能拦截来自东北亚地区7~8枚以上无突防或采取简单突防措施的远程弹道导弹。美国的武器拦截系统对于采用多种突防措施的远程弹道导弹以及大规模的导弹攻击，尚无法进行有效拦截。2019年3月25日，美国成功进行陆基中段防御系统首次齐射拦截洲际弹道导弹试验。此次试验是迄今为止陆基中段防御系统最复杂的拦截试验。

从拦截能力来看，具备对近程、中程导弹的拦截能力，尚不具备对远程导弹、洲际导弹的实战能力，且由于陆基拦截弹（GBI）数量少，抗饱和攻击能力弱，从拦截覆盖范围来看，可覆盖美国本土50个州，对夏威夷、关岛等覆盖不足，对亚太、欧洲、中东等盟国具备有限覆盖能力。

7.1.3　指挥控制能力

C2BMC系统是BMDS的灵魂与核心，负责连接和协同BMDS系统中的武器系统、传感器和作战人员，使“传感器—指挥控制系统—拦截武器”的决策周期缩短至数分钟，甚至数秒钟，以应对速度越来越快、打击精度越来越高的弹道导弹威胁，最终实现对任何地区、任何射程、任何阶段、任何类型的多个弹道导弹的多次防御作战能力。

C2BMC系统作为弹道导弹防御系统的信息系统，部署在战略司令部、各战区司令部等弹道导弹防御作战节点上，基于卫星通信系统、全球信息栅格（GIG）等通信基础设施实现各作战单元的互联互通。C2BMC系统采用信息和数据服务的方式实现弹道导弹防御作战规划、资源监视、战斗管理和通信等作战任务，最终实现BMDS体系跨战略、战术和作战区域的全球弹道导弹防御联合作战能力。

7.1.4　弹道导弹不同飞行阶段拦截能力

在助推段拦截方面，美国尚处于研究阶段。目前，美国正在开发基于高空无人机、高能激光武器系统的助推段反导拦截无人机，预计部署在夏威夷州太平洋导弹靶场或加利福尼亚州爱德华兹空军基地，2023年前将完成低功率激光演示样机（LPLD），预计2030年具备实战能力。此外，美军正在计划重启天基反导拦截能力研究，实现陆、海、空、天的全空域、多层次反导拦截能力。

在中段拦截方面，基于陆基中段拦截系统（GMD）和“宙斯盾”反导系统，美国已具备针对洲际弹道导弹在内所有射程导弹的全段、全高度、全程预警探测与精密跟踪能力，但对不同类型导弹的拦截能力不同。

GMD系统可在大气层外1800km高度、6000km距离范围内实施洲际导弹拦截。针对洲际导弹，具备简单对抗环境下的有限的中远程目标拦截能力，但尚未开展真实作战环境下多目标、多突防反导试验，抗多弹头、抗多批次饱和攻击能力弱，远程目标识别能力不足，对关岛、夏威夷等地区仅有1次拦截窗口。

在末段拦截方面，基于“宙斯盾”反导系统、“萨德”反导系统、“爱国者”PAC-3系统，具备大气层外、大气层内双层拦截能力，技术成熟。其中，“萨德”拦截试验成功率100%，“爱国者”已经历实战考验，已开展多次多系统协同反导拦截试验。2018年，美军已验证“萨德”反导系统与“爱国者”PAC-3反导系统的互操作能力。目前，“宙斯盾”系统正在开发具备末段反导能力的“标准”SM-6拦截弹，“萨德”反导系统正在开发增程型版本，“爱国者”PAC-3反导系统正在换装基于氮化镓T/R组件的三面阵有源相控阵多功能LTAMDS雷达。

7.2 国防太空架构

7.2.1 产生背景

随着美国战略重心转向与中国、俄罗斯进行大国竞争，美国认为其传统太空架构及太空资产在竞争中难以保持绝对优势：一是弹性不足，在战时容易受到网电攻击，造成能力降级，甚至面临被击毁的危险，同时，目前基于高轨高价值大型卫星的体系架构，技术复杂，价格昂贵，难以快速更新换代，一旦失效或被摧毁，就难以快速补充和及时恢复能力；二是难以有效应对新兴威胁，美国将高超声速武器、软硬杀伤的反卫武器视为重要威胁，现有导弹预警、跟踪卫星主要依靠探测弹道导弹发射时的发动机尾焰进行预警，对于高超声速助推滑翔武器难以形成有效跟踪能力。

围绕保持大国竞争优势，美国政府和国防部提出了一系列改革发展举措。2018 年 3 月，特朗普政府发布首份“美国优先”的《国家太空战略》概要说明，谋求通过调整军事航天理念和开展商业监管改革来保护美国太空利益。2018 年 8 月，美国国防部发布的《关于国防部国家安全太空部门组织和管理结构的最终报告》介绍了美国国防部确保美国太空优势的 5 项举措：将太空技术发展纳入《国防战略》中概述的现代化优先事项；建立太发展局（SDA），发展下一代国防太空架构；建立太空军；建立低成本、高效的太空军服务和支持机构；建立新的太空司令部，改进和发展太空作战。基于上述战略发展需求和目标，美国国防部于 2019 年 3 月 12 日成立太空发展局（SDA）。SDA 在成立不久就提出了下一代太空架构的概念，即国防太空架构（NDSA），这成为 SDA 成立后的第一个任务，即开发和部署基于威胁驱动的下一代空间体系架构，以对抗敌拒止其太空系统的能力。该机构负责快速开发并部署下一代太空能力，以威慑、削弱、拒止、干扰、破坏或操控对手，保护美国的利益。为了实现这一目标，SDA 采用了一种灵活的方法来快速开发一个多功能的小型卫星星座，以应对当前和新出现的威胁。SDA 打算利用私营部门在空间能力方面的投资（如硬件和软件重用、服务租赁）以及行业最佳实践（如航天器总线、传感器和用户终端的大规模生产技术）。使用螺旋式开发模型，SDA 将保持其灵活性，允许集成硬件和软件升级，以在短时间内解决新出现的威胁（系统升级间隔少于两年）。

美国 SDA 的下一代国防太空架构跟踪层目前正在开发中，旨在提高国防部及时接收高超声速武器攻击和其他新兴导弹威胁警告的能力。SDA 的设计随着时间的推移而发展。第 1 批最初将包括 28 颗带有红外传感器的跟踪卫星，用于探测和跟踪导弹；超过 100 颗传输层卫星，以“向全球范围内的全系列作战人员平台提供可靠、有弹性、低延迟的军事数据和连接”；其他轨道卫星。这些第一批飞行器将在地球上空约 1000km 的高度运行在低地球轨道上，倾角在 80°~100°之间。扩大的 LEO 星座力量设计的一个优势是其数百颗卫星创造的额外运营弹性。随着时间的推移，SDA 将“扩大其对各种导弹威胁的全球覆盖范围和监管链”。SDA 的一个重要目标是将来自其跟踪层的信息与其他天基导弹预警能力完全集成，从而为当前和未来的导弹防御行动提供高精度的火控解决方案。这将是每个跟踪层卫星中的战斗管理、指挥、控制和通信（BMC3）模块的任务。这些模块将设计用于支持关键任务功能，如处理来自传感器的数据，将来自星座中多颗卫星的数据融合到三维导弹轨道以及管理操作任务。

7.2.2 功能特点

SDA 向业界发布相关项目指南信息，这些信息可以促成敏捷、响应迅速的下一代太空架构，如图 7.1 所示。SDA 已经开发了一系列功能，包括解决以下多个星座（或“层”）。每层为整体架构提供了完整的集成功能。SDA 的概念架构基于普遍存在的数据和通信传输层的可用性，并假设使用小型、大规模生产的卫星（50~500kg）以及相关的有效载荷硬件和软件。SDA 正在考虑使用传输层航天器作为其他层的基板，允许根据每个层的需要集成适当的有效载荷。根据“国防部太空愿景”提出的八项关键太空能力，SDA 提出由 7 大功能层构成美军国防太空架构，如表 7.1 所示。

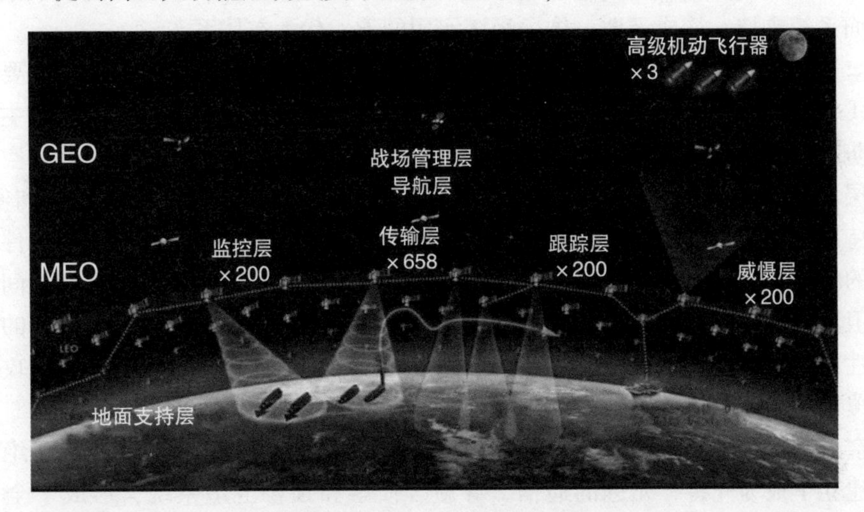

图 7.1　国防太空架构示意图

表 7.1　美国国防太空架构功能布局

星座层级	布局轨道（卫星数量）	星座功能
太空传输层	GEO/MEO（658）	全球、低延迟的数据和通信层，可以随时扩展的星座网络，提供 7×24h 的全球通信能力
跟踪层	LEO（200）	对复杂弹道导弹和高超声速武器进行探测、预警、跟踪、指示
监护层	LEO（200）	对已识别时敏目标进行 7×24h 全天候监视，基于监护层，可对敌导弹系统、指挥控制节点、雷达站等关键资产进行发射前攻击
威慑层	LEO/MEO/GEO（200）	太空态势感知、地月之间快速介入
导航层	GEO	提供 GPS 拒止环境下的定位、导航、授时
战斗管理层	MEO	基于人工智能的分布式作战管理和通信能力，包括自主任务规划，对采集数据的自主优先级排序，星载数据处理、分发，向战术用户提供太空传感器数据等
支持层	LEO	连接地面指控中心

一是传输层：提供全球范围 7×24h 不间断、低延迟的数据传输与通信。

二是跟踪层：提供防御先进导弹（包括高超声速武器）威胁的天基目标探测、预警、跟踪和指示。

三是监控层：全天候、全天时监控时敏目标，为射前攻击敌导弹发射架、雷达站、指控节点提供关键保障。

四是威慑层：提供地月空间范围的目标态势感知与快速进出与机动，应对太空攻防提出的挑战。

五是导航层：提供 GPS 拒止环境下的定位、导航与授时能力，增强太空对抗条件下的联合作战保障能力。

六是战场管理层：提供基于分布式人工智能的战场管理、指挥、控制与通信，包括星上智能自主任务规划、数据处理、加密分发等，为战术用户直接提供太空信息支援。

七是地面支持层：提供大规模小卫星星座快速机动发射测控的运载系统与地面设施，部署便携式、系列化、智能化卫星应用终端，为灵活、弹性、敏捷的在轨系统提供配套地面系统支持，构成天地一体、经济实用的下一代太空体系。

从上述 7 层体系结构可以看出，跟踪层与监控层主要服务于导弹防御，主要针对高超声速飞行器等先进天基目标的全程目标探测、跟踪与指示；威慑层与导航层主要面向太空攻防对抗，作战范围从低轨道、地球同步轨道扩大延伸到更高更远的地月空间；战场管理层面向太空智能化发展，进一步增强天基信息支援联合作战的时效性和便捷性；地面支持层提供大规模小卫星星座的快速发射、测控与应用支持，确保对抗条件下小卫星星座的快速补充与更新，提高卫星大规模地面应用效能；传输层提供天地之间、不同功能层卫星之间、同一功能层不同卫星之间的互联互通，构成下一代太空体系的技术基础与共性支撑。美军下一代太空体系实现并投入实战，必将对导弹防御和太空攻防作战带来颠覆性影响，并给世界各国太空装备体系建设带来变革。

太空是国家安全和现代战争的重要组成，多年以来，美国在太空领域处于绝对优势地位，建立了最为完善、先进的通信、导航、侦察和预警卫星系统，形成了全面的侦察，弹道导弹发射预警、跟踪，GPS 导航、定位、授时和高速通信能力，有效保障了美军全球军事行动和兵力部署的需要，足以应对朝鲜、伊朗等国家的威胁。特朗普上台以来，随着国家战略的转变，特朗普认为美国现有太空能力难以满足与主要大国进行战略竞争的需要。美国下一代太空架构是全新、多层架构，基于人工智能、无人自主等多项前沿技术，具备全面完整的侦察监视、预警跟踪、近实时通信、导航、指挥控制，甚至威慑能力，改变了发展大型卫星星座的发展思路，具备一些鲜明特征：①按照功能在顶层进行划分，在架构层面，更为强调系统功能属性，而不是系统属性，一个功能层可能包括多个系统，一个系统也可能具备多种功能。②突出强调系统弹性，采用小型、分布式卫星载荷，生存能力和恢复能力大幅提升。③致力于提供全球、近实时通信能力，借助于人工智能、无人自主、先进通信技术，构建大容量、近实时、快速响应的通信和数据传输网络，提升太空态势感知、时敏目标的指挥决策能力。

发展下一代太空架构，旨在帮助美国保持与竞争对手的竞争优势。主要体现在：①针对对手网络作战和反卫星能力的进步，发展弹性架构。②下一代太空架构由分布式、可扩展的小型卫星星座组成，卫星平台和卫星发射均借助于商业航天公司，成本大大降低，即使战时被摧毁，也可以快速发射补充。③针对对手的高超声速武器，发展高超声速探测与跟踪能力，例如，跟踪层基于美国 MDA 空间传感器层（SSL）项目，旨在形成复杂弹道导弹的全程探测、跟踪、指示能力。④针对对手的复杂弹道导弹及饱和攻击样式，发展发射前攻击能力，提升反导作战效率。例如，借助于监管层，美军可对对手国家重点地区、重点装备，如弹道导弹阵地、发射车进行密切监视，在对手国家发射导弹前对其进行发射前打击。⑤针对对手的电子战和GPS拒止装备，发展GPS拒止环境下的作战能力。例如，借助于导航层，美军可提供GPS拒止环境下备份的定位、导航、授时能力。

对于导弹防御而言，在下一代太空架构的跟踪层提供防御先进导弹（包括高超声速武器）威胁的天基目标探测、预警、跟踪和指示：

（1）跟踪层任务。跟踪层将提供先进导弹威胁的全球指示、警告和跟踪，包括高超声速导弹系统。跟踪层开发目前集中在两个项目上：一个是宽视场项目（WFOV），重点关注在低地球轨道星座上进行扩展所需的技术；另一个是中视场项目（MFOV），重点关注提高性能所需的技术。WFOV卫星计划在2022财年后期投入使用，MFOV卫星计划在2023财年中期投入使用；这两组卫星将为指挥控制和运行提供补充任务数据。

（2）跟踪层架构。WFOV跟踪星座卫星将包含一个BMC3模块，可支持一系列关键任务功能，包括传感器数据处理、多卫星数据融合、创建3D轨迹，以及跟踪卫星任务和调度。BMC3模块还将演示有效载荷数据的星载处理和融合。后期，预计BMC3模块将提供更多功能，如增强星载处理、联网和自主星座管理。所有测控、PNT、航天器交链和其他有效载荷数据都可能用于BMC3模块。

（3）跟踪层重点领域。跟踪层的基本要求是由跟踪卫星生成目标瞄准信息，通过传输层传递给导弹防御局（MDA）的C2BMC系统并返回。而最终目标则是由跟踪层卫星生成的信息传递给跟踪层或传输层的BMC3模块，与其他跟踪层卫星的数据融合形成完整的3D轨迹，并通过传输层直接传递给战区用户终端。多传感器数据融合包括合成来自传感器的经过处理或最低限度处理的数据，并确定目标3D地理位置。

针对在轨传感器调度和任务分配提出的软件解决方案，在处理来自多颗性能水平不同的卫星的跟踪数据时，应考虑数据质量。例如，根据视角优化以及太阳传感器和信号噪声比，可以确定最适合特定任务的跟踪卫星。当全球覆盖范围不可用时，任务分配应用程序应确定并向跟踪卫星提供预测数据质量评估，以便于给定地理区域（如美国本土）的优化星座覆盖范围。

7.2.3　发展历程

美国目前的弹道导弹防御系统是一种分层结构，旨在弹道导弹飞行的不同阶段提供将弹头达到目标之前摧毁的多种机会。该系统包括基于空间、地面和海面的各类型传感器，以及用于目标探测和跟踪的雷达并通过战斗管理网络连接的位于全球各地的关键位置陆基和海基拦截器，以拦截来袭导弹。2018年美国MDA希望增加新的空间传感器层，以探测和跟踪高超声速武器，而探测和跟踪高超声速导弹是五角大楼试图解决的难题。目前，部署于地面雷达、预警卫星和拦截器所组成的导弹防御系统用于保护美国和盟国免受弹道导弹的攻击。但该防御系统对于非弹道攻击武器，如以数倍声速飞行并在不可预测方向进行机动的高超声速飞行器完全无效。针对新的威胁，MDA提出部署中低轨导弹跟踪传感器卫星星座作为现有导弹防御系统的补充，该中低轨传感器可以实现对高超声速飞行器的全程跟踪。由于地面雷达只有在地平线时以上才会发现目标，与地面雷达相比，这种中低轨导弹跟踪卫星星座具有很大优势。

美国战略司令部司令约翰·海滕坚持认为，新的太空传感器是探测高超声速武器并跟踪它们的最有效选择，因此它们可以在击中预定目标之前被拦截。但五角大楼还没有明确所谓的空间传感器层的细节，或者是否可以负担得起这样的系统。美国国会敦促五角大楼尽快解决这个问题，它为五角大楼 2019 年的预算投入了 7300 万美元，以启动一项计划。相对于可能部署的传感器层所需要资金，7300 万美元的预算杯水车薪。虽然五角大楼加强了关于高超声速导弹威胁的言论，但似乎并不急于部署新的防御系统。

2018 年夏天，导弹防御机构通过空军领导的太空企业联盟，向洛克希德·马丁公司、雷声公司、诺思罗普·格鲁曼公司、通用原子公司（General Atoms）、马克萨尔公司（Maxar）、德雷珀实验室公司（Draper Laboratory Inc.）、雷迪欧公司（Leidos）、千年空间系统公司和波音公司 9 家公司签订了 100 万美元的研究合同。研究用于高超音声导弹防御的空间传感器层的概念设计。该联盟最初将项目命名为导弹跟踪系统，但后来 MDA 将其更名为“空间传感器层”，项目的研究工作于 2019 年 2 月完成。

尽管对未来的资金存在不确定性，国防和航空航天承包商仍然非常关注空间传感器层项目。这项努力放缓的一个原因是，五角大楼花了比计划更长的时间来完成制定未来计划的高级别导弹防御计划。特朗普政府的“五年防务计划”预计 2019—2023 年期间的防务增长率仅为 1.2%。战略与国际中心的防务分析师 Todd Harrison 认为，一个新的星座“可能包括一个较低的轨道空间层，用于跟踪和目标识别”。前 MDA 官员，现任诺斯罗普·格鲁曼公司导弹防御解决方案副总裁肯尼思·托多罗夫表示，与传统导弹相比，拦截高超声速飞行器要困难得多。这种高超声速飞行器的飞行轨迹无法预算，能够避开雷达的探测，并且可以用于多个战争领域，包括攻击航母或者携带核战斗部。这些高超声速飞行器像弹道导弹一样发射，但是再进入飞行阶段能以数个马赫的速度进行机动飞行。目前美国的弹道导弹防御传感器和指控系统无法应对这种威胁。

导弹防御空间层的基础将是卫星和传感器，但也需要人工智能和其他先进技术来处理数据，并为指挥官提供实时更新，新传感器层收集的数据将与现有导弹预警卫星和其他情报来源的数据进行融合处理。通过开发星载实时数据处理的“智能”平台，未来的导弹防御传感器不会依赖于单一传感器，而是来自多源传感器网络，并且实现信息处理过程的智能化和自动化。

2019 年 3 月 12 日美国正式宣布成立 SDA。SDA 机构包括：太空与导弹系统中心、太空快速能力办公室、生命周期管理中心、空军研究实验室等（空军）；太空与导弹防御司令部、陆军研究实验室及陆军通信电子研究、发展与工程中心（陆军）；太空与海战系统司令部、海军研究实验室及研究办公室（海军）。SDA 的主要职责是加速发展和部署新的军事航天能力，确保技术和军事优势：负责军事航天情报以外的下一代军事航天能力发展的政策制定和执行；整合航天能力开发，减少重复工作；加强与盟国和合作伙伴的合作，充分利用商业航天和盟国航天技术；加强与作战部门的配合，开发满足作战需求的能力。

空间传感器层将在未来几年内从概念变为现实。这个项目受到美国国会非常有力的支持，现阶段研究的成果可以持续地支持下一个阶段的研究，其中人工智能将在数据处理环节中发挥重要作用。在高超声速导弹防御系统中，会有“互补的架构”，未来空间传感器层将可能是一个混合的轨道，对于不同轨道的相对成本和收益各个公司的设计不同，需要考虑整个端到端架构，包括空间部分以及地面部分的集成。除非五角大楼很快开始开发和测试原型，否则该计划有可能会陷入研究困境。

从目前的发展来看，“五年防务计划”与美国新成立的SDA所发布的项目指南所涉及的概念极其相似，虽然SDA被很多美方高层诟病，指其职能与现有的机构重合，该机构新的任务是迅速开发和部署基于威胁驱动的下一代空间体系架构，以对抗敌拒止其太空系统的能力。

2019年1月17日，美国新版《导弹防御评估》明确提出，利用太空可以构建一种更有效、更有弹性和更能适应多种威胁的导弹防御态势；天基传感器体系不受地理限制，几乎可以监测、探测和跟踪世界任何地方发射的导弹；天基拦截器和定向能武器是实施导弹助推段拦截、有效抗突防、大幅提高导弹防御系统整体效能的有效途径。与上述说法相印证，美国国会要求国防部开展天基传感器、天基拦截器甚至粒子束武器的专题研究论证，拿出具体可行的发展计划。

2019年7月1日，美军新建SDA发布第一份项目征求通知，项目征求通知借鉴了DARPA卫星项目的理念，转向商业航天技术寻求颠覆创新应用，试图基于微小卫星技术、快速发射技术和人工智能技术，开发下一代灵活、弹性、敏捷太空体系相关的概念、方法、技术与系统。将美军新一代太空体系建设的军事需求明确指向导弹防御与太空对抗，标志着美军太空装备体系发展思路与途径正酝酿重大转变，其提出的背景是美国战略重心转向大国竞争，认为现有的太空架构和装备无法保持绝对的优势，尤其是在一些国家反卫星导弹、网络攻击和共轨航天器不断发展的情况下，以大型航天器为主的太空体系一旦被摧毁，难以短时间内补充，也就是弹性上存在不足；此外现有太空架构和装备无法应对新兴威胁，尤其是高超声速武器，现役的导弹预警卫星无法有效地提供及时预警和跟踪。

SDA专注于该部门于2018年8月向国防部国家安全空间组织和管理机构报告中描述的8项基本能力：对先进导弹目标的持续全球监视；针对先进导弹威胁的指示、警告、目标和跟踪；GPS拒止环境下备用定位、导航和定时（PNT）；全球和近实时空间态势感知；发展威慑能力；响应迅速，有弹性的共用地面空间支持基础设施（如地面站和发射能力）；跨域联网，与节点无关的战斗管理、指挥、控制和通信（BMC3），包括核指挥、控制和通信（NC3）；大规模、低延迟、持久、人工智能的全球监控。

2020年4月，美国SDA发布了“传输层0期”征询草案，2020年5月，美国SDA发布了《太空“传输层0期”工作说明》：“传输层”是美国未来“国防太空架构”的骨干，将为美军全球作战平台提供一种有保证、韧性、低延迟的军事数据和连通能力。

SDA正计划采购新的卫星，这些卫星将成为全球导弹跟踪空间传感器星座的一部分。根据2021年12月6日的征集草案，该机构正在寻求为被称为跟踪层第一阶段的星座购买28颗卫星。跟踪层第一阶段卫星将部署在地球上方约1200km高度的四个轨道平面上。这28颗航天器预计将于2024年年底开始发射，将扩展跟踪层0级，跟踪层0级是目前由L3Harris和SpaceX生产的一批8颗导弹预警探测卫星，这批卫星计划于2023年发射。征求意见稿要求投标公司在2022年1月7日之前提交申请。最终的提案请求在2022年第一季度发布。五角大楼的预算中尚未为跟踪层第一阶段提供资金。SDA计划在2023财年申请资金。在采购卫星的同时，SDA正在与导弹防御局（MDA）合作开发红外传感器技术，以检测低地球轨道上的导弹威胁，目标是能够通过低轨道预警卫星检测识别低空飞行的高超声速滑翔飞行器。

2022年6月10日，SDA宣布，正采购10颗能够携带有效实验载荷的卫星，以纳入“国防太空体系架构”。新采购的卫星将命名为“国防太空架构实验试验台”，将取代SDA的传输层Tranche 1演示实验系统，成为SDA计划建造的近地轨道星座的一部分。“国防太空架构实验试验台”将利用传输层Tranche 1计划建立的低延迟数据传输和超视距指挥控制基础设施，连接具有不同任务载荷配置的航天器，该系统最终可能由少于18颗卫星组成，将与其他商业发射任务“拼车”发射，首次发射时间预计为2024年3月。

2022年9月21日，SDA局长德里克·图尔纳表示，虽然太空军在进行“下一代过顶持续红外”预警卫星计划的首次迭代，但这些系统将是同类系统中的最后一个，太空军将取消地球同步轨道，以及大型、昂贵的卫星，重点发展低地球轨道上的卫星。图尔纳称，地球同步轨道卫星在其寿命期内（通常至少15年）将作为导弹预警/跟踪架构的一部分，之后将利用低/中地球轨道提供导弹预警/跟踪能力，预计将于2045年实现；未来美军将利用数百颗低地球轨道导弹预警/导弹跟踪卫星组成的大型星座，以及太空系统司令部正在“弹性导弹预警/导弹跟踪—中轨”计划下开发的至少4颗中地球轨道卫星网络，提供导弹预警/导弹跟踪，以及“利用低地球轨道层实现火力控制”。

2022年9月23日，美国国防工业协会新兴技术研究所发文《对抗高超声速威胁至关重要的太空资产》称，美国正在开发灵活、弹性的太空架构，通过在近地轨道上部署大量卫星群来提供传感和数据能力，以探测、跟踪和击败高超声速武器。涉及的工作包括：①SDA已授予L3Harris公司和诺斯罗普·格鲁曼公司合同，为跟踪层Ⅰ期提供28颗红外传感卫星，用于先进的导弹预警与导弹防御；②太空军正在发展“下一代过顶持续红外”系统，将在多个轨道部署5颗卫星，以提供改进的导弹预警和太空感知能力。洛克希德·马丁公司将建造3颗地球同步轨道卫星，并计划于2025财年发射；诺斯罗普·格鲁曼公司和鲍尔航空航天公司将合作开发2颗极地轨道卫星，预计于2028年首次发射；③MDA和太空军正在合作开发“高超声速与弹道追踪太空传感器”，并计划于2023年进行轨道飞行演示验证，该卫星能在拦截高超声速武器时提供精确射控数据；④MDA还将考虑在系统的未来迭代中加入交叉链路，实现与SDA的卫星相互通信；⑤美国参众两院拨款委员会已批准2023财年的导弹打击和防御预算申请；参议院还建议增加资金，以扩大SDA的导弹跟踪计划。

2022年11月28日，美太空系统司令部宣布，两颗分别由千年空间系统公司和雷声情报与太空公司设计的卫星已通过关键设计评审，将进入下一阶段的开发工作。太空系统司令部表示，两家公司都在设计中轨卫星，用于探测和跟踪高超声速导弹；下一次审查计划于2023年夏季进行，将涉及完整的太空飞行器设计；验证审查通过后，将继续建造多颗卫星，目标是在2026年底进行两次发射，演示导弹预警卫星跟踪层功能。跟踪层设想建设成为一个全球性的导弹预警网络，用于对付弹道导弹和高超声速导弹威胁。导弹跟踪卫星收集的数据将通过星间激光链路发送到传输层，这是SDA也在建设的通信卫星星座。这将确保如果检测到导弹威胁，其位置和轨迹数据可以安全地通过太空传输并下行链接到军事指挥中心。

可以预见美军下一代太空体系在发展理念已经发生了颠覆性的变化，已经从以前的“大贵全、低风险”转变为“弹性、经济和规模化”，在目标定位上聚焦太空攻防领域（导弹防御、目标监视、导航保障等），更加强调实用性、实战性、一体化设计、高灵活、高弹性。若美军下一代太空架构实现并投入实战，必将对导弹防御和太空攻防作战带来颠覆性影响，并将对世界各国太空装备体系建设产生深远的影响。

下一代太空架构发展时间线：

2024—2025 财年：“1 期能力”，实现高纬度地区之外的持久区域接入低延迟数据链接，具备全网络化指挥控制下行链路。SDA 计划在 2024 财年第四季度再推出 150 颗卫星，并于 2025 财年向美国太空军移交。

2022—2023 财年：“0 期能力”，实现定期区域接入低延迟数据链接，并实现与地面基础设施的全球链接。

2020—2021 财年：“风险降低演示”，完成 LEO 轨道“光学星间链路”试验；在小卫星上演示光学交链及下行链路，包括到战术用户的极低延迟下行链路。

2021 年 12 月：美国 SDA 发布征集草案，该机构正在寻求为跟踪层第一阶段的星座购买 28 颗导弹预警卫星。

2020 年 5 月：美国 SDA 发布了《太空“传输层 0 期”工作说明》。

2020 年 4 月：美国 SDA 发布了“传输层 0 期”征询草案。

2019 年 4 月：SDA 局长肯尼迪在第 35 届太空研讨会上，首次提出下一代太空架构的概念。

7.3　美国弹道导弹防御系统 2.0

7.3.1　产生背景

2019 年以来，美国相继发布《导弹防御评估》《陆军防空反导 2028》《导弹防御局愿景和意图》等多份导弹防御领域战略规划文件，对导弹防御力量建设、部署和运用予以指导，谋求形成对对手国家的压倒性战略优势。《导弹防御评估》是继 2010 年《弹道导弹防御评估》以来，美国第 2 次发布导弹防御领域有关战略文件。该报告主要针对大国，首次将高超声速导弹和巡航导弹列为威胁对象，扩展并深化了导弹防御体系的内涵和范围，企图构建一种攻防兼备的全面导弹防御体系；《陆军防空反导 2028》是美国陆军在“多域作战”概念下，专门针对防空反导作战发布的战略文件，旨在通过加强新型武器装备研发和能力整合，加速形成“多域作战”环境下的新型防空反导作战能力；《导弹防御局愿景和意图》明确了 MDA 的使命任务、发展愿景以及优先事项，提出要继续研发先进技术、提高采办效率、加强国际合作，为后续工作指明方向。

7.3.2　基本特点

2020 年 4 月，美国发布了新的弹道导弹防御体系架构，即美国弹道导弹防御系统

2.0，美国弹道导弹防御系统2.0是对全球弹道导弹发展、防御技术发展和美国国家安全重新评估后提出的新的弹道导弹防御体系架构，如图7.2所示。该架构是《导弹防御评估》报告相关思想在装备体系层面的落实和发展，是美军为应对未来威胁，提出的一种针对性更强、架构更完善的新型导弹防御体系架构，体现了美导弹防御体系最新建设思路和未来发展重点。

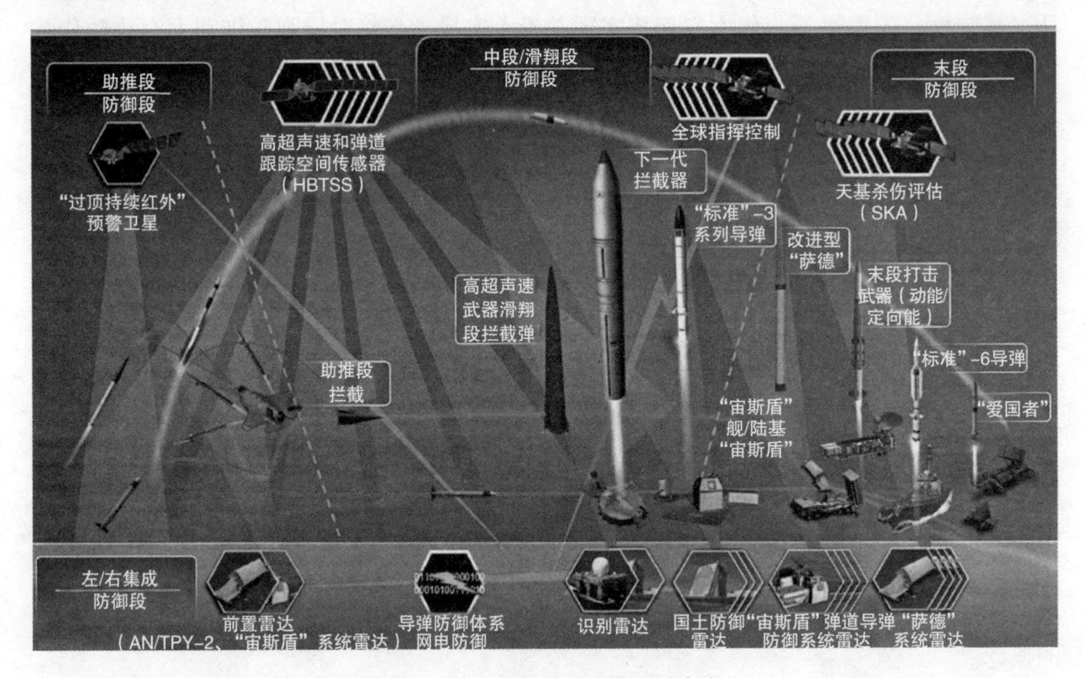

图7.2　新版弹道导弹防御体系架构

弹道导弹防御系统2.0呈现出以下特点：

(1) 将当前中段、末段2个防御段拓展为发射前、助推段、中段/滑翔段、末段4个防御段。

(2) 瞄准应对未来空天威胁，寻求一体化导弹防御能力。

(3) 陆、海、空、天军密切协同，以体系化联合作战能力为牵引，发展导弹防御装备和能力。

(4) 以当前导弹防御体系为基础，通过改进或新研的方式，以最小的人财物投入，使导弹防御作战效能最大化。

当前的美国天基导弹预警架构经过优化，可以监测遵循相对可预测的飞行路径的传统弹道导弹发射，并且可以早期预警和跟踪，并进行拦截武器的引导。未来美国导弹预警架构必须能够跟踪以下5种基本威胁类别：①传统的远程弹道导弹；②机动多分导弹头导弹，即飞行弹道上的导弹能够通过多个大型推进燃烧装置来执行非常小的、大气层外的轨迹修正，这些推进燃烧装置在相距几公里的独立轨迹上部署多个独立再入飞行器(MIRV)弹头；③机动再入弹道导弹，即具有后助推器武器的导弹系统，其飞行弹道轨迹能够在大气层内轨迹的末段部分进行非常小的机动，称为机动再入飞行器；④助推滑翔导弹，在高层大气中以高超声速飞行于非弹道低轨道，可以机动到目标的航路和末段；⑤能够在大气层中进行远距离飞行并在发射后进行机动的导弹。

为了应对以上5种基本的威胁，美国认为最有效的方法是在所有轨道区域，即低地球轨道（LEO）、中地球轨道（MEO）、地球同步轨道（GEO）和极地轨道上开发一个多层、基于空间的传感器架构。这种多轨道架构必须能够探测导弹发射，跟踪所有高度机动飞行的导弹，然后近实时地直接向空中和导弹防御系统提供火控信息。

7.3.3　四大变化

弹道导弹防御系统2.0与现有弹道导弹防御体系架构（图7.3）相比，呈现出以下四大变化：

（1）填补助推段拦截空缺，构建“三段多层”拦截装备体系。由现有的中段、末段（末段高层、末段低层）调整为助推段、中段/滑翔段、末段（末段多层）。

（2）新增多种新型拦截武器。在助推段，采用先进战机发射导弹进行助推段拦截；在中段/滑翔段拦截中，新增“滑翔段拦截弹”（GPI）应对快速发展的高超声速武器威胁；在末段拦截中，在改进型“萨德”和“标准”SM-6拦截弹作战范围之间，新增一种用于末段防御的拦截武器（将采用动能和定向能的方式）。

（3）新增多型预警探测装备。在陆基雷达方面，新增本土防御雷达和远程识别雷达；在天基系统方面，将发展持续过顶红外（OPIR）系统、高超声速与弹道导弹跟踪空间传感器（HBTSS）、天基杀伤评估（SKA）系统、全球指挥通信系统，强化对弹道导弹及高超威胁目标的预警监视、全程跟踪、探测识别与杀伤评估能力。

（4）进一步对现有拦截武器进行改进升级。升级陆基中段防御系统，“下一代拦截弹”（NGI）替换现有的“陆基拦截弹”（GBI）；将现有“萨德”反导系统升级为改进型“萨德”反导系统。

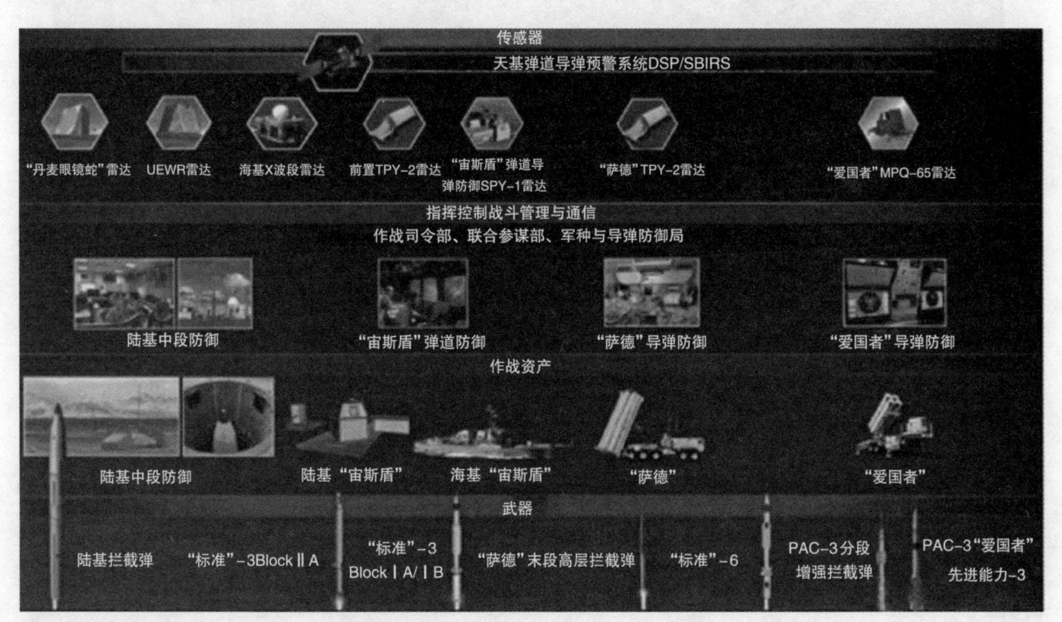

图7.3　当前弹道导弹防御体系架构

7.4　分层国土导弹防御构想

美国当前主要依靠陆基中段防御系统对洲际弹道导弹进行拦截。但目前来看，陆基中段防御系统仍然存在真假目标识别、应对未来先进威胁、关键部件老化等挑战，其作战能力有限。为此，美国于2020年提出“分层国土导弹防御”构想（图7.4），探索构建洲际弹道导弹分层拦截体系。

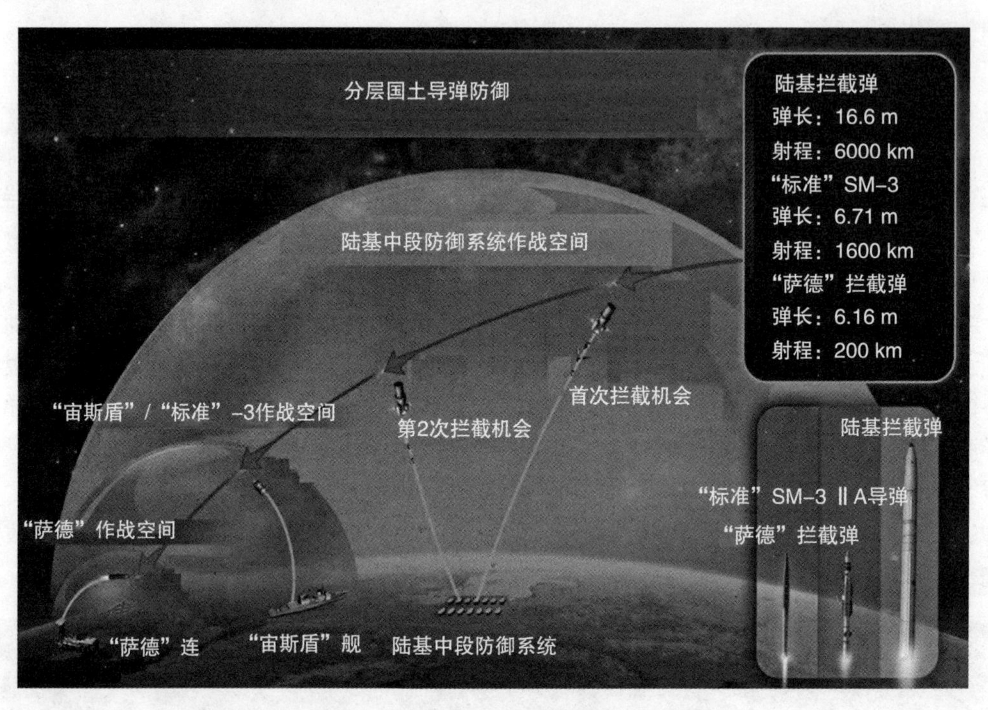

图7.4　分层国土导弹防御构想

7.4.1　基本构想

“分层国土导弹防御”是指利用下一代拦截弹的陆基中段防御系统、装备“标准”SM-3 ⅡA导弹的“宙斯盾”弹道导弹防御系统和改进的“萨德”反导系统，形成对洲际弹道导弹的分层多次拦截能力。其中，第1层主要由陆基中段防御系统承担，在洲际弹道导弹飞行中段进行拦截，提供2次拦截机会；第2层由“宙斯盾”“标准”SM-3 ⅡA导弹、改进型“萨德”承担，分别在洲际弹道导弹飞行中段的后半段、末段进行拦截，提供额外的2次拦截机会，进一步增加拦截次数，提升对美国本土防御效能。2020年11月17日，美军成功进行“标准”SM-3 ⅡA导弹首次拦截洲际弹道导弹试验，验证了“标准”SM-3 ⅡA导弹对洲际弹道导弹的拦截能力及“分层国土导弹防御”的可行性。

7.4.2　三段多层拦截装备系统

长期以来，美国导弹防御以“被动防御”为主。随着隐身技术、弹头欺骗技术、干扰技术和机动变轨技术等弹道导弹突防技术的不断发展，给传统的导弹防御系统带来极大挑战。基于此，美国提出了“发射前攻击”和“主被动防御相结合”概念，寻求建设集威慑、主被动防御、主动进攻为一体的全面导弹防御体系。导弹防御应该可以在导弹发射的任何一个节点实施拦截，但是前期由于技术上、经济上、政治上的原因，美国导弹防御系统不断调整，拦截武器也在不断更新，且发射前打击并没有包含在前期的导弹防御系统中。

在2020年公布的新版弹道导弹防御体系架构中，美国将“发射前攻击”单独列出，作为与助推段防御、中段/滑翔段防御、末段防御相并列的一个防御段，表明美已将“主被动防御相结合”概念落实到装备体系建设层面。后续，美国将继续改进情报监视侦察系统，发展网电装备、高超声速武器、新型中程导弹等，增强防区外快速打击时敏目标能力，在对手导弹发射前予以摧毁。

1. 发射前打击

在以往的弹道导弹防御系统计划中，均没有提及发射前打击。原因之一是发射前打击意味着主动发起战争，这会给美军带来巨大的战争道义压力。另外，发射前打击需要准确的预警信息，以免发生误击事件。但是，在发射前将弹道导弹发射系统摧毁，可以利用最小的代价达到最好的拦截效果，且技术难度很小。

美国弹道导弹防御系统2.0提出的发射前打击，严格意义上说不应包含在导弹防御系统中，但从导弹发射流程看，也可以纳入导弹防御系统。发射前打击主要根据弹道导弹预警信息或作战命令，利用弹道导弹、巡航导弹等武器对潜在的弹道导弹发射平台(发射井、核潜艇）进行打击。发射前打击武器主要包括针对陆基发射平台的巡航导弹、弹道导弹；针对海基发射平台的反潜鱼雷等；针对空基发射平台的防空导弹。要实现发射前打击，首先要能准确预测潜在的发射点和发射时间，这是发射前打击的一个难点。

2. 助推段拦截

相较于早期的导弹防御系统，美国弹道导弹防御系统2.0的最大改变是增加了助推段拦截，所谓助推段拦截是指导弹在发动机点火后至主动段结束的飞行弹道内实施的拦截。美国从20世纪70年代就提出了助推段拦截概念，奥巴马政府时期，由于助推段拦截对探测时间有严格的要求，必须在极短的时间内探测到导弹发射信息，还要在1~3min内拦截导弹，这对弹道导弹防御系统的预警能力、弹道解算能力、指控系统反应速度都提出了很高的要求。所以，鉴于当时技术上、经济上、军事需求上的需要，取消了助推段拦截计划。

由于弹道导弹在助推段红外特征明显、飞行速度相对再入飞行段较慢、飞行高度低，如果能及时探测，极易被拦截，因此助推段是理想的拦截阶段。同时，助推段拦截对探测时间有严格的要求，必须在极短的时间内探测到导弹发射信息，并在数分钟内进行拦截，因此对导弹防御系统的预警能力、弹道解算能力、指控系统反应速度都有很高要求。

美国弹道导弹防御系统2.0推出了助推段拦截计划，也意味着美国在助推段拦截方面有了足够的技术积累和试验数据支持。美国曾设想使用F-14、F-15战斗机或B-52、B-1B战略轰炸机携带各型武器进行助推段拦截，所研制的拦截武器包括远程空空导弹、反辐射空空导弹、激光武器等。如今，美军 F-35 战斗机以及未来的 B-21 战略轰炸机，是完成这一设想的更优选项。美国国防部研究使用 F-35 发射空对地导弹或炸弹预先打击洲际弹道导弹，将导弹摧毁在发射之前；F-35 利用激光或电子战系统破坏飞行中的洲际弹道导弹；多架 F-35 联合行动，利用多功能先进数据链形成网络化“中继系统”，共享信息，扩大目标探测范围，并快速传递威胁信息；利用隐身、快速和机动性能力，在防守严密的内陆地区上空行动，探测、跟踪并摧毁机动型洲际弹道导弹发射装置；F-35 使用 GPS 卫星导航系统或其他传感器与卫星交互，充当传感器或网络节点，支持卫星系统摧毁洲际弹道导弹。

2014 年 10 月，诺斯罗普·格鲁曼公司和 MDA 进行了 FTX-20 试验，旨在测试 F-35 战斗机所配备的分布式孔径系统（EODAS）能否追踪敌方的洲际弹道导弹。F-35 战斗机配备的分布式孔径系统分布于机身上下前后和两侧，能够对机身 360°球面方向进行无死角探测。F-35 战斗机可将从机载传感器获取的数据，借助多功能高级数据链（MADL）分发给其他 F-35 战斗机，实现对目标方位的三角测量，还可借助诺斯罗普·格鲁曼公司和 MDA 的企业传感器实验室开发的算法快速处理数据，生成导弹轨迹的 3D 运动图像，并通过 Link16 战术数据链交换传输。这种目标数据可以为美国海军的反弹道导弹驱逐舰或中短程导弹防御系统提供引导。

美国军方还设想 F-35 战斗机可直接发射导弹或指引导弹对助推段的敌方弹道导弹进行拦截，如图 7.5 所示。但此种方案对实际操作要求更高，战斗机需要非常接近发射场，且需要在发射后数秒内捕捉到上升阶段的弹道导弹，否则，以美国空军现有的空空导弹（如 AIM-120）将无法在弹道导弹逃离大气层之前实现拦截。

图 7.5　F-35 指引导弹防御系统概念图

2018 年，时任 MDA 局长萨缪尔·格里弗斯曾表示，相关部门正在研发一种新的空射“快速导弹”，用于弹道导弹拦截任务。计划在 2025 年之前，使 F-35 战斗机具备实战反弹道导弹能力。2019 年 1 月，美国媒体报道，美国空军和 MDA 开始审查将 F-35 战斗机集成到美国弹道导弹防御系统中的可行性。

助推段拦截武器主要包括空基反导和天基反导两种手段实现助推段拦截。

3. 空基助推段反导

高速动能拦截弹可从无人机或有人驾驶飞机发射（统称空基），这些发射平台一般部署在打击目标附近区域，一旦接到目标信息和发射指令，会第一时间发射拦截弹。这类拦截弹包括动能拦截弹（KEI）和机载激光武器等。美国曾经开展的机载动能和定向能拦截的研制工作主要有：

（1）利用近程攻击导弹（原是一种空地核导弹）的助推火箭加大气层外轻型射弹，组成可由B-52、B-1B轰炸机或F-15战斗机携带和发射的机载动能拦截弹。

（2）利用高速反辐射导弹加动能杀伤拦截器组成的拦截弹，由F-15战斗机携带和发射。

（3）利用“不死鸟”空空导弹加动能杀伤拦截器组成的拦截弹，由F-14战斗机携带和发射。

（4）机载激光武器，即利用激光武器对一定作用距离内的弹道导弹实施打击。激光武器可以光速把杀伤能量投射到目标上，是最理想的助推段拦截武器。美国持续开展机载激光武器的研究。

美国空军研究实验室定向能局于2015年启动“自卫高能激光演示样机”（SHiELD）项目，由诺斯罗普·格鲁曼公司、洛克希德·马丁公司和波音公司联合研发，旨在研发和演示以战斗机平台自防御为目的、以空空导弹或地空导弹等空中威胁目标为打击对象的机载紧凑型战术激光武器系统，技术成熟度要求6级。洛克希德·马丁公司的方案为F-16战斗机挂载激光吊舱（图7.6）。目前，主要针对美第四代战机研制吊舱式机载激光武器，未来将研制集成至第六代战机内部的内置式机载激光武器。

图7.6　F-16挂载激光吊舱示意图

2008年，美国曾将激光发射器装在波音747大型飞机上（图7.7），将其改装为机载激光反导系统，波音747上搭载了6台诺斯罗普·格鲁曼公司研制的化学氧碘激光器，用以在助推段摧毁敌方战略导弹，但这需要非常靠近敌方发射地点。2010年，该系统进行过激光反导试验，成功摧毁过探空火箭和液体燃料短程弹道导弹，但最终因为化学氧碘激光器输出功率不达标、激光在大气层内发生“吸收”和“抖动”效应等技术难题而项目终止。

自卫高能激光演示样机则是激光武器的另一种应用，由于是以战术喷气式战斗机为装载平台，激光器体积必须大幅缩小，其采用了在小型化轻量化、大功率输出和高光束质量等方面具有优势的光纤固体激光器。自卫高能激光演示样机被要求具备非常出色的动态目标跟踪瞄准能力、硬目标毁伤能力，因为要对付的目标是非常敏捷的空空、地空、舰空导弹，而且来袭导弹很可能不止一两枚，所以攻击范围要大，火力转移要快。

图 7.7 搭载在波音 747 上的机载激光器

2021 年 2 月底，波音公司向美国空军研究实验室交付吊舱子系统。2022 年 2 月，诺斯罗普·格鲁曼公司公司取得作战光源技术重大突破，初步建立机载轻量紧凑型光源的设计标准，并向美国空军交付高能激光子系统。该高能激光子系统是洛克希德·马丁公司迄今为止制造的同类功率中最小、最轻的高能激光器（采用光谱合成技术实现光纤激光器重量功率比为每 1.5~2kg/kW）。该项目原计划 2021 年进行的第二阶段机载测试飞行试验，由于技术风险和疫情影响推迟至 2023 年，该阶段测试将在战术战斗机上试验集成了高能激光子系统的全尺寸激光武器样机，开展亚声速/超声速飞行测试，确认高能激光子系统与其他子系统的工作协调性、机载电池的功率提供能力，尤其是确定激光器是否会过热而需附加热管理措施。美国空军计划 2024 财年进行 50kW 全系统测试，预计 2030 年该系统具备实战能力。

4. 天基助推段反导

美国正式实施天基反导项目始于 20 世纪 80 年代的“星球大战”计划。90 年代，随着冷战结束、“星球大战”计划终止，天基反导项目取消。美国弹道导弹防御系统 2.0 将天基助推段反导再次列入发展规划。

据美国《防务新闻》网站报道称（2018 年 8 月 15 日），美国国防部和 MDA 已经重新将目光投入到太空定向能反导系统。该计划主要开展激光拦截系统研究，原计划到 2021 年开发出一种 500kW 激光器，到 2023 年开发出一种 1MW 激光器。美国弹道导弹防御系统 2.0 提出的天基助推段反导计划将是上述计划的拓展，这也显示出美国对天基助推段反导的高度重视和技术信心。截至 2022 年 10 月，洛克希德·马丁公司向美国国防部交付了一部 300kW 的激光器原型。目前天基助推段反导计划也处于技术演示验证状态。

5. 滑翔段拦截

2019 年，俄罗斯装备了“先锋”高超声速滑翔弹，该导弹弹头能以 20 倍声速滑翔飞行。滑翔弹结合了弹道导弹和飞航导弹的优势，具有飞行距离远、弹道可测性差、突防能力强等特点。对于导弹防御系统来说，如果目标弹道难以预测、飞行速度快，留给防御系统的反应时间将大大减少。美国在弹道导弹防御系统 2.0 中提出，在中段/滑翔段拦截中，新增高超滑翔段拦截弹（GPI）应对快速发展的高超声速威胁。

美国认为，对手国家高超声速武器正在不断发展成熟，已对美国国家安全造成严重威胁。由于高超声速武器在临近空间飞行具备的难以探测、难以拦截等特点，已对现有导弹防御系统构成严峻挑战。基于此，美国将高超声速防御列为其导弹防御的重点之一，加速推动高超声速防御技术发展。

滑翔段属于中段弹道，中段弹道是导弹飞行高度最高、飞行速度最快的一段，理论上拦截难度极大。当前，美国中段拦截主要是陆基中段拦截系统和海基中段拦截系统，其核心是陆基拦截器（GBI）、大气层外杀伤器（EKV）和“标准”SM-3 导弹。针对滑翔弹的特点，美国很可能在当前拦截武器的基础上，进行技术升级。另外，“萨德”导弹也可能是滑翔段拦截的手段之一。

2020 年 8 月，美国公布高超声速防御概念，提出将采取全面、分层的高超声速防御策略，综合运用发射前攻击和动能、非动能等主被动防御手段，制定末段防御、末段和再入滑翔段防御、末段和再入滑翔段多层多次防御的“三步走”高超声速防御能力发展路线（图 7.8）。2021 年 4 月，美国发布“增强高超声速防御”跨部门公告，正式启动“滑翔段拦截弹”项目。该项目通过对世界高超声速武器发展现状和未来发展计划进行分析，将中近程高超声速助推滑翔武器视为美国当前面临的首要高超声速武器威胁。为此，美国计划以现有弹道导弹防御体系为基础，首先发展海基末段反高超装备，填补高超声速防御空白；而后发展滑翔段拦截弹，最终形成覆盖滑翔段、末段的多层多次高超声速防御能力。

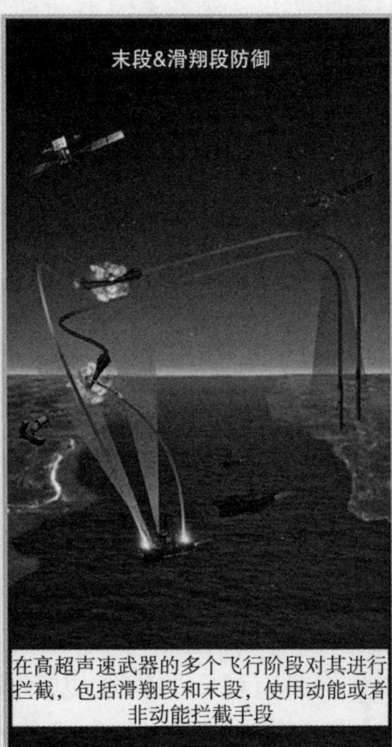

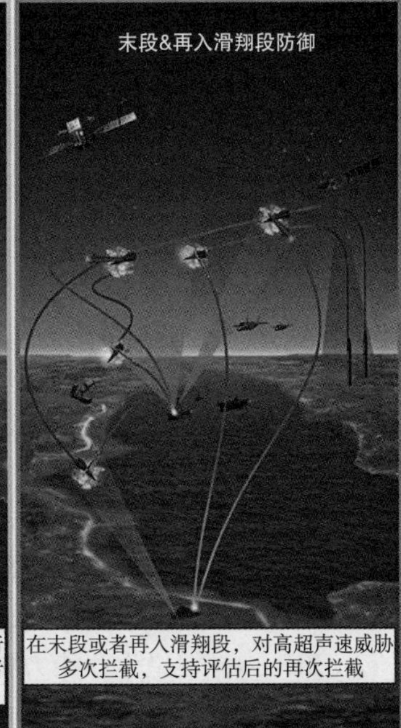

图 7.8　动能/定向能末段拦截武器

目前，美国末段拦截主要采用“萨德”“爱国者”PAC-3 和“标准”SM-6 导弹。在美国弹道导弹防御系统 2.0 中，设想了一种用于末段防御的动能和定向能拦截武器。为了应对高超声速导弹，在最短的时间内拦截成功，美国提出在末段拦截中增加动能或定向能拦截武器。所谓定向能拦截武器是指将电磁能量或粒子能量沿来袭目标方向发射，以光速或接近光速传播，并将能量集中到目标处，造成目标功能丧失或改变目标运动轨迹，这类武器主要有激光武器、高功率微波武器、粒子束武器、轨道炮。

7.5　新增新型防御装备

美国为了强化对弹道导弹及高超威胁目标的预警监视、全程跟踪、探测识别与杀伤评估能力，提出在陆基雷达、天基卫星等方面增强目标探测和评估能力。在探测预警方面的装备，较为瞩目的是本土防御雷达和远程识别雷达、“过顶持续红外预警卫星”和“高超声速和弹道导弹跟踪天基传感器”。新部署的雷达能为远程弹道导弹中段弹道的监测提供支持，加强中段导弹防御能力，“过顶持续红外预警卫星”不但能够探测大型导弹的尾焰，甚至能跟踪助推滑翔式导弹和吸气式高超声速武器，因此将在几年内取代现有的天基红外系统。“高超声速和弹道导弹跟踪天基传感器”则将分布搭载于低轨道卫星上，具有低延迟、高精度、生存能力强且易于扩展的特性，同样可用来探测和跟踪高超声速导弹等先进武器。它们与现有装备及其他研制中的装备一起，将形成预警监视、全程跟踪、探测识别与杀伤评估的全面能力。

7.5.1　雷达探测装备

新增本土防御雷达和远程识别雷达。鉴于美国当前部署的雷达不能完全满足未来高超声速导弹防御需求，美国在弹道导弹防御系统 2.0 中计划新增若干本土防御雷达，这些雷达主要是现役型号雷达或现役改进型雷达，新增的雷达主要针对西太平洋地区国家的弹道导弹威胁，具有自主获取、跟踪和识别目标的能力。

近年来，美国一直在积极研发和部署远程识别雷达（LRDR）。美国 MDA 于 2014 年启动 LRDR 研制工作，主要用于识别远距离来袭目标的雷达。LRDR 采用两阵面模式，属于 S 波段雷达，不仅可以跟踪弹道导弹和高超声速导弹，而且具备弹头、诱饵识别能力，是陆基中段防御系统的组成部分。LRDR 首先部署在阿拉斯加中部，为远程弹道导弹中段弹道的监测提供支持，加强中段导弹防御能力。

7.5.2　天基探测装备

美国弹道导弹防御系统 2.0 中，天基探测设备主要包括过顶持续红外系统、高超声速与弹道导弹跟踪传感器、天基杀伤评估系统三个方面的内容。

1. 过顶持续红外（OPIR）预警卫星

OPIR 预警卫星生存能力更强，具有灵活的轨道机动性及在轨燃料补给能力。OPIR 预警卫星不仅能探测大型弹道导弹的发动机尾焰和红外特性，并且能探测和跟踪小型战术导弹，即使对于处于中段飞行的“冷”弹头也能有效跟踪，所以可以对滑翔弹、高超声速导弹都能有效跟踪，天基探测能力大大加强。

OPIR 包含 5 颗卫星，其中 3 颗由洛克希德 · 马丁公司承建，主要部署在地球同步轨道上；2 颗由诺斯罗普 · 格鲁曼公司承建，主要部署在极地轨道上，合同于 2020 年 5 月签署，价值 24 亿美元，由诺斯罗普 · 格鲁曼公司建造，计划于 2027 年开始发射并于

2029年完成部署。5颗卫星全部部署完成后该系统将提供洲际弹道导弹发射、潜艇发射弹道导弹发射和战术弹道导弹发射等各类告警。

2. 高超声速与弹道跟踪天基传感器（HBTSS）

美国前期的预警卫星传感器都是基于目标轨迹可测的原理，由于近年来全球高超声速武器的快速发展，传统的红外传感器已不能满足反导作战需求。鉴于此，美国提出了高超声速与弹道跟踪天基传感器（HBTSS）项目。HBTSS主要用于探测高超声速导弹和弹道导弹，并提供低延迟的预警信息。HBTSS项目是由大量低轨轨道、小型卫星组成，而小型卫星必然会有红外传感器集成的非均匀校正问题，从而对传感器的尺寸、功耗、质量都提出了要求。另外，大规模小卫星组网、管理等问题也是HBTSS项目的关键障碍。

HBTSS项目计划在低地球轨道部署数十颗具有中视场传感器（MFOV）的新型卫星，主要用于探测高超声速武器和弹道导弹，为导弹防御系统提供低延迟的预警信息和火控数据。HBTSS将填补美国现有导弹防御系统在探测高超声速武器和弹道导弹方面的短板，为防御系统赢得足够时间以采取拦截措施。目前HBTSS项目规划由多个传感器搭载于多颗不同轨道小卫星组成的大规模低地球轨道卫星星座中，具体数量为100颗以上，并计划2022财年实现初始运行，以探测和跟踪常规弹道导弹以及洲际弹道导弹等威胁。

2019年10月，MDA曾向诺斯罗普·格鲁曼公司、莱多斯公司、L3Harris公司和雷声公司分别授出价值2000万美元的合同，用于开发系统原型。而在2020年年底，美国国会又为HBTSS项目追加了1.3亿美元的预算，并要求相关研究单位未来向国会提交一份有关HBTSS星座的采购策略，包括架构的所有组成部分、成本估算、综合测试计划等。2021年1月，美国MDA分别授予诺斯洛普·格鲁曼公司和L3Harris公司价值1.55亿美元和1.21亿美元的合同，用于HBTSS项目第二阶段原型设计工作，要求两家承包商在2023年7月前交付卫星原型，并进行后续在轨原型演示。

MDA目前正采用现有的STSS卫星作为HBTSS的测试平台，并利用高级研究计划局的一些卫星项目在卫星平台与传感器等技术方面取得进展以降低HBTSS项目的开发风险。MDA计划退役STSS卫星，由高超声速和弹道跟踪天基传感器（HBTSS）取代。2021年，HBTSS计划进入Ⅱb阶段，开展HBTSS卫星样机的发射和早期弹道测试，研究支持针对高超声速威胁杀伤链和弹道导弹上面级所需的灵敏度和火控数据质量，以支持作战人员的火控质量数据要求。HBTSS最终将纳入SDA的导弹跟踪层。SDA计划分阶段发展导弹跟踪层卫星星座，2022财年部署第0批卫星（Tranche 0）星座，开展体系架构演示验证，实现探测和跟踪先进导弹目标的有限作战能力；2024财年部署第1批卫星（Tranche 1）星座，实现针对区域导弹的持续探测和跟踪能力。2026财年部署第2批卫星（Tranche 2）星座，具备针对全球先进导弹的持续探测和跟踪能力。与此同时，MDA和SDA积极开展在轨技术演示验证。6月30日，MDA的两颗微小卫星搭载维珍轨道公司（Virgin Orbit）的运载器一号空射运载火箭成功发射升空，开展微小卫星间网络无线电通信的在轨演示验证，以降低HBTSS等系统的技术风险。8月10日，SDA开展支持导弹跟踪层的首个试验。天鹅座NG-16货运飞船携带了红外成像有效载荷样机（PIRPL）搭载安塔瑞斯火箭发射升空，以收集近地轨道环境的数据，用于开发下一代跟踪卫星的算法。

HBTSS 具有中视场监视系统，可以和跟踪层计划的星座共同对大气层中的高超声速飞行器进行实时跟踪，并将目标坐标传输到拦截弹的发射系统中。跟踪层卫星收集的数据将通过激光链路发送到传输层。如果监测到导弹威胁，其位置和轨迹数据可以通过空间安全传输，并经下行链路传到军事指挥中心。美国国防部将 HBTSS 项目视为未来导弹防御体系中用来实现对高超声速武器跟踪的关键，MDA 也将其列在“弹道导弹防御系统 2.0”的重要位置。按照原时间表，该系统也会在不远的未来实现部署，因此其近期发展值得关注。

美国《2023 财年国防授权法案》在高超声速防御方面，强调国防部应对高超声速跟踪、预警、火控架构做出重大转变，获得更为灵活、强大的高超声速防御能力。美国国会具体强调以下几个方面：①导弹跟踪、预警架构应更具弹性、鲁棒性，以应对高超声速威胁；②太空发展局应继续获得适当资金，于 21 世纪 20 年代中期在低轨星座上形成导弹跟踪、预警能力；③导弹防御局开发的传感器有效载荷，应集成至太空发展局或太空军架构，提供弹道和高超声速拦截火控精确数据；④太空军火控架构应考虑“高超声速和弹道跟踪天基传感器”（HBTSS）项目开发的能力。在火控数据要求方面：美国会特别强调，在对候选火控架构进行分析时，空军部长应确保太空军导弹防御指控、战斗管理及通信系统能在拦截系统所需时间内传递所需的数据，支持高超声速飞行器防御。此外，法案还要求国防部部长与国务卿及国家情报总监协调，制定一项技术部署计划，与有关盟国和合作伙伴传递和共享迫在眉睫的导弹威胁信息。

3. 天基杀伤评估（SKA）系统

SKA 研发项目于 2014 年启动。目标是将 SKA 传感器在大量的商业卫星上进行部署，以创建一个天基传感器网络，为弹道导弹防御系统提供改进的杀伤和命中评估，判断导弹防御系统是否已经成功拦截来袭导弹。

2019 年，美国逐步公布了天基杀伤评估系统的部分内容，2020 年美国拨付 0.66 亿美元用于 SKA 的研发。

每个 SKA 传感器由三个单像素光电二极管探测器组成，用于测量弹道导弹和导弹防御拦截器碰撞时发出的光电信号。利用指挥和控制系统提供的信息，SKA 传感器将指向预期的拦截点，以观察拦截碰撞产生的可见光和红外光。从 2018 年起，SKA 开始陆续部署，并逐步组网。传感器使用寿命在 10 年以上。

SKA 是全球弹道导弹防御系统的重要组成部分，也是弹道导弹防御系统 2.0 的重要内容，也就是说美国在未来几年内会持续开展 SKA 的研究和部署。SKA 主要用于拦截效果评估，如评估是否拦截，是否正面拦截以及杀伤效果。SKA 主要是天基红外传感器，这些传感器预计搭载在铱星星座卫星上。

7.5.3 改进和增强拦截武器

在拦截武器方面，首先，最为关键的当属“高超声速滑翔飞行器滑翔段拦截器”。由于缺乏针对性的防御武器，高超声速滑翔飞行器成为美国近一个阶段导弹防御面临的最重要挑战之一，MDA 已经开启了对相关项目的支持，未来将会出现何种形式的拦截器将是全世界关注的焦点。其次，陆基拦截导弹和“萨德”反导系统等也都可能进行改进或改型。另外，美军还在探索利用战斗机或搭载定向能武器的无人机拦截助推段弹道导弹的技术，一旦成功将形成对来袭导弹全阶段的拦截。由于现有的陆基拦截导弹和“萨德”拦截弹存在实战能力不够、环境适应性差的问题，美国在弹道导弹防御系统2.0 中也提出了改进和新增拦截武器的建议。

1. 高超声速滑翔飞行器滑翔段拦截器

高超声速滑翔飞行器具有速度快、机动能力强的固有特性，加之飞行高度的压低和隐身处理，较难被探测和跟踪，即使被发现，留给防御一方的时间也很短，这些都使得目前的导弹防御系统很难对其进行有效拦截，高超声速滑翔飞行器拦截概念如图 7.9 所示。

图 7.9　高超声速滑翔飞行器拦截概念图

针对这样的现状，美国 MDA 已经要求工业部门研制区域高超声速防御滑翔段武器系统拦截器，计划至少选择一家主承包商制造样机并进行飞行测试。美国 MDA 希望通过该项目的试飞了解区域高超声速防御系统的技术效果，并为之后的拦截器和火控提供一条技术途径。该项目预期可以降低关键技术的风险，对存在重大不确定性的领域进行建模仿真，使技术成熟度达到 5 级，即样机可通过在模拟环境中的验证。美国 MDA 计划该项目从基础研究到初步设计共投入超过 18 个月的时间，至于样机的设计、建造和试验的时间则将在正式资助前谈判确定，并可以根据需求随时更改。美国 MDA 称在方案竞标中最为看重的是技术途径，其次是工程能力和经验，而价格因素则是次要的。另外，从已知的信息来看，该计划中仅包含飞行试验，却并未包含实际拦截试验。如果消息属实，则该项目目前应已经处于预先研究阶段，很可能不久将会出现样机等成果。

2021 年 4 月，美军透露已经在印太地区研制和部署了“太平洋地区高超声速武器防御能力”，利用现有探测器以及 C2BMC 系统探测和跟踪高超声速武器。体系架构方面，美国 MDA 计划分两阶段来研发和部署分层高超声速防御能力，长期项目包括研制新型系统、推进剂和导引头，积极研发颠覆性技术，为构建未来高超声速武器防御体系架构奠定基础；短期内提出“区域高超声速导弹防御方案”，利用 HBTSS、“宙斯盾”反导系统、“标准” SM-6 拦截弹等成熟武器系统和技术，重点发展包括末段和滑翔段拦截能力，实现针对航空母舰等高价值目标的防御。研究项目方面，美国 MDA 于 4 月启动了滑翔段拦截弹（GPI）项目，洛克希德·马丁公司、雷声公司和诺斯罗普·格鲁曼公司正在开展方案设计工作。美军希望新的高超声速拦截弹能兼容现役“宙斯盾”

驱逐舰的标准垂直发射系统，并与改进的“基线 9”系统集成。美军希望其海军水面舰船未来可以探测、跟踪、控制和对抗高超声速威胁，因此 GPI 预计可安装在“宙斯盾”舰载“标准”垂直发射系统中。设想在 GPI 接近威胁目标时，引爆碎片场以破坏敌方高超声速滑翔飞行器的弹道，预计在 2030 年左右部署。2021 年，DARPA 完成了“滑翔破坏者”项目技术演示的关键设计审查、材料和组件级台架测试，以及飞行试验的可行性研究。2021 年 11 月，美国 MDA 选择了雷声、诺斯罗普·格鲁曼和洛克希德·马丁 3 家公司一起设计用于拦截高超声速导弹的 GPI。根据其签署的合同，3 家公司进入了“加速概念设计”阶段。

2. 下一代陆基拦截弹

美军当前的陆基拦截弹是由 20 世纪 80 年代的弹道导弹发展而来的，存在技术落后、器件老化、环境适应性不足等问题。2021 年 9 月 12 日，美国成功开展首次陆基拦截弹助推器两级模式飞行试验，试验中，第三级未点火并提前释放 EKV，验证了 2 级/3 级可选模式。这是三级助推器以两级模式工作的首次飞行试验，将为作战人员执行本土防御提供更大的灵活性，显著增加了作战空间，提供了更大的防御纵深。

为了继续提升 GMD 和 GBI 的能力，除了开辟新的部署基地和继续加速增加现有 GBI 的数量外，美国还在筹划下一代陆基拦截弹。下一代拦截器（NGI）主要用于替换 GBI。下一代陆基拦截导弹的主要变化在于其大气层外动能拦截器（EKV）的升级，升级的方案是用多目标杀伤器（MOKV）取代原有 EKV。MOKV 可拦截多目标，这使单 GBI 可同时拦截弹头和诱饵，这在 GBI 数量有限的现状下是十分有效的提升综合拦截能力手段。

早在 2015 年该项研究即已开启，而在 2017 年波音公司获得了为期 3 年研制合同；虽然后续流出的信息较少，但以时间推算，该项目可能已经取得了相当成果。并且，除了 GBI，MOKV 还有可能搭载于“标准”SM-3ⅡA 等其他防空导弹。NGI 将部署于阿拉斯加和加利福尼亚州，NGI 是所有拦截武器中射程最远的，且可携带多弹头，NGI 具有更强的卫星数据处理能力和拦截范围，甚至具有弹头识别能力。

2020 年 4 月，美国 MDA 发布下一代拦截器（NGI）招标信息，目标是选择两家美国承包商，通过引入竞争机制来加速 NGI 的开发和部署进度。2021 年 3 月，美国国防部向诺斯洛普·格鲁曼公司和洛克希德·马丁公司分别授予一份合同，用于开发和生产 NGI。其中，诺斯洛普·格鲁曼公司的合同总价值 39.3 亿美元，合同期到 2026 年 5 月，洛克希德·马丁公司的合同总价值 37 亿美元，合同期到 2025 年 8 月。

美国 MDA 将 NGI 综合地面测试评估活动命名为 GTI-14，测试中将演示验证“下一代拦截器”端对端集成至导弹防御系统中的互操作性。首次地面测试评估时间设定在 2026 年夏天，并将于 3~9 个月内进行第二次测试，这两次测试将为飞行测试奠定基础。美国国防部共采办 11 枚导弹原型，其中 6 枚将用于飞行测试，2027 年进行 2 次，为初始生产决策提供信息；5 枚用于地面测试，并可能用于“复飞”发射。

下一代拦截器（NGI）计划用于替换现有部署在阿拉斯加州和加利福尼亚州的 GBI 系统，主要用于中段拦截，是美国导弹防御系统中射程最远的武器，可携带多弹头，具备更强的卫星数据处理能力，将成为未来美国导弹防御系统的核心组成部分。NGI 预计从 2025 年开始测试，2028 年具备作战能力。由于下一代拦截器（NGI）预计到 2028 年才可能具备作战能力，美国希望对现有GBI进行升级以及执行服役周期延长计划（SLEP），并计划在2028年前这段时间在现有44套GBI基础上补充部署20套助推器改进型GBI系统，图7.10所示为各种多目标杀伤拦截器概念和方案。

图7.10　各种多目标杀伤拦截器概念和方案

3. 改进型"萨德"反导拦截弹

"萨德"反导系统，最大射程超过200km，拦截高度为40~150km，最大飞行速度达马赫数8.24，采用动能拦截方式，具有拦截成功率高、拦截高度跨大气层、机动能力强等特点。

美国在2002年退出《反弹道导弹条约》后，就提出了增程型"萨德"反导系统，目的是使其能够防御洲际弹道导弹。但是"萨德"反导系统一直存在拦截范围有限、无法拦截高超声速目标、系统能力有限的问题。在美国弹道导弹防御系统2.0计划中要对上述三个方面进行改进，扩大"萨德"反导系统拦截范围，提高对高超声速目的拦截能力。

"萨德"拦截弹的改进型名为"萨德"-ER，其中"ER"是增程之意。其火箭动力段直径将由0.37m增加到0.53m，可使有效射程提升3~4倍，最大作战高度可以接近500km，拦截区域增加9~12倍，具备拦截中程弹道导弹、高超声速导弹、低空卫星的能力。为了能兼容原有的发射系统，"萨德"-ER维持了原来长度并将助推器改进为两级，可在将导弹助推到较大速度后可以甩掉多余质量，以使杀伤器获得较大初速和机动性。由于增程"萨德"拦截弹直径增加，发射质量也变大，如果沿用原来的发射平台，携带的导弹数量将减少。因此"萨德"-ER改为每部发射装置携带6枚拦截弹，比"萨德"原型系统的8枚减少了2枚。预计改进型"萨德"反导系统的特点主要体现在扩大射程/拦截范围和提高对高超声速武器的拦截能力上。

4. 其他新型拦截武器

美国2019导弹防御评估报告中，在“对正在出现的导弹威胁和不确定因素的应对”部分提出了战斗机对导弹助推段的拦截以及无人机和定向能武器的使用。

导弹防御评估报告在“重新部署移动防御系统”部分提出在未来出现危机或冲突时，将采用F-35战斗机和助推段防御等增加额外的导弹防御能力。虽然此报告和其他文件中均未阐述其具体实施方式，但MDA已将F-35发射拦截弹进行导弹拦截明确添加到了助推段拦截方式中，可能成为美国未来的导弹防御方案之一。在助推段反导系统方面，美国将按照《导弹防御评估》报告的要求，继续开展无人机载激光武器研究，并探索为F-35战斗机挂载新型拦截弹用于助推段反导。

导弹防御评估报告在“建设新的防御系统”部分中提出采用定向能武器在来袭导弹助推段即进行拦截将有助于提高拦截成功率。美国弹道导弹防御体系长期以来一直将定向能技术作为一种拦截弹道导弹的手段。与动能拦截弹不同的是，定向能波束几乎可以瞬间击中目标，并能降低防御先进导弹的相对成本。实现助推段导弹防御的定向能拦截需要接近或超过兆瓦级的激光。除了高功率外，这种系统还需要产生具有最小散度和高指向精度的光束。定向能防御还需要有利于远距离光学传输的大气条件。大气湍流、雾霾和其他条件的变化对激光能量的传输有重大影响。这种对有利条件的次要要求传统上限制了定向能方法用于空中平台上的研究，而这些平台在更清晰的大气区域内运行，视野更广。这种限制反过来要求考虑飞机振动和激光器的尺寸、质量和功率的性能。美国国防部之前曾开展过空基激光项目并具有一些先进技术的积累，MDA正在试验低功率的激光验证系统用来探索在无人机上激光武器安装所需的技术。

7.6 小结

随着全球高超声速导弹、弹道导弹的快速发展，美国弹道导弹防御系统已不能完全满足美国国土防御的要求。大国竞争战略下，美国持续强化发展本土和区域导弹防御能力，继续推进导弹防御先进技术研究，谋求快速形成攻防一体的新型导弹防御能力。为了适应全球高科技武器的发展，继续保持非对称优势，美国提出了弹道导弹防御系统2.0计划，该计划在前期弹道导弹防御系统的基础上，扩展了拦截段，增强了雷达、卫星探测系统，改进了拦截武器。该计划一旦完成，将大幅提升美国的导弹防御能力，继续保持全球领先地位。

美国MDA在下一代天基预警系统的发展规划中也明确将利用中视场卫星为拦截弹提供针对弹道导弹和高超声速武器的火控数据，并在2030年左右实现全球覆盖。预计到2035年，美国将形成覆盖范围更广、拦截能力更强的导弹防御体系。在预警探测方面，构建覆盖全球的预警探测网络，具备对不同类型目标的尽早发现、全程跟踪、精确识别和效果评估能力；在拦截武器方面，构建覆盖助推段/上升段、中段/滑翔段、末段的多段拦截武器系统，具备对多种目标的分层多段拦截能力；在指挥控制方面，建立反应迅速、高效决策、网络交战的指挥控制网络，整体提升一体化防空反导作战能力。

第 8 章　美国弹道导弹防御系统作战试验

8.1　美国陆基中段反导试验

8.1.1　美国陆基中段反导试验组织与发展

1. 组织机构

美国的陆基中段反导试验由美国 MDA 组织，发射操作由陆军负责，导弹预警信息提供与系统管理则由太空军实施。陆基中段系统的发展与试验实际是美国各军种、各军火集团利益的集中体现。例如，陆基拦截弹由美国轨道科学公司制造；拦截弹的核心 EKV 及陆基雷达、远程警戒雷达由雷声公司设计；整套系统的作战管理与指挥控制系统由诺思罗普·格鲁曼公司负责；洛克希德·马丁公司作为二级承包商担负了火箭及整流罩等设计和生产任务。

为了全面验证导弹拦截技术，美国 MDA 为陆基中段反导系统设计安排了分系统及综合测试等多种试验方式，总体来看，主要包括以下几种：①助推器验证（BV）测试；②突防与对抗测试；③陆基飞行测试（FTG）；④野战训练演习（FTX）；⑤控制测试飞行器（CTV）；⑥综合飞行测试（IFT）。每次试验名称都是用测试类型缩写加流水号确定。

2. 试验阶段

拥有陆基中段反导能力原是 20 世纪美国“星球大战”计划的一部分，但由于技术难度非常大，从 1997 年才开始进行部件验证试验，直到 1999 年 10 月 2 日，美国才首次进行真正的陆基中段反导试验，即首次国家导弹防御系统飞行拦截试验，此后陆续进行了十余年试验。总体来看，这些试验大致分为三个阶段。

（1）概念验证阶段（1999—2004 年）。这一阶段共进行拦截试验 9 次，非拦截试验 8 次，其中拦截成功 5 次。这些试验主要是演示利用陆基拦截导弹拦截远程弹道导弹的技术可行性，试验所用的软硬件设备多是代用的；每次试验的作战模式基本相同，即都是从美国西海岸加利福尼亚州向太平洋中部发射拦截弹（靶弹的飞行方向与攻击美国的方向相反），利用从太平洋中部的夸贾林岛发射的拦截弹进行拦截。虽然这些试验中采用了信标等被称为“作弊”的方式，但作为初期验证系统，整体成功率不低，其验证了 EKV 的动能杀伤能力，并最终促成了 2004 年的实际部署。

（2）能力增强第一阶段（2005—2008 年）。在 2004 年实际部署后，美国开始实施“弹头能力增强”计划，并于 2006 年 9 月进行了第一阶段的拦截试验。这一阶段对改进的 EKV 从助推火箭进行了一系列试验，试验设计条件明显提高，难度加大，更加贴近实战。例如，2005 年 2 月 14 日，首次采用新的交战模式，即从阿拉斯加州的科迪亚克岛发射靶弹，然后从太平洋中部的夸贾林岛发射拦截弹进行拦截。这模拟了（俄罗斯、中国和朝鲜）导弹飞越北极攻击美国本土的情况。在这一阶段共进行拦截试验 9 次，非拦截试验 3 次，其中拦截试验成功 3 次。这些试验主要用来检验预警雷达和 EKV 分诱饵与弹头性能及验证新的软硬件。在这一阶段美国陆基中段反导系统初步部署完毕，并着手第一阶段拦截弹的实际部署。

（3）能力增强第二阶段（2009 年至今）。美国 MDA 从 2008 年开始实施第二阶段的能力增强计划。这一阶段对 EKV 和助推火箭进行了改进、陆基和海基 X 波段雷达的软硬件也进行了提升。这阶段试验的主要目的是为系统定型采集目标数据，以设计更加复杂的软件模型，提高雷达和 EKV 的真假弹头识别能力。这一阶段共进行拦截试验 2 次，非拦截试验 2 次，其中拦截试验均告失败。由于靶弹和海基 X 波段雷达存在故障，导致原本应在 2009 财年进行的第 2 次拦截试验推迟到了 2010 年 1 月 31 日。在这次试验中，首次采用新型 EKV 弹头，但由于海基 X 波段雷达故障导致试验失败。2010 年 12 月 25 日，陆基中段反导系统再次进行拦截试验，仍以失败告终。这迫使美国暂停了原定 2013 年进行的齐射拦截项目，取而代之的是 1 月 26 日进行的非拦截试验。这次中段拦截器试验被命名为 GM-CTV-01，试验旨在收集改进后的 EKV CE-2（EKV 增强 2 型）的飞行数据。这次试验不是 2010 年失败的 FTG-06 及 FTG-06A 试验的延续，而是在分析总结上次失败基础上，对改进型 EKV CE-2 进行的飞行测试。由于是改进型 EKV 的飞行性能测试，收集的都是飞行器自身的基本数据，并没有发射靶弹。这次试验成功后，MDA 已表态希望在 2013 年 3—6 月间使用经过这次测试的改进型 EKV CE-2 进行一次拦截试验。可见，美国 MDA 出于谨慎，将一次试验拆分成了两次，就连此次试验名称也是以前从未出现过的，其仅仅是为了检验 EKV 的控制能力而单独命名的。从美方目前公布的情况看，第二阶段弹头能力增强计划目前仍有两项技术尚不成熟，分别为改进的红外导引头和目标识别系统。

8.1.2 美国陆基中段反导试验总体情况

GMD 的前身 NMD 系统分别于 1997 年、1998 年对 GBI 进行了两次拦截试验，但采用的动能拦截器并非日后试验并最终部署的 CE 系列 EKV。自从 1999 年以来，GMD 共进行了 19 次拦截试验，其中 10 次获得了成功，8 次失败，另有 1 次因靶弹异常而中止试验而不计入其中，拦截试验的成功率达到 53%。尽管从数据上来看，GMD 的拦截成功率并不高，但从试验—部署—改进的整个过程来看，在不同阶段的试验中，GMD 系统都在不断改进，着手解决拦截试验中出现的问题。随着试验暴露出的问题被不断解决、武器型号改进升级，GMD 的作战能力日趋完善，进行的飞行试验也更为复杂。在所有的 8 次失败试验中，因各类故障和异常出现的发射、飞行事故占绝大多数，这说明此前 GMD 作战的主要难题在于系统设计以及与发射、推进有关的分系统。其中 EKV 与助推火箭未能分离共计 3 次，位于发射井未能成功发射共计 2 次，拦截器推进系统故障 1 次。拦截器导引头故障仅在试验阶段出现 1 次，是由于碎片堵塞制冷剂，使得制冷系统无法正常工作，导致红外导引头失灵。除上述原因之外的 1 次拦截失败的原因，即导致 FTG-06a 失败的“跟踪门”问题是一个一直长期存在而未解决的问题。

导致 2010 年 FTG-06a 试验失败的“跟踪门”问题，从 GMD 进行飞行试验开始就始终存在，早在 2001 年的 IFT-06 飞行试验中即被观察到，但并没有引起足够重视。直到 FTG-06a 试验失败后，确认是由于拦截器内部存在高频振动，使得拦截器的惯性测量装置（IMU）出现“漂移”，进而导致制导误差过大而拦截失败。“跟踪门”问题早已存在，而没有引起足够重视的原因是此前并没有因高频振动对拦截结果产生影响，直到 FTG-06a 试验中，采用了更灵敏的 IMU，使得误差被明显放大，从而导致导引头在飞行末段无法准确捕获来袭弹头，最终造成拦截失败。随后，MDA 归零排查问题，对 IMU 固件进行升级，并加装隔离支架，于 2013 年进行了非拦截试验 CTV-01。2016 年又进行非拦截试验 CTV-02+，该试验的 GBI 型号即 CE-Ⅱ升级后的 CE-Ⅱ Block Ⅰ版，该试验检验了升级后的转向推进器，以便进一步减小振动对 IMU 的影响。在解决“跟踪门”问题后，近年的几次拦截试验相继取得成功，试验背景和环境也越来越复杂，与实战越来越贴合。

如表 8.1 所示，目前美国所进行的陆基反导拦截试验的成功率约为 53%。目前，美国在加利福尼亚州格里利堡、阿拉斯加和范登堡空军基地共部署了 40 余枚 GBI 拦截弹。每个导弹有两个拦截器，在这种“齐射”模式下可以处理多达 20 个洲际弹道导弹。如果系统的参与模式增加到针对单个进入目标使用 4 枚导弹以增加拦截成功的概率，目前的 GBI 拦截弹数量只能拦截 11 个单弹头的洲际弹道导弹。

表 8.1 美国陆基中段反导拦截试验情况

序号	时间	代号	动能拦截弹型号	是否成功	试验情况
1	1999. 10. 02	IFT-3	原型系统	是	由改进型“民兵”-Ⅱ搭载的 CE-0 成功拦截另一枚改进型“民兵”搭载的假弹头 CE-0
2	2000. 01. 19	IFT-4	原型系统	否	拦截器红外导引头冷却故障 C
3	2000. 06. 08	IFT-5	原型系统	否	数据母舱故障导致拦截器与助推火箭分离失败
4	2001. 07. 14	IFT-6	原型系统	是	在有 1 个诱饵气球的情况下成功拦截
5	2001. 12. 03	IFT-7	原型系统	是	在有 1 个诱饵气球的情况下成功拦截
6	2002. 03. 15	IFT-8	原型系统	是	在有 3 个诱饵气球的情况下，于太平洋上空 175km 处成功拦截
7	2002. 10. 14	IFT-9	原型系统	是	第一次在拦截试验中使用“宙斯盾”AN/SPY-1 雷达
8	2002. 12. 11	IFT-10	原型系统	否	由于软件设计错误引发自动诊断检查于发射前启动，导致 GBI 发射失败
9	2004. 12. 15	IFT-13c	原型系统	否	发射井支撑臂锈蚀无法收回导致 GBI 发射失败
10	2005. 02. 14	IFT-14	原型系统	否	CE-Ⅰ的首次成功拦截试验
11	2006. 09. 01	FTG-02	CE-Ⅰ	否	因靶弹故障，拦截试验被迫中止，拦截弹未发射试验中止
12	2007. 09. 28	FTG-03a	CE-Ⅰ	是	成功摧毁发射自阿拉斯加科迪亚克岛测试基地的目标弹头
13	2008. 12. 05	FTG-05	CE-Ⅰ	是	第一次使用来自多个导弹防御系统探测设备的跟踪数据进行拦截

续表

序号	时间	代号	动能拦截弹型号	是否成功	试验情况
14	2010.01.31	FTG-06	CE-Ⅱ	否	靶弹火箭发动机出现间歇性燃烧，从而导致 SBX 雷达在视场内无法确定目标，拦截器内“跟踪门”异常导致飞行最后时段制导误差过大，从而拦截失败
15	2010.12.15	FTG-06a	CE-Ⅱ	否	由于拦截器电池故障导致与第三级火箭发动机分离失败
16	2013.07.05	FTG-07	CE-I	否	由于拦截器电池故障导致与第三级火箭发动机分离失败
17	2014.06.22	FTG-06b	CE-Ⅱ	是	取得 CE-Ⅱ以及“跟踪门”问题后的首次成功拦截，目标靶弹的速度接近洲际导弹
18	2017.05.30	FTG-15	CE-Ⅱ Block I	是	GMD 部署以来首次拦截洲际弹道导弹目标靶弹；CE-Ⅱ Block I 进行首次拦截试验
19	2019.03.25	FTG-11	CE-Ⅱ+CE-Ⅱ Block I	是	首次实现发射两枚 GBI 拦截一枚洲际弹道导弹的拦截试验
20	2021.09.12	BVT-03		是	助推飞行器（BVT）-03 非拦截助推测试

2023 年 1 月，美国媒体披露，为评估防御对手洲际弹道导弹对美国威胁的能力，美导弹防御局于 2022 年 4 月开展了名为 Ground Test Integrated-08a 的陆基中段防御系统试验，该系统通过拦截来袭导弹保护美国免受对手中远程弹道导弹的攻击。此次试验评估了过去 5 年里陆基中段防御系统的改进，为系统非拦截能力提升提出了新的见解。此外，下一代拦截弹最早将于 2027 年部署。

美国作战试验鉴定局局长尼古拉斯·格尔廷表示，导弹防御局和导弹防御系统作战试验机构开展了开发作战仿真实验室测试，以支持评估美国北方司令部和印太司令部区域导弹防御能力，查验远程识别雷达、C2BMC、陆基中段防御系统、海基 X 波段雷达、“宙斯盾”反导系统等新功能。目前，在导弹防御系统传感器完整架构的支持下，陆基中段防御系统展示了其保护美国本土免受少量射程超过 3000km，携带简单突防措施的弹道导弹威胁的能力。

8.1.3　美国典型陆基中段反导试验

2017 年 5 月 30 日，美国进行了陆基中段防御系统（GMD）近三年来的首次拦截试验，该导弹防御系统旨在保护美国免受洲际弹道导弹的攻击。该试验代号 FTG-15，该试验为美国首次进行洲际弹道导弹拦截的测试，试验获得圆满成功。这使得 GMD 的拦截测试记录自 2004 年 12 月 GBI 部署以来在 10 次尝试中获得 4 次成功，并且在过去 5 次尝试中第二次成功。试验演示了新的 CE-Ⅱ Block Ⅰ拦截器和升级的 C2 助推器的作战能力。试验之后的新闻发布会上，MDA 主任说，该弹道导弹靶弹“比我们迄今为止飞行的任何其他目标都飞行的高度更高、射程更长、速度更快”。

在 FTG-15 试验过程，试验中靶弹是从太平洋马绍尔群岛夸贾林环礁发射，飞向美国本土方向。试验过程中，多种传感器发现并对目标进行跟踪，向 C2BMC 系统提供了目标信息，红外天基预警卫星发现跟踪处于助推段的靶弹，前置部署在威克岛的 AN/TPY-2 参加了早期监视，其主要的任务是对目标进行早期跟踪和识别，部署在太平洋上的 SBX 大型反导雷达也参与此次试验，其主要任务是精确跟踪、更新目标数据，该雷达成功发现和跟踪了目标。GMD 系统接收到目标跟踪信息后，制定火控拦截方案，反导拦截器从美国加利福尼亚范登堡空军基地发射，拦截器在飞行途中能够实时接收地面控制指令，拦截器的红外导引头能够主动捕获、跟踪和识别目标，最终拦截器成功摧毁了模拟洲际导弹的靶弹。

实际上自 2004 年 GBI 部署以后，美军经过 6 次以上的拦截测试，但是从历次测试看，对于无法实施变轨的老式洲际导弹，陆基拦截弹已经具备了不错的拦截能力，但是由于实际部署后历次拦截的细节未公开，无法判断大气层外拦截器的导引头对于存在各种诱饵等干扰措施时的对抗能力。

在 2019 年 3 月 25 日的 FTG-11 试验中，难度再次取得突破，首次实现了由 2 枚 GBI 拦截弹齐射拦截一枚洲际弹道导弹威胁的目标。作为靶弹的洲际弹道导弹从位于太平洋马绍尔群岛国夸贾林环礁的里根试验场发射，2 枚 GBI 拦截弹从加利福尼亚范登堡空军基地发射，分别以 GBI-Lead 与 GBI-Trail 命名。GBI-Lead 按照设计摧毁了来袭的再入弹头，GBI-Trail 则在对拦截产生的碎片和残余物确认后，确定没有其他再入弹头的情况下，按照预定计划选择下一个最具威胁性的目标进行摧毁。美国时间 2019 年 3 月 25 日 22 点 30 分左右，美国 MDA 进行一次陆基中段弹道导弹防御试验。参与该试验的主要装备包括美国天基预警系统（可能为 DSP 或 SBIRS 或 STSS 等）、陆基预警系统（AN/TPY-2 雷达）和海基预警系统（SBX），以及指挥控制、作战管理和通信（C2BMC）系统和 GBI 拦截弹头。

FTG-11 反导试验空间拦截交会红外图像如图 8.1 所示。

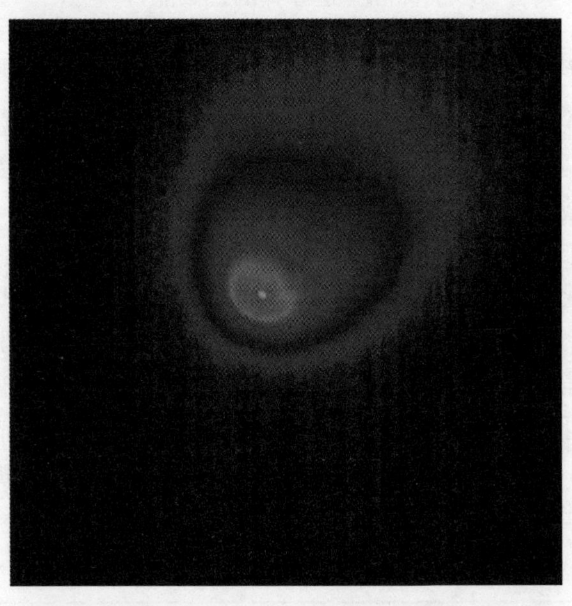

图 8.1　FTG-11 反导试验拦截空间交会红外图像

8.2　美国海基反导试验

海基中段防御系统是美国弹道导弹防御计划的海基部分，主要任务是从海上为半径数百千米范围的地区提供针对射程在3500km以下的中近程弹道导弹的防御，还担负远程监视和跟踪任务。美军装备"宙斯盾"战斗系统巡洋舰和驱逐舰都被称为"宙斯盾"舰，"宙斯盾"战斗系统是美国海军现役最重要的综合水面舰艇作战系统，具有很强的海上作战能力，可以在很短时间内向全球热点海域前置部署。它集传感器搜集、通信、武器、对抗和计算设备于一身，"宙斯盾"基线9作战系统也称为"先进能力建造12"（ACB12）系统，是"宙斯盾"作战系统的最新升级型，通过开发"多任务信号处理器"（MMSP）将反导与防空的信号处理集成在一块芯片上，使"宙斯盾"战斗系统具有多任务并行处理能力，实现防空能力和弹道导弹防御能力的整合，成为美国海军巡洋舰和驱逐舰防空反导一体化作战的核心系统。

海基中段防御系统作为经验证相对成熟的反导系统，在积极增加部署数量的同时，不断进行系统升级，主要表现在"宙斯盾"BMD武器系统的版本不断提升以及"标准"SM-3导弹的改型上。目前，已服役的武器系统是"宙斯盾"BMD3.6.1，正在测试的是"宙斯盾"BMD4.0.1，未来还要升级为"宙斯盾"BMD5.0、"宙斯盾"BMD5.1/5.X。

"宙斯盾"弹道导弹武器系统是美国导弹防御系统的海上组成部分。MDA和美国海军共同管理"宙斯盾"弹道导弹防御系统。海上"宙斯盾"导弹防御系统和陆上"宙斯盾"系统通过C2BMC系统接收跟踪数据，建立火控解决方案，然后发射和引导"标准"SM-3系列导弹摧毁来袭威胁。目前，海基中段防御系统具有探测并跟踪所有射程的弹道导弹（包括洲际弹道导弹）以及在大气层外拦截处于飞行中段的弹头目标或中近程弹道导弹目标，具备初步的洲际弹道导弹的拦截能力。

8.2.1　美国海基反导试验总体情况

"宙斯盾"BMD于2002年1月成功完成了第一次拦截测试，迄今为止已进行了超过56次飞行和拦截试验。"宙斯盾"BMD系统使用"标准"SM-2拦截弹进行的5次拦截试验，成功拦截了5次，拦截成功率100%；使用"标准"SM-3拦截弹进行了42次试验，成功拦截了32次，拦截成功率76%；"标准"SM-6拦截弹进行了5次拦截试验，成功拦截了5次，拦截成功率100%。在已进行的52次拦截试验中，42次拦截成功，总的拦截成功率为81%。美军共进行过6次作战性综合飞行试验，主要验证在复杂的作战环境中由"宙斯盾"BMD系统、末段高层区域防御（"萨德"）和"爱国者"PAC-3系统组成的区域反导体系的分层防御能力，其中2次因靶标故障未发射"标准"SM-3拦截弹，表8.2所示为"宙斯盾"反导系统拦截测试的总体情况，表8.3所示为美国海基反导拦截的试验情况。

表8.2　"宙斯盾"BMD拦截测试情况

拦截弹型号	成功次数	失败次数	未拦截	成功率	试验次数
"标准"SM-2	1	0	0	100%	1
"标准"SM-2 Block Ⅳ	4	0	0	100%	4
"标准"SM-3	1	0	0	100%	1
"标准"SM-3-0	4	1	0	80%	5
"标准"SM-3 Block Ⅰ	2	1	0	67%	3

续表

拦截弹型号	成功次数	失败次数	未拦截	成功率	试验次数
“标准” SM-3 Block ⅠA	13	2	0	87%	15
“标准” SM-3 Block ⅡA	4	2	0	66%	6
“标准” SM-3 Block ⅠB	8	2	2	80%	12
“标准” SM-6 Dual Ⅰ	5	0	0	100%	5
合计	42	8	2	81%	52

表 8.3　美国海基反导拦截试验情况

日期	试验代号	命中情况	试验情况
2002.01.25	FM-2	√	第一次全面飞行测试，成功拦截“白羊座”近程导弹下降段
2002.06.13	FM-3	√	“标准” SM-3-0 成功拦截了一枚单一目标导弹，标志着“宙斯盾” LEAP 拦截计划的完成
2002.11.21	FM-4	√	首次成功拦截“白羊座”近程导弹上升段
2003.06.18	FM-5	×	拦截弹姿轨控系统出现故障
2003.12.11	FM-6	√	使用改型“标准” SM-3-0 成功进行了拦截测试，使其能够以降低的能力运行
2005.02.24	FM-7	√	首次实战配置拦截试验，成功拦截近程弹道导弹
2005.11.17	FM-8	√	第一次“标准” SM-3 Block Ⅰ成功拦截带有分离弹头的目标导弹
2006.06.22	FTM-10	√	首次对近程弹道导弹分离的弹头目标进行成功拦截
2006.12.07	FTM-11	未发射	操作人员失误引起火控系统故障，弹未发射
2007.04.26	FTM-11 E4	√	“标准” SM-3 Block ⅠA 成功跟踪并拦截了弹道导弹目标，实现“宙斯盾” BMD 第 8 次成功拦截
2007.06.22	FTM-12	√	“标准” SM-3 Block ⅠA 成功拦截了一枚弹体分离的中程弹道导弹
2007.08.31	FTM-11a	√	测试内容未公开
2007.11.06	FTM-13	√	首次成功进行双发拦截试验
2007.12.17	JFTM-1	√	在考艾岛海岸附近“标准” SM-3 Block ⅠA 成功拦截大气层外的弹道导弹目标
2008.02.20		√	第一次发射即成功击毁失控侦察卫星，证明美反导系统具有反卫星潜力
2008.06.05	FTM-14	√	“标准” SM-2 Block Ⅳ成功在末段拦截了从移动平台发射的弹道导弹目标
2008.11.01	Pacific Blitz	×√	超期服役红外导引头故障导致一个靶标被拦截、另一个脱靶
2008.11.19	JFTM-2	×	“标准” SM-3 Block ⅠA 拦截器的转向和高度控制失灵，试验失败
2009.03.26	Stellar Daggers	√	“标准” SM-3 Block ⅠA 相继在末段成功一枚短程弹道导弹和一枚巡航导弹
2009.06.30	FTM-17	√	“标准” SM-3 Block ⅠA 拦截了一枚短程弹道导弹
2009.10.27	JFTM-3	√	这次测试是美国和日本的联合行动，太平洋导弹靶场设施发射了靶弹，日本驱逐舰发射“标准” SM-3 Block ⅠA 成功拦截了目标
2010.10.28	JFTM-4	√	“标准” SM-3 Block ⅠA 在开发了火控解决方案后，成功拦截了太平洋上空的一个目标

续表

日期	试验代号	命中情况	试验情况
2011. 04. 14	FTM-15	√	首次远程遥控发射拦截一枚中程弹道导弹，验证导弹防御“远程发射”作战概念，当时称“最具挑战性”反导试验
2011. 09. 01	FTM-16 E2	×	首次拦截近程弹道导弹失败，第三级火箭发动机失效
2012. 05. 09	FTM-16 E2a	√	与 FTM-18/19 分步验证第二代“宙斯盾”系统配置功能的能力，成功拦截近程弹道导弹
2012. 06. 26	FTM-18	√	拦截简单头体分离的近程弹道导弹
2012. 10. 25	FTI-01	×	研发/集成性试验拦截近程弹道导弹，有史以来规模最大、复杂度最高的第一次综合飞行试验，由于弹上使用的内存芯片未进行筛选，试验获得部分成功
2013. 02. 12	FTM-20	√	拦截中程弹道导弹，验证利用“空间跟踪与监视系统”卫星进行目标指引和火控方案制定的能力
2013. 05. 15	FTM-19	√	拦截复杂头体分离的近程弹道导弹，演示在挑战性的战时条件下对抗复杂目标，检验拦截较为复杂的头体分离目标能力
2013. 09. 10	FTO-01	√	首次多系统综合作战试验，标志导弹防御系统开始具备作战能力，演练体系作战和多军种联合作战能力，试验获得部分成功
2013. 09. 18	FTM-21	√	首次针对单枚弹头的齐射试验，检验应对多枚导弹同时来袭的能力
2013. 10. 03	FTM-22	√	初始作战使用鉴定试验，演示拦截更远程、更复杂的弹道导弹目标能力，首次验证拦截中程弹道导弹能力
2014. 11. 06	FTM-25	√	“标准”SM-3 Block ⅠB 成功拦截了一枚短程导弹
2015. 06. 06	CTV-1	√	“标准”SM-3BLock ⅡA 成功进行首次海上飞行试验，测试评估前锥体的性能、方向控制能力、助推级分离性能
2015. 6. 28	MMW E1	√	“标准”SM-6 Dual1 的首次测试，在目标飞行的末段成功拦截
2015. 06. 25	FTO-02 E1	未发射	陆基“宙斯盾”的首次拦截试验，因靶标飞行异常，弹未发射
2015. 07. 29	MMW E2	√	“标准”SM-2 Block Ⅳ成功拦截了一枚短程弹道导弹
2015. 10. 04	FTO-02 E2	未发射	验证复杂电磁环境下，区域反导体系分层防御能力，因靶标飞行异常，弹未发射
2015. 10. 20	ASD-15 E2	√	“标准”SM-3 Block ⅠA 成功拦截了从英国苏格兰西北部赫布里底群岛发射的目标
2015. 11. 01	FTO-02 E2a	×	“标准”SM-3 Block ⅠB 拦截弹 G-开关故障
2015. 12. 08	CTV-2	√	第二次海上飞行试验与动能弹头分离，测试大推力可调姿轨控系统及动能战斗部发射性能
2015. 12. 09	FTO-02 E1a	√	“标准”SM-3 Block ⅠB 飞行异常中段拦截失败后“萨德”反导拦截系统末段补拦截，验证区域反导分层防御能力
2016. 12. 14	FTM-27	√	“标准”SM-6 Dual1 第二次成功拦截一枚复杂的中程弹道导弹目标
2017. 02. 03	SFTM-01	√	首次海上拦截中程弹道导弹试验，测试评估动能战斗部、姿控系统、飞控系统和推进级性能
2017. 06. 21	SFTM-02	×	第二次海上拦截中程弹道导弹试验，“标准”SM-3 Block ⅡA 拦截弹因操作失误而偏离目标自毁
2017. 08. 29	FTM-27 E2	√	“标准”SM-6 Dual1 第二次拦截复杂的中程弹道导弹目标，是“标准”SM-6 的第三次成功试验

续表

日期	试验代号	命中情况	试验情况
2017. 10. 15	FS-17 E4	√	在 2017 年“坚固盾牌演习”期间，美国导弹驱逐舰“唐纳德·库克”号成功探测、跟踪并使用“标准”SM-3 Block ⅡA 导弹拦截了一枚中程弹道导弹目标
2018. 01. 30	FTM-29	×	“标准”SM-3 Block ⅡA 在拦截一枚中远程弹道导弹目标，由于惯性测量装置故障导致试验失败
2018. 09. 11	JFTM-5 E2	√	日本配备“宙斯盾”BMD 系统的驱逐舰使用“标准”SM-3 Block ⅠBTU 成功拦截从夏威夷考艾岛巴克金沙的太平洋导弹靶场发射了一枚弹道导弹目标
2018. 10. 26	FTM-45	√	一枚“标准”SM-3 Block ⅡA 导弹从“约翰·芬恩”号（USS John Finn，DDG 113）发射成功拦截一枚中程弹道导弹目标
2018. 12. 10	FTI-03	√	依赖于非本地传感器，“标准”SM-3Block ⅡA 在夏威夷陆基“宙斯盾”系统试验场成功拦截一枚中程弹道导弹
2020. 11. 16	FTM-44	√	在夏威夷东北海岸成功开展“标准”SM-3 Block ⅡA 拦截试验，首次验证了洲际弹道导弹拦截能力，同时也验证了“宙斯盾”系统的远程交战能力
2021. 05. 29	FTM-31	×	测试的目的是证明弹道导弹防御（BMD）配置的“宙斯盾”舰在两枚“标准”SM-6 DualⅡ（BMD 初始化）导弹齐射下探测、跟踪、攻击和拦截中程弹道导弹目标的能力，拦截试验失败，该试验模拟了一艘大型战舰对抗中程弹道导弹的最后一道防线
2021. 07. 24	FTM-33	√	美国导弹防御局（MDA）与美国海军合作，在夏威夷西北部广阔海域使用 4 枚“标准”SM-6 DualⅡ对两个短程弹道导弹目标的进行拦截，成功拦截了其中一个目标
2022. 11. 21	JFTM-07	√	日本首次发射“标准”SM-3 Block ⅡA 拦截器，使用“标准”SM-3 Block ⅠB 和“标准”SM-3 Block ⅡA 拦截弹拦截了中短程弹道导弹目标和一个亚声速空中目标

注：表中，√表示成功，×表示失败。

8.2.2 美国海基典型反导试验

用于低层战术弹道导弹防御的“标准”SM-2-Block ⅣA 型于 1993 年 2 月完成了系统设计评审，1994 财年进入风险评估和飞行验证阶段。1996 年夏，第一枚环境试验弹成功进行了发射试验。1997 年 1 月 24 日，在白沙导弹靶场的“沙漠之舟”垂直发射装置上，美国（海军和弹道导弹防御规划局）用一个改装的测试弹射向一个高空来袭的弹道导弹模拟目标，导弹先是按中段指令模式飞行，然后转换为主动制导模式，最后在红外成像导引头的制导下成功命中目标，对弹道导弹的拦截能力得到了圆满的验证。

从 1994 年 7 月开始，美国海军在海上发射“标准”SM-2 Block Ⅳ“标准”导弹，1995 年在白沙靶场进行演示“标准”导弹反战术弹道导弹能力的试验。海军在白沙靶场刚完成“标准”SM-2 Block Ⅳ“标准”导弹的 10 次发射。这一系列试验一年前就开始，1994 年 5 月 21 日结束，5 月 21 日这次试验，“标准”导弹拦截一枚直线飞行的反舰巡航导弹。“标准”导弹是从偏离垂直位置 20°的垂直发射管发射的，以模拟军舰的横摇。Mk72 助推器上的推力矢量机构可使导弹迅速按程序转弯，攻角超过 70°。这使导弹具有 10min 内就可拦截低空目标的弹道。然后，Mk104 双推力主发机点火，并持续燃烧，直到导弹命中目标。

1994 年 7 月进行了数次海上试验，包括 5 次研制试验，6 次初始作战试验，多次攻击高、中、低空目标的评估试验，这几次试验由一艘从珍珠港起航的导弹巡洋舰完成。1995 年 1 月做出低速初始生产的决定。1995 年秋季在白沙靶场用“标准” SM-2 Block ⅣA “标准”导弹进行反战术弹道导弹的试验，弹上装休斯公司（Hughes Aircraft）的红外成像导引头和旁视引信原型。先后进行了 6 次发射试验：1 次检查气动力性能，2 次检查制导系统，3 次考核拦截战术弹道导弹的能力。“标准” SM-2 Block ⅣA “标准”导弹采用 X 波段半主动雷达并增加红外导引头。另外弹上还采用数据合成技术，以便利用两个数据源来的信息。

据《简氏防务周刊》1999 年 6 月报道，美国海军“标准”导弹项目办公室宣布，影响新型“标准” SM-2 Block ⅢB 舰空导弹最小射程的原因已在 DDG 51 导弹驱逐舰上的改型试验和鉴定发射中得到纠正。由雷声公司生产的“标准” SM-2 Block ⅢB “标准”导弹是 SM-2 Block ⅢA 导弹的双模改进型，采用辅助红外导引头补充当时的半主动雷达制导信道。导弹制导逻辑线路已拓宽，以综合来自舰艇和导弹双模导引头的信息：一旦导弹测定到来自每个导引头的信息，它就决定使用哪一种信息导向目标。在 1996 年 4 月进行的“标准” SM-2 Block ⅢB 的作战鉴定试验中，已经确认导弹的作战性能是有效的和适用的，但也发现导弹的最小射程有所降低。

美国海军和弹道导弹防御规划局于 1997 年 1 月在白沙导弹靶场“沙漠之舟”垂直发射设备上进行了风险飞行试验，将一枚改装成“标准” SM-2 Block ⅣA 样弹的“标准” SM-2 Block Ⅳ导弹射向战术弹道导弹目标。这次拦截试验旨在实现以下 5 个目标：验证红外制导技术能否使“标准” SM-2 Block ⅣA 截击战术弹道导弹目标；验证红外导引头的整流罩盖板去除后其冷却系统能否有效地降低飞行中的气动加热；验证红外导引头的搜索、跟踪、信息传输和制导性能；提供击中目标前红外成像导引头目标视野的实时遥测下行链路；用装用适当引信的战斗部摧毁战术弹道导弹目标。拦截弹发射之后，导弹先是按中段指令模式飞行，然后转变为主动制导模式。飞行的最后几秒钟，导弹的整流罩抛掉，红外导引头露出。导引头捕获目标并指引导弹直接命中。这次风险飞行试验之后，又进行了地面试验，以验证雷达和导弹在多目标环境下的识别能力。按照计划进度，为全面鉴定和评估海军区域战术弹道导弹防御系统的性能，要进行 30 次“标准” SM-2 Block ⅣA 的发射，包括在白沙导弹靶场进行的对地攻击飞行试验和在太平洋导弹靶场进行的海试。为了评估战斗部的杀伤性能并鉴定红外导引头和前视引信在下一步白沙导弹靶场试验飞行（该试验将针对目标发射）中如何发挥作用，已经进行过多次地面试验。

首枚“标准” SM-3 飞行弹于 1999 年 8 月交付，同年 9 月 24 日进行了代号为“控制测试飞行器”（CTV）1A 的首次飞行试验。2002 年 1 月 25 日成功完成了 FM-2 试验，首次试验了完整的“标准”SM 导弹，并且首次利用具有固体姿轨控系统的“轻型外大气层拦截器”（LEAP）动能战斗部成功拦截了靶弹。

1997 年 9 月，雷声公司赢得一份价值 4.08 亿美元的“标准” SM-2 Block ⅣA 工程生产性研制合同。在此之前，该公司曾实施了一项为期 4 年的降低风险飞行演示计划。在飞行演示中，一枚试验导弹成功地击中了战术弹道导弹模拟目标。“标准” SM-2 Block ⅣA 导弹的主要改进之一是改用了能够提高末段寻的性能的侧装式中波段（3~5μm）红外成像导引头。弹载冷却系统可向导引头前面的气流中注入氢气，使此处的热量和压力发生转向，从而保护蓝色的透明整流罩不受损害。另一项重要改进是加装了前视引信。它能有效利用红外导引头的角度和角速度数据、高频短程雷达的距离和距变率信息以及附属无线电收发机的射频信息。这些传感器发出的数据能使前视引信计算出战斗部最佳的爆炸时间和位置，从而使最大量的破片击中目标。

1998 年 12 月，“德凯特”导弹驱逐舰在夏威夷太平洋导弹靶场的“作战舰艇系统鉴定试验”期间，美国海军对“标准” SM-2 Block ⅢB 进行了改进型试验和鉴定发射。试验中，“德凯特”导弹驱逐舰采用 1998 年 10 月交付海军的小批量预生产批次中的 8 枚导弹进行了低空、高空和近程目标的攻击发射，结果 7 枚命中目标。雷声公司导弹系统部官员进一步指出，改进型试验和鉴定证实导弹对各种威胁的有效性。

1999 年 9 月 24 日，美国海军在太平洋导弹靶场发射了第一枚“标准” SM-3 导弹，“宙斯盾”轻型外大气层射弹拦截飞行试验由此揭开序幕。试验中，导弹通过第二、三级分离沿标称弹道飞行，飞行试验实现了目标。然而，2000 年 7 月 14 日，“宙斯盾”轻型外大气层射弹拦截试验船“埃里克湖”号发射的飞行试验导弹 FTR-1 却未能实现其主要目标（通过动能战斗部分离实现第三级弹体稳定和控制）。试验失败的原因是缺少惯性测量装置的输入信息，而且分析表明第三级导航系统与控制计算机之间的联系在发射时已中断，以致第二、第三级分离未能启动。

2000 年 6 月 29 日“标准” SM-2 Block ⅣA 型的控制用试验弹首次飞行试验终于在白沙导弹靶场成功进行，8 月 24 日，又进行了第二次飞行试验，这两次试验并无拦截内容，主要用于验证自动驾驶仪的反应和工作性能以及弹体结构的完整性。2001 年 4 月，美国海军又对“标准” SM-Block ⅤA 型弹进行了“低空飞越某一点”的非拦截飞行试验，试验弹曾以极近的距离逼近目标，其红外成像导引头的目标搜捕能力得到成功验证。

2001 年 1 月 25 日，美国海军在太平洋导弹靶场再次进行试验弹飞行。从“埃里克湖”号试验舰发射后，导弹在靶场安全线内沿预定的弹道飞行，实现了第三级分离、第三级火箭发动机点火、通过头锥部的姿态控制和动能战斗部分离。动能战斗部在第三级制导下飞向目标并在飞行的最后阶段捕获目标。按事先计划的程序，动能战斗部被弹出后仍继续传输遥测信息，直到命中目标。后续的试验飞行将是第一次采用作战用动能战斗部的飞行试验，用于检测导引头对飞行中目标的识别能力。第 7 次飞行试验将是拦截飞行试验，用于验证导弹的“命中即摧毁”能力。美国海军当时优先考虑的是尽快部署装载少量这种导弹的战舰以形成初步作战能力。

2002 年 1 月 25 日，美国海军在太平洋导弹靶场首次对“标准” SM-3 全装弹（载有作战用动能拦截战斗部）进行发射和拦截试验，试验获得极大成功。试验中，先从夏威夷岛发射一枚弹道导弹靶弹（由“民兵”导弹改进而成的“白羊座”弹道导弹）、8min 后，“伊利湖”号巡洋舰发射“标准” SM-3 导弹。“标准” SM-3 的第三级双脉冲火箭发动机与动能拦截战斗部成功脱离后，动能拦截战斗部在轨控和姿控系统的控制下逼近“白羊座”靶弹。靶弹发射 18min 后，动能拦截战斗部直接撞向目标并将其摧毁。

2002年11月21日，美国海军和美国MDA在太平洋导弹靶场对“标准”SM-3进行一次重要的发射飞行试验。试验中，“伊利湖”号发射的“标准”SM-3导弹显示了良好的瞄准点转移能力，不但成功地拦截了“白羊座”弹道导弹靶弹，而且验证了舰上操作人员和相关系统为追踪、识别并拦截上升段弹道导弹目标所需的反应时间。这次试验突出演示了“标准”SM-3导弹在预定杀伤点准确命中目标的能力，导弹的拦截杀伤战斗部将目标摧毁。这次成功的试验是“标准”SM-3导弹研制的一个重大里程碑。

2003年6月和12月，美国又进行了两次“标准”SM-3导弹发射试验，专门针对上升段弹道导弹的拦截试验。6月18日进行的试验主要是用改进升级的转向及控制系统对在太空飞行的“标准”SM-3动能战斗部对制导性能、导航性能和控制能力进行评估，但由于控制系统中一个转向阀失灵，试验失败。12月11日，“标准”SM-3在太平洋靶场进行了拦截试验。当日下午1时10分，一枚“白羊座”弹道导弹从夏威夷考艾岛发射升空。2min后，一枚“标准”SM-3导弹由“伊利湖”号“宙斯盾”巡洋舰上发射，并对“白羊座”进行探测和跟踪。几分钟后，“标准”SM-3利用“击中拦截技术”将目标摧毁。

2003年6月“宙斯盾”弹道导弹防御系统失败后，雷声公司开始对“标准”SM-3导弹进行改进，重新设计了导弹的局部。分析认为，固体发动机转向姿态控制系统（SDACS）释放的燃气导致一个转向头丧失作用，是造成“标准”SM-3导弹未能命中目标的主要原因。在2003年12月的拦截试验中，取消了SDCAS的部分额外转向功能，减少了排向转向头的燃气并降低了温度。试验获得了成功。具体的改进针对用于SDACS的转向头。该部件的作用是调节气流方向。新的转向头将采用新材料和新结构，以更好地承受SDACS释放的燃气。改进后的转向头可承受SDCAS实现部分转向功能时所释放的燃气，但不增加导弹的成本。在无额外转向功能的情况下，SDCAS也能够提供足够的转向能力。SDCAS固体发动机的第一部分可使用两次，第二、第三部分也可以提供转向能力。

2004年，“标准”SM-3的发射试验在许多方面更接近实战，包括多目标攻击试验、分散目标试验、识别逻辑技术测试、雷达和红外寻的头升级试验、动能战斗部转向试验等，所有试验都是在接近实战的环境中进行的。同年10月，雷声公司开始向美国MDA交付供初期部署的“标准”SM-3导弹。这些导弹的交付使美国海军朝着海基弹道导弹防御计划的完成迈进了一大步。

2005年2月24日，在太平洋靶场进行的“宙斯盾”弹道导弹防御项目飞行试验中，“标准”SM-3导弹在地球大气层外成功拦截并摧毁了一枚模拟“飞毛腿”弹道导弹且处于下降段的靶弹。这是验证“宙斯盾”导弹防御系统防御弹道导弹“紧急部署”能力的首次发射，也是验证“标准”SM-3第二级火箭发动机单脉冲工作模式的首次试验。

2005年3月30日，雷声公司对“标准”SM-3导弹改进型动能拦截战斗部的横向机动、偏转和姿态控制系统进行地面验证试验。测试整个系统在拦截弹道导弹目标之前控制弹头的能力，试验获得圆满成功。

2005年11月17日，在太平洋靶场，“伊利湖”号巡洋舰发射一枚可用于实战部署的“标准”SM-3导弹，直接命中了位于大洋上空，60km处的中程弹道导弹模拟弹头，这是“标准”SM-3首次击中从来袭弹道导弹分离出的模拟弹头。美国海军将这次试验的性质和准度比作“子弹拦截子弹”。

2006年3月8日，美国海军“伊利湖”号巡洋舰对新装有蚌壳式鼻锥部的“标准”SM-3 Block ⅠA型（系基本型的改进型）导弹进行了发射试验。新的蚌壳式鼻锥部是根据美国、日本两国1999年签署的联合研发协议由两国共同投资研发的。“标准”SM-3的原鼻锥部采用了整体式设计，设计要求其第三级火箭发动机必须在导弹重新定向并继续拦截任务之前抛掉鼻锥部，以便及时露出MK142型动能拦截战斗部的远程红外寻的头。美日两国联合推出的新型蚌壳式鼻锥部采用了分隔式设计，动能战斗部的两侧可自动开启。鼻锥部的这一改进可增大导弹的作战效能，延长火箭发动机的燃烧时间，从而为动能战斗部的机动性提供更多的保障。试验中，导弹飞行正常，鼻锥部中的监视测试装置对飞行中的温度、振动、压力等数据进行了实时记录，导弹在3min内被送到太平洋上空88km的高度。美国国防部官员后来称，这次试验是美日联合推行导弹防御计划的一大进展。

2006年3月下旬，雷声公司和阿连特公司对“标准”SM-3 Block ⅠA型导弹的带增强喷口型第三级火箭发动机进行了首次热点火试验。采用增强喷口改进型的目的在于延长中间脉冲的延迟时间，增大热结构裕量，使第二级火箭发动机能顺利地将导弹推出大气层，从而提升动能拦截作战能力。这次试验还进行了多脉冲测试，以模拟系统的实战性能。

2006年12月7日，美国海军和荷兰海军都派出军舰一同进行“标准”SM-3导弹试验，以测试“宙斯盾”导弹防御系统对两种导弹目标的跟踪和攻击能力，但试验未能成功。按照试验计划安排，准备发射两枚“标准”SM-3导弹，这两枚导弹将分别对付两个目标，一个是近程弹道导弹，一个是巡航目标。由于“伊利湖”号试验舰上的系统设置出现错误，导致舰载火控系统未能及时启动，第一枚“标准”SM-3未能飞离发射装置。鉴于这一情况，第二枚“标准”SM-3的试验发射被临时取消。

2006年5月24日，“标准”SM-2 Block ⅠV导弹在末段降落阶段成功拦截了一弹道导弹目标，以证实美国具有海基弹道导弹防御（BMD）能力。美国海军先后进行了8次导弹发射，其中7次成功完成了导弹拦截。但当时所有在大气层外的拦截试验都是采用的“标准”SM-3改进型导弹；1枚是在导弹的上升阶段，1枚在中段，其他4枚在降落阶段。在首次进行的大气层内交战中，第一次采用“标准”SM-2导弹命中了弹道导弹目标，这是美国海军的一种轻型模块化超远程Block Ⅳ“标准”防空导弹，其相关的改进是增强了导引头的性能，可使导弹在目标的最后阶段能以更快的速度完成任务。“标准”SM-2 Block Ⅳ导弹拦截试验的成功也为“爱国者”PAC-3陆基导弹在最后阶段拦截弹道导弹提供了可借鉴的经验。

2007年，美国海军先后公开进行了4次“标准”SM-3导弹的发射试验（含12月17日日本“宙斯盾”驱逐舰“金刚”号参加的试验，另8月31日的试验未计入）均成功拦截并击毁了目标。

2008年2月20日，美国海军进行了一次“标准”SM-3反卫星试验，“伊利湖”号巡洋舰在太平洋夏威夷海域发射了一枚“标准”SM-3导弹，3min后精确命中了在太平洋上空247km处USA-193号失控卫星。在这次“一箭穿星”的试验中，“标准”SM-3

导弹采用了改进型动能拦截战斗部，战斗部与卫星的交会速度超过 10km/s。战斗部与卫星相撞，直接将其击毁。这次试验“标准”SM-3 导弹能如此精准地将卫星摧毁，说明了“标准”SM-3 虽然不是为了反卫星作战研制的，但可以满足对近地轨道卫星的拦截要求。

2008 年 11 月，在美国海军“太平洋闪电战”演习中，“汉密尔顿”号和“霍泊”号“宙斯盾”驱逐舰分别对从夏威夷考艾岛导弹靶场发射的两枚弹道导弹靶标进行了探测和跟踪，并各发射了一枚“标准”SM-3 导弹进行拦截。“汉密尔顿”号发射的“标准”SM-3 直接命中并摧毁了目标，“霍泊”号发射的“标准”SM-3 拦截失败。在对这次试验进行评估时，美国海军官员称，试验结果虽然并不圆满，但“标准”SM-3 导弹从开发测试阶段向实战运用阶段的转换是可行的，验证了弹道导弹防御作战概念。

2008 年 11 月 19 日，美国海军和日本海上自卫队联手在夏威夷海域对“标准”SM-3 Block ⅠA 型导弹进行了试验。导弹由日本“金刚”级“宙斯盾”驱逐舰“鸟海”号发射，目的是拦截一枚模拟来自朝鲜的中程弹道导弹。试验中，模拟靶弹的发射具体时间未告知“鸟海”号，接近于实战环境。“鸟海”号在靶弹发射 3min 后搜捕到目标，随之发射了“标准”SM-3，但导弹在拦截前失去目标，拦截试验失败。

2009 年 6 月 30 日，美国海军“霍泊”号导弹驱逐舰又进行了一次“标准”SM-3 Block ⅠA 型导弹的发射试验，成功拦截击落了一枚弹道导弹目标。这已是第 19 次成功的拦截试验，使“宙斯盾”系统的弹道导弹拦截成功率达到了 85%。

2009 年 10 月 27 日，美国海军和日本海上自卫队第三次联手对“标准”SM-3 导弹进行拦截试验。当时，游弋在夏威夷海域的日本“妙高”号“宙斯盾”驱逐舰探测到一枚模拟弹道导弹目标正从数百千米外的海岸袭来。4min 后，“妙高”号发射了“标准”SM-3 导弹。最后，“标准”SM-3 在大气层外 160km 的高空将目标靶弹击落。

在 2009 年，在美国海军空战中心武器分部进行的一次试验中，雷声公司的“标准”SM-2 Block Ⅳ导弹成功拦截并摧毁了一枚弹道导弹目标。这次试验演示了该导弹具备的一种近期海基导弹防御能力，即在近程弹道导弹终段或飞行末段对其进行拦截的能力。在这次试验中，还有一枚雷声公司的“标准”SM-2 Block ⅢA 导弹成功拦截并摧毁了一枚低空反舰巡航导弹，这也是首次同时演示该导弹对付低空反舰巡航导弹目标的能力和舰载系统的作战能力。“标准”SM-2 Block Ⅳ通过直接撞击或在目标附近引爆爆炸破片式战斗部的方式摧毁来袭的近程弹道导弹，“标准”SM-2 Block ⅢA 则可以为舰队提供最先进的能力，对各种空中威胁进行防御。这次是对改进后的“标准”SM-2 Block Ⅳ导弹进行的第三次试验，也是发射“标准”SM-2 Block ⅢA 导弹的系列试验中的最新一次，雷声公司同时还在为美国 MDA 研制一种远期海基防御武器。

2010 年 10 月 29 日，美国海军和日本海上自卫队第四次联手对“标准”SM-3 进行了试验。日本“宙斯盾”驱逐舰“雾岛”号在考艾岛海域探测到了由美国海军发射的弹道导弹靶弹，遂射出一枚“标准”SM-3 前往拦截，结果在大气层外准确击中目标。和此前双方联合进行的第二、三次试验一样，此次试验中靶弹的发射时间也未再事先告知日本“宙斯盾”舰。

2009 年雷声公司成“标准”SM-6 导弹的关键研发试验。试验中，“标准”SM-6 通过完成一系列预先设计的机动，验证了其弹体和自动导航装置的性能，使美海军收集到至关重要的仿真验证数据。试验中被验证的技术将为海军提供导弹防御能力。此次试验是“标准”SM-6 的第 4 次试验，前两次是在 2008 年进行的制导发射试验，第 3 次是在 2009 年 5 月进行的先进区域防御拦截试验。2010 年完成“标准”SM-6 导弹的第四次试射。“标准”SM-6 在充分发挥前几代“标准”导弹弹体和推进系统优势的同时，还引进了雷声公司先进中程空空导弹先进的信号处理和制导控制技术。这两项先进技术的融合使得“标准”SM-6 能够使用主动和半主动两种制导模式。

2011 年 9 月 1 日，美国 MDA 和美国海军对刚刚改进过动能拦截战斗部的“标准”SM-3 导弹进行了试射，“伊利湖”号巡洋舰发射“标准”SM-3 Block ⅠB 导弹，拦截从夏威夷考艾岛发射升空的一枚弹道导弹，但拦截未能成功。从 10 月下旬起，雷声公司开始对这一批次的“标准”导弹进行陆上抽样点火测试，以查找拦截失败的原因。其实，雷声公司早在 2011 年初已对“标准”SM-3 Block ⅠB 型导弹进行了飞行模拟测试，证明改进过的战斗部可以可靠地探测、搜捕、跟踪并拦截下降阶段的弹道导弹。

2012 年 5 月 9 日，美国 MDA 和美国海军在夏威夷海域对第二代“宙斯盾”4.0.1 版弹道导弹防御武器系统和“标准”SM-3 Block ⅠB 导弹进行一次试验，并首次获得完全成功。试验中，位于考艾岛的太平洋导弹靶场于当地时间下午 8 点 18 分发射了一枚近程弹道导弹靶弹，在夏威夷海域的美国“伊利湖”号试验舰通过“宙斯盾”雷达探测到目标，并推导出火控解，然后迅即发射“标准”SM-3 Block ⅠB 导弹前往拦截。结果，“标准”SM-3 Block ⅠB 在太平洋上空准确拦截目标，并直接碰撞将其摧毁。

2013 年 9 月 10 日，美国 MDA、弹道导弹防御系统作战试验局、太平洋司令部、陆军和海军等部门在西太平洋夸贾林环礁的里根试验靶场开展代号为 FTO-01 的导弹防御系统实战拦截试验，以试验反导系统在面临多枚导弹打击情况下的应对能力。试验中，“宙斯盾”反导系统和末段高空区域拦截系统（“萨德”）成功拦截了 2 枚空射中程弹道导弹靶弹。试验按实际作战弹道发射了 2 枚空射中程靶弹，预定打击区域为夸贾林附近。在接到天基预警卫星信息后，前置部署模式的 AN/TPY-2 X 波段雷达探测到靶弹，并将跟踪信息中继给指挥、控制、作战管理和通信（C2BMC）系统。“迪凯特”号“宙斯盾”驱逐舰上的 AN/SPY-1 雷达探测并跟踪到第 1 枚靶弹。“宙斯盾”反导系统制定火控方案，发射“标准”SM-3 1A 拦截弹，并最终成功拦截靶弹。“萨德”反导系统末段部署模式的 AN/TPY-2 X 波段雷达探测并跟踪到了第 2 枚中程靶弹。“萨德”反导系统在制定火控方案后，发射 1 枚“萨德”拦截弹，成功拦截第 2 枚靶弹。此外，为防“宙斯盾”系统拦截失败，还发射 1 枚“萨德”拦截弹作为一种应急预案。美国 MDA 称，所有系统在试验中均按预期工作，MDA 将根据遥测等数据全面评估系统性能。此次为实战拦截试验，并没有提前告知试验时间。试验耗资约 1.8 亿美元，验证了一体化多层区域性导弹防御能力，以及应对 2 枚中程弹道导弹同时突袭的实战拦截能力。

2014 年 11 月 6 日，美国 MDA 和美国海军成功开展代号为“FTM-25”的一体化防空反导试验，成功拦截突袭的 1 枚弹道导弹靶弹和 2 枚巡航导弹靶弹，验证了同时防御弹道和巡航导弹攻击的能力。美国东部时间下午 5 时 3 分，1 枚近程弹道靶弹和 2 枚巡航靶弹从夏威夷考艾岛太平洋导弹靶场同时发射，附近海域的美国海军“约翰·保罗·琼斯”号“宙斯盾”驱逐舰（DDG 53）的舰载 AN/SPY-1 雷达探测并跟踪 3 枚靶弹，该舰随后发射 1 枚“标准”SM3-Block ⅠB 拦截弹和 2 枚“标准”SM2-Block ⅢA 拦截弹，分别成功拦截1枚弹道靶弹和2枚低空飞行的巡航靶弹此外，2架MQ-9“死神”无人机平台参与了此次试验的探测任务。美国MDA称，此次试验是首次同时拦截1枚弹道导弹和数枚巡航导弹靶弹的实弹演习。2002年以来，“宙斯盾”反导系统共进行了35次拦截试验，此次是第29次成功拦截。

美国MDA、日本防卫省、美国海军在夏威夷附近海域首次利用舰射“标准”SM-3 Block ⅡA导弹成功拦截一枚中程弹道导弹靶弹。测试于2017年2月3日上午开始，美军从夏威夷考艾岛太平洋导弹靶场发射一枚靶弹，美国海军DDG 53驱逐舰用SPY-1D雷达和“宙斯盾”基线9.C2系统成功探测和跟踪到目标后，发射一枚“标准”SM-3 Block ⅡA导弹成功拦截目标。这也是“宙斯盾”基线9.C2软件系统和反导系统5.1首次参与试验。美国MDA和雷声公司称，测试达到主要目标，包括评估导弹关键部件性能，如动能战斗部、姿态控制系统、鼻锥、飞行控制系统、推进器以及二级、三级火箭发动机性能等。该次测试包含多个初创性工作：首次利用舰艇发射“标准”SM-3 Block ⅡA导弹、动能战斗部首次在空间精确捕捉目标、识别威胁，并最终完成拦截。“标准”SM-3 Block ⅡA导弹于2016年开展了两次测试，一次是验证推进系统，另一次是在空间运行动能战斗部。该次试验是第三次试验，也是首次开展探测-拦截试验。“标准”SM-3 Block ⅡA导弹用于拦截中程或洲际弹道导弹，部署前将完成全部性能测试。此外，该次测试也首次验证了洛克希德·马丁公司“宙斯盾”基线9.2软件系统弹道导弹防御的跟踪和拦截能力。

2017年6月21日，“标准”SM-3 Block ⅡA导弹第二次拦截试验失败。试验中，舰上操作人员无意中按下了一个按钮，导致“宙斯盾”武器系统中断拦截，并发出导弹自毁指令。在故障调查后，MDA与海军合作，开展多项改进措施，包括实施故障安全软件设计，以防止未来操作人员因疏忽中断对敌方弹道导弹的拦截进程。

美国于2018年1月30日利用位于夏威夷考艾岛的太平洋导弹靶场陆基“宙斯盾”系统试射了一枚“标准”SM-3 Block ⅡA，该导弹未能成功拦截目标，这是继2017年6月21日因作战指令输入错误导致未能命中目标以来的连续两次发射失利。试验中，“标准”SM-3 Block ⅡA导弹第三级发动机点火失败，此次试验部分验证了其远程交战的能力。美国、日本在故障调查后，改进了发动机的引爆点火装置，并对“标准”SM-3 Block ⅡA后续试验计划进行了调整，增加了代号为FTM-45拦截试验来验证改进措施。为了保证该型导弹的如期列装，美国MDA在2018年和2022年进行了多次拦截试验。

2018年10月26日，美军从夏威夷考艾岛的太平洋导弹靶场发射一枚中程弹道导弹靶弹，此次是对“标准”SM-3 Block ⅡA发动机改进措施的验证。“约翰·芬恩”号（DDG 113）“宙斯盾”舰利用舰载AN/SPY-1雷达探测和跟踪目标靶弹后，发射一枚“标准”SM-3 Block ⅡA拦截弹，成功实施拦截，验证了针对代号为FTM-29试验的故障改进措施的有效性。

2018年12月10日，美国在夏威夷考艾岛太平洋导弹靶场开展陆基“宙斯盾”反导系统飞行试验（FTI-03），这是首次成功验证对中远程弹道导弹靶弹拦截能力和远程交战能力。试验中，美国空军从C-17运输机上发射了一枚中远程弹道导弹靶弹，陆基、空基和天基探测器体系将跟踪数据通过C2BMC系统发送至陆基“宙斯盾”系统，随后发射一枚“标准”SM-3 Block ⅡA导弹成功拦截目标，成功验证了“宙斯盾”武器系统利用远程交战和“标准”SM-3 Block ⅡA 拦截中远程弹道导弹靶弹的能力。此次试验也是首次端对端验证远程交战能力。

2020年11月16日，美国导弹防御局（MDA）和美国海军在夏威夷东北海岸成功开展“标准”SM-3 Block ⅡA 拦截试验，首次验证了洲际弹道导弹拦截能力，同时也验证了“宙斯盾”系统的远程交战能力。该次试验（FTM-44）原计划于2020年5月开展，受疫情影响而推迟。这是该型导弹的第六次飞行试验和首次洲际弹道导弹拦截试验。试验中，美军从马绍尔群岛夸贾林环礁的里根试验场向夏威夷东北海岸方向发射了一枚洲际弹道导弹靶弹。预警卫星探测到导弹发射后向C2BMC系统报告，并实施跟踪，“约翰芬恩”号驱逐舰通过C2BMC获得天基预警系统跟踪数据后，发射了一枚“标准”SM-3 Block ⅡA 导弹，成功拦截目标。作为拦截目标的洲际导弹靶弹于夏威夷标准时间晚上7：50（北京时间11月17日，13：50）从马绍尔群岛夸贾林环礁的罗纳德·里根弹道导弹防御试验场发射，该试验场位于夏威夷西南方向约3900km处。在此次测试中，海军驱逐舰通过C2BMC获得了远程交战能力，并以此作为模拟防御夏威夷的一部分。在从C2BMC系统接收洲际导弹靶弹的跟踪数据之后，该驱逐舰发射了“标准”SM-3 Block ⅡA 导弹，并携带了一枚EKV，该飞行器引导拦截来袭弹头。当EKV识别出模拟核弹头时，红外摄像机记录到了一次可见的爆炸。根据初步数据，试验达到了其主要目标：证明“标准”SM-3 Block ⅡA 导弹拦截洲际弹道导弹目标的能力。项目官员称，将继续根据测试期间获得的遥测和其他数据评估系统性能。FTM-44试验的成功满足了美国国会的一项任务，即评估“标准”SM-3 Block ⅡA 导弹在2020年年底前应对洲际弹道导弹威胁的可行性。“标准”SM-3 Block ⅡA 最初是为中程弹道导弹威胁集而设计和建造的。MDA的任务是开发和部署分层导弹防御系统，以保护美国及其部署部队、盟国和友军免受各种射程的导弹攻击（在导弹飞行的所有阶段）。

在美国军方的计划中，“标准”SM-3 Block ⅡA 将会被用于拦截各种导弹，从短程导弹到洲际导弹均可应对，与以前的“标准”SM-3导弹改型（如“标准”SM-3 Block ⅠB）相比，“标准”SM-3 Block ⅡA 改型具有更大的火箭发动机和更大的动力战斗部，以确保增加射程和高度以及更高的终端速度。根据其制造商雷声公司的说法，“标准”SM-3导弹是美国海军用来摧毁弹道导弹的防御武器。与其他拦截弹不同的是，“标准”SM-3 Block ⅡA 通过纯粹的动能撞击杀伤而不是具有化学能的爆炸战斗部来摧毁目标。这种技术被美国MDA称为“Hit-to-Kill”（撞击杀伤），意为用另一枚子弹拦截子弹。该战斗部最初旨在应对短程和中程导弹威胁，弥补了诸如“爱国者”与萨德系统等末段拦截系统之间的空白，并在一定程度上弥补了“标准”SM-6和陆基中段防御系统（GMD）的不足。

2021年7月24日，美国导弹防御局（MDA）和美国海军在夏威夷西北部海域执行了MDA最复杂的任务。该任务代号为FTM-33，其目标是用4枚“标准”SM-6 Dual Ⅱ导弹拦截两个短程弹道导弹目标。“拉尔夫·约翰逊”号导弹驱逐舰（DDG 114）发射的导弹成功拦截了一个目标，但是无法立即确认第二个目标被摧毁。FTM-33是使用“标准”SM-6Dual Ⅱ导弹对装备“宙斯盾”BMD的船只进行的第三次飞行测试。试验原定于2020年12月进行，但因人员和设备流动限制而推迟，以减少新冠肺炎的传播。第二次飞行测试（FTM-31）于2021年5月进行，两枚“标准”SM-6导弹无法追踪、攻击和拦截目标。该系列的第一次测试（FTM-27）于2017年进行，驱逐舰“约翰·保罗·琼斯”（DDG 53）成功使用“标准”SM-6导弹拦截了中程弹道导弹目标。“标准”SM-6Dual Ⅱ导弹设计用于拦截中短程弹道导弹弹道的末段。与“标准”SM-3导弹一起，它是MDA导弹防御系统的海军组成部分，“标准”SM-3导弹旨在在中段阶段拦截洲际弹道导弹。

2022年11月21日，美国MDA表示，日本海上自卫队驱逐舰JS Haguro和JS Maya在两周内进行了两次实弹射击。此次试验代号为JFTM-07，主要目的是展示日本与美国海军合作开发的“标准”SM-3 Block ⅡA打击中程和中程弹道导弹的能力。第一次实弹射击活动是由JS Maya发射的“标准”SM-3 Block ⅡA成功击中T4-E中程弹道导弹目标。这艘装备“宙斯盾”的驱逐舰在太平洋上空跟踪拦截并成功摧毁了目标，这标志着“玛雅级”驱逐舰首次发射“标准”SM-3 Block ⅡA拦截弹。随后的实弹射击演习展示了一种成功的综合防空和导弹防御方案，使用JS Haguro发射的“标准”SM-3 Block ⅠB和“标准”SM-2 Block ⅢB导弹拦截来袭的短程弹道导弹目标和BQM-177无人机空中目标。据《日经亚洲》报道，此次作战试验还涉及两艘船上安装的“协同作战能力”，在JS Haguro使用其姊妹舰的数据击落导弹目标之前，JS Maya探测并跟踪导弹目标。MDA表示，JFTM-07是日本和美国在导弹防御方面合作的一个重要里程碑，并补充说，其目标是“支持日本海基弹道导弹防御现代化，并认证日本‘宙斯盾’武器系统基线J7和‘玛雅级’驱逐舰的部署”。MDA在2022年8月宣布，其已经成功演示了“宙斯盾”基线J7.B软件的第3版，以及SPY-7(V)1雷达。这是在1月份成功演示了第2版软件之后，该软件表明它能够支撑“标准”SM-3 Block ⅡA进行反导拦截作战。

8.3　美国末段反导试验

美国MDA将弹道导弹防御分为助推段、中段和末段。末段是指弹道导弹从再入大气层到抵达落点的飞行段。目前，美国、中国、日本、俄罗斯、以色列等国已初步具备对弹道导弹进行末段高低两层的拦截能力或技术。其中，美军末段双层反导系统最为成熟，是其弹道导弹防御系统和中程增程防空系统的重要组成部分。

末段低层反导武器系统也称末段低层点防御系统，用于保护范围较小的区域或点状目标，通常在大气层内（30km以下）拦截处于末段飞行的弹道导弹，代表型号有美国的“爱国者”PAC-3、俄罗斯的C-300系列和以色列的“箭-3”等。末段高层反导武器系统也称区域高层反导武器系统，通常在大气层内高空（40~150km）或大气层外（150km以上）的部分空域拦截处于末段飞行弹道导弹，具有潜在的防御远程及洲际弹道导弹的能力，代表型号有美国的“萨德”反导系统和俄罗斯的C-400，图8.2所示为“萨德”（THAAD）和“爱国者”PAC-3对弹道导弹进行末段高低两层拦截示意图。“萨德”反导系统和PAC-3系统相互配合遂行反导作战任务，旨在为美军提供一个无缝隙的末段反导防御网。“萨德”能为PAC-3提供目标信息，PAC-3能对“萨德”反导系统的“漏网之鱼”实施再次拦截，“萨德”和PAC-3系统结合使用则能应对美军面临的大部分空中威胁。

“萨德”反导系统采用“射击—评估—再射击”的作战方式，具有2次拦截和2次毁伤评定的能力。即拦截弹拦截距离远、作战高度高，因此有更多的交战时间。如果第1枚拦截弹未能摧毁目标，则再发射第2枚，进行第2次拦截。如果第2次拦截仍未成功，则由低层防御的“爱国者”导弹防御系统进行第3次拦截，从而大幅提高了导弹摧毁概率。

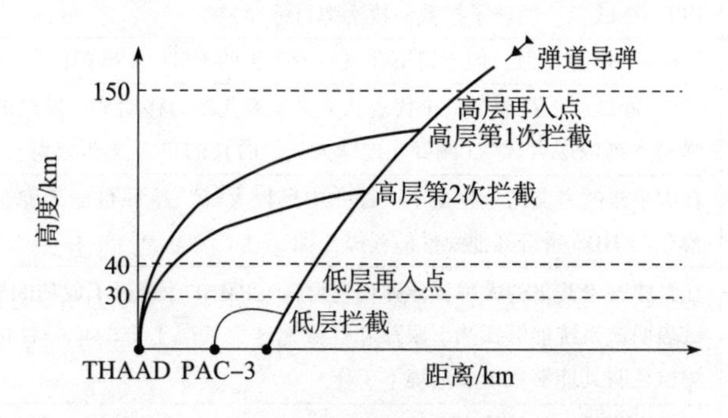

图8.2　末段高低两层拦截弹道导弹示意图

8.3.1　“萨德”反导总体试验

2006年7月—2019年8月，“萨德”项目已进行了19次飞行试验，其中包括4次因拦截系统故障导致测试取消，16次拦截试验全部获得成功。“萨德”反导系统拦截整体式弹道导弹靶弹较多，并且大部分拦截点均在大气层内。值得注意的是，2012年、2013年和2015年美军在太平洋西部的夸贾林环礁上开展“爱国者”“宙斯盾”和“萨德”反导系统联合拦截试验，验证了“萨德”反导系统多次拦截能力，以及前置部署AN/TPY-2雷达引导发射“标准”SM-3拦截弹的能力。未来，美军计划在联合试验中继续集成陆基“宙斯盾”和GMD系统，实现全球联合反导能力，表8.4所示为萨德系统的测试进程。

表8.4　“萨德”反导系统测试进程

日期	试验结果	试验内容
1995.04.21	成功	首次试验证明了推进系统的正确性
1995.07.31	中止	杀伤装置控制试验，试验失败
1995.10.13	成功	启动测试目标搜索系统
1995.12.13	失败	由于导弹燃料系统中的软件错误而无法击中测试目标
1996.03.22	失败	由于动能杀伤装置助推段分离的机械问题，未能击中测试目标
1996.07.15	失败	由于目标系统中的故障，未能命中测试目标
1997.03.06	失败	由于电气系统中的污染而无法击中测试目标
1998.05.12	失败	由于助推器系统中电气短路，未能击中测试目标。因为项目测试屡次失败，美国国会减少了项目的资金
1999.03.29	失败	由于包括制导系统在内的多个故障，无法击中测试目标
1999.06.10	成功	在一个简化的测试场景中命中了测试目标
1999.08.02	成功	击中了大气层外的测试目标
2005.11.22	成功	在第一次飞行EMD测试中发射了一枚导弹，代号为FTT-01，测试获得成功

续表

日期	试验结果	试验内容
2006.05.11	成功	FTT-02 试验。第一次对整个系统进行测试，包括拦截器、发射器、雷达和重新控制系统
2006.07.12	成功	FTT-03 试验。拦截了拦截一枚实弹目标导弹
2006.09.13	中止	“Hera”靶弹发射，但不得不在飞行中推出的 FTT-04 导弹的前终止
2007.01.26	成功	FTT-06 试验。拦截了一个代表从太平洋考艾岛的移动平台发射的“飞毛腿”型弹道导弹的“高内层大气”（刚好在地球大气层内）的单一（非分离）目标
2007.04.05	成功	在太平洋的考艾岛上拦截了一枚“中远程大气”单一目标导弹。它成功地测试了“萨德”与 MDS 系统其他元件的互操作性
2007.10.26	成功	在夏威夷考艾岛的太平洋导弹靶场设施（PMRF）进行了成功的外大气层试验。飞行测试表明该系统能够探测、跟踪和拦截地球大气层上方的单一目标。该导弹经过热条件测试证明其能够在极端环境下工作
2008.06.25	成功	成功击落了一枚从波音 C-17 Globemaster III（C17 环球霸王 3）发射的导弹
2008.09.17	中止	目标导弹在发射后不久就失败了，所以拦截弹都没有发射。官方宣称“没有测试”
2009.03.17	成功	成功重复 2008 年 9 月的飞行测试
2009.12.11	中止	FTT-11：拦截器未启动，被认为是“无测试”
2010.06.28	成功	FTT-14：以迄今为止最低的高度进行了单一目标的成功内大气层拦截。之后，开展了模拟实时巡航（SOLD）系统，将多个模拟目标注入“萨德”雷达，以测试系统对大规模袭击敌方弹道导弹的能力
2011.10.04	成功	用两个拦截器对两个目标进行了成功的内大气层拦截
2012.10.25	成功	FTI-01：这次测试标志着“萨德”导弹首次成功拦截中程弹道导弹目标
2015.10.04	中止	拦截器未启动，被认为是“无测试”
2015.11.01	成功	成功进行了一次成功的齐射/双重拦截，两个目标都被拦截并摧毁
2017.07.11	成功	FTT-18：“萨德”反中程弹道导弹的首次成功测试
2017.07.30	成功	FET-01：一枚萨德导弹成功拦截了由一个 C-17 运输机通过降落伞发射的中程弹道导弹目标
2019.08.30	成功	美国 MDA 在太平洋成功测试了“萨德”反导系统拦截中程弹道导弹的能力

8.3.2　典型“萨德”反导试验

1995 年 12 月 13 日，在美国新墨西哥州的白沙导弹靶场，由洛克希德·马丁公司研制的战区外高空防御导弹在试验中没有击中弹道目标，这是“萨德”拦截弹的第 4 次飞行，也是首次拦截目标的试验，拦截试验的目标是代表“飞毛腿”导弹的 Storm。在“萨德”的飞行试验中起关键作用的是作战管理指挥、控制、通信和情报系统，它为导弹提供引导和火控数据。此外，还包括“萨德”的地面雷达。在试验过程中，Storm 弹道目标和“萨德”导弹均按计划飞行，导弹没有击中目标。总计 14 次的演示/验证试验的计划已列出，“萨德”下一次的试验将在调查人员查出这次试验失败的原因之后进行。

2005 年 11 月，洛克希德·马丁公司在白沙导弹靶场试射 1 枚“萨德”反导系统拦截导弹，标志着“萨德”反导系统研制阶段的新一轮飞行试验启动。此次试验是“萨德”Block04 导弹的首次飞行试验，主要目的是对导弹发射情况进行评估，进行导弹控制演示并收集数据。试验的具体目标包括评估导弹如何飞出储箱、助推器和杀伤器的分离、杀伤器控制以及“转向与姿态控制系统”（DACS）的工作情况等。此次试验没有发射靶弹，导弹发射后飞向一个模拟的拦截点，初步数据表明所有试验目标都已实现。20 世纪 90 年代，“萨德”反导系统进行的 11 次飞行试验中有 6 次失败，导致美军对该项目进行调整。2000 年，洛克希德 · 马丁公司获得为期 9 年、价值 45 亿美元的工程与制造合同，改进“萨德”反导系统并进行 15 次飞行试验，此次试验是这一系列试验的第一次。

2007 年 4 月 5 日在夏威夷的太平洋导弹靶场，美国 MDA 成功进行了雷声公司的战区高空区域防御系统的雷达的一体化试验。试验中，拦截弹成功拦截了飞行在太平洋上空内大气层中部的整体式目标，验证了“萨德”反导系统的一体化雷达、发射装置、火控设备、拦截导弹和交战的能力。试验中“萨德”雷达达到了所有的预定目标：捕获目标、区别致命目标和其他破片、跟踪和识别数据并传给火控系统、链接飞行中的“萨德”拦截导弹。

2009 年 3 月 17 日，在太平洋导弹靶场进行的一次齐射试验中，“萨德”反导系统成功拦截了一枚弹道导弹，这是该系统一个重要里程碑。此次试验中，对单一目标发射了两枚“萨德”拦截弹，体现了美国陆军提出的以齐射武器确保摧毁目标的作战理念。美国 MDA 和美国政府官员在试验完成后不久向外界宣布，飞行试验获得了成功；最近他们又透露，此次试验结果超出了他们的预期目标。据美国国防部较早的报告称，此次拦截试验的方案设计为在第一枚拦截弹以直接命中杀伤的方式成功地摧毁了目标时，第二枚拦截弹将在飞行中自毁。然而，据“萨德”项目的主承包商洛克希德 · 马丁公司的副总裁称，在进行的飞行试验中，第一枚拦截弹正如所预期的那样命中了目标，此时第二枚拦截弹“看”到了目标被撞击时所产生的碎片，并向指挥部传来“已发现另一目标”的信息，当时指挥部也并不清楚该目标究竟是什么，但第二枚拦截弹却成功地将其捕获并命中。两枚导弹的发射间隔为 12s，从目标被摧毁时产生的碎片中成功地将一大块破片拦截，这一点意义重大。因为第二枚拦截弹所面临的是一种非常复杂的目标场景，其中还包括目标被第一枚拦截弹高速撞击后产生的残骸。据 MDA 的“萨德”项目负责人称，他们对第二枚拦截弹的发射时间进行了精确的计算，这样第二枚拦截弹在发射后就可以“看”到第一枚弹的拦截过程和目标被摧毁的场景。第二枚拦截弹能够在极短的时间内对事先未曾预料的场景作出反应，也验证了“萨德”的弹载任务计算机已具备的适应急剧变化威胁场景的能力。在此次试射中，MDA 官员拒绝透露靶弹是否采用了干扰措施。自从对“萨德”导弹进行重新设计后，在所进行的 6 次飞行试验及后来成功的拦截试验中，其中 5 枚靶弹是从国外购买，并非美国自己设计的模拟弹。这些靶弹大都是以一种非对称威胁的方式从海上发射的。

2009 年 3 月 17 日的飞行试验中采用的靶弹是迄今为止所拦截距离最远的目标。据 MDA 的“萨德”项目负责人称，2010 年 3 月还将进行一次更具挑战性的试验——两枚拦截弹将同时面对两枚近程弹道导弹和其他靶弹的威胁。开展这种试验的目的是模拟大规模袭击的情景，因为，在真实的战争环境下，敌方很可能会同时发射数十枚弹道导弹，发射多枚拦截弹是要确保其中的一些导弹能够命中目标。

中程弹道导弹的拦截试验在 2011 年进行，中远程弹道导弹的拦截试验在 2012 年进行，试验靶场将改在太平洋的夸贾林环礁。设计“萨德”旨在拦截大气层内和大气层边缘的目标，但“萨德”却表现出了良好的外大气层作战能力。在当时，“萨德”导弹的拦截试验都是针对近程威胁目标。在计划的第13次空间目标的拦截试验中，将拦截一枚带有干扰措施的分离式远程靶弹。从对“萨德”拦截弹进行重新设计后，对该弹进行的拦截试验相对而言还比较少，还需要对其开展进一步的试验，以验证其打击更大范围威胁目标的能力。

2010年6月29日，美国导弹防御局（MDA）在夏威夷太平洋导弹靶场成功进行了末段高空区域拦截系统大气层内拦截试验，再次证明了“萨德”反导系统在大气层内对弹头目标的探测、追踪、识别和拦截能力。试验中，近程弹道靶弹从位于夏威夷群岛以西太平洋海域的机动发射平台发射，大约5min后，位于考艾岛太平洋导弹靶场的“萨德”反导系统成功对靶弹进行了探测、跟踪并发射了1枚拦截弹在大气层内将靶弹击毁。MDA称，此次试验是在靶弹的发射时间未被提前通知的情况下进行的成功拦截，且拦截高度在当时是最低的。

2011年10月4日，美国MDA宣布，美国反导系统中的战区高空区域防御系统首次成功拦截了两枚模拟弹道导弹的目标。试验是在考艾岛美军太平洋导弹靶场进行，“萨德”防御系统的任务是将来袭导弹在飞行末段击毁。美国MDA的发言人称，这次试验模拟了真实的作战环境，使导弹防御系统向实际部署又迈进了一步。他还称，“萨德”防御系统是唯一能够在大气层内及大气层外进行反导拦截的系统。美国陆军测试与评估司令部发言人称，这次试验是首次在未知演习时间的情况下进行的，而以前的试验都是在计划好的时间内进行的。随后，美军将收集此次试验的数据，评估该反导系统的有效性。

2012年10月25日，美国陆军、海军、空军在夏威夷里根试验场开展大规模导弹防御试验。试验中，末段高空区域拦截系统成功拦截1枚由C-17运输机发射的中程弹道导弹靶弹；“爱国者”PAC-3系统先后成功拦截1枚近程弹道导弹靶弹和1枚巡航导弹靶弹；“菲茨杰拉德”号“宙斯盾”驱逐舰发射1枚“标准”SM-2拦截弹和1枚“标准”SM-3 Block ⅠA拦截弹，“标准”SM-2拦截弹虽然拦截到巡航导弹靶弹，但没有完全摧毁靶弹，而“标准”SM-3 Block ⅠA拦截弹拦截失败。

2017年7月11日，“萨德”在拦截测试中拦截了一枚中程弹道导弹目标。该测试被称为“萨德”FTT-18测试，由MDA执行，由美国陆军、综合导弹防御联合部队组件司令部、美国空军、美国海岸警卫队、阿拉斯加太平洋航天港综合设施、弹道导弹防御作战测试机构、国防部作战测试与评估司令部以及陆军测试与评估司令部的部分人员提供支持。试验中，一枚弹道导弹目标由美国空军C-17在夏威夷以北的太平洋上空空投。位于阿拉斯加太平洋航天港综合设施的“萨德”武器系统探测、跟踪并拦截了目标。初步数据表明，计划的飞行试验目标已经实现，具有威胁代表性的中程弹道导弹（IRBM）目标被“萨德”武器系统成功拦截。

2019年8月30日，美国MDA在太平洋成功测试了“萨德”反导系统，这是“萨德”反导系统的第16次拦截试验，并且首次使用了中程弹道导弹目标。此次测试是在马绍尔群岛夸贾林环礁上的里根试验场进行的。为了模拟真实事件，美国陆军E-62炮兵连的士兵事先并不知道目标发射时间，但仍然拦截了代表真实武器的中程弹道导弹，来袭导弹在其最后飞行阶段被“萨德”反导系统用拦截武器击落。此外，MDA表示该试验的成功拓宽了“萨德”反导系统防御区域的范围。

8.3.3 “爱国者”PAC-3反导系统典型反导试验

“爱国者”PAC-3系统是美国在实战中应用最多的导弹防御系统，主要用于拦截巡航导弹和大气层内末段飞行的近程弹道导弹。主要执行美军航空基地的防空反导任务。此外，在历次试验中，该系统多次拦截近程弹道靶弹和巡航靶弹。近期试验多采用“二拦一”方式拦截近程弹道导弹，目前已经拥有较为成熟的近程弹道导弹拦截能力。

2000年7月8日，美国国家导弹防御系统第3次拦截试验失败之后两周，在7月2日，又在新墨西哥州白沙导弹靶场成功拦截并摧毁了一枚低飞的MQM-107巡航导弹，拦截高度在13km以下，具体数据尚未公布。这是“爱国者”PAC-3型导弹连续取得的第4次成功的动能杀伤拦截试验，也是第一次成功的拦截巡航导弹试验。在过去的16个月中，美国曾在大气层边缘三次成功地拦截了赫拉弹道导弹靶弹，时间是分1999年3月、9月和2000年2月。

美国陆军“爱国者”PAC-3拦截导弹的新改型在2011年3月2日的飞行试验中成功摧毁了一枚靶弹，PAC-3导弹分段增强（MSE）拦截导弹由洛克希德·马丁公司达拉斯导弹与火控分部研制，将替代“爱国者”防空反导系统所用的PAC-3导弹。PAC-3 MSE还被选为中程增强防空系统的拦截导弹，中程增程防空系统由美国、德国和意大利共同开发。PAC-3 MSE第一次拦截试验在2010年2月成功进行，2011年3月2日在白沙导弹靶场进行的试验中，“爱国者”目标飞行器朝南发射，沿着弹道飞行，再入过程被拦截导弹摧。

2010年3月31日，洛克希德·马丁公司在白沙导弹靶场进行了PAC-3 MSE部分增强改进型导弹的作战试验，成功拦截了战术弹道导弹。PAC-3 MSE导弹比PAC-3 CRII（低成本初始型）导弹具有更强的性能以及更高、更远的拦截范围。作为PAC-3 CRI导弹首个螺旋式研发产品，PAC-3 MSE弹综合进行了拦截可移动目标能力和可利用技术的软硬件升级，以打击威胁目标。PAC-3导弹是唯一采用直接打击摧毁实现拦截来袭目标的爱国者导弹。

2012年8月29日，美陆军试验与评估司令部在白沙导弹靶场进行了一次作战试验，试验中洛克希德·马丁公司的PAC-3导弹成功摧毁了战术弹道导弹（TBM）目标。此次试验包括三个来袭目标：两枚战术弹道导弹和一架MQM-107无人机。两枚“爱国者”PAC-3导弹成功拦截了二枚战术弹道导弹。数据显示所有试验目标均已实现。此次试验是2012年度PAC-3导弹飞行试验连续第三次成功，下半年洛克希德·马丁公司还计划进行三次PAC-3试验，包括演示验证“爱国者”PAC-3反导系统和MEADS系统中导弹分段增强（MSE）能力的飞行试验。

2016年3月17日，洛克希德·马丁公司研制的PAC-3 MSE导弹在白沙导弹靶场成功探测、跟踪并拦截一枚战术弹道导弹。据PAC-3项目副主管称，“PAC-3 MSE导弹持续证明了可靠性和命中杀伤力，对该导弹进行升级，可使其成为作战人员抵御当前和未来威胁的工具”。PAC-3导弹采用碰撞杀伤技术来拦截包括巡航导弹、战术弹道导弹和飞机在内的来袭威胁。在已得到证明的PAC-3导弹基础上。PAC-3 MSE导弹将使用更大的双脉冲固体火箭发动机、控制散热片及升级的支持系统，以使导弹射程提高一倍。并增强导弹应对威胁的能力。

洛克希德·马丁公司研制的“爱国者”PAC-3 MSE导弹于2019年6月25日在新墨西哥州白沙导弹靶场的试验中成功拦截了一枚战术弹道导弹目标。该试验验证了“爱国者”PAC-3 MSE导弹软件和硬件组件的成功升级，意味着“爱国者”PAC-3 MSE导弹的性能能够应对当前和未来不断扩大的威胁。“爱国者”PAC-3系列防空导弹具备经实战验证的“命中即毁”能力，可以抵御包括巡航导弹、战术弹道导弹和飞机在内的来袭威胁。

8.4　小结

反导力量是遂行战略防御的重要军事力量，世界各国一方面研制测试新型反导武器系统，另一方面则不断致力于构建多层反导体系。美军出于政治和军事等因素的考虑，一直在完善和改进现有反导系统。当前，美国弹道导弹防御系统采取“以能力为基础”“边试验边部署”的策略，不断发展地区导弹防御系统。虽然目前美军具备了一定的多层反导拦截能力，但依然存在着大量的技术和应用难点，未来必然继续沿着“边设计、边试验，边部署、边改进”的路线扎实推进导弹防御系统建设。不同层次的反导试验，对于美国构建全球陆/海灵活部署、根据威胁等级灵活选择的战略反导体系具有重要意义。

弹道导弹拦截系统是美国全球一体化多层导弹防御系统的重要组成部分，也是导弹防御作战的最终执行者。未来美国将不仅不断改进现役动能拦截系统，也将大力推进定向能拦截系统形成作战能力。在此基础上，美国不断创新一体化发展与运用手段，使所有拦截系统形成一个一体化、分布式的拦截网络。该网络能够实现对各种具有隶属或非隶属关系的发射装置的控制，通过交战序列组合方法，创新战法（齐射模式）实现对远程、中程、近程弹道导弹乃至洲际弹道导弹的有效拦截。

第9章　陆基中段导弹防御系统作战运用

9.1　美国弹道导弹防御作战指挥

9.1.1　指挥机构

1. 战略级导弹防御指挥机构

1）国家军事指挥中心（NMCC）

根据美军的作战关系，导弹防御最高优先级的作战指挥权归国家军事指挥中心所有，该中心是总统和国防部部长指挥全军作战的指挥所，对战略级导弹防御作战进行决策，决定是否进行导弹防御作战，并负责进行下达。国家军事指挥中心由态势显示室、紧急会议室、通信中心和计算机室组成。国家军事指挥中心能够实时接收导弹预警情况，不间断地显示出全球各个区域的情报信息，能够在敌方导弹发射后迅速报告，当导弹防御作战启动时，还储存了8份全面战争和60多万份应急作战计划，能够自动选择最佳方案分发各军种和各联合作战司令部，以达到快速响应作战的目的。

2）美国战略司令部（USSTRATCOM）

美国战略司令部为美国国防部十大联合作战司令部之一，为职能作战司令部，司令官为四星上将，驻地位于内布拉斯加州奥马哈市的奥弗特空军基地内，编制2700余人。美国战略司令部可对四个联合职能组成司令部、联合特遣部队与军种组成司令部行使指挥权。与导弹防御相关的下级司令部是一体化导弹防御联合职能组成部队司令部、太空联合职能组成部队司令部、情报监视侦察联合职能司令部。

美国战略司令部负责对全球导弹防御作战的同步规划和协调支援，尽量减少责任区域之间的作战缝隙，提供导弹发射预警及空间和战略力量/能力，以及作战指挥官之间的联合情报支援。

美国战略司令部司令是战略威慑规划的主导作战指挥官，并按照指示，执行战略威慑作战，主要职能包括：

(1) 同步全球导弹防御规划，协调全球导弹防御作战支援，向作战指挥官和盟友提供导弹预警信息，以及提供导弹攻击评估；根据指示提供备用的全球导弹防御执行能力，以及确保作战的连续性。

(2) 根据指示，规划、协调和执行核、常规或全球性打击。

(3) 针对国土防御，在联邦协同体系框架内为美国北方司令部司令的目标选择需求提供支援。

3）北美防空防天司令部（NOARD）

北美防空防天司令部是美国和加拿大合作成立的组织，总部在彼得森空军基地，负责北美大陆的导弹防御。主要是拟制导弹防御作战需求、分析导弹威胁、改进多层防御体系中的传感器设施、建立各军种通信设施之间的作战链接。下属机构有指挥中心、导弹预警中心、防空作战中心、空间控制综合情报监视中心、系统中心和气象支援中心。

夏延山作战中心是北美防空防天司令部和美国战略司令部进行导弹防御作战的主要依托机构，于 1966 年正式投入使用，内部有导弹预警、空间监视、作战情报等部门，覆盖 380m 的花岗岩，可抵御核武器打击，部分导弹防御职能迁移至彼得森空军基地。

2. 战区级导弹防御指挥机构

地区作战司令负责规划和执行弹道导弹防御，以应对针对其责任区的弹道导弹防御威胁，包括跨责任区边界的威胁。战区级指挥机构主要是各联合作战司令部，具体负责各个战区内的导弹防御作战指挥任务，北方司令部、印太司令部、欧洲司令部和中央司令部已经建成较为完善的导弹防御指挥机构，其他战区总部也在筹备完善中。其中，印太司令部负责印太地区的导弹防御作战、中央司令部负责中东地区导弹防御作战、欧洲司令部负责欧洲地区导弹防御作战、北方司令部则负责本土导弹防御。

1）美国北方司令部（NORTHCOM）

美国北方司令部导弹防御指挥系统位于美国本土科罗拉多州的彼得森空军基地，统一管理和指挥各类预警探测、跟踪和拦截系统。战时则通过北美防空防天司令部尽早发现来袭导弹，争取足够预警时间，做出决定后执行导弹防御作战，保卫美国本土安全。

2）美国印太司令部（USINDOPACOM）

美国印太司令部是于 2018 年 5 月 30 日由美国太平洋司令部更名而来，体现对印太地区的重视，也是对中国“威胁”忧虑的体现。其导弹防御指挥系统位于夏威夷州瓦胡岛的史密斯兵营，主要依托于第 613 航空航天作战中心，以协调美国在整个印太地区的导弹防御作战行动。

3）美国欧洲司令部（USEUCOM）

美国欧洲司令部的导弹防御指挥系统设立在德国拉姆施泰因空军基地，主要为辖区内的“宙斯盾”舰船提供态势感知信息，也可以指挥位于以色列的 AN/TPY-2 型 X 波段雷达进行支援。

4）美国中央司令部（USCENTCOM）

美国中央司令部的导弹防御指挥系统暂时未知。

3. 各军种指挥机构

1）陆军空间与导弹防御司令部（SMDC）

陆军空间与导弹防御司令部司令是一名陆军中将，兼任美国战略司令部一体化导弹防御联合职能组成部队司令部司令，是陆军全球弹道导弹防御系统的集成机构和全球导弹防御系统的高级任务指挥官，为全球导弹防御部队提供相同的计划、监督、控制、整合和协调功能，统一协调全球导弹防御中的陆军行动；指挥第 100 导弹防御旅；参与战略司令部领导的三军联合导弹防御计划。该司令部是全球导弹防御系统的联合用户代表、集中管理员和集成机构，执行所有一体化防空和导弹防御系统的横向集成。美国陆军空间与导弹防御司令部架构如图 9.1 所示。其中第 1 空间旅第 100 旅除保留陆基中段反导任务外，其余职能转入美国天军。

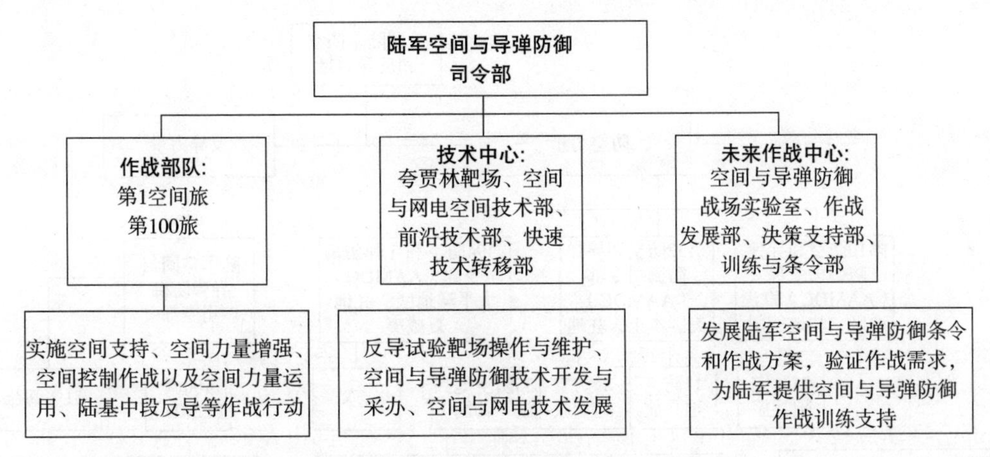

图 9.1　美国陆军空间与导弹防御司令部架构

2）防空和导弹防御司令部

该类型司令部负责执行战区防空和导弹防御的计划、协调、整合和实施，组织指挥战区一体化防空反导系统，目前共有 3 个防空和导弹防御司令部，共有 11 旅、31 旅、35 旅、69 旅、108 旅、111 旅、164 旅、174 旅（11、35、69、38、164）8 个防空旅，防空炮兵旅下辖的防空单元为“萨德”反导系统或者“爱国者”防空系统。负责欧洲司令部的是第 32 防空和导弹防御司令部，其下辖第 11 防空炮兵旅（辖第 4 防空炮兵团）；负责太平洋司令部的是第 94 防空和导弹防御司令部，下辖第 35 防空炮兵旅，驻地为乌山空军基地。防空和导弹防御司令部不在美国战略司令部所属一体化导弹防御联合职能组成部队司令部或美国陆军空间和导弹防御司令部内，但是在作战行动中，为一体化导弹防御联合职能组成司令部提供支持。美国陆军防空和反导力量组织架构如图 9.2 所示。

3）海军防空与导弹防御司令部（NAMDC）

该司令部是海军一体化防空反导作战的领导机构，向太平洋舰队司令和第三舰队司令部报告，负责海军防空与导弹防御工作，包括防空、巡航导弹防御以及弹道导弹防御，全面协调和集成海军防空反导任务，优化作战方案和指挥流程，为海军指挥官指挥防空反导作战提供支持。

4）空军航天司令部（AFSPACECOM）（隶属于美太空部队）

该司令部是美国战略司令部的空军军种组成司令部，职责是指挥下属的第 14 航空队，通过大型陆基雷达和预警卫星进行导弹预警。

4. 各军种部队

1）陆军

美国陆军防空和反导力量主要是负责中段和末段的拦截任务，拥有 GMD 系统和“萨德”反导系统或“爱国者”防空系统，美国陆军防空旅组织架构如图 9.3 所示。

第 100 导弹防御旅：于 2003 年于彼得森空军基地组建，该旅负责陆基中段拦截系统的使用和维护，其中第 49 导弹防御营是负责 GBI 拦截弹的发射，该营由旅部和旅部连、警卫连和火力指挥中心组成。

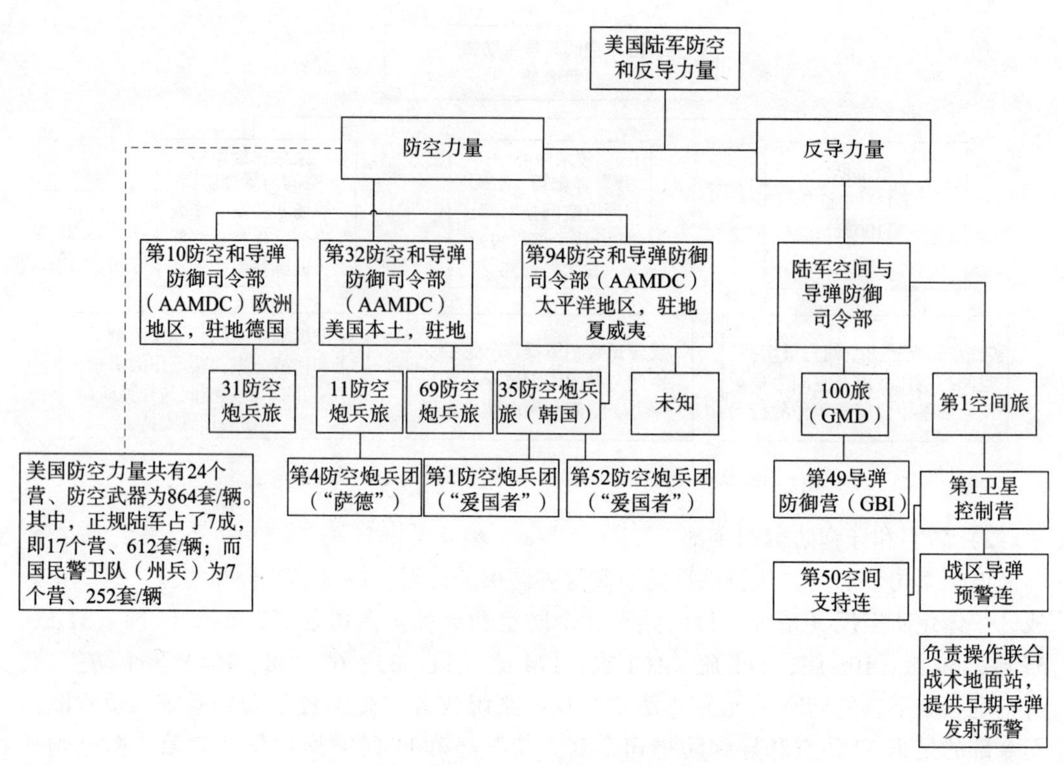

图 9.2　美国陆军防空和反导力量组织架构

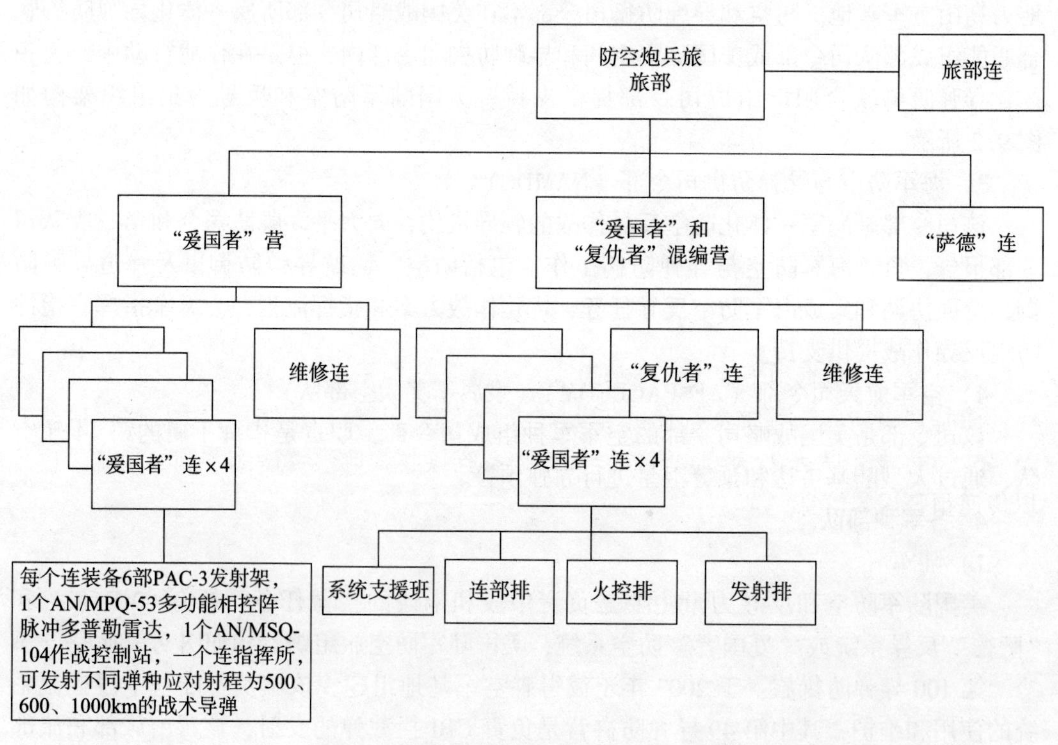

图 9.3　美国陆军防空炮兵旅的组织结构

第 1 空间旅：第 1 卫星控制营负责操作联合战术地面站，联合战术地面站向弹道导弹防御部队提供及时准确的战区导弹预警警报、战区导弹防御信息。

“爱国者”导弹部队：“爱国者”PAC-3 在美国本土部署了 41 个连，在日韩美军驻地部署了 3 个营，中东和欧洲也部署了“爱国者”PAC-3 导弹部队，连是基本单元，包括 1 个连部、1 个火控排、1 个发射排和 1 个维修排。

“萨德”部队：美国陆军的“萨德”连目前共有 7 个，第 4 防空炮兵团“阿尔法”连和第 2 防空炮兵团“阿尔法”连，已经组建完成，隶属于第 32 陆军防空与导弹防御司令部。

陆基“宙斯盾”系统：目前部署在罗马尼亚德维塞卢空军基地、波兰雷西科沃和夏威夷考艾岛太平洋导弹试射场。

2）海军

美国海军防空和反导力量拥有“宙斯盾”拦截系统，预警探测由 SBX 雷达和“宙斯盾”系统的 SPY-1 雷达组成。美国海军防空和反导力量组织架构如图 9.4 所示。

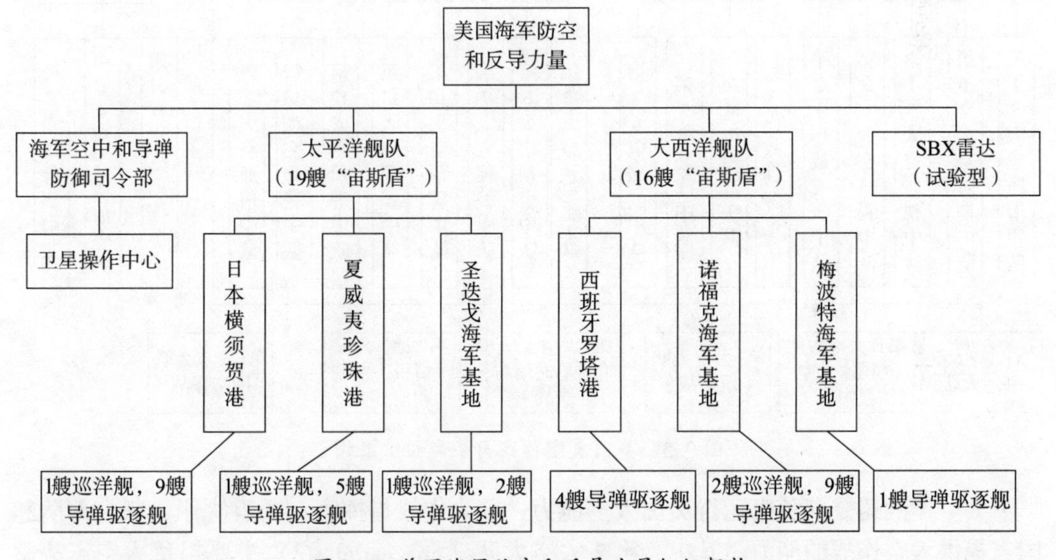

图 9.4　美国海军防空和反导力量组织架构

SBX 雷达：负责预警探测、精密跟踪、武器引导。

海基“宙斯盾”系统：共有 45 艘“宙斯盾”弹道导弹防御舰，其中太平洋舰队有 23 艘，大西洋舰队有 22 艘。可通过 C2BMC 系统接收其他预警探测系统的信息，也可以传递预警探测信息。

3）空军

美国空军防空和反导力量主要负责早期预警和探测，包括大型的早期预警雷达和天基、空基的预警手段，未来发展的空基激光武器助推段和天基助推段拦截任务预计会放在空军。美国太空部队成立后，天基方面的能力由空军移交给新成立的太空部队。

4）太空军

美国太空军负责太空发射、卫星运行、太空环境监视、卫星防御和部分导弹防御功能。以前，太空部队和任务分散在整个国防部。随着太空部队的成立，国防部设想将所有或许多这些任务、部队和权力机构整合到太空部队的职权范围内。太空部队随后将为其他军种提供太空支持。

太空部队由太空作战司令部（SpOC）、太空系统司令部（SSC）和太空训练与战备司令部（STARCOM）三个战地司令部支持，它们进一步分为11个任务大队（Delta，USSF的组织单位）和3个基地提供任务支持的大队。太空发展局（SDA）和太空快速能力办公室（RCO）这两个采办组织服务于太空部队，并直接向太空作战部长和负责太空采办与整合的空军助理部长报告采办事宜。负责美国导弹预警相关任务的是太空作战司令部，其组织架构如图9.5所示。

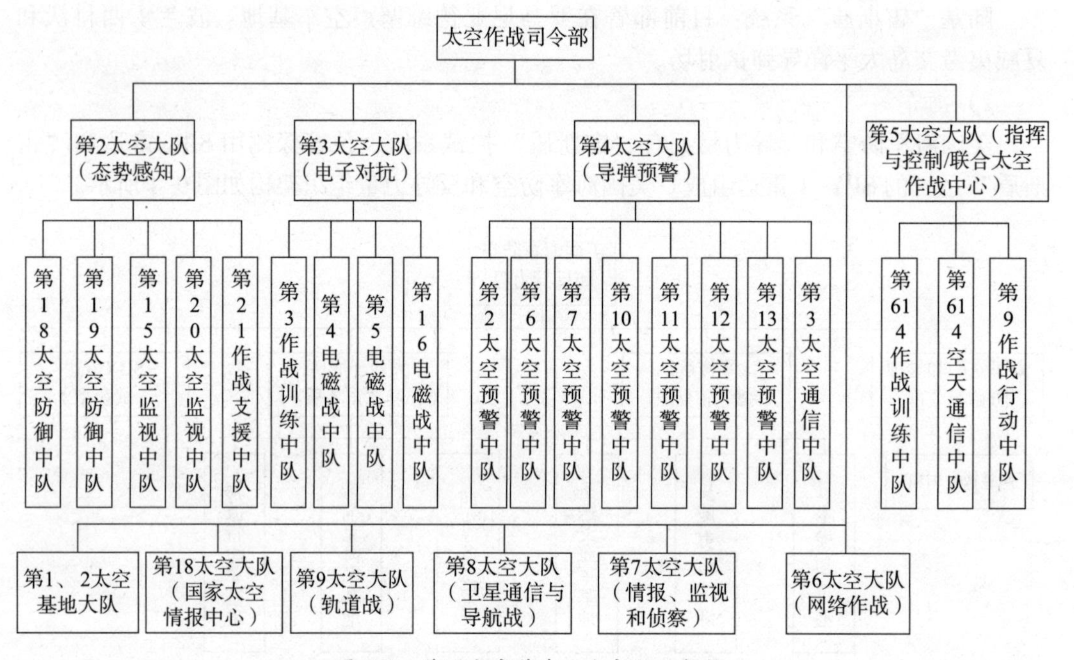

图9.5　美国太空作战司令部组织架构

太空作战司令部负责运行美国太空能力，并为作战指挥官、联盟伙伴、联合部队和国家提供太空作战的能力。其中，第2太空大队（Space Delta 2）主要担负太空态势感知职能，其主要任务是“做好准备，在必要时进行战斗，以保护和保卫美国和我们的盟友免受来自太空、穿越太空”，具体负责相关探测和指控系统负责操作、指挥和控制监视轨道和深空物体的地面光学和雷达系统，包括跟踪航天器和碎片、探测机动物体以及评估联合风险，下设第18太空防御中队（SDS）、第19太空防御中队、第15太空监视中队（SPSS）、第20太空监视中队和第21作战支援中队（OSS）。第3太空大队（Space Delta 3）主要担负太空电子战职能，其主要任务是“通过可持续的行动来主导太空领域，执行首屈一指的太空电子战”，包括太空电子战能力的训练和运用，下设第3作战训练中队（CTS）、第4电磁战中队（EWS）、第5电磁战中队和第16电磁战中队。第4太空大队（Space Delta 4）主要担负导弹预警职能，其主要任务是通过运行天基红外预警卫星和全球分布预警雷达系统，“向美国和国际合作伙伴提供战略和战区导弹预警”，下设第2太空预警中队（SWS）、第6太空预警中队、第7太空预警中队、第10太空预警中队、第11太空预警中队、第12太空预警中队、第13太空预警中队和第

3太空通信中队（SCS）。第5太空大队（Space Delta 5）主要担负指挥与控制/联合太空作战中心（CSpOC）职能，其主要任务是“执行太空部队的作战指挥和控制以实现战区和全球目标”，下设第614作战训练中队（CTS）、第614空天通信中队（ACOMS）和第9作战行动中队（COS）。第6太空大队（Space Delta 6）主要担负网络作战职能，其主要任务是：为太空任务系统提供可靠的太空访问和防御性网络空间能力”，包括通过空军卫星控制网络（AFSCN）的运行，该网络为卫星遥测、跟踪和指挥提供天地接口，下设第21太空作战中队（SOPS）、第22太空作战中队、第23太空作战中队、第61网络作战中队（CYS）、第62、第65、第68和第69网络作战中队。第7太空大队（ Space Delta 7），主要担负情报、监视和侦察职能，其主要任务是“执行全球ISR操作以获取并保持太空领域的信息优势”，下设第71、72、73情报、监视和侦察中队（ISRS）。第8太空大队（Space Delta 8）主要担负卫星通信与导航战职能，其主要任务是“执行国家军事卫星通信和全球定位系统（GPS）星座的指挥和控制，开发和训练太空战士，并全天时为作战人员提供能力”，下设第8作战训练中队（CTS）、第2、4、10、53太空作战中队（SOPS）。第9太空大队（Space Delta 9）主要担负轨道战职能，其主要任务是“准备、提供和投入指定的和附属的部队，以进行保护和防御行动，为国家决策机构提供应对选择，以阻止并在必要时击败轨道威胁”，包括运行天基太空监视（SBSS）系统、地球同步空间态势感知计划（GSSAP）和X-37B轨道试验飞行器，下设第1、3太空作战中队（SOPS）、第9作战训练中队（CTS）。第18太空大队（Space Delta 18）主要担负国家太空情报中心职能，其主要任务是“提供无与伦比的技术专长和改变游戏规则的情报，增强国家领导人、联合部队作战人员和采办专业人员的能力”，包括对外国太空和反太空能力的基础情报分析，下设第1、2太空分析中队（SAS）。第1太空基地大队（Space Base Delta 1）主要任务是“使美国太空部队能够在9个太空大队中的8个和全球23个地点的100多个其他任务合作伙伴开展行动”，下设第21牙科中队、第21医疗保健行动中队、第21作战医疗准备中队、第21医疗中队、第21土木工程师中队、第21通信中队、第21合同中队、第21部队支援中队、第21后勤战备中队和第21安全部队中队。第2太空基地大队（Space Base Delta 2）主要任务是“负责对第4太空大队导弹预警的作战任务提供日常支持”，下设第460安全部队中队、第460支援中队、第460土木工程师中队、第460后勤战备中队、第460作战医疗准备中队和第460医疗保健行动中队。

5）海军陆战队和海岸警卫队

海军陆战队和海岸警卫队暂时没有相关职能。

6）国民警卫队

国民警卫队负责向美国北方司令部提供受过弹道导弹防御培训的人员，第100导弹防御旅，由在加利福尼亚州科罗拉多和阿拉斯加的现役部队陆军和空军国民警卫队士兵编组构成。

5. 其他机构

MDA是美国国防部内部的一个研究、开发和采办机构，目前已经隶属于美国太空部队，任务是开发和部署一个分层弹道导弹防御系统，来保护美国部署的部队、盟友免受各射程和各飞行阶段的弹道导弹攻击。

9.1.2　指挥流程

按照美军条令规定，本土弹道导弹防御的指挥关系和作战程序与其他战区弹道导弹防御的指挥关系和作战程序之间存在着显著的差异，全球导弹防御作战主要是依靠战略司令部进行协调，而战区导弹防御作战是依靠区域防空指挥官进行指挥协调。美国导弹防御指挥架构如图 9.6 所示。

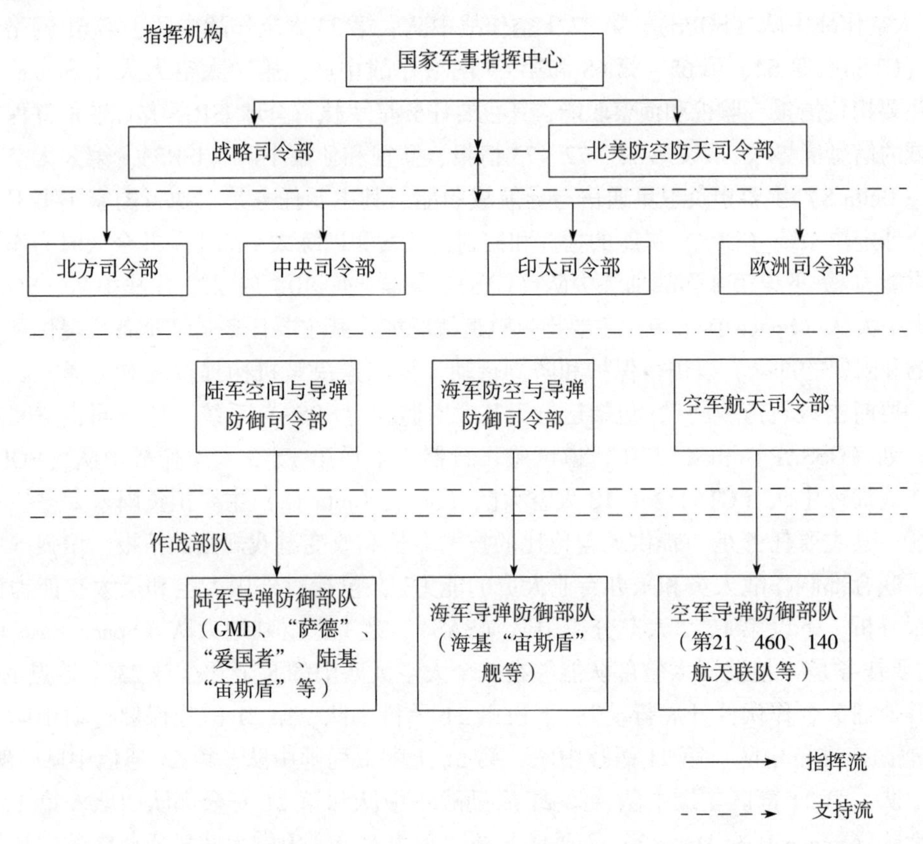

图 9.6　美国导弹防御指挥架构示意图

1. 作战指挥

一体化导弹防御系统由美国战略司令部总体负责，并且根据任务情况，国家军事指挥中心、战略司令部、印太司令部、欧洲司令部、北方司令部和中央司令部直接指挥导弹防御作战，指挥的部队来自不同军种。一般而言，通过国家军事指挥中心将命令下达给联合作战司令部，战略司令部、印太司令部、欧洲司令部、北方司令部和中央司令部也有作战指挥权，拥有对联合部队各种方面的权威指导，进行导弹防御作战。在紧急情况下，位于五角大楼的国家军事指挥中心能够直接指挥一线部队，对于全球一体化导弹防御作战中具有更加深远的意义。

2. 作战控制

负责导弹防御指挥的联合作战司令部也可以根据目标的情况将作战控制权下放至战区内的联合司令部，例如美国海军的联合海上部队司令部、海上作战中心，陆军则有防空与导弹司令部，空军则是空中空间作战中心，这些被称为下级统一司令部，下级统一司令部得到战区司令部授权后获得了作战控制权，能够组织、运用和指挥各个军种的部队力量，给其分配导弹防御作战任务，给出完成任务中的指导。例如在印太司令部，印太地区的反导细节可以落实到联合部队海上司令部/海上作战中心，可以指挥战区级的反导资源，如“爱国者”导弹等，如果动用战略级反导资源（“宙斯盾”导弹防御系统、“萨德”反导系统、陆基中段导弹防御系统）则需通过印太司令部启动C2BMC系统，为实施更高级的作战指挥，第7舰队司令部在战时成为西太平洋的联合部队海上司令部，其海上作战中心负责海基反导作战，如果要进行战略级的反导使用“标准”SM-3导弹，则启用印太司令部的C2BMC终端使用其他的传感器来提供信息。图9.7所示为C2BMC组织结构。

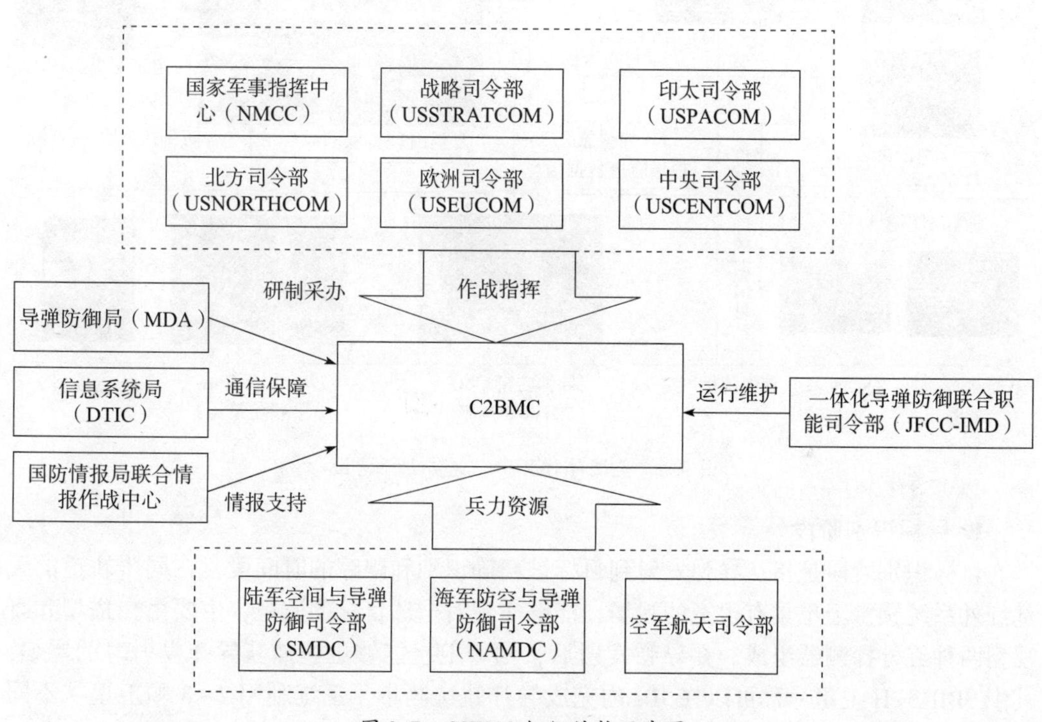

图9.7 C2BMC组织结构示意图

3. 战术控制

职能组成部队司令部对所属部队一般进行战术控制，职能组成部队司令部一般是针对某一项具体的业务进行指导的。

4. 支援关系

在某一个战区司令部执行导弹防御作战时，其他的战区司令部有支援该战区的义务。

9.1.3 信息流程

在弹道导弹防御信息流程方面，预警信息同步报送战略决策机构和战术指挥控制单元，确保尽早预警，尽快打击。在导弹预警和拦截作战过程中，红外预警卫星和P波段预警雷达的预警信息，一方面直接上报战略司令部和北方司令部支撑战略决策，另一方面同时分发至第 100 导弹旅等作战部队。100 导弹旅等作战部队收到预警信息后，迅速完成战备等级转进，利用 C2BMC 系统引导“宙斯盾”SPY-1 雷达（S 波段）、AN/TPY-2 雷达（X 波段）、SBX 雷达（X 波段）、“丹麦眼镜蛇”雷达（L 波段）等探测，完成各传感器信息融合，生成统一精准航迹，规划武器配对，在获得武器发射授权后立即执行拦截任务。这些信息也同步报送战略司令部和北方司令部，用于支撑作战决策和拦截效果确认评估，美国导弹预警信息流程如图 9.8 所示，美国导弹指挥体系信息流程如图 9.9 所示。

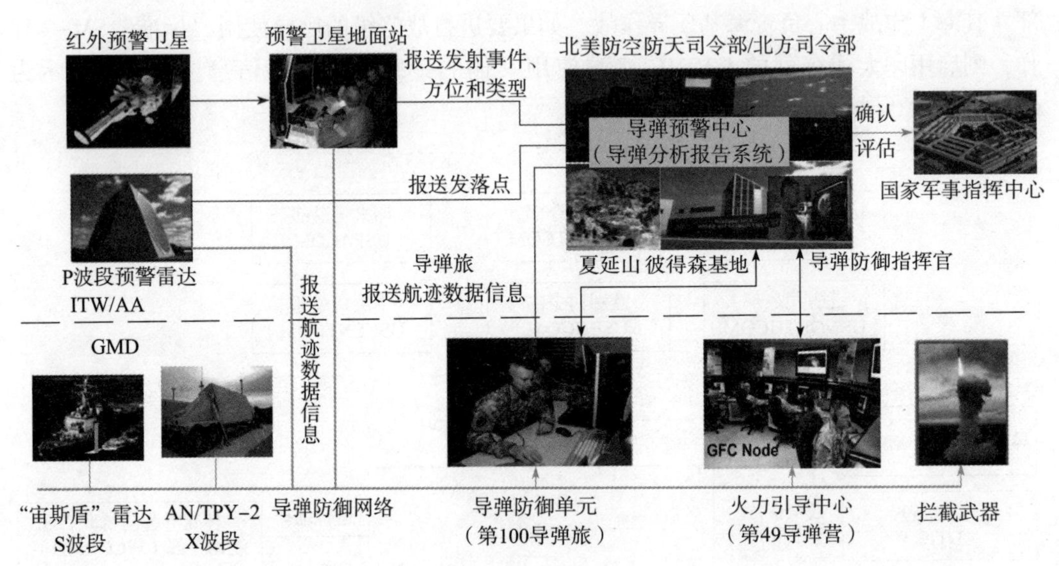

图 9.8　美国导弹预警信息流程示意图

1. 目标识别阶段

目标识别阶段是指从导弹发射到目标被精确识别和跟踪的时间段，在同步轨道的天基红外系统预警卫星具有很宽的视场，能够实现对全球目标的监视，主要由扫描型和凝视型两种红外探测器组成。在导弹发射后，预警卫星能够迅速捕获导弹发射时的尾焰，其中 SBIRS-H 卫星号称可以在 10s 内完成导弹轨迹测量，系统利用 2~3 颗卫星从不同角度同时对目标进行测量。

获得导弹飞行数据实时将信息传递给北美防空防天司令部的导弹预警中心，导弹预警中心对数据进行融合处理，计算导弹的三维飞行轨迹，在得到更多的数据后，对导弹的落点进行预估。

天基预警的精度还达不到能够引导拦截弹拦截的要求，依据预警卫星给出的导弹飞行轨迹，确定远程预警雷达和 X 波段多功能雷达的搜索空域，对空域进行目标搜索，对导弹目标进行精确跟踪测量，并将数据传输给导弹预警中心。

2. 决策阶段

导弹预警中心立即将数据传输给国家军事指挥中心，在最高决策当局决定实施拦截作战后，战略司令部/北方司令部利用 C2BMC 系统发送作战指令，通过陆基中段的防御通信网络引导早期预警雷达确定搜索区域，目标进入搜索范围后，立即进行高精度跟踪，并将高精度的轨迹数据传输给 C2BMC 系统。

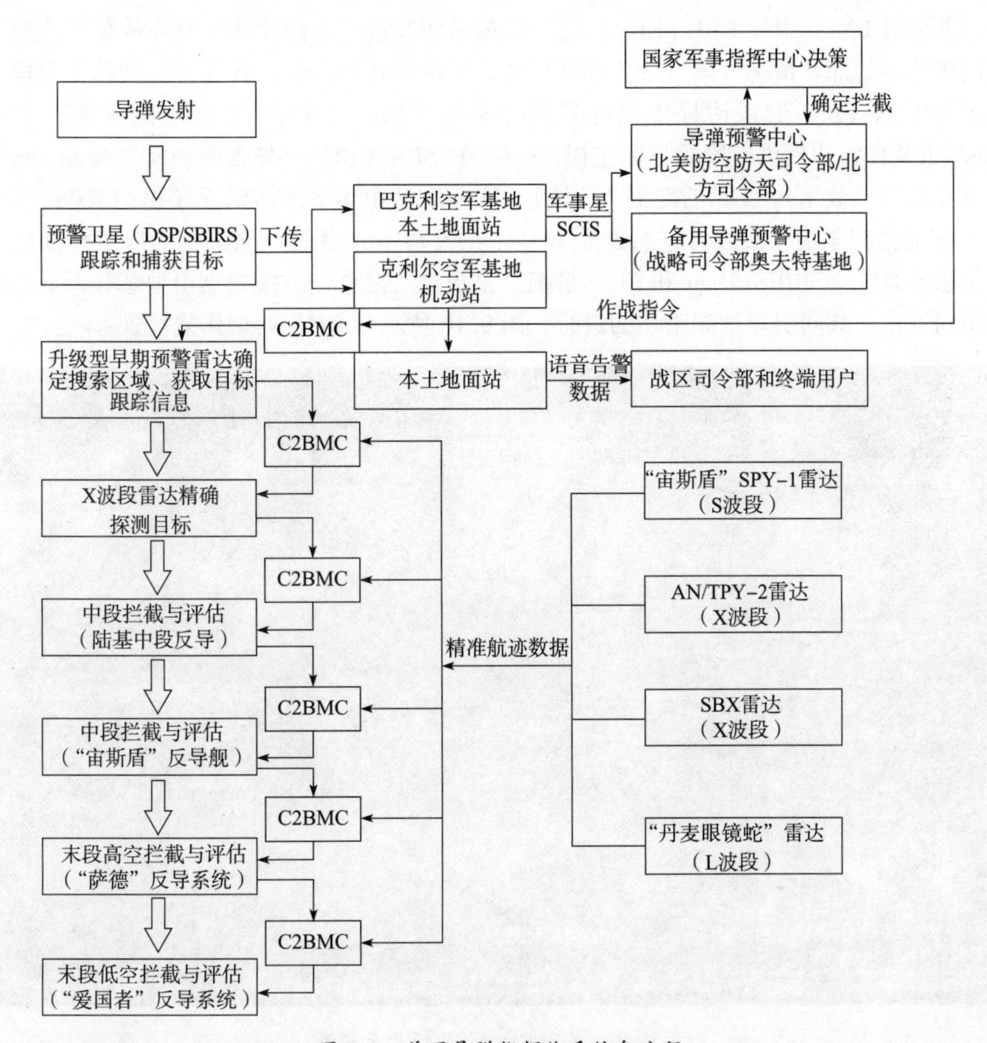

图 9.9　美国导弹指挥体系信息流程

C2BMC 通过早期预警雷达信息引导 X 波段雷达探测、跟踪和识别目标，根据来袭目标数据选择合适的武器系统进行拦截，确定拦截方案后，将目标数据装订在拦截弹上，发出拦截命令。

3. 拦截与评估阶段

拦截弹发射后，X 波段雷达通过 IFICS 向拦截弹实时提供高分辨率的目标跟踪数据，根据高精度数据，拦截弹进行机动到足够接近目标的位置。

通过大气层外拦截器上的红外探测器跟踪识别真假目标，识别为真目标后，弹头定位目标，启动跟踪模式进行跟踪，继续根据雷达的预测进行调整方向，最后拦截器转为拦截模式并下传制导数据，拦截目标，进行杀伤效果评估。

9.2　导弹防御作战运用

GMD 系统的作战任务是由传感器系统提供弹道导弹的预警、监视、跟踪和识别信息，并通过 BMC3 引导 GBI（EKV）进行拦截杀伤和进行杀伤评估，其作战模式依据所采用传感器的部署情况大体可分为陆基模式、天基模式和混合模式 3 种。陆基作战模式要求 SPY-1/FBX-T 雷达提供目标发射的早期预警，FBX-T/“丹麦眼镜蛇”雷达 Dane/UEWR 雷达提供中段的目标监视，GBR-P/SBX/GBR/“丹麦眼镜蛇”雷达 Dane/UEWR 提供拦截末段目标的跟踪与识别，目标信息由 IFICS 传送至 GBI(EKV) 引导 EKV 完成拦截杀伤，最后再进行杀伤评估。在天基作战模式中预警与火控工作须由天基传感器系统（SBIRS-High 和 STSS 系统）来提供。混合作战模式则由地基和天基传感器协同工作，共同引导拦截杀伤的进行，图 9.10 所示为 GMD 典型作战场景。

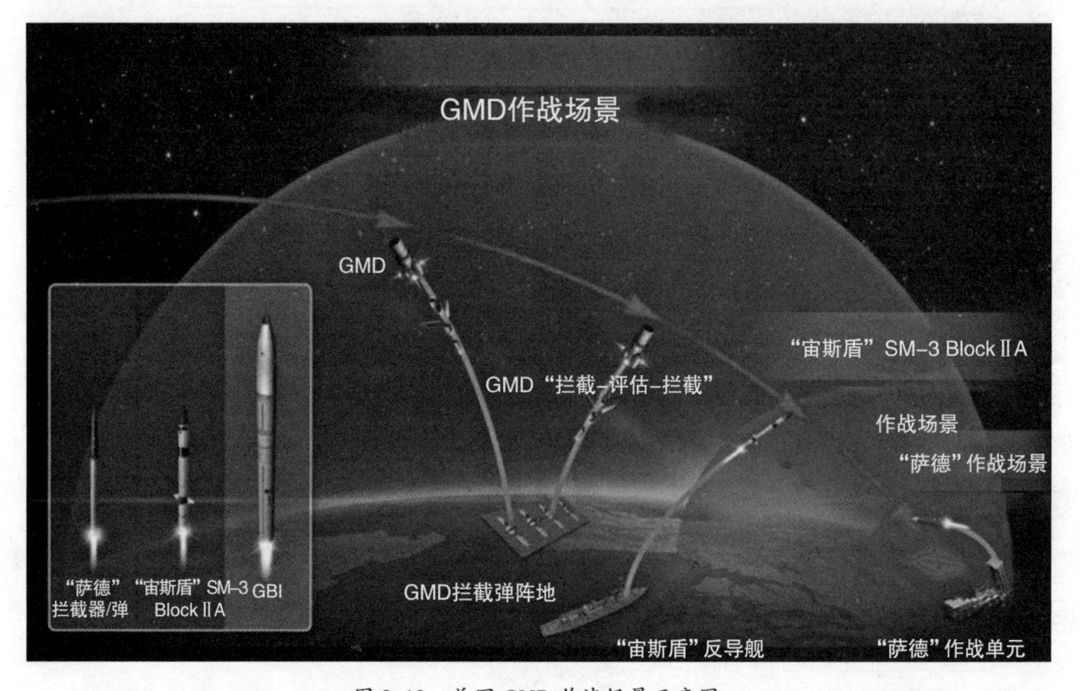

图 9.10 美国 GMD 作战场景示意图

9.2.1 交战过程

美国陆基中段导弹防御系统与来袭导弹目标的交战主要过程如图 9.11 所示。

（1）当敌方的弹道导弹发射后，首先被预警卫星（DSP/SBIRS）或机载红外预警系统发现，并能够预测来袭弹道导弹的飞行方向和粗略的落点数据；然后由改进型早期预警雷达（UEWR）发现，并测量和粗略识别来袭的弹道导弹。

（2）跟踪制导雷达（陆基固定 X 波段雷达 GBR，或海基移动 X 波段雷达 SBX，或前置部署的机动 X 波段雷达）根据预警雷达的信息，捕捉来袭弹道导弹的弹头和假目标等目标群，并识别出真弹头，并近实时传输到指挥中心。

（3）在司令部级指挥中心做出交战决策后，基地级指挥所进行目标分配，并发射陆基拦截弹（GBI）。

（4）陆基拦截弹起飞后可接收 GPS 定位信息，并通过 C2BMC 中的 IFICS，把飞行中的陆基拦截弹的实时空天位置信息发送给基地级指挥所。

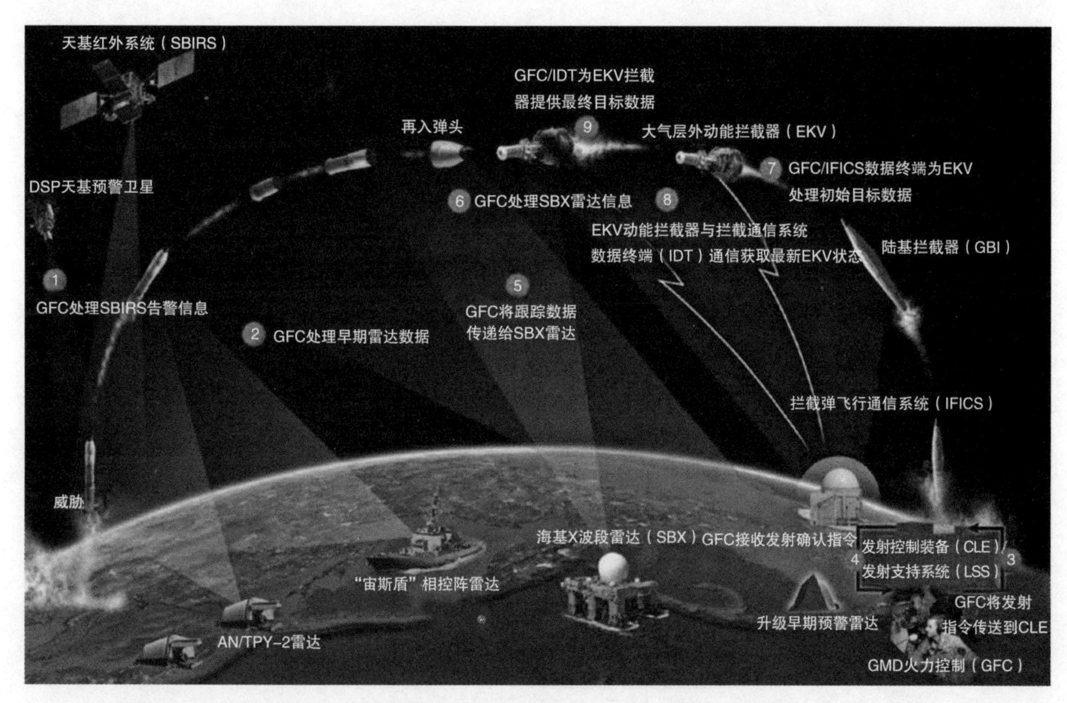

图 9.11　美国陆基中段导弹防御系统作战过程示意图

（5）基地级指挥所根据来袭真弹头的空间位置和速度信息以及陆基拦截弹的空间位置和速度信息，来计算出拦截弹与来袭弹头的空间遭遇点，并控制拦截弹飞行。

（6）当陆基拦截弹捕捉到真弹头后，GBI 上的 EKV 弹头就开始进行自动寻的末制导，飞向真弹头，用巨大的飞行动能直接撞毁目标。

以上交战过程可简述为：预警探测、跟踪识别、决策发射、弹地通信、计算控制、寻的撞击。在预警探测装备系统部署设计的基础上，针对弹道导弹来袭目标，美国导弹防御体系作战运用流程如下。

1. 获取目标信息

预警卫星在捕获目标后，将信息直接下传给巴克利空军基地的本土地面站、克利尔空军基地的机动地面站进行处理、卫星预警信息直接由战区的联合战术地面站或施里弗基地的战区攻击和发射早期报告系统。

固定地面站通过"军事星"通信卫星和抗毁综合通信系统将形成的预警信息报告提交给北美防空防天司令部/北方司令部导弹预警中心、战略司令部奥弗特基地的备用导弹预警中心。北美防空防天司令部内的导弹预警中心、防空作战中心能对来袭作战飞机、弹道导弹和巡航导弹等空中、空间目标的动态信息进行融合处理，为防空武器系统提供目标的方位、高度、距离和速度等信息，引导或指挥防空武器系统对目标实施有效拦截，图 9.12 所示为弹道导弹拦截的流程图。

机动地面站可将处理后的预警信息传给本土地面站的数据分发中心进行分发，也可以数据和话音告警两种广播模式，立即将预警信息分发给相应的战区司令部（如欧洲司令部、太平洋司令部、中央司令部）、"宙斯盾"系统、预警机以及"爱国者"武器控制单元等所有终端用户。数据告警信息通过"战术信息广播服务网络"实现战场范围内的分

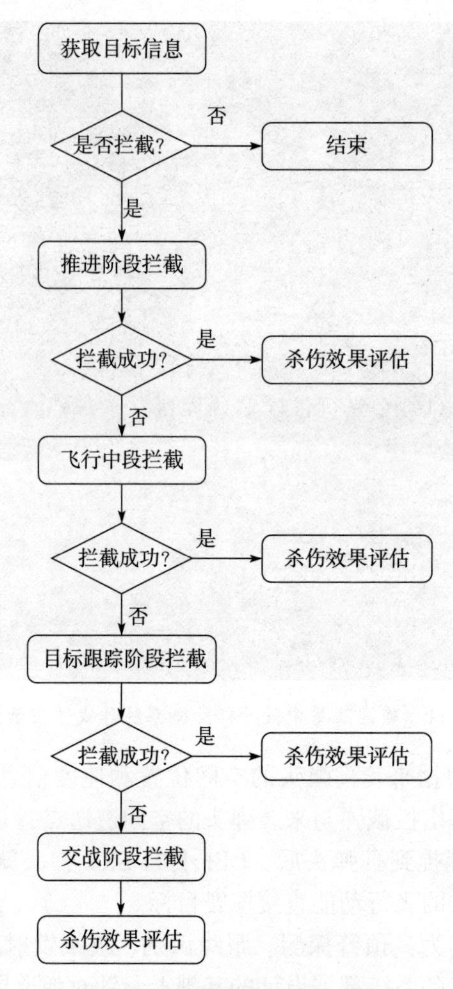

图 9.12　弹道导弹拦截流程图

发，利用战术相关应用数据分发系统，通过美国大陆战术网络任务中心（TNMC）的网关实现全球范围内导弹发射事件通告。话音通告主要采用 UHF 卫星通信网络、Link16 数据链、单信道地面与机载通信系统、移动用户设备、陆地有线传输等通信方式。

2. 决策是否实施拦截作战

数据分发中心立即将数据提交给国家军事指挥中心，由最高决策当局决定是否实施导弹防御作战。战略司令部/北方司令部利用 C2BMC 发送作战指令，通过陆基中段防御通信网络引导相应方向升级型早期预警雷达确定搜索区域。当来袭导弹进入升级型早期预警雷达的探测范围后，雷达获取目标导弹跟踪信息。

随后，C2BMC 利用预警雷达信息引导 X 波段雷达探测、跟踪和识别目标，以确定来袭目标数据（数量和型号、发射地点和弹道、发射时间、威胁等级、预计弹着点等）。C2BMC 选择合适的武器系统进行拦截。随后制定出拦截方案，并将目标数据装订到准备发射的拦截弹上，下达发射拦截弹的命令。

3. 实施拦截

拦截弹发射后，X 波段雷达将通过 IFICS 向拦截弹提供高分辨率的目标跟踪数据。

拦截弹将利用这些数据机动到足够接近目标的位置，以便让 EKV 上的红外探测器跟踪和识别真假目标，并引导拦截器摧毁目标。拦截分为以下四个过程：

1）推进阶段

在这一过程中，交战行动战术作战组将及时更新发射数据，并传给雷达。雷达将在推进阶段向飞行中导弹提供实时数据。关机被动飞行段中，交战行动战术作战组向导弹载入雷达获取的飞行中目标数据和导弹状态数据。助推器分离后，雷达向交战行动战术作战组提供杀伤器和目标状态数据。

2）飞行中段

交战行动战术作战组将不断向导弹提供雷达获取的最新数据。交战行动战术作战组向导弹弹头载入雷达获取的最终飞行目标信息和目标图像信息。威胁目标图用于显示目标详细信息，包括来袭目标的距离、高度、速度和威胁等级等。拦截弹头上的探测器启动搜索模式，拦截器将得到的结果和威胁目标图进行匹配，拦截弹头进行目标定位，并启动跟踪模式。

3）目标跟踪阶段

拦截弹头下传经过处理的自动引导数据，并根据雷达的预测调整方向。

4）交战阶段

拦截弹处理器分解、识别目标图像，确定最终定位点。弹头转为拦截模式，并下传制导数据，进行目标拦截行动。雷达更新交战行动战术作战组数据，然后进行杀伤效果评估。

9.2.2　作战流程

美国陆基中段防御系统的作战流程如图 9.13 所示。弹道导弹目标发射后，天基红

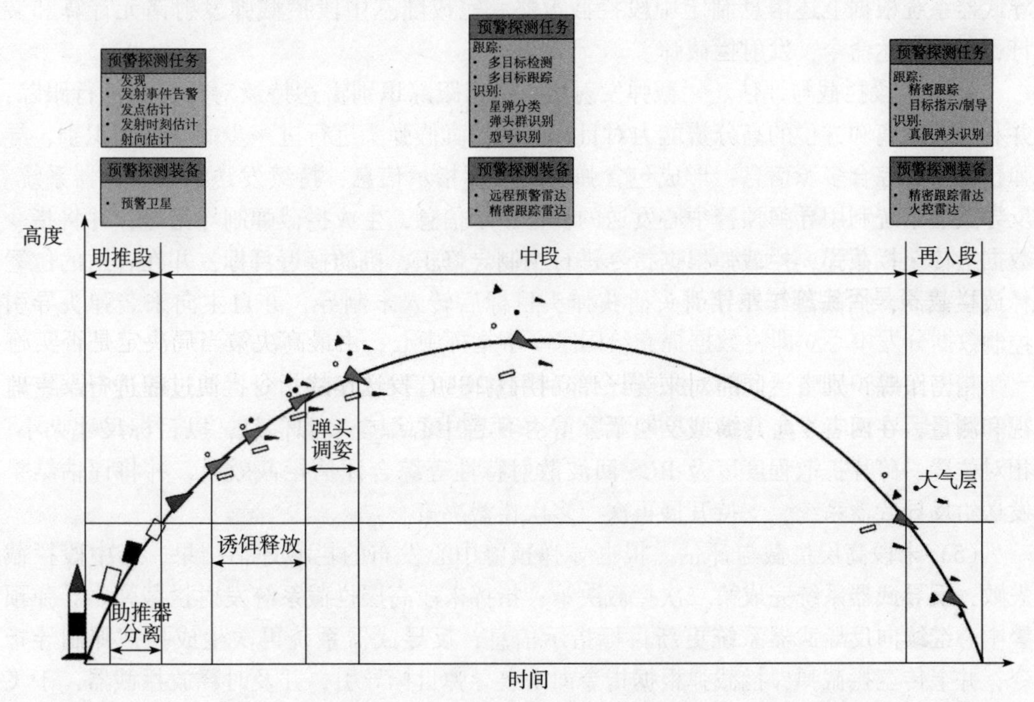

图 9.13　弹道导弹目标预警作战流程

外预警卫星发现目标，并向远程预警雷达、反导指控中心系统、反导预警中心系统等发送目标发射信息、位置信息等内容，各中心系统制定下发目标预警探测方案、作战方案；远程预警雷达在指定位置发现并跟踪目标，同时向精密跟踪识别雷达发送目标位置信息，精密跟踪识别雷达在指定区域截获并跟踪目标，对目标识别分析；探测过程中各类预警装备向反导预警中心发送目标监视信息，并对目标进行数据处理，形成综合态势，为反导指控中心系统提供辅助决策，为武器系统提供目标指示信息；武器系统在精密跟踪识别雷达、制导雷达的指引下展开中段拦截、末高末低拦截，预警中心系统支持拦截评估，为反导指控中心系统提供目标综合态势。

在弹道导弹防御作战中，探测装备能够及时发现敌方来袭导弹是进行有效打击的重要前提，更是取得反导作战胜利的关键所在。对于反导预警而言，导弹预警系统作战流程主要可以分为6个阶段。

（1）发射告警。预警卫星及时探测全球范围内的导弹发射活动，快速判别发射位置、发射方向，随后将导弹早期发射告警信息发送至导弹预警中心。

（2）远程预警。导弹预警中心收到预警卫星的早期发射告警信息后，引导远程预警雷达在预测空域上对目标进行搜索、截获和持续跟踪。导弹预警中心综合多源信息，进行目标研判，推算导弹的发射点、落点，并发出来袭预警，同时向远程跟踪监视雷达、精密跟踪识别雷达发送交接引导信息。

（3）目标指引。远程跟踪监视雷达、精密跟踪识别雷达在导弹预警中心的引导下，对包含弹头的目标群进行精密跟踪和特征测量，探测信息向导弹预警中心实时发送，导弹预警中心采用多种技术手段，对目标群中的弹头、诱饵、分离舱段、碎片残骸等真假目标进行综合识别，开展威胁评估，生成目标指示信息并实时发送至反导武器系统，反导武器系统根据上述信息制定中段拦截策略，完成陆基中段拦截弹发射诸元计算和装订，适时下达命令，发射拦截弹。

（4）中段拦截与评估。拦截弹发射后，精密跟踪识别雷达持续对目标群进行跟踪，并利用其距离和方位的高分辨能力对目标群中的真假弹头进行进一步的分辨和识别，导弹预警中心综合多源信息，形成包含弹头的目标指示信息，持续发送给反导武器系统。反导武器系统利用导弹预警中心发送的目标指示信息，生成拦截弹制导指令，并将指令数据上传至拦截弹，拦截弹根据指令进行中制导修正，机动接近目标，并在合适的位置释放拦截器，拦截器红外导引头捕获弹头目标后转入末制导，并自主向来袭弹头导引控制。

精密跟踪识别雷达同时对来袭导弹和拦截弹进行持续跟踪，对拦截过程进行严密监视和测量，在两者发生碰撞或交会后，导弹预警中心综合多源信息，以目标尺寸大小、相对位置、碎片扩散程度以及RCS回波散射特性等综合评估拦截效果，并将评估结果发送给反导武器系统，支持开展再次、多次拦截决策。

（5）末段高层拦截与评估。根据导弹预警中心发布的拦截评估结果，若中段拦截失败，反导武器系统完成第二次拦截决策，指挥末段高层拦截系统发射拦截弹。导弹预警中心继续向反导武器系统更新目标指示信息，反导武器系统再次生成拦截弹制导指令，并上传至拦截弹，拦截弹根据指令向来袭导弹目标导引，并及时释放拦截器，于飞行末段再次与来袭弹头交会。

精密跟踪识别雷达同时对来袭导弹和拦截弹进行持续跟踪，对拦截过程进行严密监视和测量，在两者发生碰撞或交会后，导弹预警中心综合多源信息评估拦截效果，并将评估结果发送给反导武器系统，支持后续决策。

（6）末段低层拦截与评估。根据导弹预警中心发布的拦截评估结果，若末段高层拦截失败，反导武器系统完成第三次拦截决策，指挥末段低层拦截系统发射拦截弹，拦截弹在地面制导雷达的信息支持下向目标导引，碰撞摧毁来袭导弹。导弹预警中心综合多源信息开展拦截效果评估，并将评估结果向反导武器系统发送。

9.2.3　交班准则

导弹预警作战中，天基预警卫星、早期预警相控阵雷达负责目标警戒和早期预警任务，并为多功能相控阵雷达提供目标指示和引导信息，确保对目标探测跟踪的连续性和稳定性。导弹预警系统的工作可细化为 5 个阶段：①目标搜索，即雷达在责任区域设置搜索屏，进行弹道导弹等目标的搜索截获；②目标确认，即对穿过雷达搜索屏的目标，发射确认波束，确认为真实目标并转入跟踪状态，形成稳定航迹后，判明目标类型，做出发点、落点预报；③目标跟踪，对确认为真实的目标发射跟踪波束，进行稳定跟踪；④目标交接，随着跟踪时间的积累，弹道预报精度进一步提高，满足交班条件时，进行目标交接班；⑤目标消除，中枢情报处理单元反馈下一级雷达已经满足一定虚警条件下高概率截获目标，并对目标形成稳定跟踪，确认交接班成功，跟踪任务取消。

由于导弹目标不同于常规的飞机目标，具有飞行速度快、飞行轨迹有规律等特点，为确保预警雷达和下一级雷达的交接班效能，为导弹拦截系统提供充分的预警时间和引导精度，依据以上预警雷达早期预警任务流程，其任务交班时应遵循如下准则：

（1）尽早交班。预警雷达截获并跟踪目标后，在满足一定限制条件的前提下（如多功能雷达实现较高的接班成功率），预警雷达应尽早提交交班数据。这样不仅压缩了预警雷达的目标探测时间，同时也为后续的接班等工作提供了更大的时间裕度。原则上预警雷达应在导弹飞行的前半段交班。

（2）尽快交班。预警雷达交接过程要快速完成，为拦截系统提供尽可能长的反应时间。这就要求在预警雷达跟踪目标时不仅关注跟踪精度的提高，也要在时间资源利用等方面进行权衡和折中。

（3）节约能量。由于目标与雷达的距离对雷达探测跟踪能量需求的差异。预警雷达更容易以较少的能量发现近距离的目标。因此，预警雷达应当在目标飞出一定距离范围时及时交班。

9.3　导弹防御作战实例分析

对导弹预警而言，弹道导弹的飞行过程分为助推段、中段和再入段。反导作战要求预警系统尽可能早地发现、捕获、跟踪和识别目标。从尽早发现和捕获的需求来讲，天基系统具有得天独厚的优势；从精确跟踪和识别的需求来讲，陆基大型雷达不受平台限制，可以做到精密跟踪和高分辨率观测。

9.3.1 导弹防御作战典型工作流程

以一次导弹防御系统的作战为例分析美国导弹预警体系的工作流程（T-0s 表示导弹发射时刻）：

（1）T-0s，敌方弹道导弹发射。

（2）最快约 T-15s，携带扫描型和凝视型红外探测器的美国天基红外系统同步轨道预警卫星发现弹道导弹发射事件。（发射告警阶段）

（3）最快 T-25s，预警卫星完成导弹轨迹测量。SBIRS-H 卫星扫描周期 1s，号称能在 10s 内完成导弹轨迹测量，需要注意的是，使用红外设备测量弹道导弹轨迹，必须要 2~3 颗卫星从不同角度同时观测才能得到三维空间信息，一个卫星只能给出导弹射向信息。（发射告警阶段）。

（4）T-30s，预警卫星给出导弹发射警报，将信息传递给北美防空防天司令部、预警中心。进行数据融合处理，以计算出导弹三维的飞行轨迹。需要更多观测时间，以预估导弹的落点。但是对于采用机动变轨技术的导弹，不到主动段结束无法确定最终弹道，所以无法预报导弹的落点，也就无法对战区内部队发出警告。（发射告警阶段）

（5）T-50s，依据预警卫星给出的导弹飞行轨迹，远程预警雷达（“丹麦眼镜蛇”“铺路爪”）或 X 波段多功能相控阵雷达，在相应空域进行目标搜索，对导弹目标进行跟踪测量，为预警中心提供更为精确的目标轨道信息。（远程预警阶段）

（6）根据预警卫星以及远程预警雷达给出的导弹飞行轨迹，X 波段导弹精密跟踪雷达进行目标搜索、跟踪截获目标，对目标进行跟踪测量与识别。跟踪测量与识别结束后，会向预警中心首次提交来袭导弹数据。（目标指引阶段）

（7）导弹防御系统启动中段拦截程序。在首次提交来袭导弹数据至首次对目标识别完成期间，拦截弹发射到拦截弹中段飞行；在首次识别完成后，拦截导弹对目标会进行进一步修正，进行首次拦截；在首次拦截后，X 波段弹道导弹精密跟踪识别雷达会发起第二次目标识别过程，并进行杀伤评估；如果评估拦截失败，会第二次提交来袭导弹数据，发射拦截弹进行第二次拦截。在拦截过程中依然会有拦截弹飞行中的目标修正等动作。拦截过程中，X 波段雷达会对杀伤效果进行评估，如果中段拦截失败，系统将会引导低层末段拦截系统。（中段拦截与评估阶段）

（8）当弹道导弹突防进入 150km 高度之后，“萨德”反导系统依靠其配置的 X 波段 AN/TPY-2 型探测、跟踪制导雷达和 C2BMC 系统从多种平台接收外部的目标指示信息。AN/TPY-2 在外部信息的指引下，引导拦截弹进行高层两次拦截，并进行杀伤效果评估。（末段高层拦截与评估阶段）

（9）当弹道导弹突防到 40km 以下时，“爱国者”PAC-3 系统中的 AN/MPQ253Q 波段频率捷变相控阵雷达，对来袭导弹进行预警与跟踪，并且为飞行中的拦截弹进行地空通信。“爱国者”PAC-3 的导弹弹头在中程使用惯性制导飞向预定拦截位置，并能在飞行中接收陆基雷达的更新数据。在飞行的最后 2s，“爱国者”PAC-3 导弹弹头利用 Ka 波段主动雷达终端导引头进行制导。（末段低层拦截与评估阶段）

9.3.2 FTG-15 试验分析

2017 年 5 月 30 日，美国进行了陆基中段防御系统（GMD）近三年来的首次拦截试验，该导弹防御系统旨在保护美国免受洲际弹道导弹的攻击，这次代号为 FTG-15 的飞行试验是 BMDS 陆基中段防御系统（GMD）单元部署以来，首次在实战模拟条件下，对洲际弹道导弹级别靶弹实施拦截。FTG-15 反导试验成功在世界范围内引起了高度关注，虽然美国宣称试验是针对来自朝鲜的导弹威胁，但从某种程度上考虑，美国洲际弹道导弹拦截技术的实战化将打破大国之间现有的战略平衡。

1. 试验目的

FTG-15 试验的主要目的：

（1）验证弹道导弹防御系统在实战模拟条件下拦截洲际弹道导弹级别靶弹的技术能力。

（2）验证导弹防御系统预警单元获取、跟踪并预示目标飞行轨迹的技术能力。

（3）验证 C2BMC 系统的信息处理及作战指挥能力。

（4）验证 GBI 对目标实施中段动能拦截的技术。

2. 试验方案

ICBM-T2 洲际弹道导弹靶弹发射点位于太平洋马绍尔群岛夸贾林环礁的里根试验场。GBI 拦截弹发射点位于美国西海岸加利福尼亚州的范登堡空军基地，两个发射点距离约 7792km。

FTG-15 试验方案可划分为四个阶段：

（1）ICBM-T2 洲际弹道导弹靶弹从里根试验场发射升空。

（2）导弹防御系统中的天基预警卫星、AN/TPY-2 陆基 X 波段雷达、海基 X 波段雷达等预警单元发现目标、跟踪目标并预示导弹飞行轨迹。

（3）通过 C2BMC 系统对导弹预警信息进行综合处理、分析和决策。

（4）GBI 从范登堡空军基地发射，到达预定轨道高度后，释放有效载荷大气层外动能拦截器（EKV），对处于中段飞行的 ICBM-T2 靶弹实施动能拦截。

3. 试验过程

此次反导试验中靶弹是从太平洋马绍尔群岛夸贾林环礁的里根试验场发射飞向美国本土，试验过程，多种传感器随后发现并对目标进行跟踪，向指挥控制、战斗管理与通信（C2BMC）系统提供了目标信息，红外天基预警雷达在发现跟踪处于助推段的靶弹，前置部署在威克岛的 AN/TPY-2（“萨德”系统的雷达）参加了早期监视，其主要任务是对目标进行早期跟踪和识别，部署在太平洋上的 SBX 大型反导雷达也参与此次试验，其主要任务是精确跟踪，更新目标数据，该雷达成功发现和跟踪了目标，GMD 系统接收目标跟踪信息后，制定了火控拦截方案，反导拦截器从美国加利福尼亚范登堡空军基地发射，拦截器在飞行途中能够实时接收地面控制指令，拦截器的红外导引头能够主动捕获、跟踪和识别目标，最终拦截器成功摧毁了模拟洲际导弹的靶弹。

BMDS 是一个由预警、打击、指挥决策等多种单元组成的复杂系统。根据弹道导弹的飞行过程，MDA 对拦截段按照助推段、中段、末段进行了划分。FTG-15 试验的拦截目标是洲际弹道导弹级别靶弹 ICBM-T2（图 9.14），发现、告警、跟踪、决策和打击过程在助推段和中段完成。

图 9.14　洲际弹道导弹靶弹 ICBM-T2

（1）助推段：发现与告警。

助推段导弹发动机会产生大量的光和热，因此，在助推段导弹最易被发现和跟踪，但实现拦截较为困难，因为导弹防御拦截器和传感器必须在靠近发射导弹的位置，且拦截窗口仅为 1~5min。对 FTG-15 试验而言，根据发射点位置推测在靶弹助推段可能主要依靠部署于空间轨道的 STSS 和部署于威克岛的 X 波段雷达 AN/TPY-2。

（2）中段：跟踪、决策和打击。

助推段结束后，导弹发动机燃料基本耗尽，导弹进入空间真空环境，主要利用惯性进行中段飞行，飞行轨迹相对较易预测。一般洲际弹道导弹中段飞行时间为 20min 以上，FTG-15 试验正是在这个阶段对靶弹实施拦截，中段目标跟踪主要依靠威克岛 X 波段雷达 AN/TPY-2、夏威夷海基 X 波段（SBX）雷达，决策依靠 C2BMC 系统，打击单元为部署于范登堡空军基地的 GBI，内装 EKV。

在该反导试验中，美军的靶弹使用了 ICBM 靶弹，这种靶弹能够模拟洲际弹道导弹的运行速度和轨迹，反导拦截器使用的是 GBI 拦截器，这种拦截器是 GMD 系统的子武器系统，GBI 包括多级火箭推进装置和一个大气层外杀伤器（EKV）。GMD 系统不仅包括 GBI 拦截器导弹，还包括陆基与海基 X 波段（SBX）雷达，战斗管理系统和早期预警雷达以及连接天基红外卫星系统的接口。

图 9.15 显示目标导弹（红色）和拦截器（黄色）的地面轨迹，在危险区域（白色）相遇。夸贾林环礁附近较小的危险区显示了弹道导弹靶弹发射的原始方向，随后通过机动将导弹发射向主要危险区。这张地图还显示了在测试期间的 SBX 雷达和在威克岛（Wake Island）的 TPY-2 雷达的位置。

4. 效果评估

根据 MDA 官方网站公布的撞击红外影像资料显示，EKV 在中段对 ICBM-T2 靶弹进行了直接碰撞并完全毁伤，FTG-15试验取得成功，如图9.16~图9.18所示。

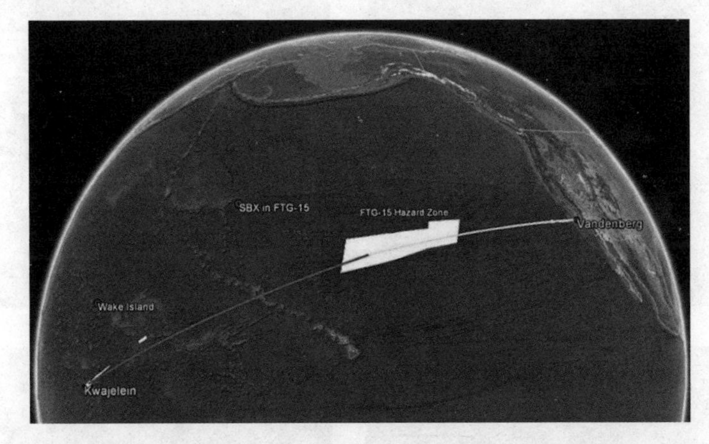

图9.15 美国FTG-15试验场景示意图（见彩图）

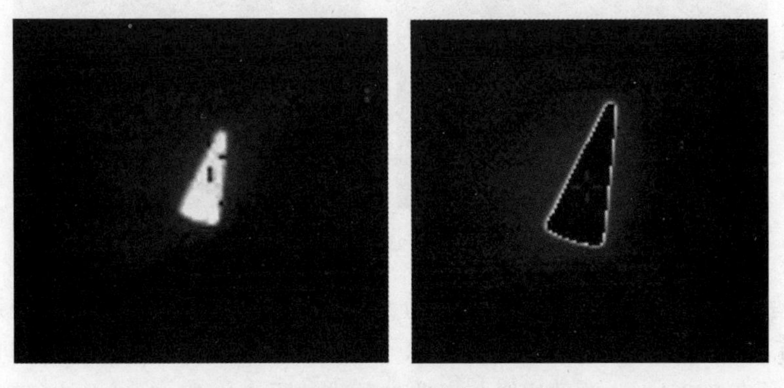

图9.16 EKV导引头捕捉到的弹头

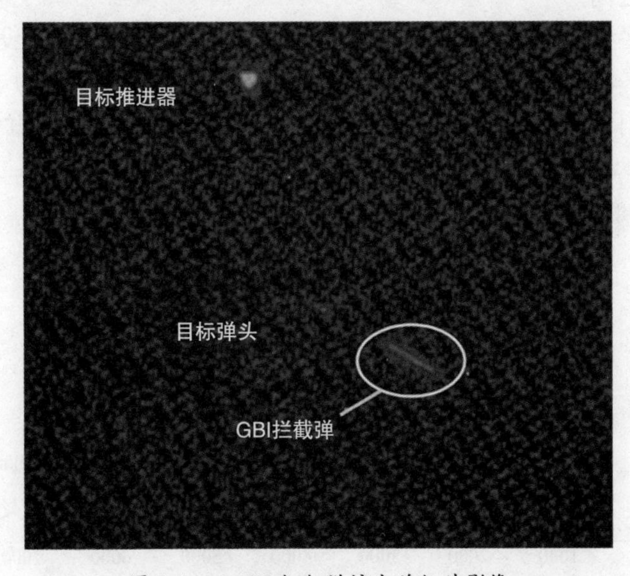

图9.17 EKV与靶弹撞击前红外影像

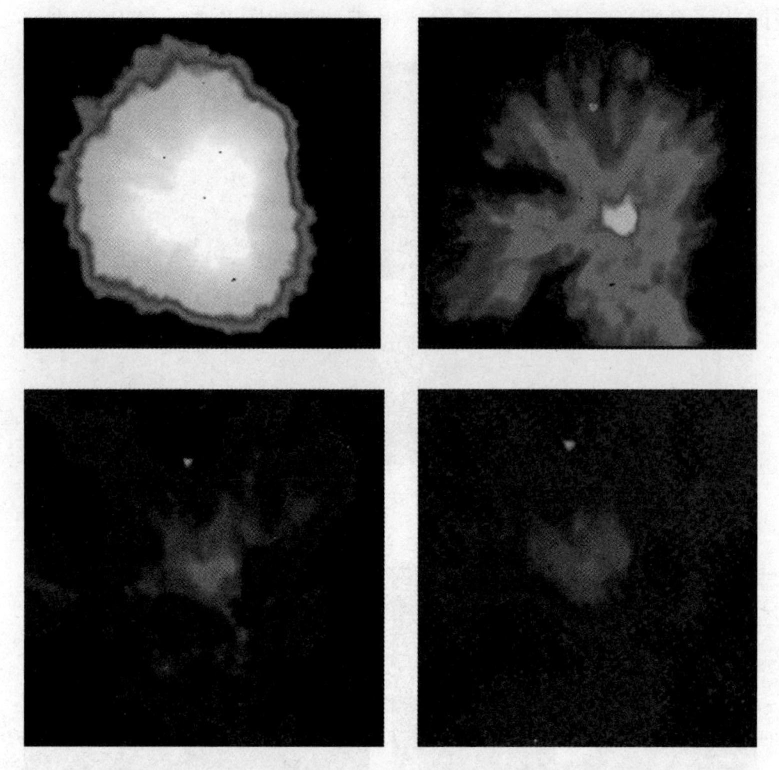

图 9.18　EKV 与靶弹撞击瞬间红外影像截图（见彩图）

该型试验洲际弹道靶弹的最大射程为 5800km，在 FTG-15 试验中使用的靶弹是 GMD 系统首次面对的最长射程的目标。从卡贾林环礁发射的目标导弹要进入拦截区，导弹射程必须在 3000km（西部边缘与卡贾林环礁的距离）和 4300km（东部边缘与卡贾林环礁的距离）之间。

测试过程中拦截器和目标的相对角度和速度如图 9.19 所示，假设导弹和拦截弹轨迹大致在相同的平面内，则拦截器和目标导弹的速度之间的夹角约为 152°（180°表示完全正面碰撞）。当目标和拦截器已经达到峰值高度并再入大气层时，就会发生拦截碰撞，

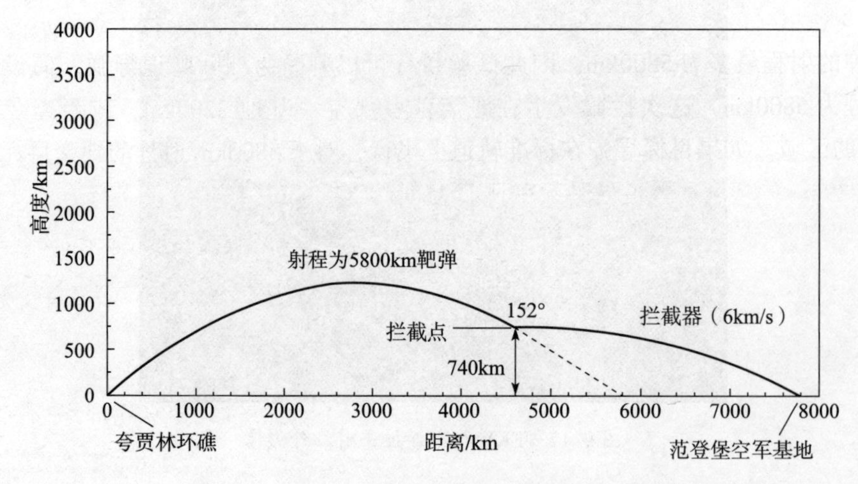

图 9.19　FTG-15 试验目标与拦截弹弹道示意图

碰撞相对速度约为10.0km/s；这种拦截方式可以减少碰撞产生的持久空间碎片。图9.19与MDA在测试后发布的视频中的概念拦截几何结构相一致。视频中的屏幕截图（图9.20）和拦截危险区域都没有较大的交叉角度的拦截相一致，拦截器和目标都经过了远地点，这意味着它们都在下降的过程中。

图9.20 MDA发布的FTG-15演示视频截图（见彩图）

在FTG-15试验中，SBX雷达被部署在夏威夷北部，并在威克岛设置一个TPY-2雷达。威克岛TPY-2雷达的位置距离测试目标轨道约1000km，而SBX雷达距离测试轨道约1300km，测试中SBX发挥了用于跟踪目标的远程预警雷达的作用。SBX雷达数据能提供比“丹麦眼镜蛇”雷达更高的分辨率，有助于区分目标弹头和简单的突防对抗措施。此外，SBX雷达可以提供精密跟踪数据协助进行目标识别。

危险区域显示了拦截发生的主要区域，并为目标导弹的射程设定了一个上限。如果拦截不成功，目标继续完整地继续前进，它需要落在危险区域内。这意味着危险区的东部边缘必须至少延伸到目标导弹飞溅地点。在这种情况下，该区域的边缘距离夸贾林因约5800km，因此这是目标导弹射程的上限。

MDA表示，这是对洲际弹道导弹（ICBM）级目标的第一次测试。由于危险区域意味着导弹的射程最多为5800km，因此试验目标可以判断为洲际弹道导弹。假设目标导弹的射程为5800km，这次拦截发生在距离范登堡空军基地3200km，或距离夸贾林约4600km的区域。如果目标导弹在标准轨道上飞行，对于5800km射程的导弹目标，其拦截点约740km的高度。弹道导弹靶弹飞行时间约22.3min(1340s)，飞行方向为水平以下25°，速度为5.1km/s。拦截器是在目标发射10min后发射的，这意味着它到拦截点的飞行时间约为12.3min(740s)，一个飞行距离为3200km，高度为740km的拦截器，其飞行速度约为6km/s。在拦截点，拦截器速度约为5.2km/s，飞行方向在水平面以下2.6°。靶弹和拦截弹的速度矢量都指向地球，可以最大限度地减少拦截可能产生的持续轨道碎片的数量。

5. 威胁与挑战

接近实战化的FTG-15洲际导弹拦截试验，在美国导弹防御系统研制历史上具有里程碑的意义。经过十余年的努力，美国导弹防御系统的技术能力已由对中近程导弹的预警与拦截，升级为对中远程、洲际射程导弹的预警与拦截。C2BMC 系统在多类型预警单元信息融合、信息处理分析、决策打击等方面已具备实战化能力。

经过十余年的试验与发展，美国虽然已经实际部署陆基中段反导系统，但诸多技术仍无法掌握，试验也一再失利，其中的技术障碍主要有以下 4 个方面。

（1）目标导引技术。从历次系统试验情况来看，陆基中段拦截中 EKV 的目标导引技术并没有得到充分验证，这主要是因为前期试验急于求成，为了达到宣传和游说的目的将 EKV 的寻的条件设置简单，导引技术没有得到充分验证。按照设计，EKV 上装有高度灵敏的红外探测器和轨姿控制系统，可以探测和识别弹头及诱饵，而且自身携带有推进系统、通信系统、指控系统和计算机等，能够保持与地面指控中心实时通信，并不断更新弹上的信息，将拦截弹头导引到目标点。而地面的 X 波段雷达所设计的 0.15m 距离分辨率与 1.3GHz 的信号带宽理论上能够准确识别弹头和诱饵，但无论是 EKV 还是雷达的这种目标识别能力都没有得到有效检验，这是因为试验中弹头的点位信息是主动报知的，因此距离实战要求相去甚远。例如，在 IFT-3、IFT-4、IFT-5 等综合飞行试验中，模拟弹头上均安装有 GPS 接收机和 C 波段无线电应答信标，来发送靶弹的点位数据信息，使参试的陆基 X 波段雷达能够全程跟踪到靶弹。这使目标在 EKV 红外导引头一开机时即落入搜索器，从而简化了试验程序，这也是前期试验被外界认为“作弊”的主要原因。

（2）假目标识别能力。对中段反导的质疑多存在于其真假目标的识别能力上，而在美国多次综合飞行测试中，虽然设置了诱饵项目，但由于试验中使用的真假目标差异较大，便于识别，并不能真正检验其真假弹头的分辨能力。例如，在 IFT-3、1FT-4 和 IFT-5 拦截试验中，均使用了直径 2.2m、红外信号强度大于模拟弹头 6 倍以上的圆锥体大型气球诱饵。尽管在接下来的 IFT-6、1FT-7 和 IFT-8 试验中增加了雷达的探测难度，使用了直径 1.7m、红外特性超过弹头 3 倍的气球诱饵，并在 IFT-8 中，添加了 2 个直径为 0.6m 的小气球诱饵，但从物理尺寸和外观上还是与真弹头有较大差异，因此杀伤拦截器能够轻易地从目标群中辨别出假目标。一份关于 IFT-3 的五角大楼简报称，EKV 第一次探测到气球时就确认其为气球而非弹头，这就意味着真假弹头的识别并不是靠比较两者目标的相对亮度来完成的，而是基于气球自身的亮度。虽然 IFT-8 中增加使用的 2 个小型气球大小与弹头相当，但亮度却远小于模拟弹头，与真实弹头也有较大差异，因此无法检验系统的假目标识别能力。

（3）测试条件设置。从历次试验选择的环境和人工设置条件来看，测试条件过于简单，无法真正检验和提高探测和拦截的技术水平。一是从试验场的地理环境看，前期试验中靶弹都是从加利福尼亚州的范登堡空军基地向夸贾林环礁方向发射，拦截弹则是从夸贾林环礁的麦克岛发射，两地相距约 7725km，方位和距离相对固定。这使得前期每次试验中，靶弹和拦截弹的弹道以及计划的拦截点都是相同的，等于是反复重复试验。二是从试验选择的气象条件看，拦截试验均选择在良好气象条件下进行，这是因为在大雨和冰雹等天气条件下，X 波段雷达的信号将大幅度衰减，从而使其探测能力大大降低。三是从试验的实施时间看，在第一阶段中拦截弹的发射时间均在试验发射区与拦截区处于日落后的夜间进行，这减少了红外导引的背景阳光干扰，虽然后期试验改变了时间，但失败率也随之上升。四是从靶弹的诱饵设置看，拦截弹面对的目标基本相同：一个弹头、一个气球和由级间分离及投放诱饵所产生的碎片。诱饵数量少、技术简单，某些试验靶弹甚至未携带诱饵等突防措施。2007 年 9 月 28 日的拦截试验，尽管取得了成功，但从阿拉斯加发射的靶弹没有携带诱饵，这就减少了验证传感器识别真假目标能力的机会。

（4）参数设计与实战的差别。由于试验参数设置与未来实战差别较大，一方面造成前期试验成功率较高，淹没了真实试验效果；另一方面是造成了试验系统性能难以得到真正检验。这一问题已经造成了前后期试验成功率存在较大差异的现象。首先，目标探测能力未得到充分检验。在多次试验设计中，地面 X 波段雷达工作性能都未达到设计指标，这为以后出现拦截失败埋下了隐患。例如，在 IFT-3 拦截试验中，0s 时，一级助推器点火，火箭从夸贾林环礁升空，拦截开始；157s 时，EKV 与助推器分离、高度 188km；452s 时，在 200km 高度识别出模拟弹头；488s 时，EKV 在高度 230km 处与目标相撞，拦截成功。据此对其拦截试验部署情况推测，X 波段雷达在此次试验中的探测距离应小于 800km，远远小于 2000km 的设计探测距离。而在 2007 年的拦截试验中，海基 X 波段雷达也参与了飞行试验，根据部署位置推测，该雷达在此次试验中探测距离也较小，尚未达到设计指标。其次，从试验的拦截高度看，为了避免拦截产生的碎片干扰或击毁低地球轨道上的卫星或航天器，并使碎片在地面散落的范围最小，在拦截试验中，MDA 将拦截高度设定在大约 230km 的高度进行。此时，靶弹弹头已接近或进入弹道的末段。而在实战拦截时，拦截高度应在 600km 以上，甚至达到 1000km，而这一高度进行拦截从未得到验证。

9.4　小结

美国自第二次世界大战结束开始研究发展导弹防御系统，陆基中段防御系统作为美国重点研制和部署的导弹防御系统，肩负在大气层外拦截处于飞行中段的弹道导弹的任务，在当前美国导弹防御战略中扮演着重要角色。20 世纪 70 年代末以来，美国开始研究动能拦截技术并于 21 世纪末正式启动 GMD 系统的研究部署工作。

美国陆基中段防御系统通过增加拦截弹的部署、研发新型拦截弹头，不断保持和提升拦截武器的作战效能；通过增加探测传感器的部署，加强和完善其反导系统组网识别和跟踪能力，提升整个导弹防御系统的作战能力；通过 GMD 系统的飞行试验，不断提高系统的可靠性和实际作战能力。经过 30 年左右的发展，美国陆基中段防御系统的性能不断提高，在近年的飞行拦截试验中展现接近实战的作战能力，有效提升了美国国土安全防御能力，对洲际弹道导弹的生存能力和作战效能产生了严重威胁。

缩略语

3GIRS	3rd Generation Infrared Surveillance	第三代红外监视
ABL	Airborne Laser	机载激光武器
ABCCC	Airborne Battlefield Command Control Center	机载指挥控制中心
ABM	Anti-Ballistic Missile	反弹道导弹
ABMS	Advanced battle management system	先进作战管理系统
ABMT	Anti-Ballistic Missile Treaty	反弹道导弹条约
ACOMS	Air and Space Communications Squadron	空天通信中队
ADDS	Advance Data Display System	高级数据显示系统
ADO	All Domain Operation	全域作战
AEGIS	Airborne Early-Warning Ground Integrated System	空中预警与地面综合系统
AESA	Active Phased Array	主动电子扫描阵列
AFSCN	Air Force Satellite Control Network	空军卫星控制网络
AFSPACECOM	Air Force Space Command	空军航天司令部
AIRSS	Alternate Infrared Satellite System	替代红外卫星系统
AMDTF	Air and Missile Defense Task Force	防空反导特遣部队
ARDEL	Advanced Radar Detection Laboratory	先进雷达探测实验室
ATRR	Advanced Technology Risk Reduction	先进技术风险降低
AWACS	Airborne Warning and Control System	空中预警与控制平台
BDMO	Ballistic Missile Defence Office	弹道导弹防御局
BMC2	Battle Management, Command and Control	战斗管理指挥与控制
BMC3	Battle Management, Command Control and Communications	战斗管理、指挥、控制和通信
BMC3I	Battle Management Command, Control, Communications, and Intelligence	作战管理指挥、控制、通信和情报
BMD	Ballistics Missile Defense	导弹防御
BMDS	Ballistics Missile Defense System	导弹防御系统
BOA	BMDS Overhead Persistent Infrared Architecture	导弹防御系统过顶持续红外架构
BV	Boost Verify	助推器验证
C2BMC	Command and Control, Battle Management, and Communications	指挥控制、作战管理与通信
C3	Command Control and Communications	指挥、控制与通信
CCSK	Cyclic Code Shift Keying	循环码移位键控
CENTCOM	Central Command	中央司令部
CDR	Critical Design Review	关键设计审查

续表

CKV	Common Kill Vehicle	通用杀伤器
COP	Common Operating Pictures	通用操作图
COS	Combat Operations Squadron	作战行动中队
CRG	Communications Relay Group	通信中继总成
CTS	Combat Training Squadron	作战训练中队
CTV	Control Test Vehicle	控制测试飞行器
CYS	Cyberspace Squadron	网络作战中队
DARPA	Defense Advanced Research Projects Agency	国防高级研究计划局
DACS	Divert and Attitude Control System	转向与姿态控制系统
DBM	Dynamic Battle Manager	动态战场管理
DSP	Defense Support Program	国防支援计划
ECCM	Electronic Counter-Counter Measures	电子反对抗措施
ECS	Engagement Control Station	作战控制平台
EDU	Engineering Design Unit	工程设计单元
EKV	Exo-atmospheric Kill Vehicle	大气层外杀伤器
EO	Engage Operation	作战行动
EODAS	Electro-Optical Distributed Aperture System	分布式孔径系统
EPAA	European Phased Adaptive Approach	欧洲分阶段适应方案
ER	Extended-Range	增程
EUCOM	European Command	欧洲司令部
EWS	Electromagnetic Warfare Squadron	电磁战中队
FBX-T	Forward Based X-Band Transportable	可运输前沿部署 X 波段雷达
FO	Force Operation	部队行动
FTG	Flight Test Ground	陆基飞行测试
FTX	Field Training Exercise	野战训练演习
GAPA	Ground-to-Air Pilotless Aircraft	地对空无人驾驶飞机
GBI	Ground-based Interceptor	陆基拦截器
GBR	Ground-Based Radar	陆基雷达
GBR-P	Ground-Based Radar-Prototype	陆基雷达原型
GCN	Global Communications Network	全球通信网络
GD	Global Defense	全球防御计划
GEO	Geostationary Earth Orbit	地球静止轨道
GEM	Guidance Enhanced Missile	制导增强型导弹
GFC	GMD Fire Control	陆基弹道导弹火控
GIG	Global Information Grid	全球信息栅格
GMD	Ground-Based Mid-course Defense	陆基中段防御
GPS	Global Positioning System	全球定位系统
GPI	Glide Phase Interceptor	滑翔段拦截弹
GPALS	Global Protection Against Limited Strikes	防御有限导弹攻击的全球保护系统
HBTSS	Hypersonic and Ballistic Tracking Space Sensor	高超声速与弹道跟踪天基传感器
HCM	Hypersonic Cruise Missile	高超声速巡航导弹

续表

HDR	Homeland Defense Radar	国土防御雷达
HDR-H	Homeland Defense Radar-Hawaii	夏威夷国土防御雷达
HDR-P	Homeland Defense Radar-Pacific	太平洋国土防御雷达
HEO	Highly-Elliptical Orbit	高椭圆轨道
HELIOS	High Energy Laser with Integrated Optical Dazzler and Surveillance	集成光学眩目和监视系统的高能激光器
HGV	Hypersonic Glide Vehicle	高超声速滑翔飞行器
HRRP	High Resolution Range Profile	高分辨一维距离像
IAMD	Integrated Air and Missile Defense	一体化防空反导
IBCS	Integrated Air and Missile Defense Battle Command System	一体化防空反导作战指挥系统
ICBM	Intercontinental Ballistic Missile	洲际弹道导弹
ICC	Information Coordination Center	信息协调中心
IFICS	In-flight Interceptor Communications Systems	飞行中拦截弹通信系统
IFCN	Integrated Fire Control Network Relay	一体化火控网络
IFF	Identification of Friend-or-Foe	敌我识别
IFT	Integrated Flight Test	综合飞行测试
IPB	Intelligence Preparation of the Battlefield	战场情报准备
IRAS	Infrared Augmentation Satellite	红外增强卫星
ISA	Interim SALT Agreement	临时限制战略武器谈判协议
ISAR	Inverse Synthetic Aperture Radar	逆合成孔径雷达
ISRS	Intelligence, Surveillance, and Reconnaissance Squadron	ISR 中队
ITW/AA	Integrated Tactical Warning and Attack Assessment	综合战术预警和攻击评估
JADC2	Joint All-Domain Command and Control	联合全域指挥与控制
JADO	Joint All-Domain Operation	联合全域作战
JSTARS	Joint Surveillance Target Attack Radar System	联合监视目标攻击雷达系统
JTAGS	Joint Tactical Ground Station	联合战术地面站
JTRS	Joint Tactical Radio System	联合战术无线电系统
JTIDS	Joint Tactical Information Distribution System	联合战术信息分发系统
JLENS	Joint Land Attack Cruise Missile Defense Elevated Netted Sensor System	联合陆上攻击巡航导弹防御高架网状传感器系统
KEI	Kinetic Energy Interception	动能拦截弹
KKV	Kinetic Kill Vehicle	动能杀伤器
LAMPS	Light Airborne Multi-Purpose System	轻型空载多用途系统
LCS	Launch Control System	发射控制系统
LEO	Low Earth Orbit	低地球轨道
LPLD	Low Power Laser Demonstrator	低功率激光演示样机
LRDR	Long Range Discrimination Radar	远程识别雷达

续表

LTAMDS	Lower Tier Air and Missile Defense Sensor	低层防空反导传感器
LWIR	Long Wave Infrared	长波红外
MMP	Multimission Mobile Processor	多任务移动处理器
MADL	Multifunction Advanced Data Link	多功能高级数据链
MAR	Multifunctional Array Radar	多功能阵列雷达
MCS	Mission Control Station	任务控制站
MCSB	Mission Control Station Backup	备份任务控制站
MDA	Missile Defense Agency	导弹防御局
MDB	Multi-Domain Battle	多域战
MDO	Multi-Domain Operation	多域作战
MFOV	Medium Field Of View	中视场
MEADS	Medium Extended Air Defence System	中型扩展防空系统
MIDAS	Missile Defense Alarm System	导弹防御警报系统
MIDS	Multifunctional Information Distribution System	多功能信息分发系统
MIDS LVT	Multifunctional Information Distribution System Low Volume Terminal	多功能信息分发系统低容量终端
MIRV	Multiple Independent Reentry Vehicle	多个独立再入飞行器
MLWIR	Mid-Long Wave Infrared	中长波红外
MOKV	Multiple-Object Kill Vehicle	多目标杀伤器
MRBM	Medium-Range Ballistic Missile	中程弹道导弹
MSE	Missile Segment Enhancement	导弹分段增强
MTI	Moving Target Indication	动目标检测
MPAR	Multi-function Phased Array Radar	多功能相控阵雷达
NAIC	National Air Intelligence Center	美国国家航空情报中心
NAMDC	Navy Air and Missile Command	海军防空与导弹防御司令部
NC3	Nuclear Command, Control and Communications	核指挥、控制和通信
NDSA	National Defense Space Architecture	国防太空架构
Next-Gen OPIR	Next Generation Overhead Persistent Infrared Program	下一代过顶持续红外项目
NIE	National Intelligence Estimate	国家情报评估
NMCC	National Military Command Center	国家军事指挥中心
NMD	National Missile Defence	国家导弹防御计划
NGI	Next Generation Interceptor	下一代拦截器
NGG	Next Generation Overhead Persistent Infrared Geosynchronous Earth Orbit	下一代过顶持续红外地球同步轨道
NORAD	North American Aerospace Defense Command	北美防空防天司令部
NORTHCOM	United States Northern Command	北方司令部
OBV	Orbital Boost Vehicle	轨道助推器
OODA	Observe, Orient, Decide & Act	观察、定向、决策和行动

续表

OPIR	Overhead Persistent Infrared	过顶持续红外
OSS	Operations Support Squadron	作战支援中队
PBCS	Post Boost Control System	末助推控制系统
PAC-3	Patriot Advanced Capability-3	爱国者先进能力-3
PACOM	Pacific Command	太平洋司令部
PAR	Phased Array Radar	相控阵雷达
PESA	Passive Electronically Scanned Array	无源电扫相控阵雷达
PIRPL	Prototype Infrared Payload	红外成像有效载荷样机
PTSS	Precision Tracking Space System	精确跟踪空间系统
PMRF	Pacific Missile Range Facility	太平洋导弹靶场
PNT	Positioning，Navigation and Timing	定位、导航和定时
RCO	Space Rapid Capabilities Office	太空快速能力办公室
RCS	Radar Cross Section	雷达反射截面积
RFPA	Re-configurable Focal Plane Array	可重构焦平面阵列
RMA	Radar Modular Assembly	雷达模块化组件
RKV	Redesigned Kill Vehicle	重新设计杀伤器
RGS	Relay Ground Station	中继地面站
RSC	Radar Suite Controller	雷达组件控制器
SABRS	Space Atmospheric Burst Reporting System	空间大气爆炸报告系统
SAR	Synthetic Aperture Radar	合成孔径雷达
SALT	Strategic Arms Limitation Talks	限制战略武器谈判
SALT Ⅰ	Strategic Arms Limitation Talks Ⅰ	第一阶段限制战略武器条约
SAS	Space Analysis Squadron	太空分析中队
SASC	Senate Armed Services Committee	参议院军事委员会
SBIRS	Space-based Infrared System	天基红外系统
SBX	Sea-Based X-Band	海基 X 波段
SCS	Space Communications Squadron	太空通信中队
SDA	Space Development Agency	太空发展局
SDACS	Solid Divert and Attitude Control System	固体发动机转向姿态控制系统
SDI	Strategic Defense Initiative	战略防御计划
SDIO	Strategic Defense Initiative Office	战略防御局
SDS	Space Defense Squadron	太空防御中队
SKA	Space Kill Assessment	天基杀伤评估
SHiELD	Self-protect High Energy Laser Demonstrator	自卫高能激光演示样机
SLBM	Submarine-Launched Ballistic Missile	潜射弹道导弹
SLC	Sidelobe Cancellation	旁瓣对消
SLEP	Service Life Extension Program	服役周期延长计划
SMCS	Survivable Mission Control Station	抗毁任务控制站
SMDC	Space and Missile Defense Command	空间与导弹防御司令部
SOPS	Space Operations Squadron	太空作战中队
SpOC	Space Operations Command	太空作战司令部

续表

SPSS	Space Surveillance Squadron	太空监视中队
SRALT	Short Range Air Launched Target	短程空射目标
SRBM	Short Range Ballistic Missile	短程弹道导弹
SRGS	Survivable Relay Ground Stations	抗毁中继地面站
SSC	Space Systems Command	太空系统司令部
SSRIS	Solid State Radar Integrate Station	固态雷达集成站
STARCOM	Space Training and Readiness Command	太空训练与战备司令部
STRATCOM	Strategic Command	战略司令部
STSS	Space Tracking and Surveillance System	空间跟踪与监视系统
TAS	Tracking And Searching	跟踪加搜索
TBM	Tactical Ballistic Missile	战术弹道导弹
TCS	Tactical Command System	战术指挥系统
TDL	Tactical Data Link	战术数据链
TDMA	Time Division Multiple Access	时分多址
THAAD	Terminal High Altitude Area Defense	末段高层区域防御系统
TMD	Theater Missile Defense	战区导弹防御计划
TNMC	Tactical Network Mission Center	战术网络任务中心
TOS	Tactical Operations Station	战术作战站
TRV	Threat Reentry Vehicle	威胁再入飞行器
TSC	Tactical Shelter Group	战术掩蔽所组
TSG	Tactical Station Groups	战术站群
TTNT	Tactical Targeting Network Technology	战术目标网络技术
TVM	Track-Via-Missile	通过导弹跟踪
TWT	Traveling-wave tube	行波管
UEWR	Upgraded Early Warning Radar	改进型早期预警雷达
UHF	Ultrahigh Frequency	超高频
USSTRATCOM	United States Strategic Command	美国战略司令部
VHF	Very High Frequency	甚高频
WFOV	Wide-Field of View	宽视场
XBR	X Band Radar	X 波段雷达

参考文献

[1] 曲卫，李云涛，杨君．导弹预警系统概论［M］．北京：国防工业出版社，2023.

[2] 高勇．弹道导弹突防技术研究［J］．科技风，2021（25）：196-198.

[3] 刘燕斌，南英，陆宇平．弹道导弹突防策略进展［J］．导弹与航天运载技术，2010（2）：18-23.

[4] 李士刚，张力争．弹道导弹突防措施分析［J］．指挥控制与仿真，2014，36（6）：73-76.

[5] 梁蕾，戴耀．洲际弹道导弹突防技术发展历程［J］．飞航导弹，2017（8）：56-60.

[6] 汪民乐．弹道导弹突防对策综述［J］．飞航导弹，2012（10）：45-51.

[7] 谢春燕，李为民，娄寿春．弹道导弹突防方案与拦截策略的对抗研究［J］．现代防御技术，2004，32（5）：8-13.

[8] 杨帆，徐焱．国外弹道导弹突防的措施与装备［J］．现代防御技术，2001，29（1）：23-25，40.

[9] 樊博璇，陈桂明，林洪涛．弹道导弹中段反应式机动突防规避策略［J］．兵工学报，2022，43（1）：69-78.

[10] 解红雨，张为华，李晓斌，等．速燃发动机在战略导弹助推段突防技术中的应用研究［J］．固体火箭技术，2002，25（1）：20-23.

[11] 王春莉，谢亚梅，焦胜海．针对美国导弹防御系统的弹道导弹突防通道研究［J］．电子世界，2016（6）：171，173.

[12] 吴鹏，李越平，谢明玻．弹道导弹突防对策及发展趋势［J］．第二炮兵指挥学院学报，2016（1）：18-20.

[13] 汪民乐，李勇．弹道导弹突防效能分析［M］．北京：国防工业出版社，2010.

[14] 高云剑，丁光强，莫剑冬．弹道导弹的防御与突防技术［J］．舰载武器，2002（2）：1-5.

[15] 叶名兰．战略导弹总体工程中的一项重要技术——突防技术［J］．中国航天，1988（2）：15-17.

[16] 邹青，杨轶群，王庆春，等．弹头突防技术与实现［J］．海军航空工程学院学报，2007（2）：219-221.

[17] 方喜龙，刘新学，张高瑜，等．国外弹道导弹机动突防策略浅析［J］．飞航导弹，2011（12）：17-22.

[18] 梁蕾．洲际弹道导弹突防技术发展趋势［J］．飞航导弹，2018（8）：55-57，63.

[19] 徐青，张晓冰．反导防御雷达与弹道导弹突防［J］．航天电子对抗，2007，23（2）：13-17.

[20] 李乔扬，陈桂明，许令亮．弹道导弹突防技术现状及智能化发展趋势［J］．飞航导弹，2020（7）：56-61.

[21] 谢如恒．弹道导弹中段机动突防技术研究［D］．南京：南京航空航天大学，2020.

[22] 鲜勇，李少朋，雷刚，等．弹道导弹中段机动突防技术研究综述［J］．飞航导弹，2015（9）：43-46，55.

[23] 田波，李洪兵，王春阳．弹道导弹突防中的对抗技术研究［J］．飞航导弹，2011（4）：51-54.

[24] 方喜龙，刘新学，张高瑜，等．国外弹道导弹机动突防策略浅析［J］．飞航导弹，2011（12）：17-22.

[25] 张凯杰，林浩申，夏冰．导弹集群智能突防技术的新发展［J］．战术导弹技术，2018（5）：1-5，44.

[26] 李征．导弹突防有源干扰技术研究［D］．长沙：国防科技大学，2017.

[27] 金华刚，颜如祥．导弹突防作战方案筹划技术［J］．指挥信息系统与技术，2016，7（6）：72-76.

[28] 袁荣亮．大国竞争下美国导弹防御系统发展动向及趋势分析［J］．现代防御技术，2022，50（2）：39-44.

[29] 卿文辉．美国导弹防御计划的演变［J］．国际论坛，2003，5（3）：14-21.

[30] 汤志成．美国地基飞行中段拦截系统现状与发展［J］．外国军事学术，2009，0（8）：71-74

[31] 熊瑛，吕涛，陈祎璠，等．2021 年国外导弹防御发展综述［J］．飞航导弹，2021（12）：1-6.

[32] 王文生，李博骁．美军弹道导弹防御系统发展现状及特点分析［J］．中国电子科学研究院学报，2021，16（08）：805-812，819.

[33] 张宇令，王枭，李云成．宙斯盾导弹防御系统演进升级及全球部署情况［J］．飞航导弹，2021（03）：64-69，75.

[34] 陈雅萍，高雁翎．2020 年世界弹道导弹防御系统发展回顾［J］．飞航导弹，2021（03）：1-6.

[35] 徐万胜，苟子奕．日本导弹防御政策的调整：停止部署陆基“宙斯盾”系统［J］．东北亚学刊，2021（1）：98-109，150-151．

[36] 王浩，王立研，董超，等．陆基宙斯盾系统首次中远程弹道导弹拦截试验分析［J］．飞航导弹，2020（2）：36-39，50．

[37] 黄英．美进行第一次陆基宙斯盾系统实弹拦截测试［J］．太空探索，2016（2）：55．

[38] 美国进行首次陆基“宙斯盾”系统实弹拦截测试［J］．电子产品可靠性与环境试验，2016，34（1）：62．

[39] 陈丽，薛慧．陆基宙斯盾系统反导能力研究［J］．飞航导弹，2019（4）：73-77，84．

[40] 刘倩，毕义明，李勇．萨德反导系统性能特点及威胁分析［J］．飞航导弹，2019（12）：73-77．

[41] 熊瑛，齐艳丽，吕涛．美国导弹防御系统2022财年预算分析［J］．飞航导弹，2021（9）：12-15，31．

[42] GANSLER J S. Ballistic missile defense past and future [R]. Washington, DC: Center for Technology and National Security Policy National Defense University, 2010.

[43] Department of Defense. Memorandum for deputy secretary of defense: Missile Defense Program Direction [R]. Washington DC: Department of Defense, 2002.

[44] Office of the Secretary of Defense Department of Defense USA. 2019 Missile Defense Review [R]. Washington DC: Department of Defense, 2019.

[45] General Accounting Office (GAO). Missile defense: Further collaboration with the intelligence community would help MDA keep pace with emerging threats [R]. Washington DC: General Accounting Office, 2019.

[46] KARAKO T, WILLIAMS L. Missile defense 2020 next steps for defending the homeland [R]. Washington DC: Center for Strategic & International Studies, 2017.

[47] Department of Defense, Office of Inspector General. Air force space command supply chain risk management of strategic capabilities [R]. Washington DC: Department of Defense, 2018.

[48] National Missile Defense (NMD). In NMD deployment final environmental impact statement (EIS) Appendix H: Upgraded early warning radar analysis [R]. Washington DC: Ballistic Missile Defense Organization, 2000.

[49] General Accounting Office (GAO). Missile defense: Air force report to congress included information on the capabilities, operational availability, and funding plan for cobra dane [R]. Washington DC: General Accounting Office, 2018.

[50] General Accounting Office (GAO). Missile defense: Actions being taken to address testing recommendations, but updated assessment needed [R]. Washington DC: General Accounting Office, 2004.

[51] KORDA M, KRISTENSEN H M. US ballistic missile defenses 2019 [J]. Bulletin of the Atomic Scientists, 2019, 75 (6): 295-306.

[52] General Accounting Office (GAO). Military readiness: Analysis of maintenance delays needed to improve availability of patriot equipment for training [R]. Washington DC: General Accounting Office, 2018.

[53] DOD. Integrating network risk analysis methodologies into command and control, battle management communications (C2BMC) system test, evaluation, exercise and experimentation [R]. Washington DC: Department of Defense, 2013.

[54] Department of Defense, Office of Inspector General. Evaluation of the integrated tactical warning/attack assessment ground-based radars [R]. Washington DC: Department of Defense, 2016.

[55] Office of the Secretary of Defense Department of Defense USA. 2010 missile defense review [R]. Washington DC: Department of Defense, 2010.

[56] SCOTT A, TODD R. Complexity of simulating the ballistic missile defense system (BMDS) [R]. [S. l.]: International Test and Evaluation Association LVC Conference, 2011.

[57] 张建民，柴恒．美国海军舰艇防空反导防御作战系统发展综述［J］．舰船电子对抗，2022，45（4）：10-16．

[58] 王向阳，吴福初，于明灏．国外导弹防御体系的现状与发展趋势［J］．航天电子对抗，2013，29（1）：8-10．

[59] 高天祥，王刚，赵进．远程弹道导弹威胁及防御体系发展分析［J］．弹箭与制导学报，2018，38（4）：55-58，62．

[60] 天兵．最后一颗“国防支援计划”导弹预警卫星升空［J］．太空探索，2007（4）：40-43．

[61] 刘颖．从 DSP 系统到 SBIRS 系统——美国导弹预警卫星系统的发展演变［J］．现代军事，2007（7）：38-41.
[62] 天兵．文武双全的“天基红外系统”——美国新一代导弹预警卫星［J］．太空探索，2011（3）：44-47.
[63] 张万层，陈津，高原．美国红外预警卫星系统发展概述［J］．兵工自动化，2018，37（6）：1-5.
[64] 胡磊，张岐龙，郭宇，等．美国导弹预警卫星发展情况与未来展望［J］．飞航导弹，2021（8）：49-55.
[65] 庞之浩．美加紧研制第三代导弹预警卫星［J］．太空探索，2020（10）：62-65.
[66] 天兵．美国新一代导弹预警卫星指日可待［J］．太空探索，2007（2）：42-45.
[67] 王云萍．美国天基红外导弹预警技术分析［J］．光电技术应用，2019，34（3）：1-7.
[68] 严毅梅．美国研制反高超音速导弹预警系统［J］．兵器知识，2020（4）：46-47.
[69] 李奇，秦大国，周伟江．美国“天基杀伤评估”发展分析［J］．航天电子对抗，2020，36（5）：5-8.
[70] 郭彦江，吴勤．神秘的“天基杀伤评估”系统［J］．太空探索，2019（6）：54-57.
[71] 刘丙杰，胡玉颖，罗珩娟．美军“天基杀伤评估”系统发展现状［J］．中国航天，2020（7）：57-61.
[72] 方勇．美国天基导弹预警跟踪系统发展动向［J］．国际太空，2017（8）：35-41.
[73] 张小林，顾黎明，吴献忠．美国下一代太空体系架构的发展分析［J］．航天电子对抗，2020，36（6）：1-6.
[74] 胡旖旎，钟江山，魏晨曦，等．美国“下一代太空体系架构”分析［J］．航天器工程，2021，30（2）：108-117.
[75] 王久龙，王潇逸，胡海飞，等．美国“下一代过顶持续红外”（OPIR）预警卫星研究进展［J］．现代防御技术，2022，50（2）：18-25.
[76] 朴美兰，李斯戌，齐艳丽，等．美国天基低轨预警系统发展分析［J］．国际太空，2022（6）：40-45.
[77] 刘云汉，钱方．基于 STK 的 SBIRS 预警星座覆盖性分析［J］．电子技术与软件工程，2022（8）：27-32.
[78] 熊瑛，齐艳丽，才满瑞．美国下一代天基预警系统发展研究［J］．飞航导弹，2021（6）：81-85.
[79] 张洪涛，张银河，李斌．铺路爪远程预警雷达工作特性分析［J］．飞航导弹，2011（6）：78-81.
[80] 吴永亮．美俄弹道导弹预警系统中的地基战略预警雷达［J］．飞航导弹，2010（2）：45-50.
[81] 韩明．美国陆基导弹预警雷达发展研究［J］．飞航导弹，2020（2）：69-75，79.
[82] 李卫星，杨剑，张茂天，等．美国预警雷达体系发展及对抗措施研究［J］．飞航导弹，2020（10）：54-59.
[83] 吴训涛，张强．美国萨德系统 AN/TPY-2 雷达威力探析［J］．飞航导弹，2017（5）：8-10，33.
[84] KELLER J．Army seeks to upgrade or replace Patriot missile-defense radar system［J］．Military & Aerospace Electronics，2016，27（8）：23.
[85] 雨丝．洛马公司为美研发新型导弹防御雷达系统［J］．太空探索，2016（9）：53.
[86] 于蓝．美国导弹防御局将在 2020 年前获得弹道导弹远程识别雷达［J］．太空探索，2015（12）：50.
[87] 闫锦．深度剖析：美国地基中段导弹防御系统缘何采用 S 波段远程识别雷达［J］．军事文摘，2015（17）：29-32.
[88] THOMAS W. ITHINGTON. Final Warning：Ballistic Missile mg Defence Radar Overview［J］. Military Technology，2018，42（7/8）：75-77.
[89] 王晓红．基于 STK 的升级丹麦眼镜蛇雷达系统性能分析［J］．现代雷达，2009，31（1）：4-8.
[90] 董琳琳，李玉杰．SBX 雷达能力研究［J］．舰船电子工程，2018，38（12）：22-24，42.
[91] 初守艳，兰天鸽．美国海基 X 波段雷达现状研究［J］．飞航导弹，2016（7）：74-76，90.
[92] 陈晓栋．美国海基 X 波段雷达发展现状［J］．现代雷达，2011，33（6）：29-31.
[93] 汪琦，魏晨曦．“爱国者”地基雷达系统分析［J］．国际电子战，2005（6）：42-45.
[94] 吕久明，贾锐明，刘孝刚．AN/MPQ-53 相控阵雷达性能分析［C］// 2009 年全国天线年会论文集（上）．北京：电子工业出版社，2009：790-795.
[95] 王震．国外相控阵雷达发展综述［J］．科技与企业，2015（14）：235.
[96] 周长仁．美国“爱国者”导弹防御系统综述［J］．外军信息战，2010（4）：6-10.
[97] 练学辉，郭琳琳，庄雷．美国“宙斯盾”系统及主要传感器进展分析［J］．雷达与对抗，2016，36（3）：14-18，66.
[98] 毛仁麟．AN/SPY-1 雷达改进计划［J］．现代雷达，1986（1）：24-33.
[99] 姜俊杰，黄雅屏．美国战略反导目标识别能力分析［J］．飞航导弹，2021（7）：96-100.

[100] 佘二永，彭灏．美国地基中段防御系统目标识别能力分析［J］．飞航导弹，2011（12）：9-12.
[101] 练学辉，郭琳琳，庄雷．美国“宙斯盾”系统及主要传感器进展分析［J］．雷达与对抗，2016，36（3）：14-18.
[102] 美国新型海上作战雷达-AN/SPY-1D（Y）雷达［J］．制导与引信，1998（4）：53-55.
[103] AN/SPY-6（V）雷达研制概况［J］．航天电子对抗，2017，33（4）：34.
[104] 李庶中，李迅，赵东伟，等．美军新型防空反导雷达发展综述［J］．舰船电子对抗，2018，41（6）：39-42.
[105] 李源．揭秘美国海军下一代防空反导雷达［J］．中国船检，2014（10）：71-74.
[106] 张昊．雷声公司完成首部AMDR系统雷达阵列构建［J］．现代雷达，2016，38（2）：89.
[107] 罗景青．雷达对抗原理［M］．北京：解放军出版社，2003.
[108] 蒙洁，汪连栋，王国良，等．雷达电子战系统电磁环境仿真［J］．计算机仿真，2004（12）：21-24.
[109] 魏丽．组件化建模技术在作战模拟训练系统中的应用［J］．电子科技，2012，25（7）：48-52.
[110] 赵晓睿，高晓光．大规模分布仿真系统架构设计技术参考模型［J］．系统仿真学报，2006（3）：613-617.
[111] 杜国红，韦伟，李路遥．作战仿真实体组件化建模研究［J］．系统仿真学报，2015，27（2）：234-239.
[112] 杨萌，龚俊斌，丁凡．国外海基弹道导弹防御系统架构分析［J］．现代防御技术，2019，47（3）：1-8，25.
[113] 李伟刚，葛幸，王瑞臣．美国海基中段导弹防御系统发展现状及趋势［J］．飞航导弹，2012（11）：72-76.
[114] 蹇成刚，陈峰，岳旭斌．海基反导资源部署及作战能力SEM评估［J］．指挥信息系统与技术，2018，9（5）：74-79.
[115] 陈明辉，李永祯，王雪松，等．海基相控阵雷达系统的反导防御模式研究［J］．航天电子对抗，2004（1）：10-14.
[116] 柯边．用Link16控制“电子战场”［J］．航天电子对抗，2002（1）：30.
[117] 王涛．外军新型Link 16端机MIDS的发展概述［J］．电讯技术，2007（5）：1-5.
[118] 冯川平，王岁祥．Link 16数据链抗干扰体制研究［J］．中国新通信，2007（21）：20-23.
[119] 曹乃森，孙亚伟，张军．对美军Link16数据链的干扰可行性分析与实现［J］．现代防御技术，2010，38（3）：53-57.
[120] 李天荣．Link 16动态组网技术研究［J］．现代导航，2013，4（2）：140-142，128.
[121] 李伟．对Link16数据链的干扰技术研究［D］．西安：西安电子科技大学，2018.
[122] 薛燕，杨欣，高春芳．一种改进的Link16信号检测方法［J］．现代雷达1-11.
[123] 岳松堂，徐洪群，吴晓鸥，等．美陆军一体化防空反导作战指挥系统发展研究［J］．火力与指挥控制，2019，44（11）：1-3，10.
[124] 陈黎，李芳芳，赵广彤．美陆军一体化防空反导指控系统研究及启示［J］．现代防御技术，2016，44（05）：82-87，111.
[125] 李森，田海林，王刚，等．美一体化防空反导作战指控系统（IBCS）研究［J］．现代防御技术，2022，50（4）：84-100.
[126] 李森，张涛，陈刚，等．美陆军一体化防空反导体系建设研究及启示［J］．现代防御技术，2020，48（6）：26-38.
[127] 王虎，邓大松．C2BMC系统的功能组成与作战能力研究［J］．战术导弹技术，2019（4）：106-112.
[128] 郜文星，丁建江，刘宇驰．C2BMC系统的发展现状及趋势［J］．飞航导弹，2018（6）：64-70.
[129] 高一丹，辛昕．美军联合全域指挥控制探析［J］．飞航导弹，2021（9）：84-89.
[130] 刘涛，蒋超，崔玉伟．美军联合全域指挥控制概念与启示［C］//第十届中国指挥控制大会论文集：上册．北京：兵器工业出版社，2022：354-357.
[131] 许莺．美军联合全域指挥控制发展初探［C］//第九届中国指挥控制大会论文集．北京：兵器工业出版社，2021：204-207.
[132] 刘莹，丁晓松，张力．美军联合全域作战概念的内涵和发展浅析［J］．语言与文化研究，2022，25（4）：209-211.
[133] 阳东升，李强．联合全域指挥与控制［J］．指挥与控制学报，2022，8（1）：5-6.
[134] 王彤，郝兴斌．美国“联合全域作战”概念下指挥控制能力发展分析［J］．战术导弹技术，2022（1）：

106-112.

[135] 夏喜旺，荆武兴，李超勇，等．美国地基中段防御系统部署及作战分析［J］．现代防御技术，2008，36（6）：11-18.

[136] 胡冬冬，尚绍华．美国末段高空区域防御系统 THAAD 的进展［J］．飞航导弹，2010（1）：14-16，48.

[137] 李龙跃，刘付显，赵慧珍．美军末段双层反导系统近期进展与动向［J］．飞航导弹，2016（6）：70-75.

[138] 臧月进，刘博，周藜莎，等．美国宙斯盾中段反导拦截弹 SM-3 发展历程研究［J］．空天防御，2018，1（4）：71-77.

[139] 杨子成，鲜勇，雷刚．美国地基中段防御系统发展概况及现状分析［J］．飞航导弹，2021（8）：42-48.

[140] 张绚光，李英．“海空舞者”美国海军“标准”系列导弹（上）［J］．现代舰船，2012（6）：43-51.

[141] 张绚光，李英．“海空舞者”美国海军“标准”系列导弹（中）［J］．现代舰船，2012（7）：42-47.

[142] 张绚光，李英．“海空舞者”美国海军“标准”系列导弹（下）［J］．现代舰船，2012（8）：42-47.

[143] 熊瑛．标准-3 Block 2A 首次洲际弹道导弹拦截试验分析［J］．飞航导弹，2021（2）：53-58.

[144] 燕清锋，白少峰．美军中末段反导系统发展趋势浅析［J］．飞航导弹，2018（12）：33-38.

[145] 熊瑛，齐艳丽．美国区域高超声速导弹防御方案未来发展分析［J］．战术导弹技术，2022（2）：9-14.

[146] 王峰辉，王枭，张宇令．美国及其盟国在亚太地区的弹道导弹防御系统［J］．飞航导弹，2020（7）：85-89.

[147] 刘丙杰，胡玉颖，葛幸．美国弹道导弹防御系统 2.0 解析［J］．飞航导弹，2021（10）：25-29.

[148] 程建良，葛爱东，吕琳琳．美国导弹防御系统解析［J］．飞航导弹，2020（6）：55-58，69.

[149] 熊瑛，齐艳丽，王友利．美国高超声速防御最新发展［J］．国际太空，2022（10）：25-29.

[150] 胡玉颖，刘丙杰，马子涵．美国反导系统预警雷达网能力分析［J］．舰船电子工程，2022，42（4）：11-13，25.

[151] 邓大松．美国战略反导体系作战能力分析［J］．飞航导弹，2020（7）：81-84.

[152] 田野，万华，秦国政，等．STSS 预警卫星目标跟踪能力研究［J］．中国电子科学研究院学报，2019，14（2）：184-188.

[153] 康甜．STSS Demo 红外传感器性能分析［J］．红外技术，2018，40（6）：534-540.

[154] 佘二永，彭灏．STSS 红外传感器探测性能分析［J］．航天控制，2012，30（4）：81-83.

[155] 郭松，贾成龙，陈杰．美国 STSS 卫星有效载荷主要指标探讨［J］．上海航天，2012，29（3）：38-41，72.

[156] 梁百川．MD-GBR 雷达对弹道导弹目标识别［J］．航天电子对抗，2008（6）：5-7，11.

[157] 罗冰．助推滑翔导弹突防对区域反导雷达威胁分析［J］．舰船电子对抗，2015，38（4）：44-49.

[158] 毛艺帆，张多林，王路．美国 SBIRS-HEO 卫星预警能力分析［J］．红外技术，2014，36（6）：467-470，490.

内 容 简 介

弹道导弹预警装备在国家战略力量中扮演重要角色，是国家应对战略武器威胁、保持战略威慑核心能力的重要基础，是实施战略反击以及反导作战的重要支撑。本书较为全面地梳理总结了美国弹道导弹防御系统现状与发展，系统全面介绍美国陆基、海基、天基导弹预警装备现状，分析了美国典型反弹道导弹试验以及反导作战运用等问题。全书分为9章：第1章介绍弹道导弹的分类、特性、突防策略、突防技术以及典型的突防手段；第2章介绍美国弹道导弹防御系统的发展以及陆基中段反导系统、“宙斯盾”反导系统、“萨德”反导系统、“爱国者”反导系统的基本情况与发展；第3章~第5章分别介绍并分析了美国天基、陆基、海基导弹预警装备的基本情况、功能特点、战技指标以及发展历程；第6章重点分析美国导弹防御体系的指挥控制与通信系统，重点介绍并分析了Link16、IBCS、C2BMC以及JADC2的基本情况、基本功能和发展现状；第7章重点分析了美国弹道导弹防御系统能力现状，对美国弹道导弹防御系统的未来发展进行了分析；第8章围绕美国陆基中段反导试验、海基反导试验和末段反导试验，对美国弹道导弹防御系统作战试验情况进行了分析；第9章介绍了美国弹道导弹防御作战指挥机构、指挥流程，分析了导弹预警装备的作战运用。

本书可作为高等院校态势感知专业、雷达专业高年级本科生、研究生的教材和参考书，也可供从事相关专业研究的工程技术人员参考。